计算机技能大赛实战丛书

工业产品设计

（Inventor 2012）

陈道斌　殷海丽　主　编

電子工業出版社

Publishing House of Electronics Industry

北京·BEIJING

内 容 简 介

Autodesk Inventor Professional 2012 中文版是 Autodesk 公司最新推出的三维设计软件，能够完成从二维设计到三维设计的转变，因其易用性和强大的功能，在机械、汽车、建筑等方面得到了广泛的应用。

本书以产品设计为基准，从实用角度出发，通过几十个各具特色的实例全面讲解了软件的基本操作。每个实例均有详细的操作过程，并且将操作过程录制了视频，因此该教材可作为初学者的入门级教程。本书共分为 6 章，涉及单个零件的造型设计、装配设计、自顶向下的多实体设计、表达视图、工程图及模型的静态渲染与动画渲染。

该教材讲解透彻，具有较强的实用性，可操作性强，特别适合读者自学和中职学校作为教材和参考书，同时也适合工程技术人员学习和参考之用。

注：视频所需 WebEx 播放器读者可以自行从网上下载，或者购买正版软件。

图书在版编目（CIP）数据

工业产品设计（Inventor 2012）/ 陈道斌，殷海丽主编. —北京：电子工业出版社，2012.8
（计算机技能大赛实战丛书）

ISBN 978-7-121-16947-2

Ⅰ. ①工… Ⅱ. ①陈… ②殷… Ⅲ. ①工业产品－计算机辅助设计－应用软件－中等专业学校－教学参考资料 Ⅳ. ①TB472-39

中国版本图书馆 CIP 数据核字（2012）第 087579 号

策划编辑：关雅莉
责任编辑：郝黎明　　文字编辑：裴　杰
印　　刷：北京七彩京通数码快印有限公司
装　　订：北京七彩京通数码快印有限公司
出版发行：电子工业出版社
　　　　　北京市海淀区万寿路 173 信箱　邮编　100036
开　　本：787×1 092　1/16　印张：18.75　字数：480 千字
版　　次：2012 年 8 月第 1 版
印　　次：2024 年 7 月第 21 次印刷
定　　价：49.80 元

凡所购买电子工业出版社图书有缺损问题，请向购买书店调换。若书店售缺，请与本社发行部联系，联系及邮购电话：（010）88254888，88258888。

质量投诉请发邮件至 zlts@phei.com.cn，盗版侵权举报请发邮件至 dbqq@phei.com.cn。

本书咨询联系方式：（010）88254617，luomn@phei.com.cn。

前言

Autodesk Inventor 作为一款三维设计软件，是 Autodesk 公司于 1999 年底推出的中端三维参数化实体建模软件。先前的 Autodesk Inventor 版本，主要擅长工业机械、汽车零部件的设计。随着产品的逐步成熟，Autodesk Inventor 逐渐强化了其他工业产品的设计，Autodesk Inventor 2012 版本是最新版本，通过这几年的发展，其已经形成了一整套针对消费品设计市场的解决方案，包括了多实体环境、塑料特征设计工具，以及注塑模具的设计。并且重新定义了“易用性”标准，提供了丰富而强大的功能以及专业模块来加速产品设计。

本书以设计实例为主线，图文并茂地介绍了 Autodesk Inventor 2012 软件的应用。本书共分 6 章，第 1 章主要介绍单个零件模型的设计，第 2 章介绍了多个零件的装配设计，第 3 章介绍了自顶向下的多实体设计，第 4 章介绍了表达视图的设计，第 5 章从机械的角度介绍了工程图的设计，最后一章简单介绍了模型的静态渲染与动画渲染。

本教材每一个实例均有详细的设计步骤，并对操作过程进行了视频录制，因此特别适用于初级、中级用户的快速入门。希望读者能通过本教材实例的引导，能够快速掌握各类零件的设计方法。

本书主要由陈道斌编写并负责全书的统稿工作，另外编写的还有殷海丽、庄乾飞、秦景润，其中陈道斌编写了第 1 章、第 5 章及附录 A，殷海丽编写了第 2 章、第 3 章，庄乾飞老师编写了第 4 章，秦景润老师编写了第 6 章。由于时间仓促，加之水平有限，书中难免有不足之处，感谢您在选择本书的同时，也希望您能够把对本书的意见和建议告诉我们。

本教材建议全部为上机课时，课时安排如下：

章	课　时
第 1 章	30 课时
第 2 章	12 课时
第 3 章	8 课时
第 4 章	8 课时
第 5 章	16 课时
第 6 章	6 课时
总计	80 课时

作者联系方式：QQ:213587050　　E-mail: 213587050@qq.com。

编　者

目录

第1章

零件造型设计

所谓的零件造型设计就是指按照一定的方法，为工业产品零件建立三维实体模型的过程。所有的产品都是由一个或多个零件组成的，因此在 Inventor 中零件造型是设计基础，为以后的装配、表达视图、工程图、渲染等提供了重要的数据。零件造型主要由两部分组成，即草图和特征，本章将在实例中介绍草图与特征的创建方法。

准备工作

基本使用环境

1. 用户界面

如图 1-1 所示为 Autodesk Inventor 2012 零件环境下的默认用户界面，它主要包括图形窗口、功能区、快速访问工具条、通信中心、浏览器、状态栏、文件选项卡和导航工具等。

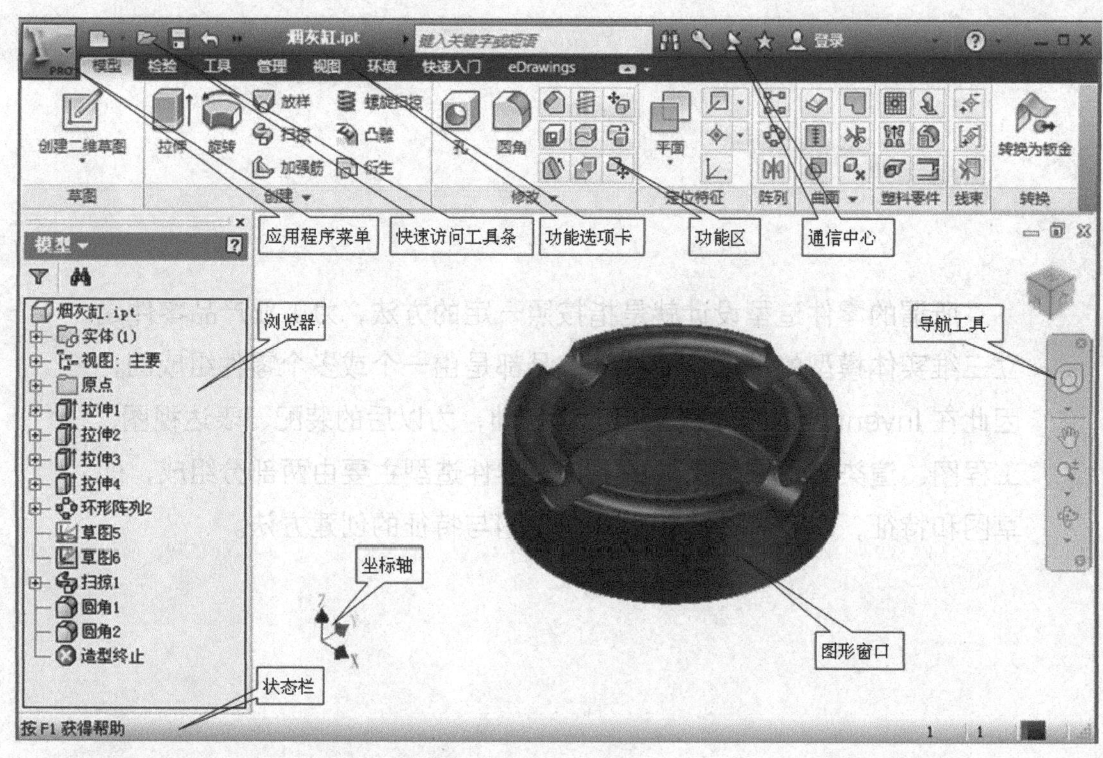

图 1-1　默认用户界面

2. 草图环境

如图 1-2 所示为 Autodesk Inventor 2012 默认的草图环境，即创建或编辑草图时的界面，当用户新建一个零件文件时，便自动进入草图环境。它主要包括草图绘制区、草图选项卡、草图工具面板、草图名称、平面与坐标轴等。

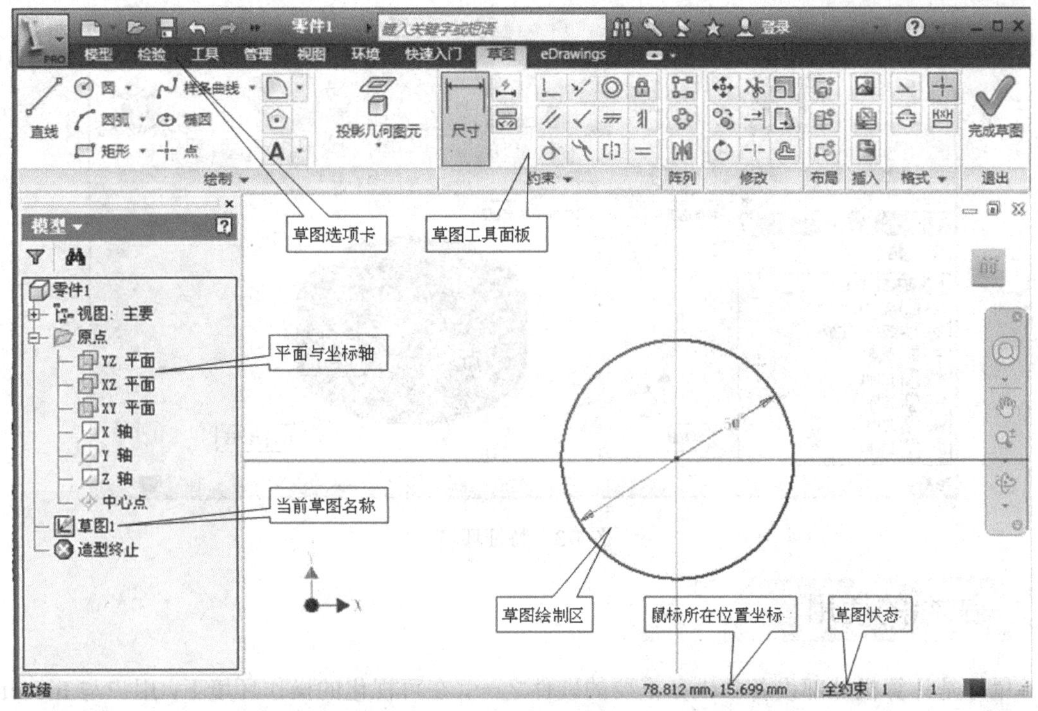

图 1-2　草图环境

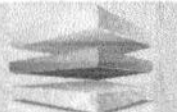

说明：

草图环境有零件草图环境和部件草图环境，二者的区别是在零件二维草图环境下，草图选项卡里面有“布局”面板，但是在部件环境下没有，而是多了一个“测量”面板。本章主要是介绍零件的造型设计，因此所涉及的二维草图环境也是零件下的二维草图环境。所以，在不特别说明情况下，所有的草图都是指零件下的二维草图环境。

在零件的草图环境下，在草图选项卡下面有 8 个工具面板，分别是绘制、约束、阵列、修改、布局、插入、格式和退出。

3. 特征环境

如图 1-3 所示为 Autodesk Inventor 2012 默认的特征环境，它主要包括图形显示区、特征选项卡、特征工具面板、浏览器等。

在特征环境下，在特征选项卡下面有 9 个工具面板，分别是草图、创建、修改、定位特征、阵列、曲面、塑料零件、线束和转换。

说明：

在 Inventor 中基本的设计思想就是这种基于特征的造型方法，任何一个零件均可视为一个或者多个特征的组合，这些特征既可相互独立，也可相互关联。在 Inventor 特征环境下，零件的全部特征都罗列在浏览器中的模型树里面。

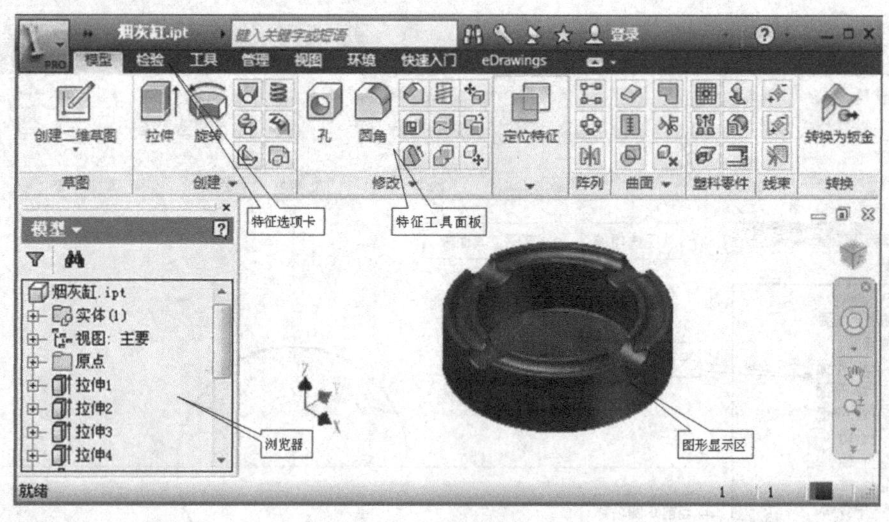

图 1-3　特征环境

鼠标的使用

鼠标是计算机外部设备中十分重要的硬件之一，在可视化的操作环境下，用户与 Inventor 交互操作时几乎全部利用鼠标来完成。如何使用鼠标，直接影响到用户的设计效率。使用三键鼠标可以完成各种功能，包括选择菜单、旋转视角、物体缩放等。具体使用方法如下。

移动鼠标时，鼠标经过某一特征或某一工具按钮时，该特征或该工具按钮会高亮显示。例如，鼠标在浏览器的模型树中某一父特征上悬停时，该父特征会展现其子特征及基于特征的草图，同时该父特征用红框突出显示，并且图形显示区的模型上相对应的特征以虚线形式高亮显示，如图 1-4 所示。鼠标在工具面板的某一特征按钮上悬停时，会弹出该特征的说明对话框，如图 1-5 所示。

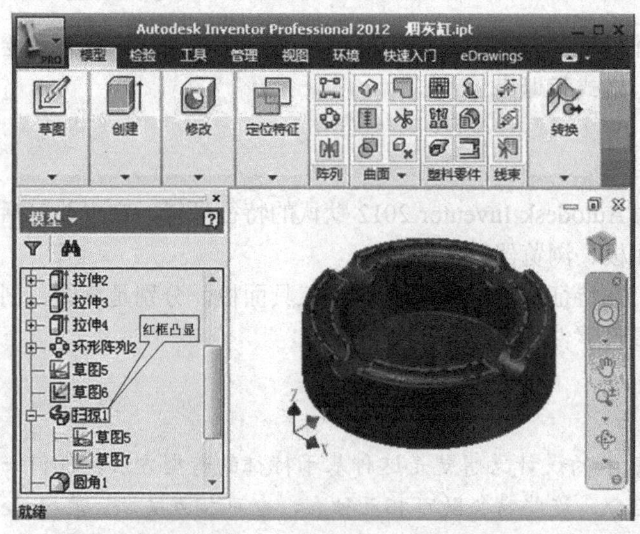

图 1-4　鼠标悬停于浏览器中某一特征时的状态

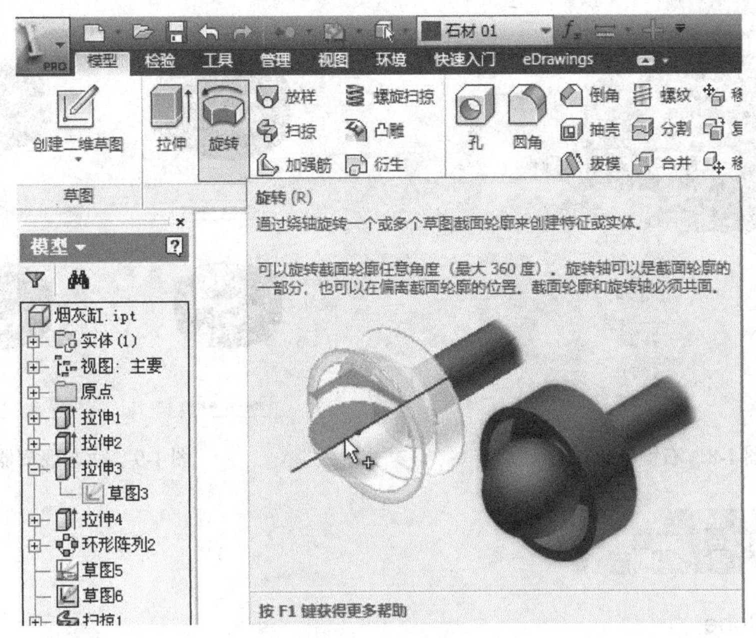

图 1-5 特征说明

● 单击鼠标用于选择对象，双击用于编辑对象。如果在三维模型上单击特征时，会弹出特征编辑按钮，如图 1-6 所示。

如果单击该按钮，会弹出编辑该特征的对话框，同时三维模型上的特征会以蓝色高亮显示并加注特征方向箭头，如图 1-7 所示。

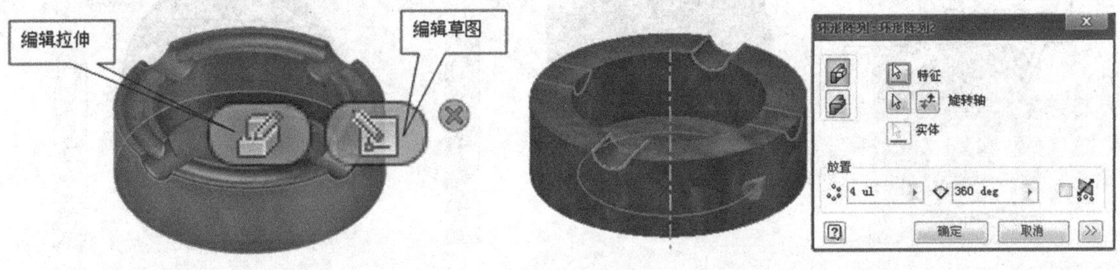

图 1-6 特征编辑按钮　　图 1-7 特征编辑对话框

● 单击鼠标右键，用于弹出选择对象的关联菜单，如在三维模型的某一特征上单击右键，会弹出如图 1-8 所示关联菜单。选择选项时，只需要在选择选项的方向上单击鼠标，即可选中并执行该项，不需要将鼠标移动到该项名称上再单击鼠标。

● 按下滚轮会平移用户界面内的三维数据模型，此时鼠标变成“小手”的形状。如果按下【Shift】键的同时再按下滚轮，拖动鼠标会动态观察当前视图。

● 按下【F4】键，在图形显示区的中央会出现轴心器，在轴心器内部或者在轴心器外侧靠近轴心器的地方按住左键并拖动可以动态观察当前视图，在轴心器外侧远离轴心器的地方按住鼠标左键则不起作用。如图 1-9 所示，即为鼠标在轴心器不同位置时的状态。

● 滚动鼠标滚轮可用于缩放当前视图，向上滚动滚轮为缩小视图，反之为放大视图。

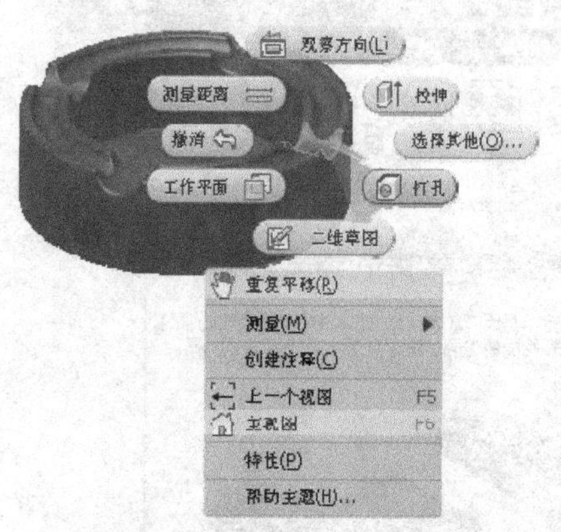

图 1-8　右键菜单

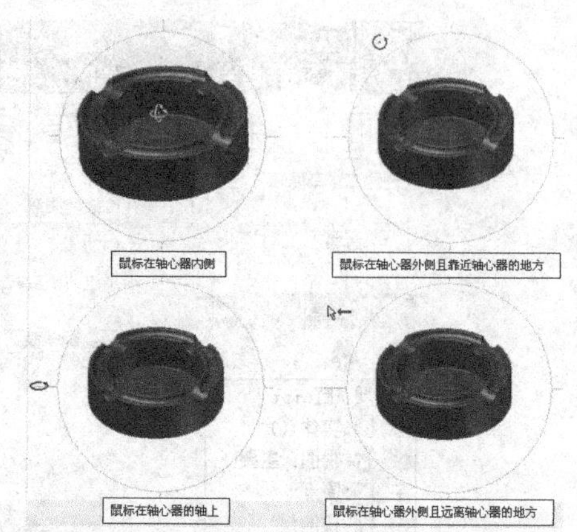

图 1-9　动态观察器

导航工具

1. View Cube

View Cube 与“常用视图”类似，如图 1-10 所示。单击正方体的某个角，可以将模型切换到等轴测视图，如图 1-11 所示，单击正方体的面，可以将模型切换到平行视图，如图 1-12 所示。

图 1-10　View Cube

图 1-11　等轴测视图

图 1-12　平行视图

View Cube 具有以下几个主要的附加特征。

- 始终位于屏幕上图形窗口的一角。
- 在 View Cube 上按住左键并拖动鼠标可以旋转当前模型，方便用户进行动态观察。
- 提供了主视图按钮，以便快速返回用户自定义的基础视图。
- 在平行视图中提供了旋转箭头，使用户能够以 90° 为增量垂直于屏幕旋转照相机。

2. Steering Wheels

Steering Wheels 也是一种便捷的动态观察工具，它在屏幕上以托盘的形式表现出来，当 Steering Wheels 被激活后，它会一直跟随光标，像 View Cube 一样。用户可以在“视图”选项卡下，通过“导航”面板中的下拉菜单打开和关闭 Steering Wheels，如图 1-13 所示。Steering Wheels 的界面有几种表现形式，如表 1-1 所示。

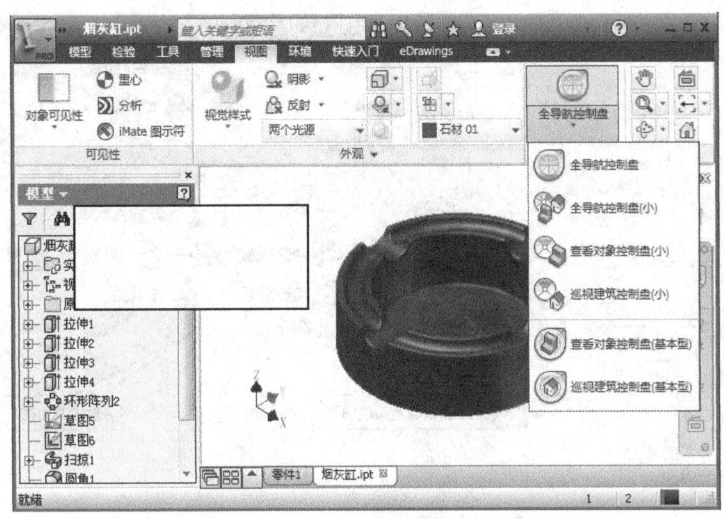

图 1-13　导航下拉菜单

表 1-1　Steering Wheels 界面表现形式

类　　型	全程导航控制盘	查看对象控制盘	巡视建筑控制盘
大托盘			
小控制盘	动态观察	回放	环视

Steering Wheels 提供了以下功能。

- 缩放：用于更改照相机到模型的距离。
- 动态观察：围绕轴心点更改照相机的位置。
- 平移：在屏幕内平移照相机。
- 中心：重定义动态观察中心点。
- 漫游：在透视模式下能够浏览模型。
- 环视：在透视模式下能够更改观察角度而无需更改照相机位置，如同围绕某一固定点向任意方向转动照相机一样。
- 向上/向下：能够向上或者向下平移照相机，定义的方向垂直于 View Cube 的顶面。
- 回放：能够通过以缩略图的形式快速选择前面的任意视图或者透视模式。

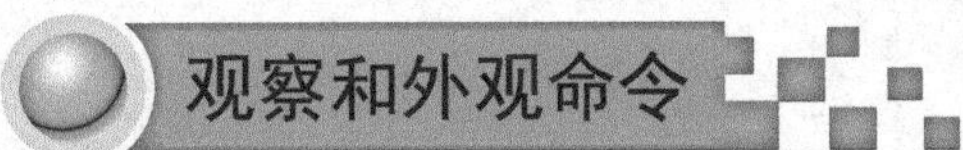

观察和外观命令

观察和外观命令可用来操纵激活零件、部件或者工程图在图形窗口中的视图。常用的观察和外观命令，位于“视图”功能选项卡下的外观面板、导航面板上，以及导航工具条上，如图 1-14 所示。

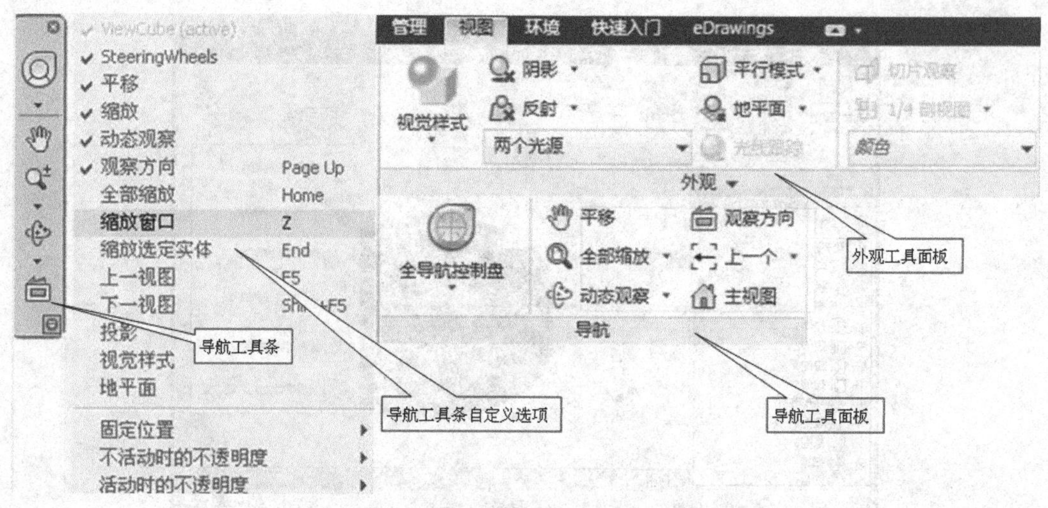

图 1-14　外观面板及导航工具条

任务一　烟灰缸设计

任务说明

烟灰缸实例如图 1-15 所示。

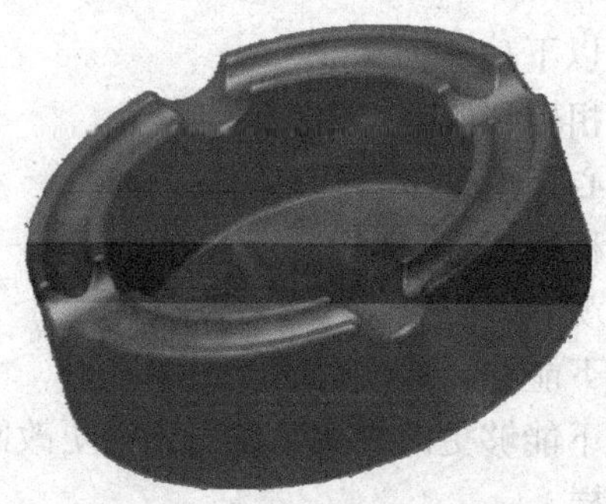

图 1-15　烟灰缸实例

设计流程

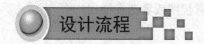

1. 创建烟灰缸的基本实体
2. 创建烟灰缸的四个放烟口

3．创建烟灰缸表面的环形凹槽
4．对烟灰缸进行圆角处理
5．烟灰缸的颜色设置

设计步骤

（1）新建文件。在快速访问工具条上单击“新建”按钮 ，弹出“新建文件”对话框，选择 Standard.ipt ，如图 1-16 所示。然后单击“确定”按钮，自动进入零件的草图环境。

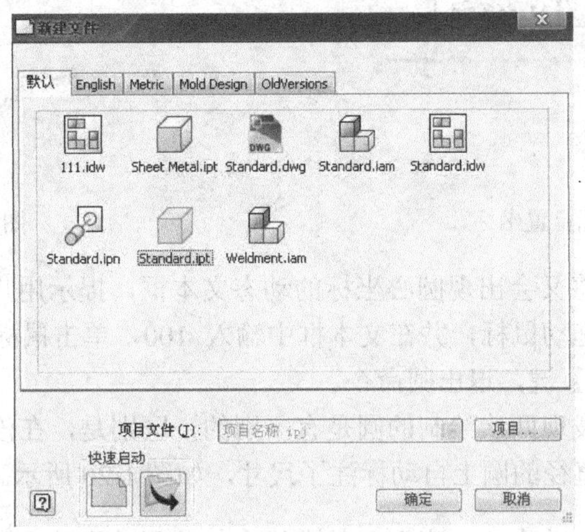

图 1-16　“新建文件”对话框

（2）草图环境介绍。在当前草图环境下，该草图所依附的平面默认是 XY 平面，屏幕中央深色水平直线跟竖直直线有一个浅绿色的点，即“原点”。屏幕左下角是坐标系，红色的为 X 轴、绿色的为 Y 轴、蓝色的为 Z 轴，在当前 XY 平面内 Z 轴投影成一个蓝色点，如图 1-17 所示。

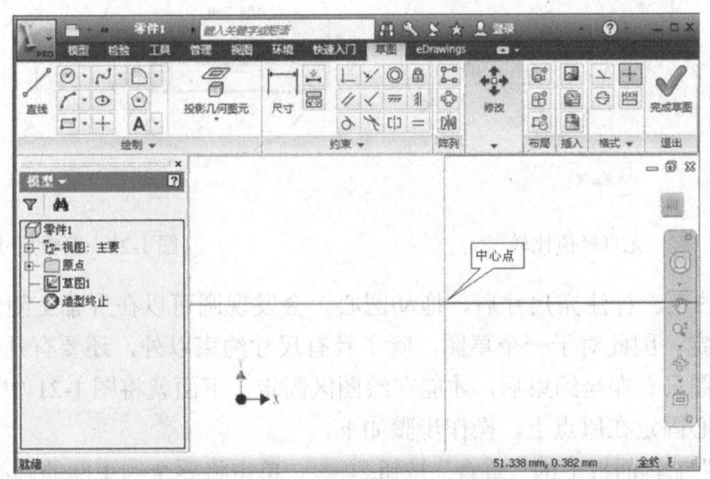

图 1-17　草图下的中心点

（3）圆命令使用。单击“绘制”工具面板上的“圆”按钮，将鼠标移动到绘图区时，出现圆心坐标文本框。随着鼠标的移动，圆心坐标会动态发生变化，如图 1-18 所示。捕捉绘图区任意位置作为圆心，单击鼠标，表示圆心动态坐标的文本框消失，进而出现一个让用户输入直径的文本框。移动鼠标，文本框的直径值动态变化，如图 1-19 所示。不需输入数值，单击鼠标，圆绘制完成。

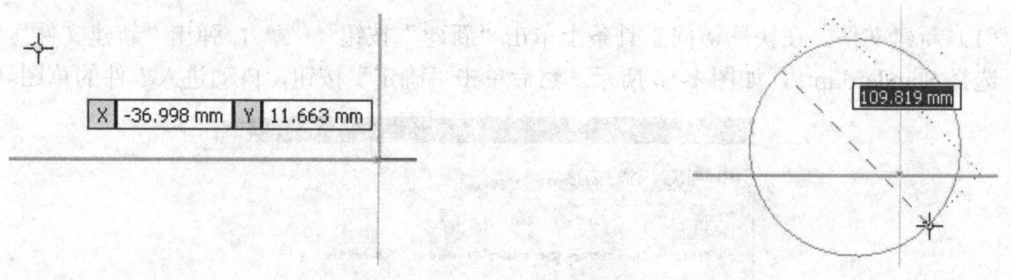

图 1-18　鼠标位置坐标　　图 1-19　输入圆直径

再移动鼠标，此时将又会出现圆心坐标的动态文本框，提示用户可继续绘制圆，在绘图区其他任意位置单击，拖动鼠标，并在文本框中输入 100，单击鼠标或者按下【Enter】键完成圆的绘制，按下【Esc】键，退出圆命令。

在绘图区中，我们发现两次绘制的圆是有区别的，区别是，在没有输入直径的圆上，不自动标注尺寸，而输入直径的圆上自动标注了尺寸，如图 1-20 所示。

（4）尺寸命令使用。单击“约束”工具面板上的“尺寸”按钮，移动鼠标进入绘图区，单击图 1-20 中左边的圆，引导标注尺寸到合适位置单击，则弹出编辑尺寸文本框，输入 100，如图 1-21 所示，按【Enter】键完成尺寸标注。

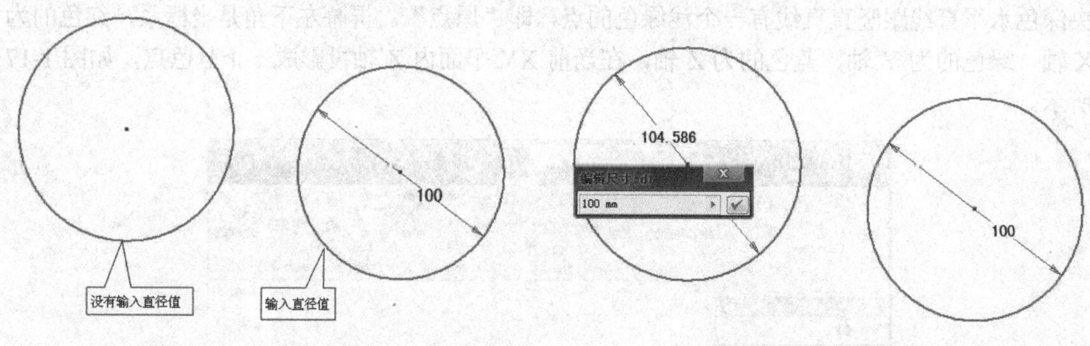

图 1-20　有、无直径值比较　　图 1-21　编辑尺寸

（5）草图全约束。标注完尺寸后，拖动圆心，会发现圆可以在屏幕上随意拖动，说明该圆并没有完全固定。因此对于一个草图，除了具有尺寸约束以外，还要有几何约束，才能将草图全约束。草图只有在全约束后，才能在绘图区固定。下面就将图 1-21 中右边的圆进行完全约束，即把圆心固定在原点上。操作步骤如下：

单击“约束”工具面板上的“重合”按钮，单击将要全约束圆的圆心，再单击原点，圆心与原点重合在一起，此时圆的颜色变为深蓝色，如图 1-22 所示。这时再拖动圆心，发现该圆已经不能拖动，说明圆已经全约束。

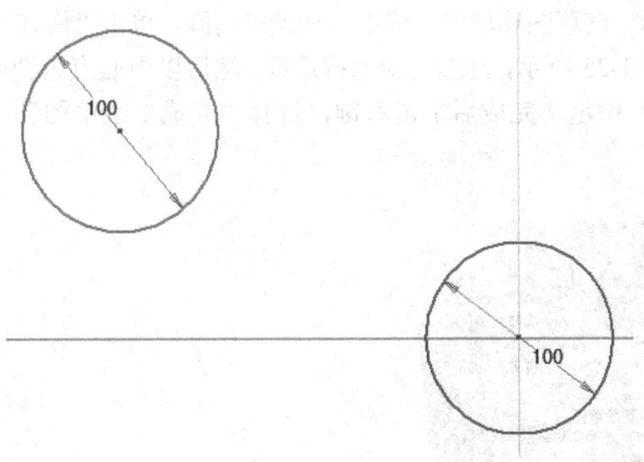

图 1-22　完全约束

（6）删除多余草图。选中没有全约束的圆，按键盘上的【Delete】键，将该圆删除，最后选择“退出”工具面板上的“完成草图”命令，退出草图环境。

（7）拉伸特征创建。单击“创建”工具面板上的“拉伸”按钮 ，弹出拉伸对话框，以及拉伸小工具栏，此时小工具栏以最小化状态显示。如果将鼠标悬停在最小化的拉伸工具栏上，则最小工具栏将展开显示。

在对话框中，在“范围”栏，选择“距离”选项，拉伸长度设为 30mm，其他选项保持默认设置，如图 1-23 所示，单击“确定”按钮，完成圆柱的创建。

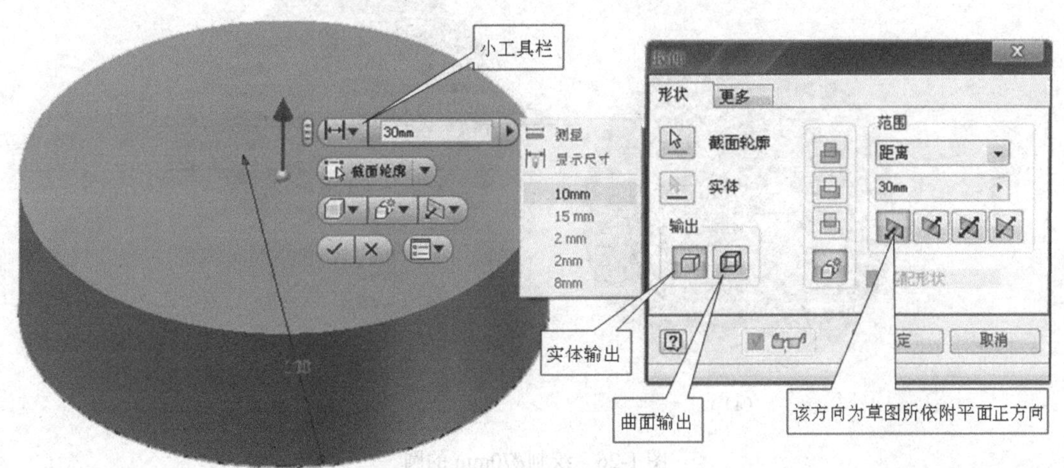

图 1-23　拉伸特征创建

说明：

在 Inventor 2012 中具有小工具栏的特征命令有：拉伸特征、旋转特征、倒角特征、圆角特征、孔特征、拔模特征。

（8）新建草图。在圆柱的表面上单击鼠标右键，在弹出的快捷菜单中选择“新建草图”命令，如图 1-24 所示。在草图环境中，选中自动投影的圆，单击“格式”工具面板上的“构造线”按钮 构造，如图 1-25 所示，投影线变为构造线。然后以中心点为圆心，绘制直径为 70mm 的圆，如图 1-26（a）所示。完成后单击右键，选择“完成二维草图”命令，如图 1-26（b）所示。

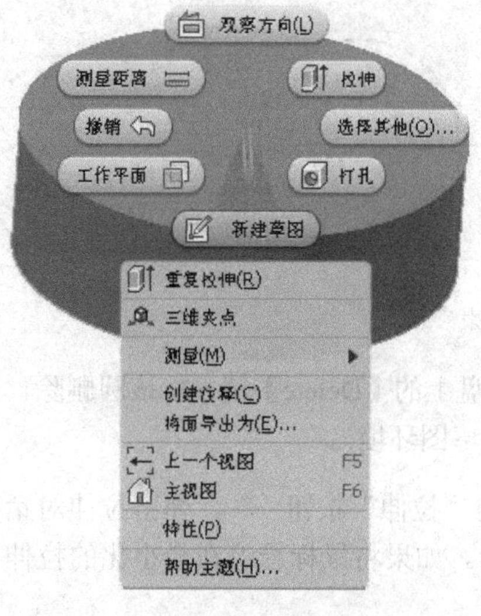

图 1-24 右键菜单

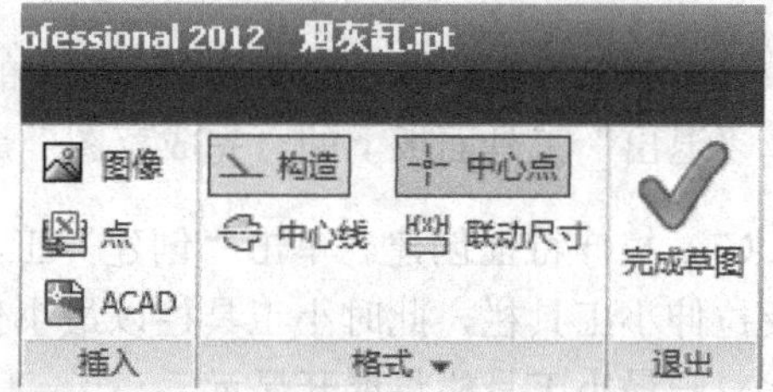

图 1-25 构造按钮图标位置

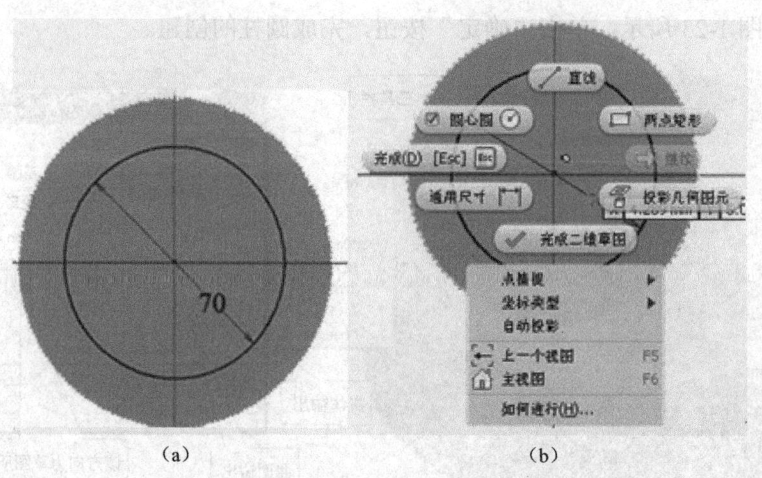

（a） （b）

图 1-26 绘制ϕ70mm 的圆

说明：

在 Inventor 中，构造线只是作为辅助线使用，不参与特征创建。因此在草图中不参与创建特征的草图，尽可能设置为构造线。

（9）拉伸特征创建。在特征环境中，将步骤（8）创建的草图进行拉伸处理，拉伸方式选择“求差”，方向选择“方向 2”，即草图所依附平面的反方向，拉伸距离输入 25，如图 1-27 所示。

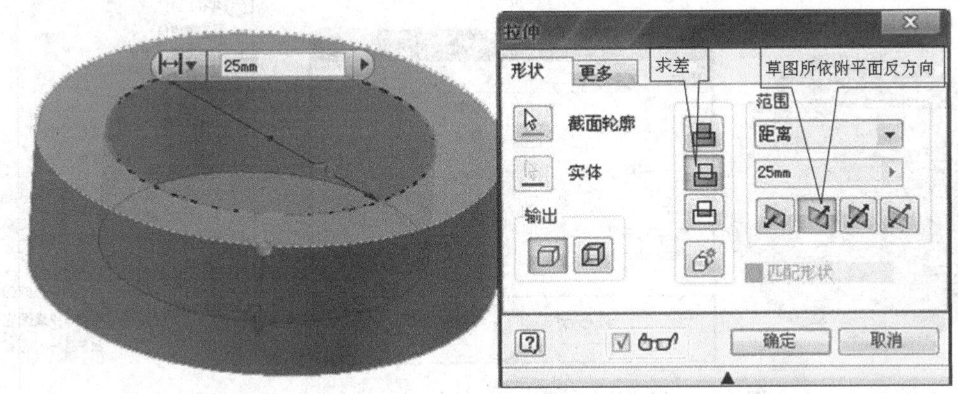

图 1-27　拉伸求差

（10）创建草图。按住【Shift】键的同时，按下鼠标滚轮并拖动，可以旋转实体，来变换实体的视角。单击圆柱底面，在弹出的 3 个按钮中，单击“创建草图”按钮，如图 1-28 所示。在草图环境中，单击“修改”工具面板上的“偏移”按钮 偏移 ，将投影的圆向里偏移 3mm。然后把投影线改为构造线，如图 1-29 所示，完成草图后退出。

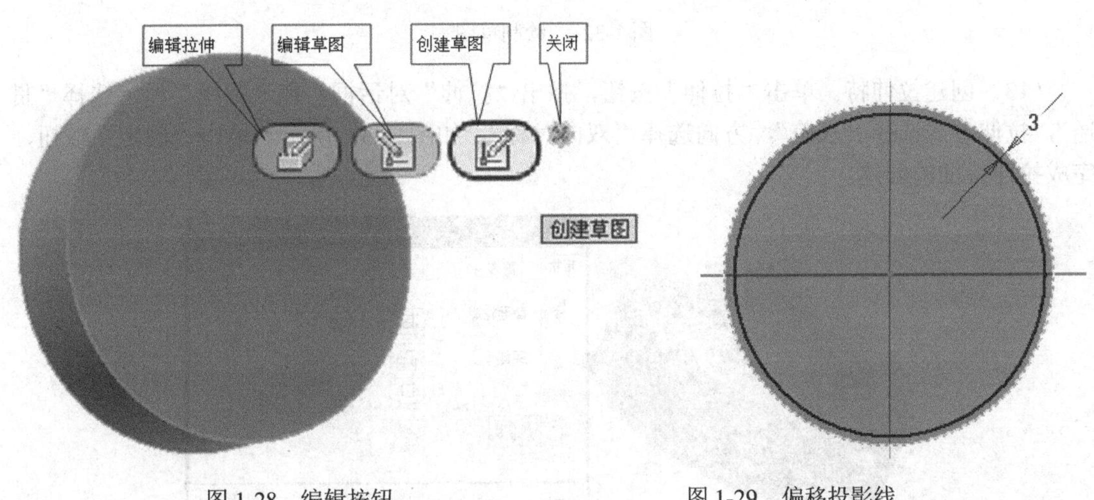

图 1-28　编辑按钮　　图 1-29　偏移投影线

（11）创建拉伸特征。利用拉伸命令将步骤（10）中创建的草图进行拉伸处理，拉伸距离输入 2mm，拉伸方式选择“求差”，如图 1-30 所示。

（12）创建草图。单击浏览器中“原点”左边的加号，将其展开，在 XZ 平面上单击右键，选择“新建草图”命令，如图 1-31 所示。按下【F7】键，让草图以切片方式显示。绘制直径为 15mm 的圆，单击“约束”工具面板上的“垂直”约束按钮 ，将圆心跟原点垂直约束，并将圆心到上表面的距离设置为 2mm，最后将投影线设置为构造线，如图 1-32 所示，完成草图后退出。

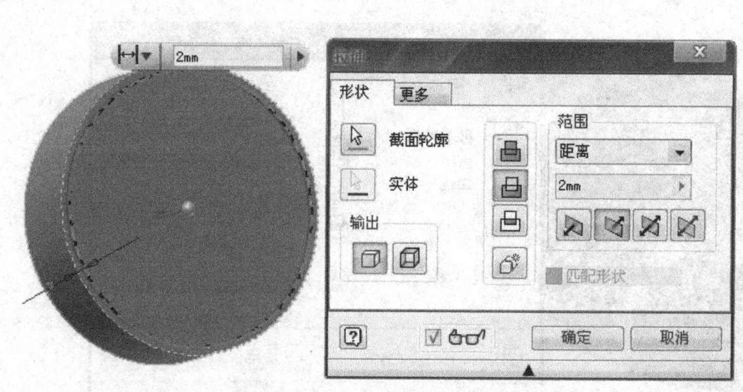

图 1-30　创建拉伸特征　　　　图 1-31　新建草图

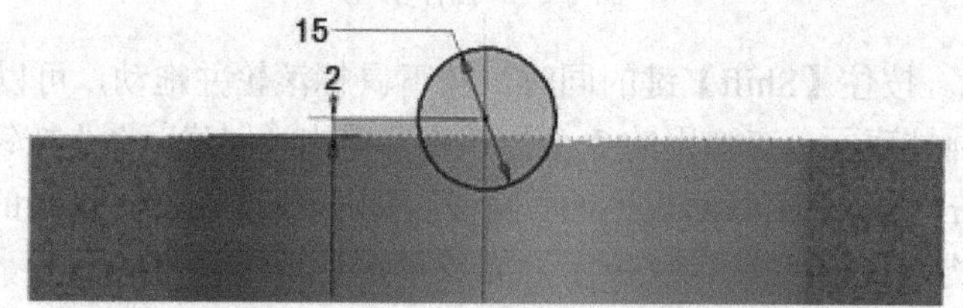

图 1-32　绘制草图

（13）创建拉伸特。单击“拉伸”按钮，弹出“拉伸”对话框，在“范围”栏，选择“贯通”，拉伸方式选择“求差”，方向选择“双向对称”，如图 1-33 所示。单击“确定”按钮，完成拉伸特征的创建。

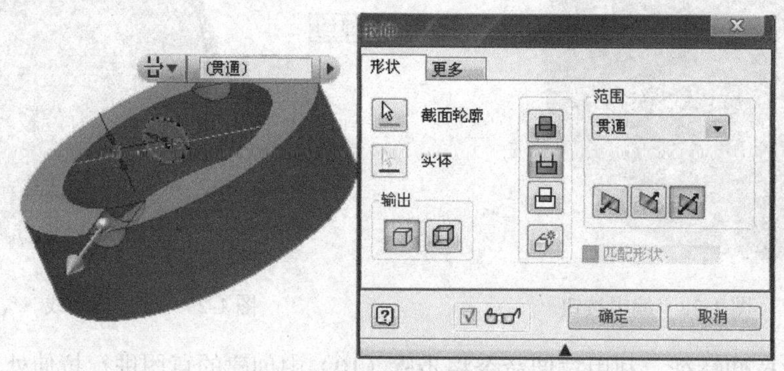

图 1-33　创建拉伸特征

（14）阵列特征创建。单击“阵列”工具面板上的“环形”阵列按钮 环形，弹出“环形阵列”对话框。在该对话框中，特征按钮默认选中，然后依次单击浏览器的模型树中的“拉伸 4”特征、“旋转轴”按钮、实体的外圆面。在“放置”选项，输入阵列的个数 2，角度设为 90°，具体设置如图 1-34 所示。最后单击“确定”按钮，完成阵列特征的创建，效果如图 1-35 所示。

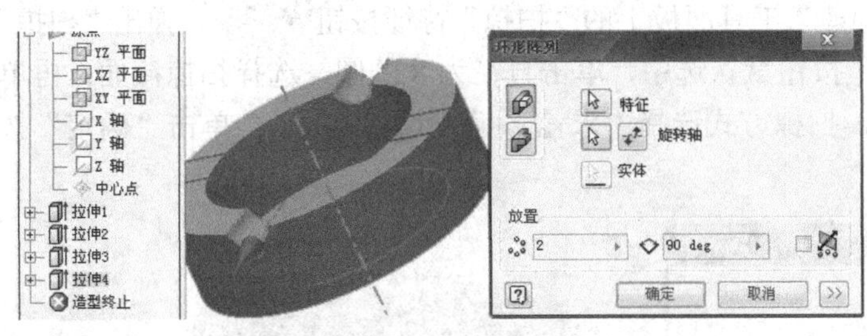

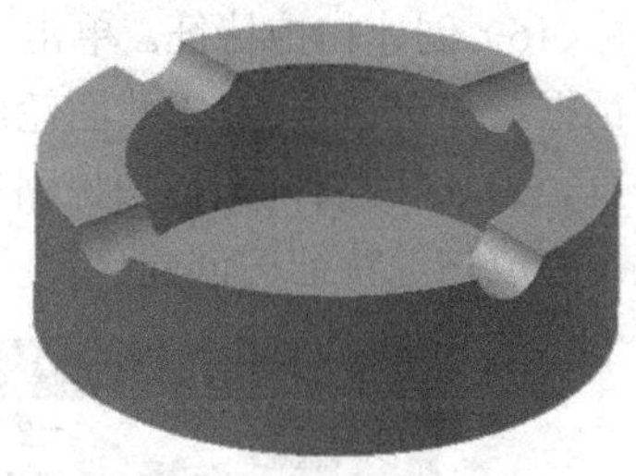

图 1-34　环形阵列　　图 1-35　阵列后的效果

（15）创建草图。选择实体的上表面，单击右键，在右键菜单中鼠标稍微向下拖动，单击则会自动选中“新建草图”命令，如图 1-36 所示。在草图中将自动投影线设置为构造线，然后以中心点为圆心绘制直径为 85 的圆，如图 1-37 所示，完成草图后退出。

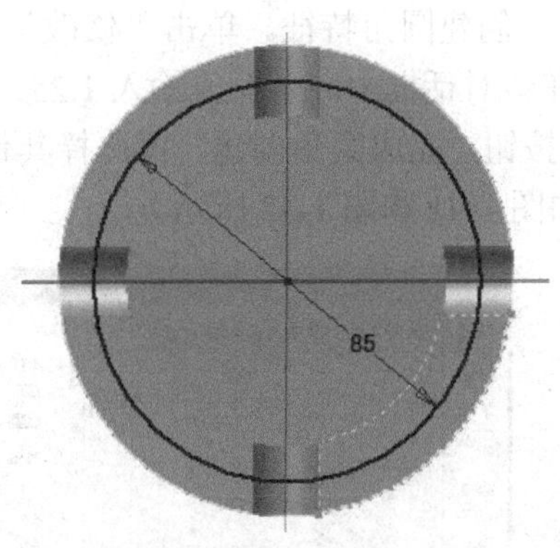

图 1-36　新建草图　　图 1-37　创建扫掠路径

单击浏览器中的 XZ 平面，单击鼠标右键，选择“新建草图”命令，变换实体视角，单击工具面板上 投影几何图元 按钮，再单击上一步创建的直径为 85 的圆，将圆投影，并将其设置为构造线，然后以投影线的端点为圆心绘制直径为 8 的圆，如图 1-38 所示，完成草图后退出。

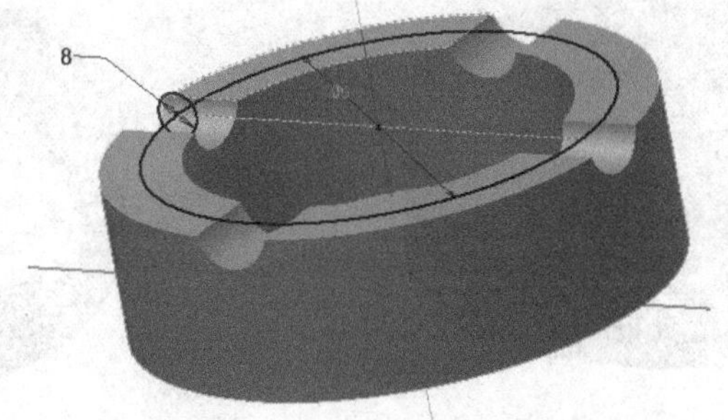

图 1-38　创建扫掠截面

(16) 创建扫掠特征。单击“创建”工具面板上的“扫掠”特征按钮 扫掠 ，弹出“扫掠”对话框。在对话框中，“截面轮廓”按钮默认选中，单击直径为 8 的圆，选择扫掠截面；再单击直径为 85 的圆，选择扫掠路径，扫掠方式选择“求差”，如图 1-39 所示。单击“确定”按钮，完成扫掠特征的创建。

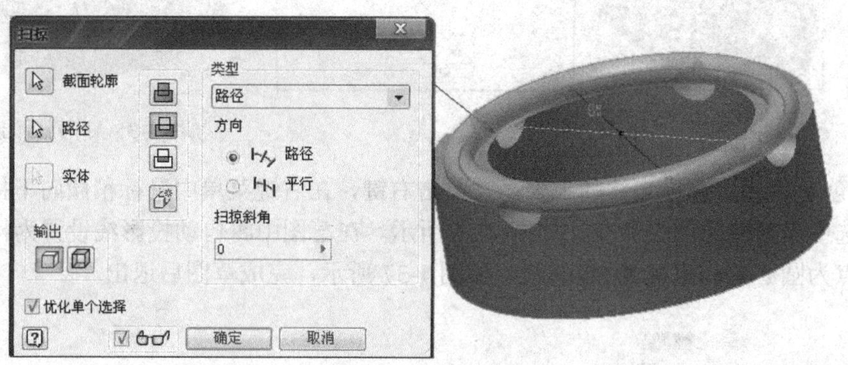

图 1-39　扫掠特征

(17) 创建圆角特征。单击“修改”工具面板上的“圆角”按钮 圆角 ，弹出“圆角”对话框，在该对话框中，半径值输入 1.25，选择要圆角的边，进行圆角，如图 1-40 所示。单击“应用”按钮，完成圆角创建。再选择其他要圆角的边，继续进行圆角处理，圆角半径仍然为 1.25，如图 1-41 和图 1-42 所示。

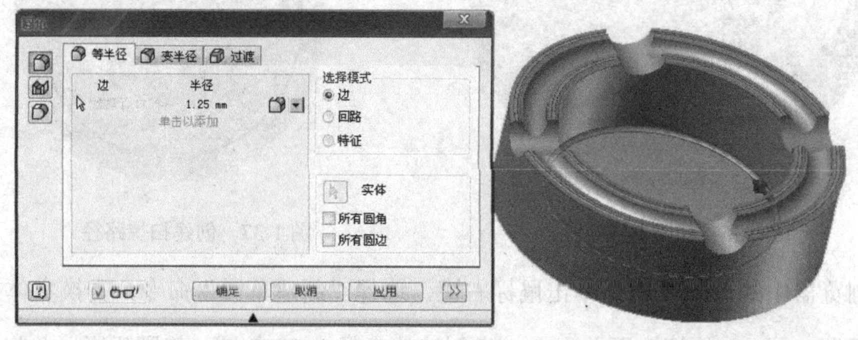

图 1-40　圆角特征 1

图 1-41　圆角特征 2

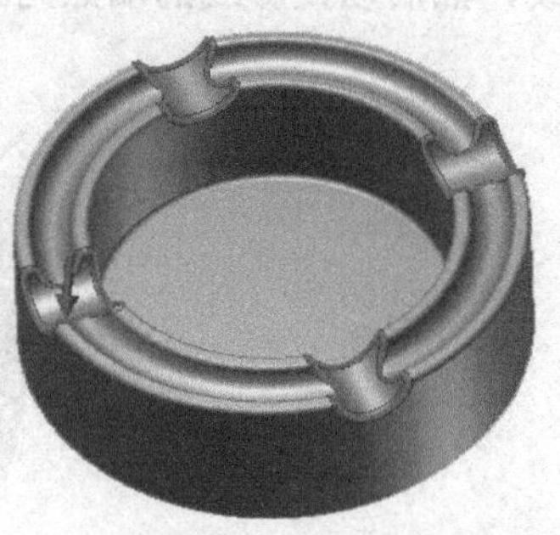

图 1-42　圆角特征 3

（18）实体颜色设置。单击快速工具条上的“按材料”按钮 按材料 右边的下拉箭头，选择“石材 01”，给实体上色，如图 1-43 所示。这样烟灰缸就制作完成，最后将文件进行保存。

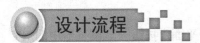

图 1-43　设置实体颜色

任务二　五角星设计

任务说明

五角星实例效果如图 1-44 所示。

图 1-44　五角星实例

设计流程

1．绘制五角星的底面和顶点草图

2. 绘制五角星的大体轮廓
3. 对五角星进行抽壳处理
4. 创建五角星的镶边
5. 对五角星进行颜色设置

设计步骤

（1）新建文件。在快速访问工具条上，单击“新建”按钮右边的下拉箭头，选择“零件”选项，创建新的零件文件，如图 1-45 所示。

（2）绘制草图。在草图环境中，单击“绘制”工具面板上的“多边形”按钮，弹出“多边形”对话框。将多边形的边数设置为 5，然后以原点为中心绘制正五边形，如图 1-46 所示。单击“约束”工具面板上的“水平”约束按钮，将正五边形一条边水平约束。并将其长度设置为 20 mm，将草图全约束。按下【Esc】键，退出当前状态，选中正五边形，将其设置为构造线，如图 1-47（a）所示。

单击“绘制”工具面板上的“直线”按钮，用直线连接正五边形的 5 个顶点，如图 1-47（b）所示。

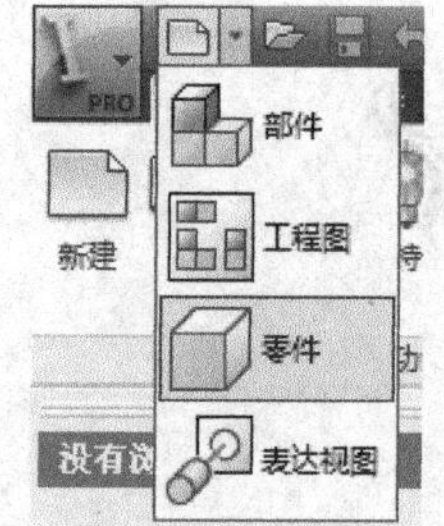

图 1-45　新建零件文件

图 1-46　绘制正五边形

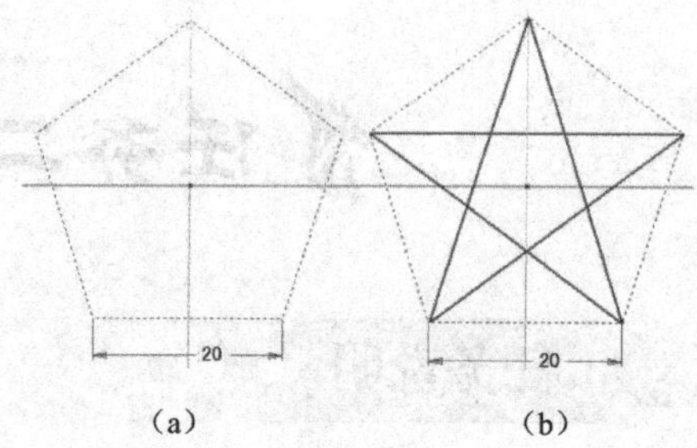

（a）　（b）

图 1-47　直线连接五边形顶点

单击“修改”工具面板上的“修剪”命令按钮，如图 1-48 所示。然后依次单击图 1-47 中的多余线段，将其修剪。

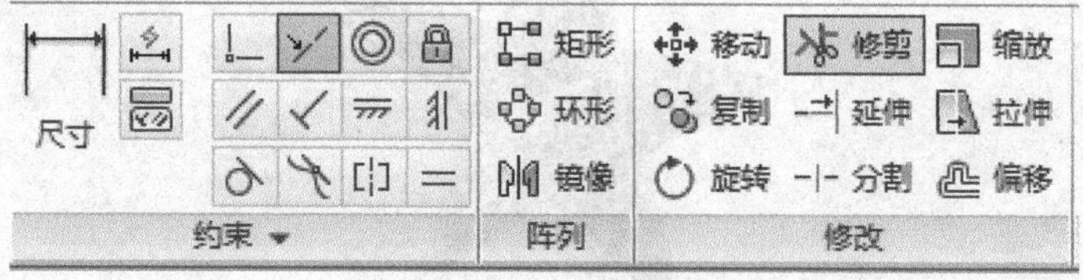

图 1-48　修剪命令图标

单击“约束”工具面板上的“共线”按钮，将修剪后的部分线段进行共线约束，将草图全约束，如图 1-49 所示，完成后退出草图环境。

（3）创建工作面。先后单击“定位特征”工具面板上的“平面”按钮、浏览器中的 XY 平面，XY 平面在绘图区可见，并且其四个角均有黄色的小圆圈。单击任一黄色圆圈，并向上拖动，输入距离 5，按【Enter】键，建立一平行于 XY 平面且与 XY 平面法向距离为 5 的工作平面，如图 1-50 所示。

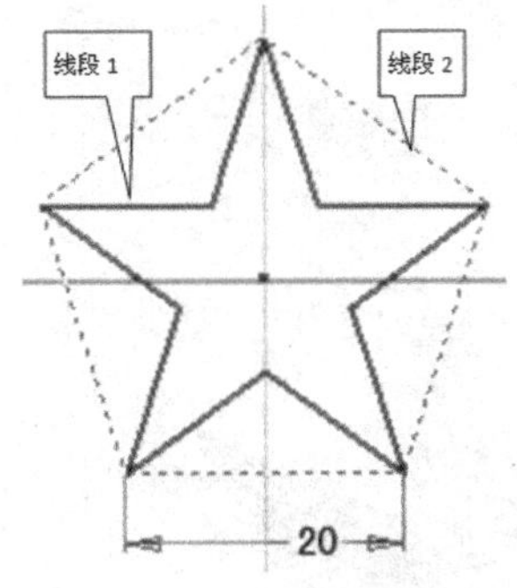

图 1-49　修剪后的效果

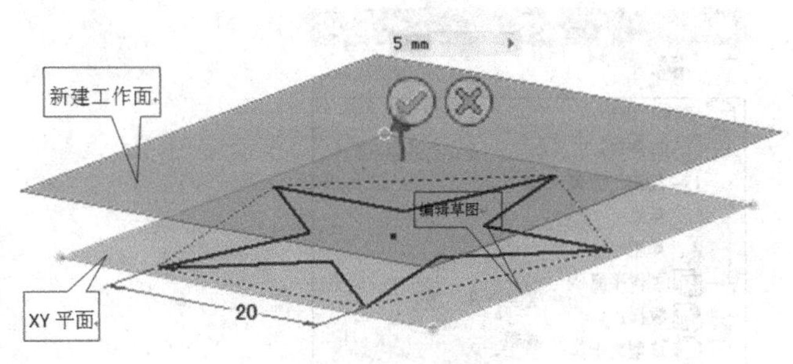

图 1-50　创建工作平面

（4）创建草图。单击步骤（3）创建的工作平面，弹出命令按钮，选择“创建草图”，如图 1-51 所示，进入草图环境。单击“绘制”工具面板上的“点”命令按钮 点 ，在原点上创建一个草图点，如图 1-52 所示，完成草图后退出草图环境。

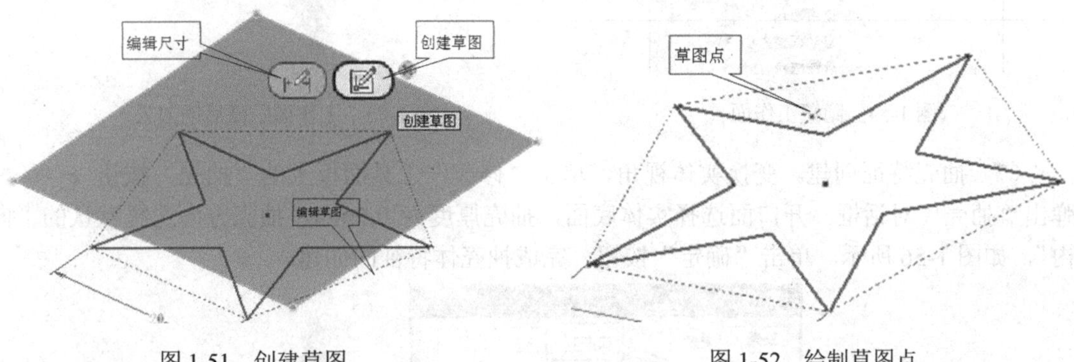

图 1-51　创建草图　　　　图 1-52　绘制草图点

（5）创建放样特征。单击“创建”工具面板上的“放样”特征按钮 放样 ，截面分别选择步骤（2）、步骤（4）创建的两个草图，如图 1-53 所示。单击“确定”按钮，完成放样特征创建。

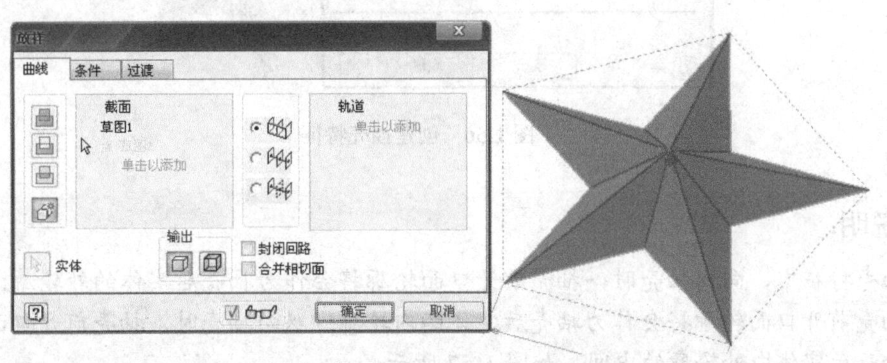

图 1-53　创建放样特征

（6）隐藏工作面。在浏览器的“工作平面 1”上，单击右键，在弹出的右键菜单中，选择“可见性”命令，将其前面的勾去掉，隐藏工作平面 1，如图 1-54 所示。平面隐藏后，实体如图 1-55 所示。

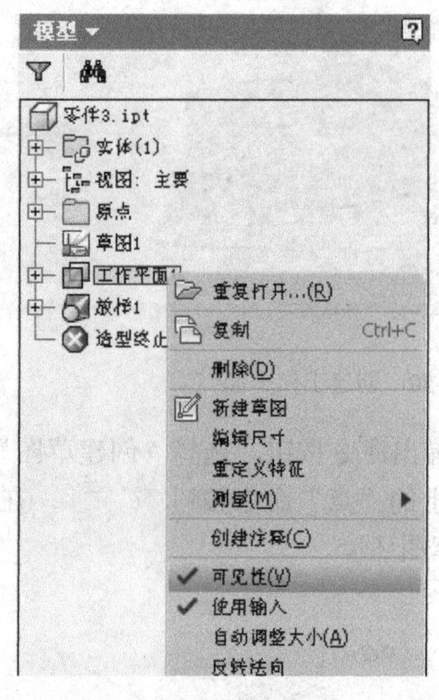

图 1-54　隐藏工作面

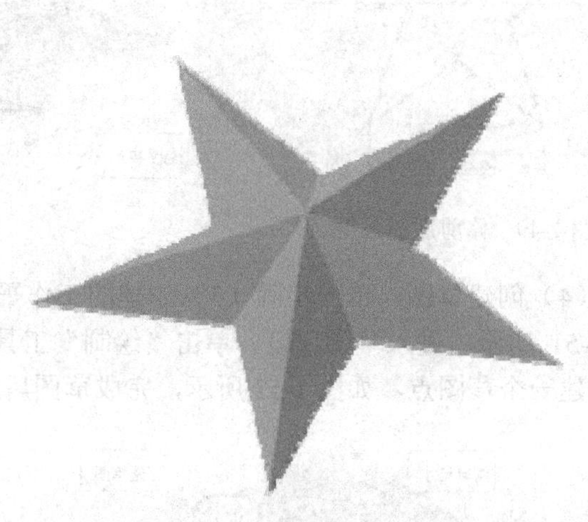

图 1-55　工作面隐藏后的效果

（7）抽壳特征创建。变换实体视角，单击“修改”工具面板上的“抽壳”按钮 ，弹出“抽壳”对话框。开口面选择实体底面，抽壳厚度为 0.5mm，抽壳方向选择默认的“向内”，如图 1-56 所示。单击“确定”按钮，完成抽壳体特征的创建。

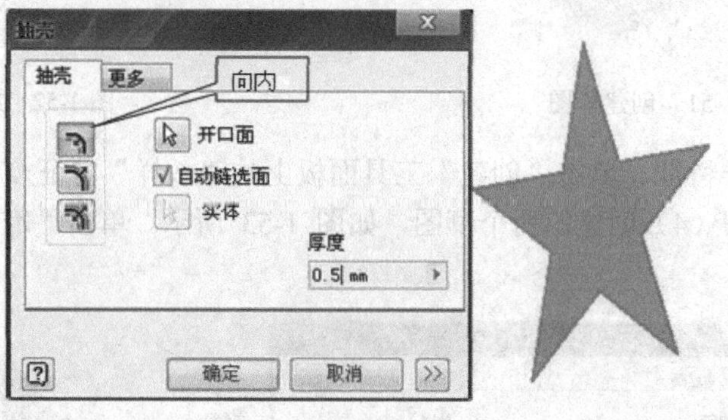

图 1-56　创建抽壳特征

说明：

在抽壳特征中，向内抽壳时，抽壳前开口面轮廓将会作为抽壳后实体的外轮廓；向外抽壳时，抽壳前开口面轮廓将会作为抽壳后实体的内轮廓；双向抽壳时，抽壳前开口面轮廓将会介于抽壳后实体内外轮廓的中间，如图 1-57 所示。

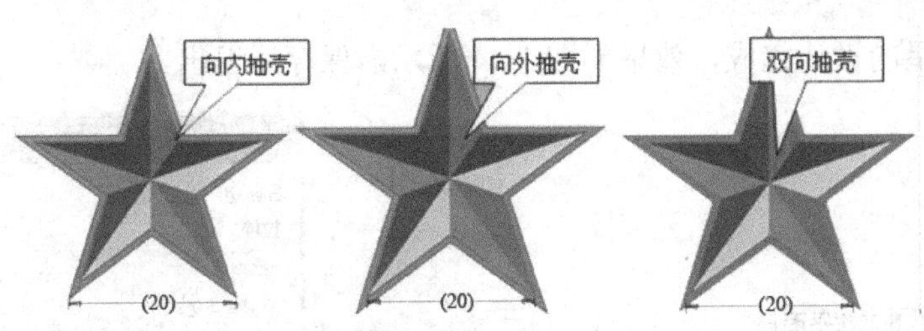

图 1-57　不同方向抽壳的比较

（8）创建草图。在实体的底面上创建草图，然后将投影的实体外轮廓线向外偏移 0.5mm，将外轮廓投影线设置为构造线，如图 1-58 所示，完成草图后退出。

（9）创建拉伸特征。利用拉伸命令，将草图向实体底面方向拉伸 0.5mm，如图 1-59 所示。

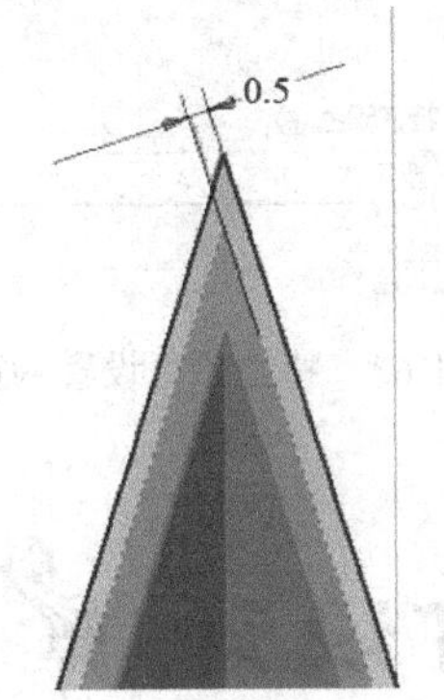

图 1-58　创建草图

图 1-59　创建拉伸特征

（10）实体颜色设置。在快速访问工具条上，单击“按材料”按钮右边的下拉箭头，选择“红色”，给实体上色，如图 1-60 所示，设置颜色后的效果如图 1-61 所示。

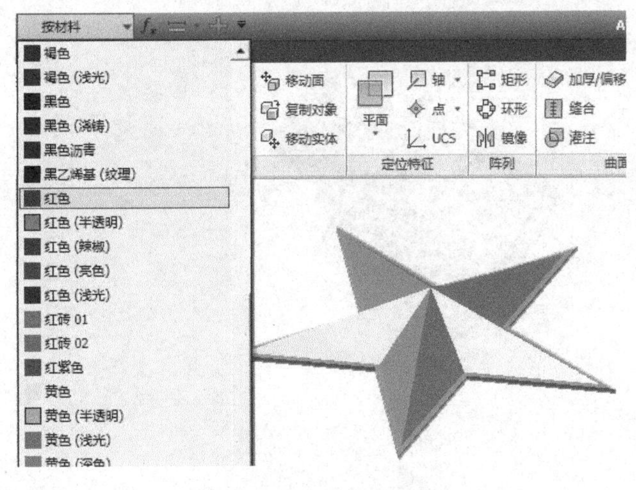

图 1-60　设置实体颜色

图 1-61　设置颜色后的效果

（11）设置特性颜色。在浏览器中的拉伸特征上单击右键，在右键菜单中，选择“特性”，如图 1-62 所示。弹出“特征特性”对话框，在“特征颜色”一栏，选择“黄色”，如图 1-63

所示。至此五角星的设计完成，效果如图 1-44 所示，保存后退出。

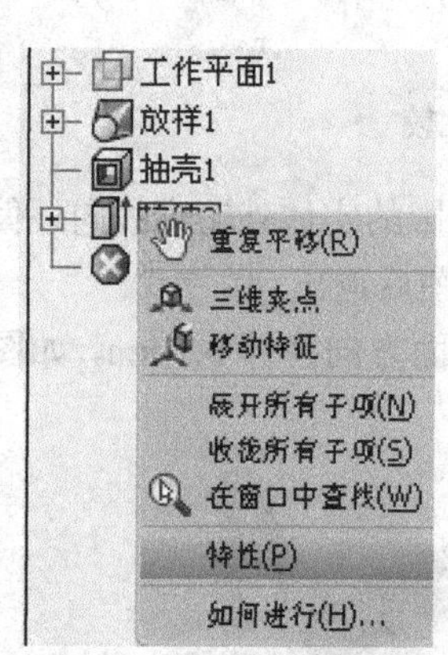

图 1-62　改变特征特性

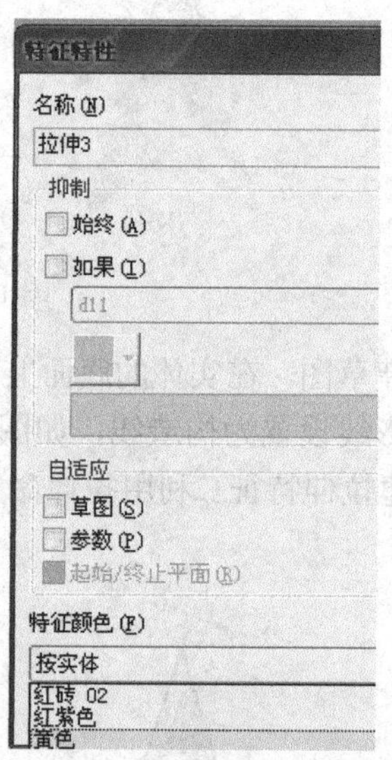

图 1-63　特性颜色设置为黄色

任务三　节能灯设计

任务说明

节能灯实例效果如图 1-64 所示。

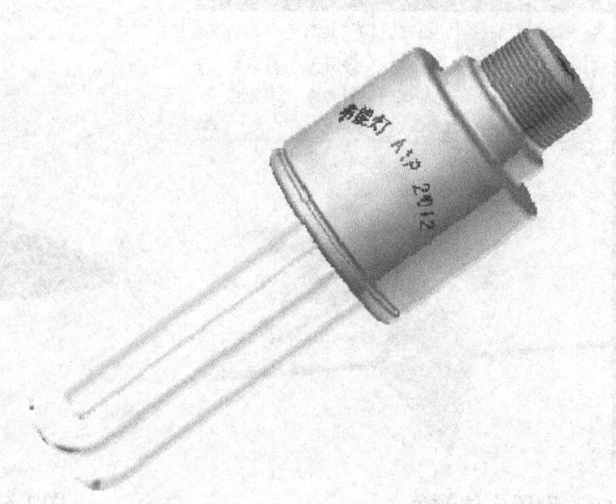

图 1-64　节能灯实例

1．绘制节能灯的底座
2．创建灯管实体
3．创建文字特征

设计步骤

（1）新建文件。在软件环境中，单击“应用程序”菜单图标 上的下拉箭头，在下拉菜单中再单击“新建”选项右边的箭头，选择“零件”，创建零件文件，如图 1-65 所示。

图 1-65　新建零件文件

（2）创建草图。利用直线命令和圆弧命令绘制如图 1-66 所示草图，并将其全约束。利用“格式”工具面板上的“中心线”按钮 中心线 ，将过原点的水平线改为中心线。

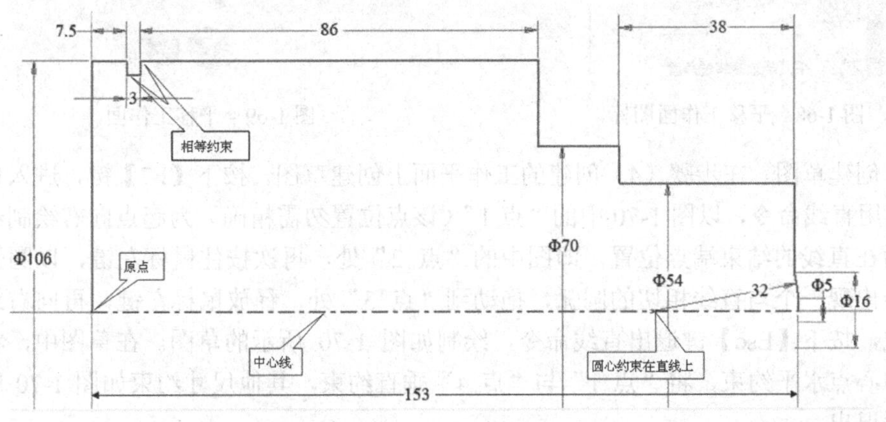

图 1-66　创建草图

（3）创建旋转特征。单击“创建”工具面板上的“旋转”按钮 ，弹出“旋转”对话框，并自动选中截面轮廓和轴，如图 1-67 所示。拖动实体上的箭头可以动态改变旋转角度，单击“确定”按钮，完成旋转特征的创建。

图 1-67　创建旋转特征

（4）创建工作面。在“定位特征”工具面板中，单击“平面”按钮上的下拉箭头，在下拉菜单中选择“从平面偏移”项，如图 1-68 所示。然后单击浏览器中的 XY 平面，弹出小工具栏，输入 25，单击“对号”按钮，完成工作平面的创建，如图 1-69 所示。

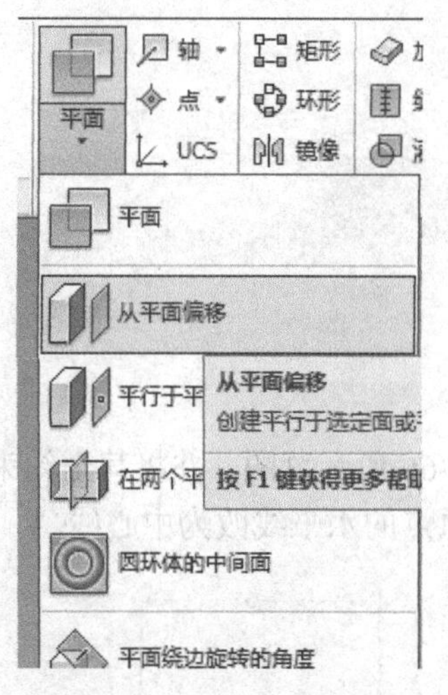

图 1-68　平移工作面图标

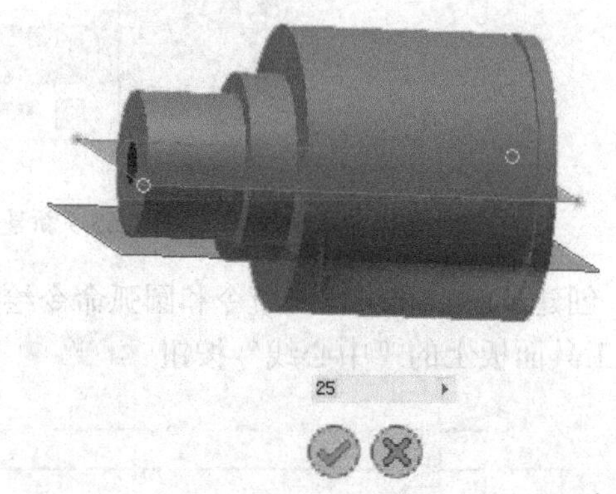

图 1-69　平移工作面

（5）创建草图。在步骤（4）创建的工作平面上创建草图，按下【F7】键，进入切片观察方式。利用直线命令，以图 1-70 中的“点 1”（该点位置勿需精确）为起点向右绘制一条水平线，然后在直线的结束端点位置，即图中的“点 2”处，再次按住鼠标左键，以圆弧状拖动鼠标，会出现一个与直线相切的圆弧，拖动到“点 3”处，释放鼠标左键，再向右绘制一条水平直线，按下【Esc】键退出直线命令，绘制如图 1-70 所示的草图。在草图中，将圆弧的圆心与中心点水平约束，将“点 1”与“点 4”垂直约束，其他尺寸约束如图 1-70 所示，完成草图后退出。

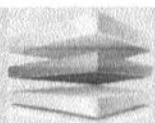

说明:

Inventor 的直线命令具有“基于手势”的绘图方法，也就是如果已经画出线段（线段既可是直线也可是曲线），用鼠标拖曳已有线段的端点，就可以画出与已有线段相切的圆弧。也可以画出与该线段的垂线相切的圆弧。拖曳已有端点可以向 8 个方向画出圆弧，如图 1-71 所示。

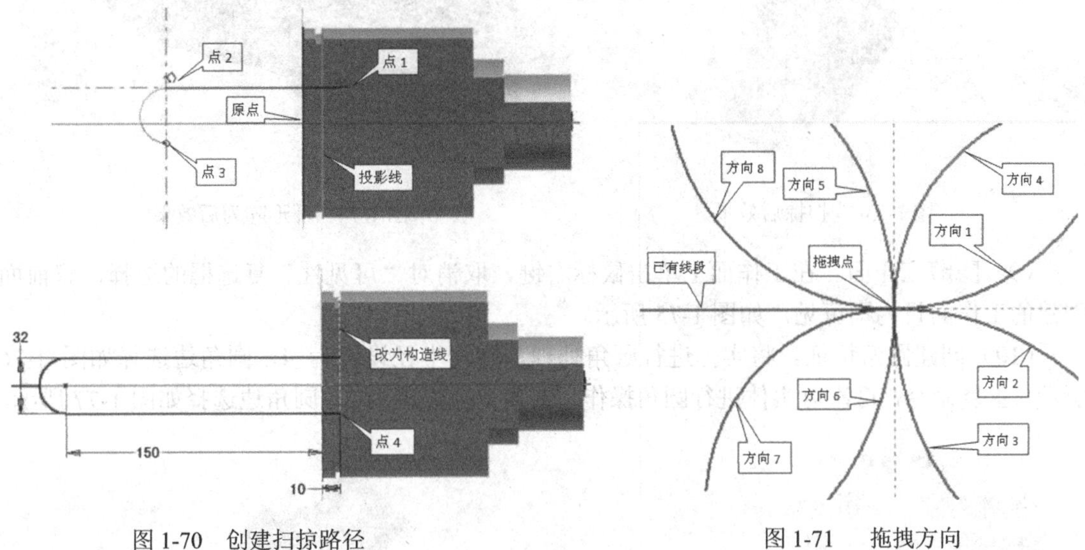

图 1-70 创建扫掠路径

图 1-71 拖拽方向

（6）创建草图。在 YZ 平面上创建草图，按下【F7】键，进入切片观察模式。变换实体的视角，投影图 1-70 中的一条直线，以投影点为圆心绘制直径为 20 的圆，如图 1-72 所示，完成草图后退出。

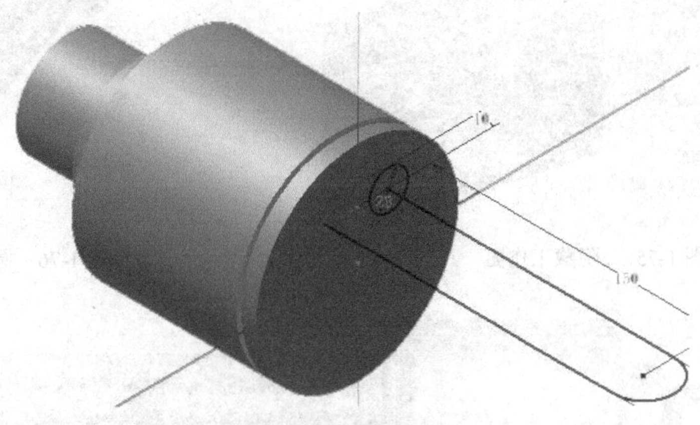

图 1-72 创建扫掠截面

（7）创建扫掠特征。利用“扫掠”特征，分别选择步骤（5）、（6）创建的路径和截面，制作灯管，效果如图 1-73 所示。

（8）创建环形阵列特征。利用“环形阵列”特征，将步骤（7）创建的灯管进行环形阵列，阵列数目选择 3，效果如图 1-74 所示。

图 1-73　扫掠后效果

图 1-74　环形阵列后效果

（9）隐藏工作面。在工作面上单击鼠标右键，取消对“可见性”复选框的选择，将前面创建的工作面设为不可见，如图 1-75 所示。

（10）创建圆角特征。将实体进行圆角处理，圆角半径设置为 4，圆角边选择如图 1-76 所示。重复命令，再次对实体进行圆角操作，圆角半径设置为 2，圆角边选择如图 1-77 所示。

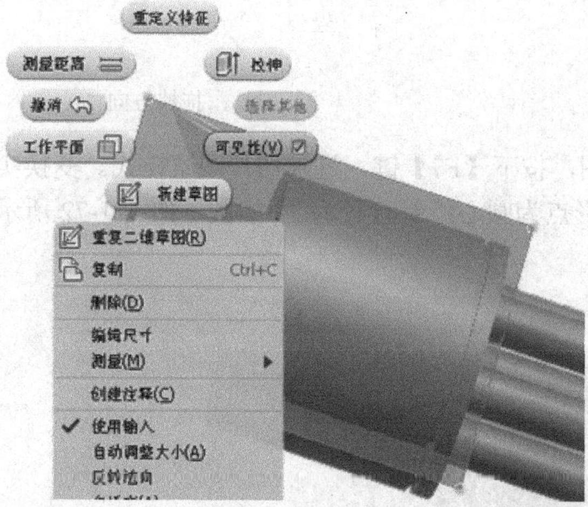

图 1-75　隐藏工作面

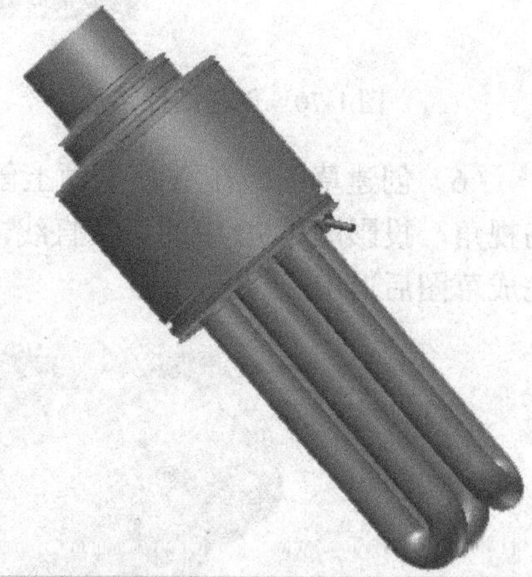

图 1-76　圆角 1

图 1-77　圆角 2

（11）创建螺纹特征。单击“修改”工具面板上的“螺纹”按钮 螺纹，弹出“螺纹”对话框。先选择需要添加螺纹的外圆面，然后单击“螺纹”工具面板上的“定义”选项卡，在“螺纹类型”中选择“GB Metric profile”，“规格”选择“M55×3”，其他保持默认设置，如图 1-78 所示。最后单击“确定”按钮，完成螺纹特征的创建。

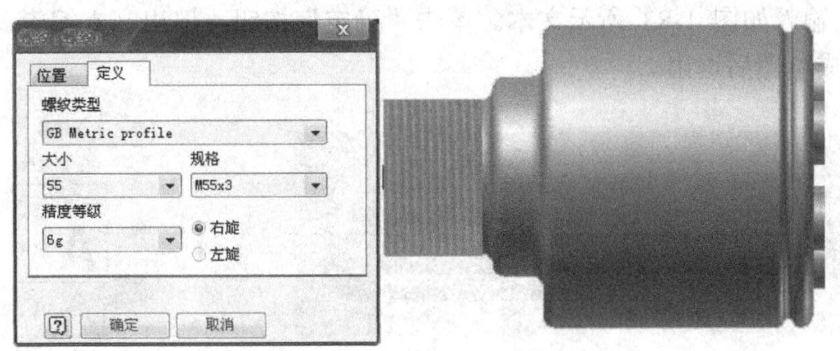

图 1-78　螺纹定义

（12）创建倒角特征。单击“修改”工具面板上的“倒角”按钮 倒角 ，弹出“倒角”对话框，将倒角边长设置为 4mm，倒角边选择如图 1-79 所示。按【Enter】键，完成倒角创建。

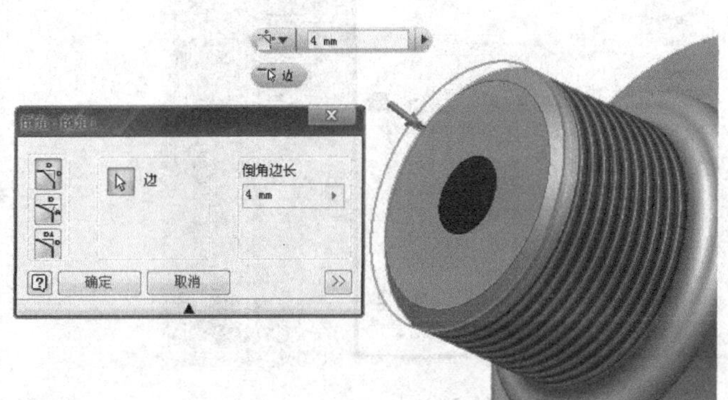

图 1-79　创建倒角特征

（13）创建工作面。先后单击“定位特征”工具面板上的“平面”按钮、浏览器中的 XY 平面、实体的最大外圆面，创建一个与外圆面相切的工作平面，如图 1-80 所示。

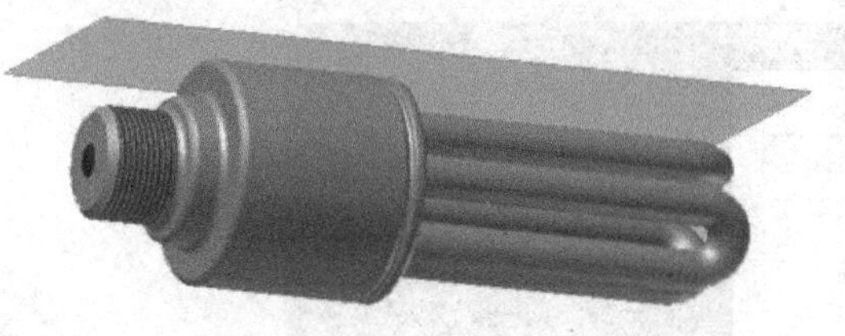

图 1-80　创建工作面

（14）创建草图。在步骤（13）创建的工作平面上创建草图。单击“绘制”工具面板上的“圆弧”按钮 圆弧 ，以三点方式绘制圆弧，将原点与圆弧圆心重合约束，圆弧两个端点垂直约束，圆弧半径为60，圆弧两端点距离为100，效果如图1-81所示。单击View Cube的旋转箭头，将视图顺时针旋转 90°。在“绘制”工具面板中，单击“文本”按钮 上的下拉箭头，选择“几何图元文本”选项，如图1-82所示。然后单击圆弧，弹出“几何图元文本”对话框。在该对话框中，将“起始角度”设置为10度；“字体”设置为“黑体”；“规格”设置为 8mm，输入如图 1-83 所示文本。单击“确定”按钮，退出文本编辑窗口，效果如图1-84所示，完成草图后退出。

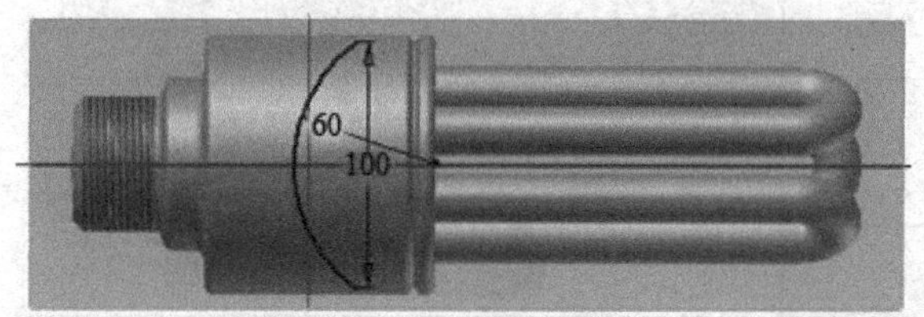

图1-81　绘制草图

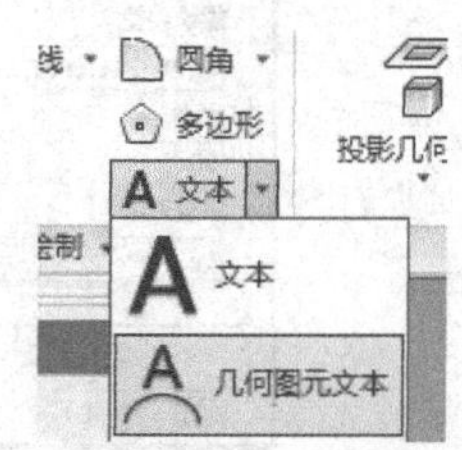

图1-82　选择几何图元文本

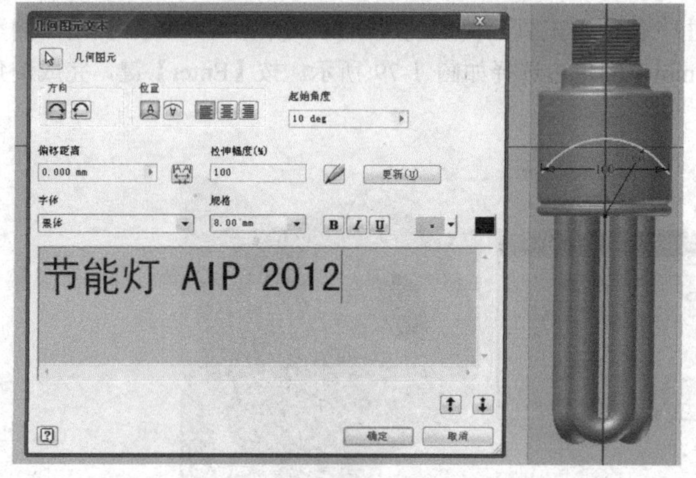

图1-83　输入文本

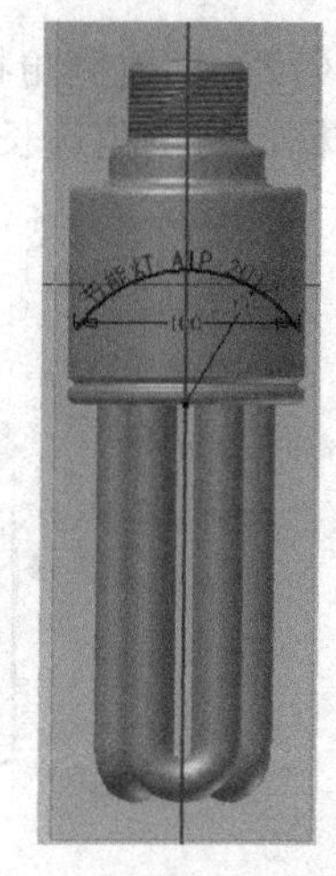

图1-84　几何图元文本

（15）创建凸雕特征。单击“创建”工具面板上的“凸雕”按钮 ，弹出“凸雕”对话框。选择文字，再勾选 “折叠到面”，选项，单击需要凸雕的外圆面，其他设置保持默认，如图1-85所示。单击“确定”按钮，完成凸雕，将工作面隐藏，效果如图1-86所示。

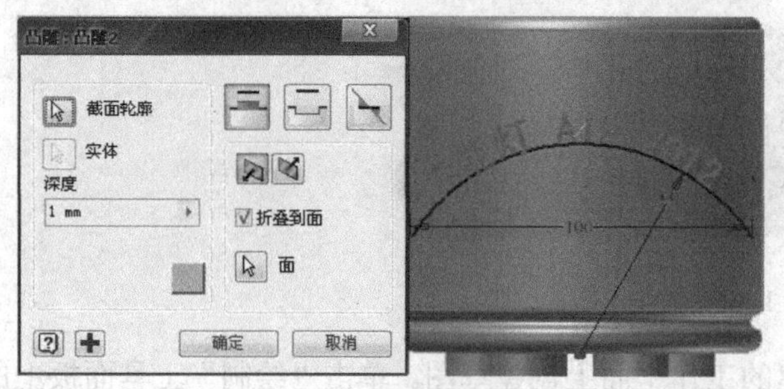

图1-85　创建凸雕特征

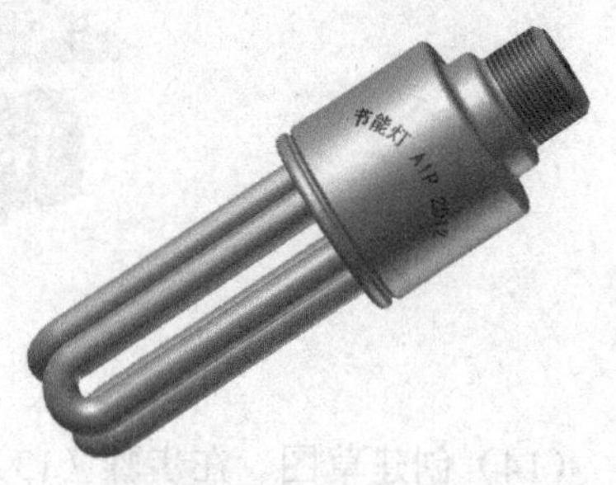

图1-86　凸雕后的效果

（16）颜色设置。将整个实体颜色设置为 灰泥 01 ，将扫掠特征以及环形阵列特征的特性颜色设置为“白色（浅光）”，将凸雕特征的特性颜色设置为红色。

在视图中，切换视角，单击实体底端的圆弧面，按下【Ctrl】键，再选择平面，单击鼠标右键，在弹出的快捷菜单中选择“特性”，如图 1-87 所示。将这两个面的颜色特性设置为黑色，保存文件后退出，最后效果如图 1-64 所示。

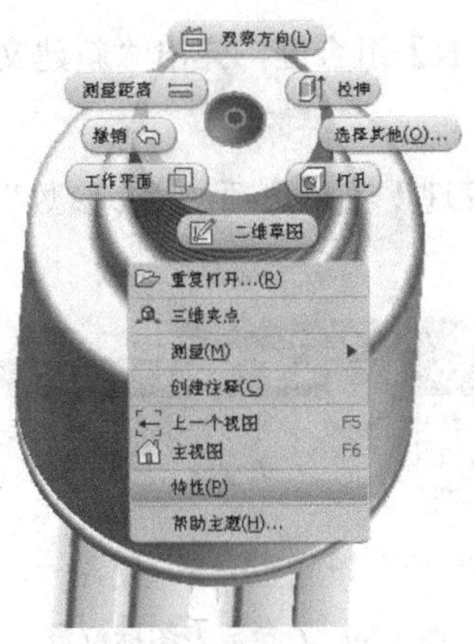

图 1-87　设置特性颜色

任务四　拉簧设计

任务说明

拉簧实例如图 1-88 所示。

图 1-88　拉簧实例

设计流程

1．绘制拉簧的基础部分
2．绘制拉簧的过渡部分

3．绘制拉簧的 R6 圆弧段

4．绘制拉簧的 R11 圆弧段

5．绘制拉簧的提手段

设计步骤

（1）新建文件。按住【Ctrl + N】组合键，弹出“新建文件”窗口，选择“Standard.ipt”，新建零件文件。

（2）f_x参数表介绍。单击“管理”菜单选项的“f_x参数”按钮 f_x参数 ，如图 1-89 所示，弹出“f_x参数”表。

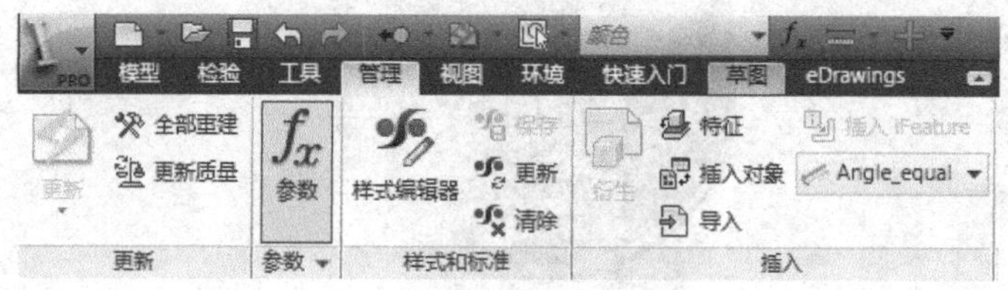

图 1-89　f_x参数表图标位置

在该参数表中，选择“用户参数”，单击下面的“添加数字”按钮，输入用户参数“螺距”，在“表达式”一栏输入 2.0mm。重复命令，添加用户参数“转数”，单击“转数”的“单位类型”一栏，弹出“单位类型”窗口，选择“无量纲”下的“无量纲（ul)”，如图 1-90 所示。单击“确定”按钮，退出“参数”对话框，在用户参数“转数”的“表达式”一栏中输入“9.9”，单击“完毕”按钮，退出“f_x参数”表。

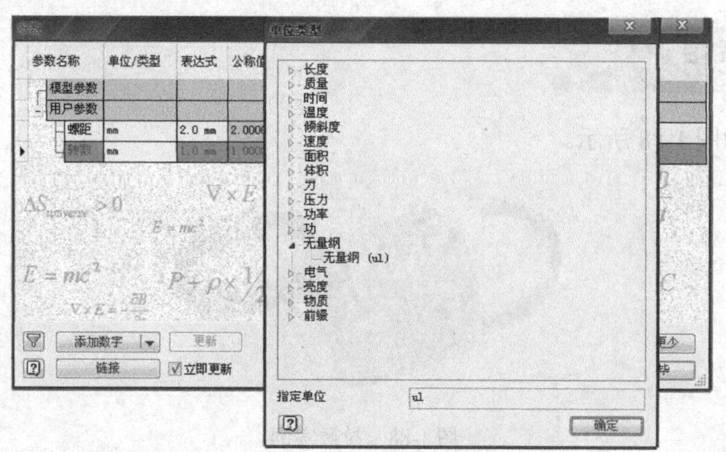

图 1-90　单位类型窗口

说明：

在 Inventor 中，所有的尺寸都保存在“f_x参数”表中，图 1-91 是“五角星”实例的“f_x参数”表，第一个标注的尺寸是 d0，第二个标注的尺寸是 d1，以此类推。建立用户参数后，将来用户如果需要修改设计参数，那么只需要修改参数表中的用户参数的数值即可，模型以及工程图都将会随着参数的变化而发生变化。

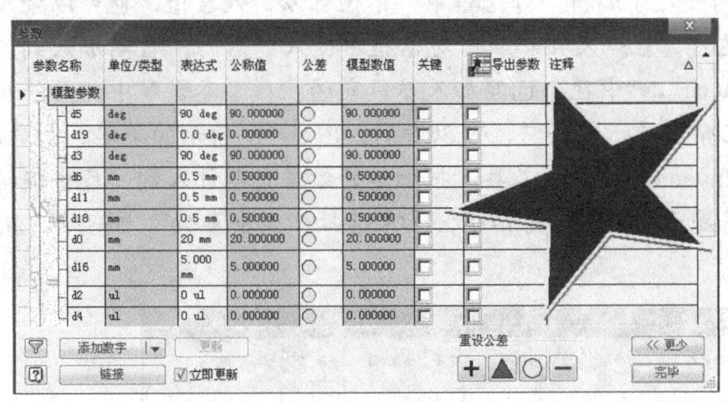

参数名称	单位/类型	表达式	公称值	公差	模型数值	关键	导出参数	注释
模型参数								
d5	deg	90 deg	90.000000		90.000000			
d19	deg	0.0 deg	0.000000		0.000000			
d3	deg	90 deg	90.000000		90.000000			
d6	mm	0.5 mm	0.500000		0.500000			
d11	mm	0.5 mm	0.500000		0.500000			
d18	mm	0.5 mm	0.500000		0.500000			
d0	mm	20 mm	20.000000		20.000000			
d16	mm	5.000 mm	5.000000		5.000000			
d2	ul	0 ul	0.000000		0.000000			
d4	ul	0 ul	0.000000		0.000000			

图 1-91　五角星实例的 f_x 参数表

（3）绘制草图。单击“草图”菜单选项卡，进入草图环境。绘制垂直中心线，将中心线的中点与原点重合约束。绘制圆，在“编辑尺寸”对话框中输入“截面＝1.999”，如图 1-92 所示。标注圆心到中心线的尺寸时，输入“中径＝20mm”。将圆心与原点进行水平约束，完成草图后退出草图环境。

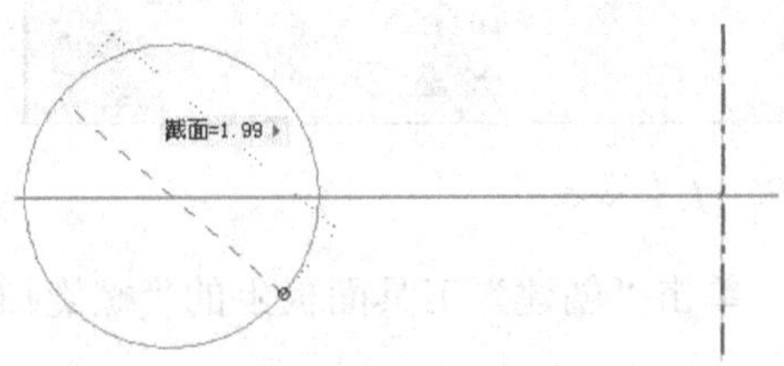

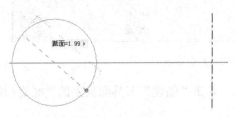

图 1-92　绘制草图

（4）改变尺寸显示方式。在绘图区，单击鼠标右键，在右键菜单中选择“尺寸显示”下的“表达式”，如图 1-93 所示。这样所有尺寸将以“表达式”方式显示，如图 1-94 所示。

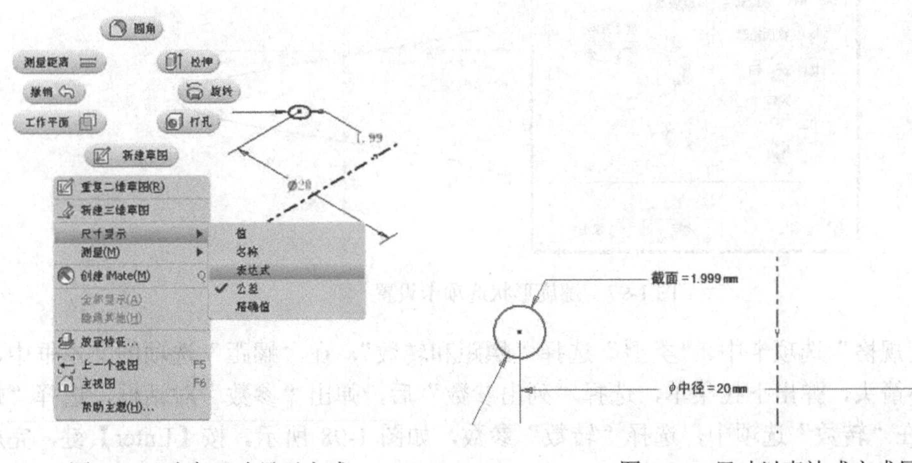

图 1-93　改变尺寸显示方式

图 1-94　尺寸以表达式方式显示

说明：

在 Inventor 的“尺寸编辑”对话框中，不但可以输入数值，也可以输入带有名称的表达式，或者运算表达式。在“尺寸编辑”对话框中输入的名称，自动加入到“f_x参数”表，如图 1-95 所示，“截面”、“中径”已经加入参数表的“模型参数”中。另外在“尺寸编辑”对话框中，有个小三角符号，单击它，可以看到如图 1-96 所示的菜单。如果选择了“测量”，实际上是调用了 Inventor 的测量工具，把测量的结果自动计入到“尺寸编辑”对话框中；如果选择“公差”将显示“公差”对话框；如果选择“列出参数”，将会从“f_x参数”表中调用尺寸。

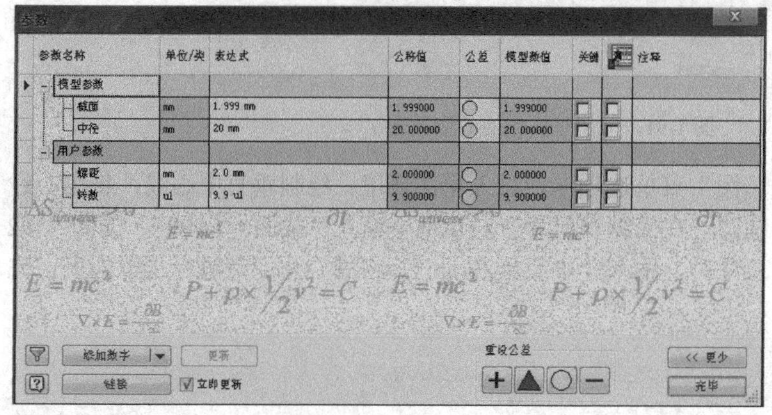

图 1-95 f_x参数表

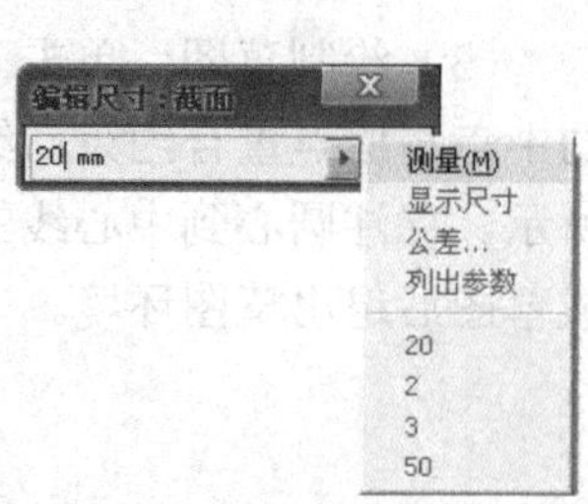

图 1-96 编辑尺寸

（5）创建螺旋扫掠特征。单击“创建”工具面板上的“螺旋扫掠”按钮 螺旋扫掠 ，弹出“螺旋扫掠”对话框。

在面板的“螺旋形状”选项卡中，“截面”选择直径为 1.999mm 的圆，“轴”选择中心线，如图 1-97 所示。

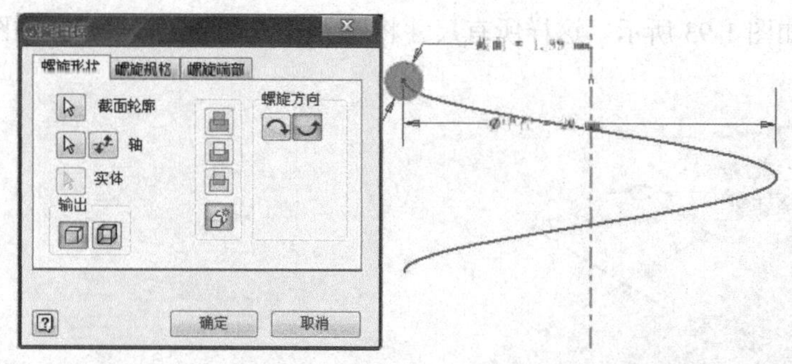

图 1-97 螺旋形状选项卡设置

在“螺旋规格”选项卡中，“类型”选择“螺距和转数”，在“螺距”选项的文本框中，单击右侧的小箭头，弹出下拉菜单，选择“列出参数”后，弹出“参数”对话框，选择“螺距”，同样，在“转数”选项中，选择“转数”参数，如图 1-98 所示。按【Enter】键，完成螺旋扫掠特征的创建，效果如图 1-99 所示。

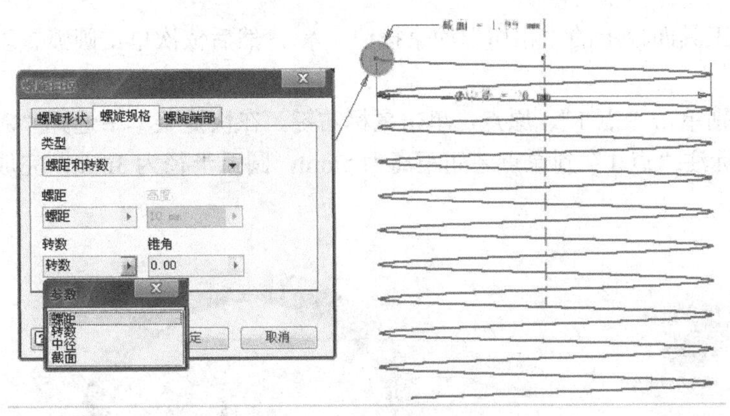

图 1-98　螺旋规格选项卡设置

图 1-99　螺旋扫掠后的效果

说明:

在 Inventor 的“螺旋扫掠”特征中，螺距的值要大于参与扫掠的截面直径，否则在创建特征时，会出现错误提示。另外“螺旋扫掠”与前面应用过的“螺纹”特征是有区别的，“螺旋扫掠”可以用来创建比较详细的接近现实的螺纹特征，会改变零件的原型。而位于“修改”面板下的“螺纹”特征，只是将一个具有螺纹代码的贴图贴在创建螺纹的表面上。同时“螺纹”特征还提供了螺纹的设计信息，可以传承到工程图中。

（6）设置实体颜色。将实体的颜色设置为“橙色”。

（7）创建扫掠截面草图。在图 1-100 中所示截面上创建草图，自动投影截面，完成草图后退出。

（8）创建扫掠路径草图。在 XZ 平面上创建草图，按下【F7】键，进入切片观察方式。投影图 1-100 中所示截面，并将投影线设置为构造线，过投影线中点即图 1-101 中的“点 2”，绘制一条垂线，将其也设置为构造线。利用直线命令从图中所示的“点 1”起始（点 1 位置不需要很精确）绘制直线、圆弧，终止于“点 2”，如图 1-101 所示。

图 1-100　选择草图依附平面

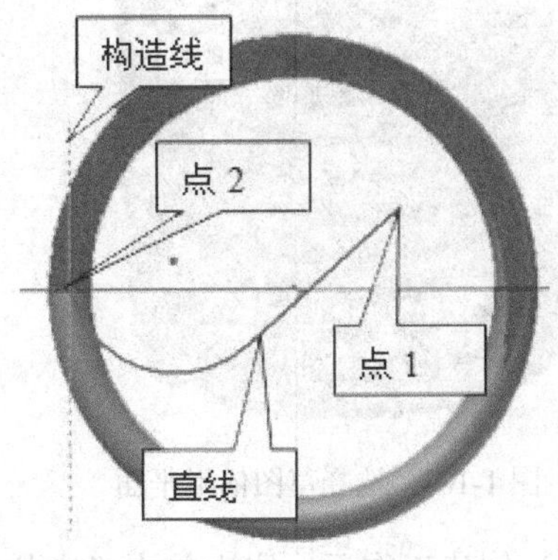

图 1-101　绘制草图

单击“约束”工具面板上的“重合约束”按钮，单击原点，再单击图中的直线，将原点约束在直线上。单击“约束”工具面板上的“相切”约束按钮 ，然后依次单击圆弧、垂直构造线，将其进行相切约束。

选择“尺寸”命令，再分别单击“点 1”、原点，单击鼠标右键，在快捷菜单中选择“对齐”命令，如图 1-102 所示。标注“点 1”到原点之间距离为 5mm，圆弧半径为 3mm，完成草图后的效果如图 1-103 所示。

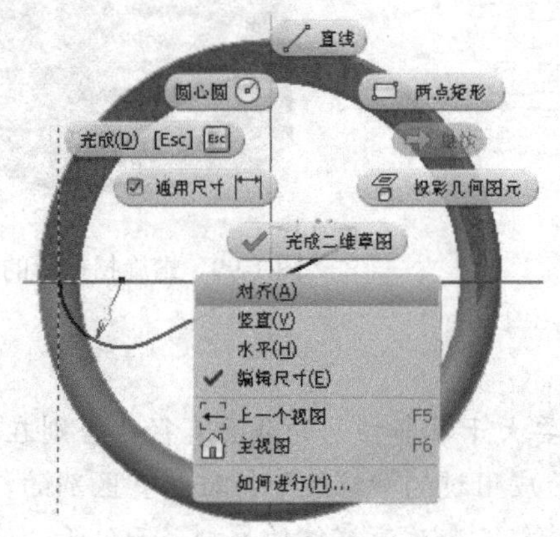

图 1-102 对齐方式标注尺寸

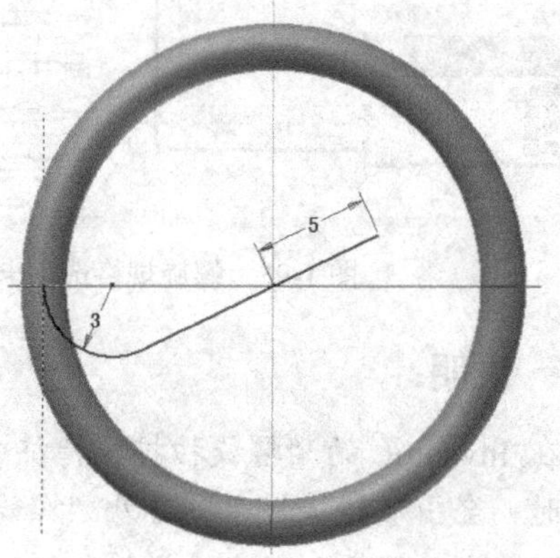

图 1-103 尺寸对齐标注后的效果

（9）创建扫掠特征。单击“创建”工具面板上的“扫掠”按钮，以步骤（7）绘制的草图为扫掠截面、步骤（8）绘制的草图为扫掠路径，创建扫掠特征。完成扫掠后，并将扫掠特征的特性颜色设置为“海绿色”，效果如图 1-104 所示。

（10）创建扫掠截面。在图 1-104 中所示截面上创建草图，自动投影截面，完成草图后退出。

（11）创建工作轴。单击“定位特征”工具面板上的“轴”定位按钮 ，然后选择步骤（10）创建的草图，创建一个工作轴，如图 1-105 所示。

图 1-104 选择草图依附平面

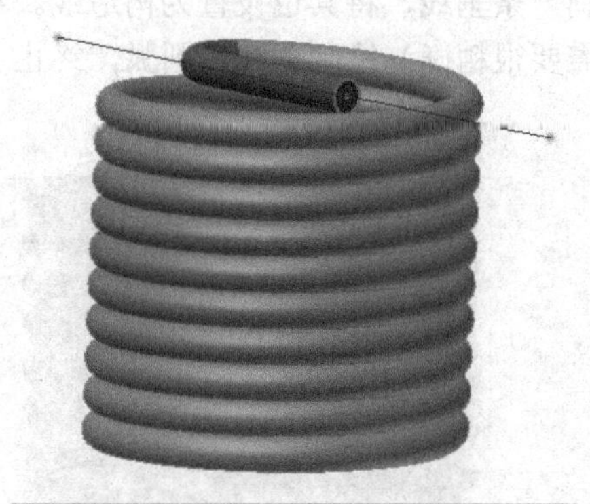

图 1-105 创建工作轴

（12）创建工作面。依次单击“定位特征”上的“平面”按钮、上一步创建的工作轴、浏览器中的 XZ 工作面。在弹出的“角度”文本框中，输入“90”，单击“对号”按钮，创建如图 1-106 所示的工作面。

（13）创建扫掠路径。在步骤（12）创建的工作面上创建草图，在草图环境中，切换视图视角至合适位置。投影浏览器中的坐标原点、步骤（11）创建的工作轴、步骤（10）创建的草图。绘制一条垂直于工作轴投影线的垂线，并将该垂线至中心点的距离设置为“中径/2”，将以上投影线及绘制的垂线均设置为构造线。利用圆弧命令，以截面投影线的中点为第一点，辅助线上任意一点为第二点，绘制圆弧。将圆弧与工作轴投影线、辅助线进行相切约束，如图 1-107 所示，完成草图后退出。

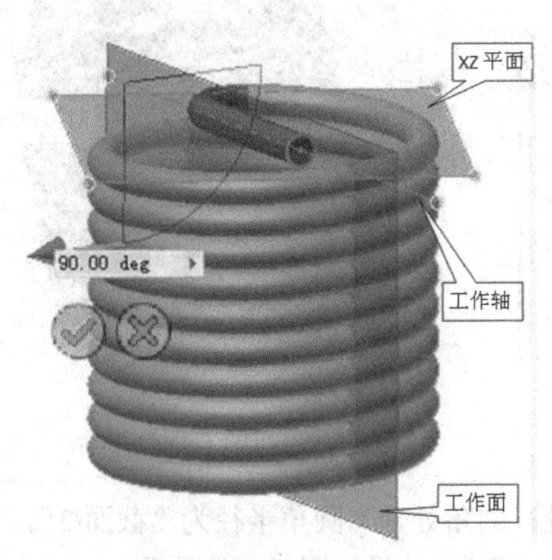

图 1-106　创建工作面

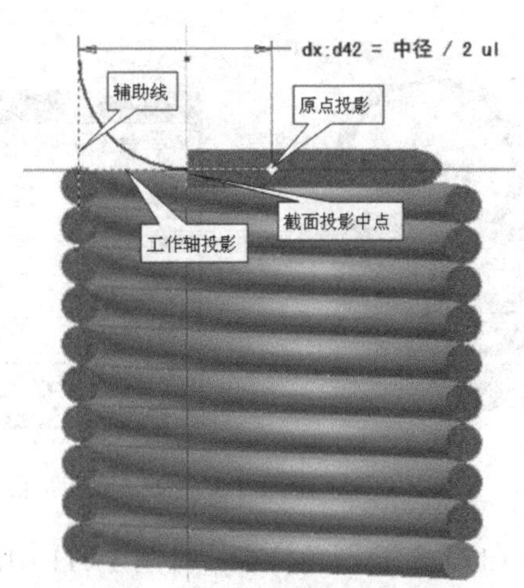

图 1-107　创建草图

（14）创建扫掠特征。单击“创建”工具面板上的“扫掠”按钮，以步骤（10）绘制的草图为扫掠截面、步骤（13）绘制的草图为扫掠路径，创建扫掠特征。完成扫掠后，并将该扫掠特征的特性颜色设置为“淡紫色”，效果如图 1-108 所示。

（15）绘制草图。在图 1-108 所示的截面上创建草图。投影步骤（11）所创建的工作轴，并将其设置为构造线，绘制一条垂直于工作轴投影线的垂线，并将其设置为中心线。利用“重合约束”将中心点约束在中心线上，如图 1-109 所示，完成草图后退出。

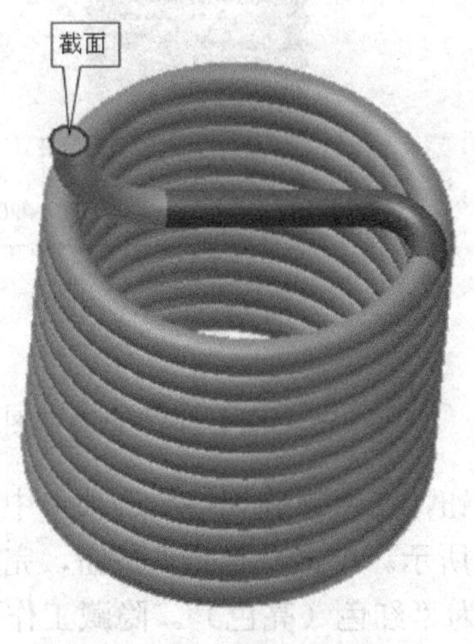

图 1-108　扫掠后的效果

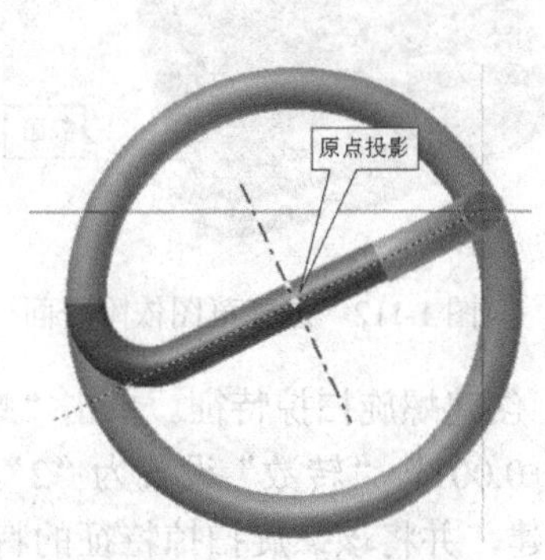

图 1-109　绘制中心线

（16）创建旋转特征。单击“旋转”按钮，弹出“旋转”对话框，在“范围”栏中，选择“角度”选项，并输入旋转角度为180deg，如图1-110所示。单击“确定”按钮，完成“旋转”特征的创建，并将旋转特征的特性颜色设置为“蓝色”，效果如图1-111所示。

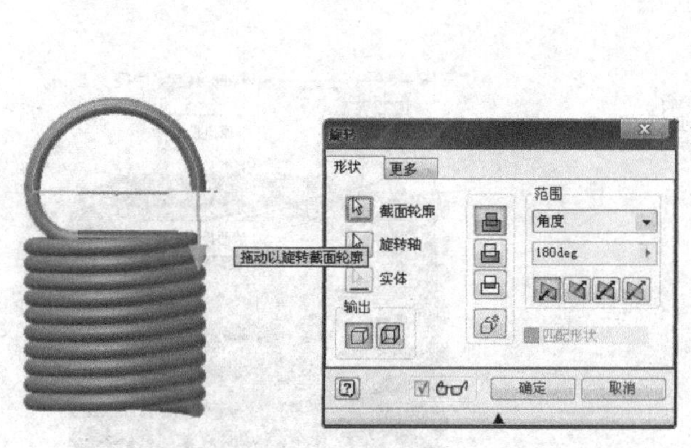

图1-110　创建旋转特征

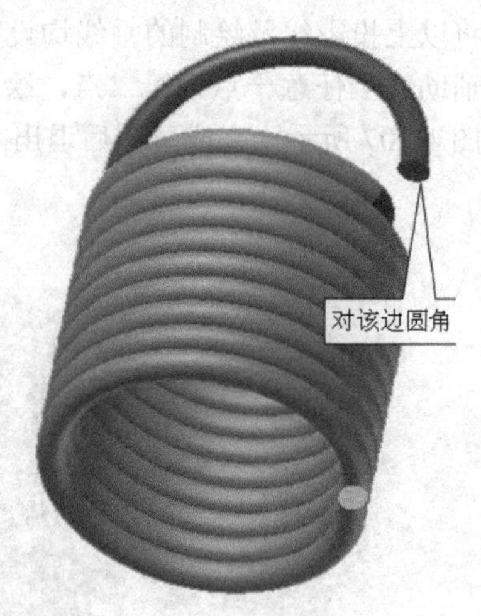

图1-111　圆角

（17）创建圆角特征。将图1-111中所示的边进行圆角处理，圆角半径为“截面/2”。完成圆角特征创建后，将圆角特征的特性颜色设置为“黑色”，效果如图1-112所示。

（18）创建扫掠截面草图。在图1-112中所示截面上创建草图，自动投影截面，绘制一中心线，投影截面圆心到中心线的距离设置为“中径/2”，如图1-113所示，完成草图后退出。

图1-112　选择草图依附平面

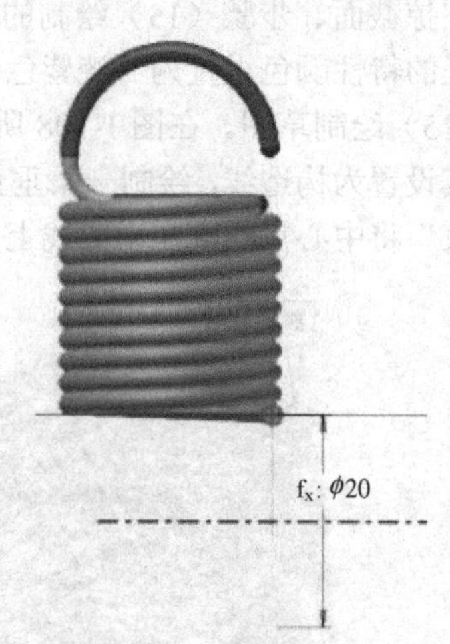

图1-113　创建草图

（19）创建螺旋扫掠特征。单击“螺旋扫掠”按钮，在“螺旋规格”选项卡中，螺距设置为“螺距+0.001”，“转数”设置为“2”，如图1-114所示。单击“确定”按钮，完成螺旋扫掠特征的创建，并将该螺旋扫掠特征的特性颜色设置为“红色（亮色）”。隐藏工作面与工作轴后的效果如图1-115所示。

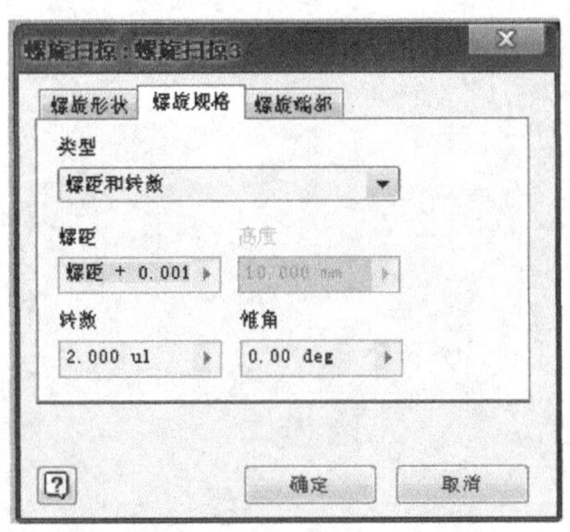

图 1-114 螺旋规格选项卡设置

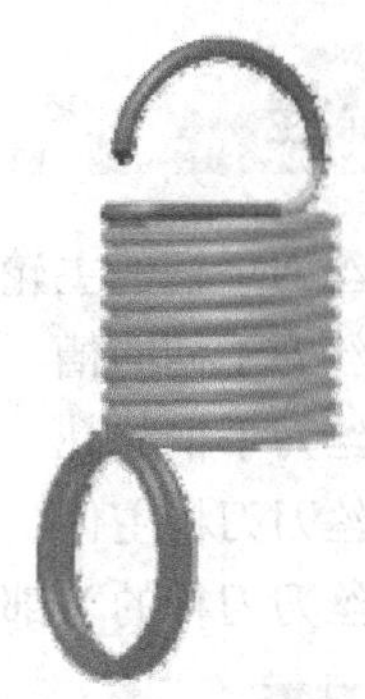

图 1-115 实例效果

（20）重命名特征名称。在浏览器的特征名称上单击两次，将需要重命名的特征名称进行重命名，如图 1-116 所示即为名称修改前后的对比。

修改前	修改后
拉簧.ipt	拉簧.ipt
实体(1)	实体(1)
视图：主要	视图：主要
原点	原点
螺旋扫掠1	基础部分
扫掠1	过度部分
草图5	草图5
工作平面2	工作平面2
草图8	草图8
扫掠2	R6圆弧段
旋转1	R11圆弧段
圆角2	圆角2
螺旋扫掠2	提手段
造型终止	造型终止

图 1-116 修改特征名称

任务五 螺丝刀设计

任务说明

螺丝刀实例如图 1-117 所示。

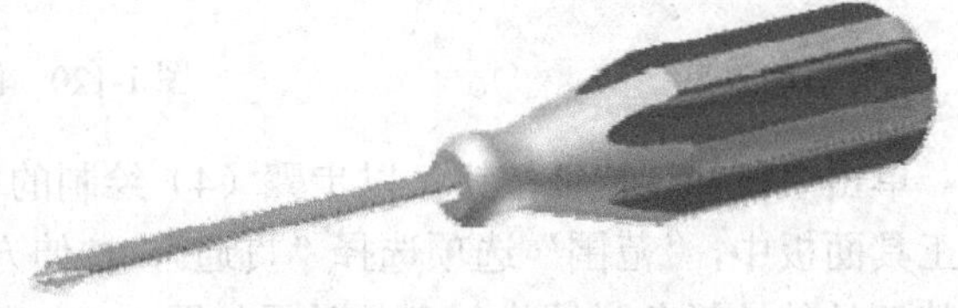

图 1-117 螺丝刀实例

设计流程

1．绘制螺丝刀手柄的主轮廓
2．绘制螺丝刀手柄的槽
3．绘制螺丝刀手柄的孔
4．绘制螺丝刀刀杆主体
5．绘制螺丝刀刀杆的头部

设计步骤

（1）新建零件文件。新建零件文件并绘制如图 1-118 所示草图，完成后退出草图环境。

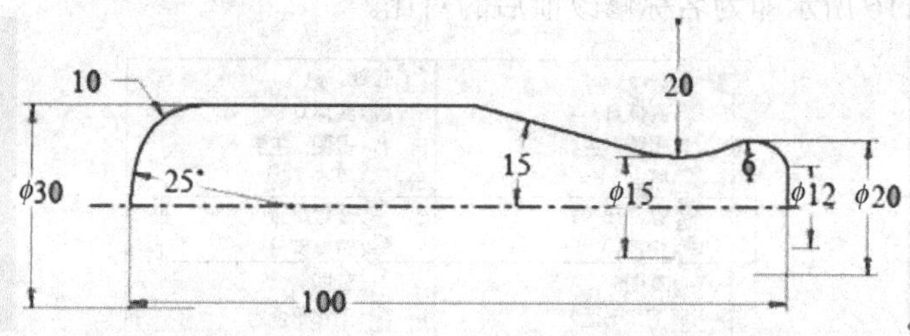

图 1-118　绘制草图

（2）创建旋转特征。将步骤（1）创建的草图进行旋转，创建螺丝刀手柄的主轮廓。

（3）颜色设置。将实体的颜色设置为“木材（松木）”，手柄底部曲面的特性颜色设置为“橙色”，如图 1-119 所示。

（4）绘制草图。在螺丝刀手柄顶端的平面上创建草图。将投影线设置为构造线，绘制一直径为 8mm 的圆，将圆心与原点进行垂直约束，圆心到原点的距离设置为 15mm，如图 1-120 所示，完成草图后退出草图环境。

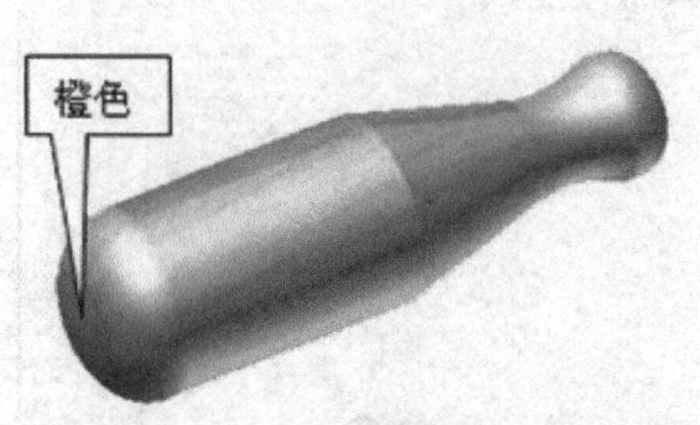

图 1-119　旋转后的效果

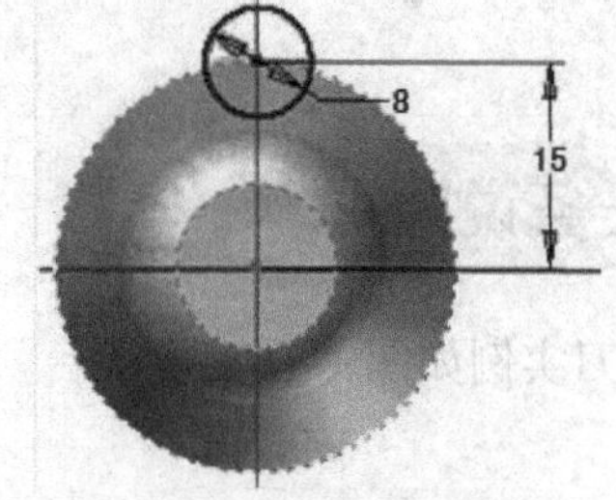

图 1-120　创建草图

（5）创建拉伸特征。单击“拉伸”特征按钮，以步骤（4）绘制的草图为截面轮廓，进行拉伸特征创建，在拉伸工具面板中，“范围”选项选择“贯通”，拉伸方式选择“求差”。完成拉伸特征创建后，将该特征的特性颜色设置为红色，效果如图 1-121 所示。

（6）圆角特征创建。单击“圆角”按钮，对图 1-121 所示的回路进行圆角特征创建。圆角半径设置为 1mm，在“选择模式”栏，选择“回路”，如图 1-122 所示。

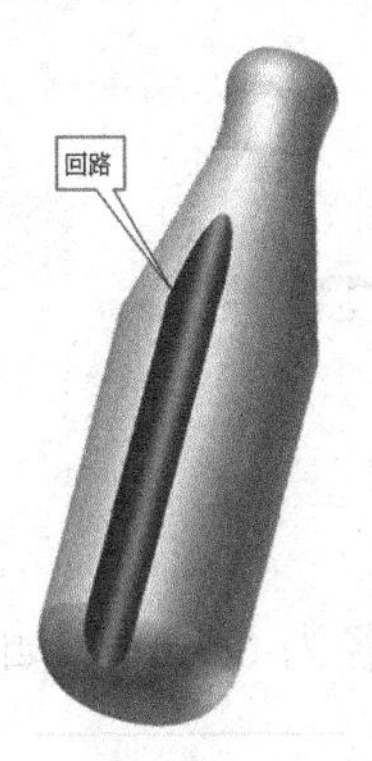

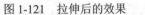

图 1-121　拉伸后的效果

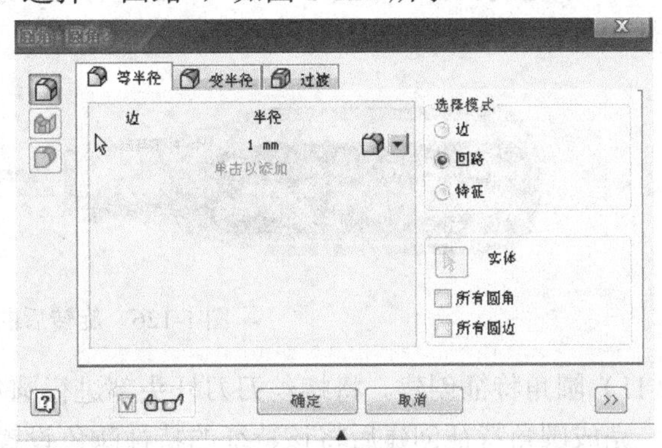

图 1-122　对回路圆角

（7）创建环形阵列特征。单击“环形阵列”特征按钮，将步骤（5）、步骤（6）创建的拉伸特征、圆角特征进行阵列，阵列的个数设置为 6，中心轴选择手柄的中心。完成环形阵列特征创建后，将其特性颜色设置为红色，效果如图 1-123 所示。

（8）创建孔特征。单击“修改”工具面板上的“孔”按钮 ，弹出“打孔”对话框。在“打孔”对话框上的“放置”栏，选择“同心”选项，单击手柄上放置孔的面，再单击手柄的外圆，“终止方式”选择“距离”，孔的直径设置为 6mm，孔深设置为 30mm，如图 1-124 所示。

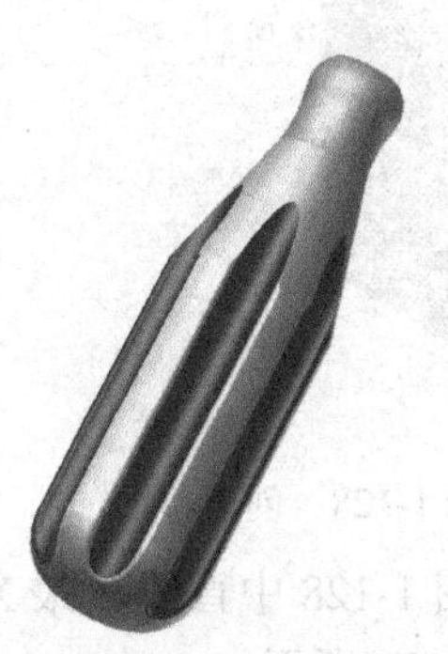

图 1-123　环形阵列后的效果

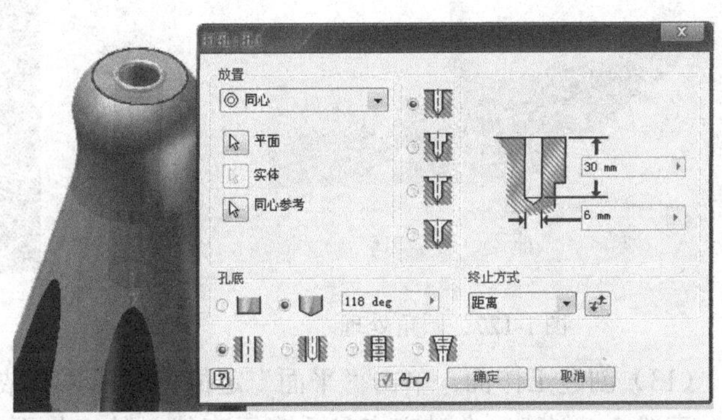

图 1-124　创建同心孔

（9）创建草图。在 XZ 平面上创建草图，按下【F7】键进入切片观察方式，绘制如图 1-125 所示草图，并将草图全约束，完成后退出草图环境。

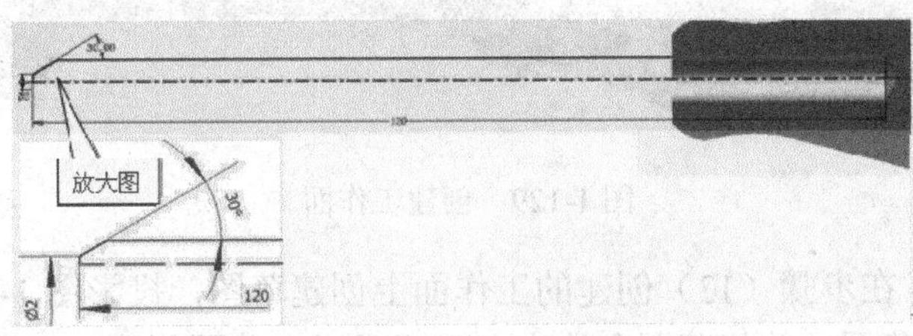

图 1-125　创建草图

（10）创建旋转特征。将步骤（9）绘制的草图进行旋转，完成旋转特征创建后，将特征的特性颜色设置为“铬合金”，如图 1-126 所示。

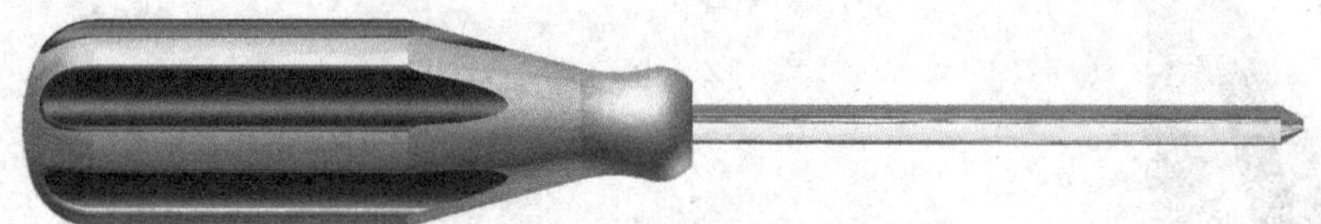

图 1-126　旋转后的效果

（11）圆角特征创建。将螺丝刀刀杆头部进行圆角处理，圆角半径为 0.5mm，如图 1-127 所示。完成圆角特征创建后将该特征的特性颜色设置为“铬合金”。

（12）创建草图。在 XY 平面上创建草图，按下【F7】键进入切片观察方式。投影螺丝刀刀杆的头部，以投影线的端点为起点绘制一条跟 X 轴相交的直线，即图 1-128 中的直线 1。将直线 1 与投影线进行“共线”约束，并将其设置为构造线。绘制直线 2，并让其与 X 轴夹角成 12 度，如图 1-128 所示，完成草图后退出。

图 1-127　圆角处理

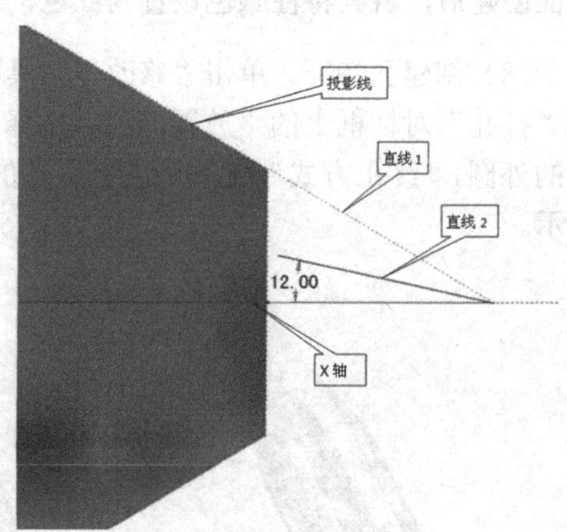

图 1-128　创建草图

（13）创建工作面。单击“平面”定位特征后，再依次单击图 1-128 中直线 2 跟 X 轴的交点、直线 2，创建一个过交点且垂直于直线 2 的工作面，如图 1-129 所示。

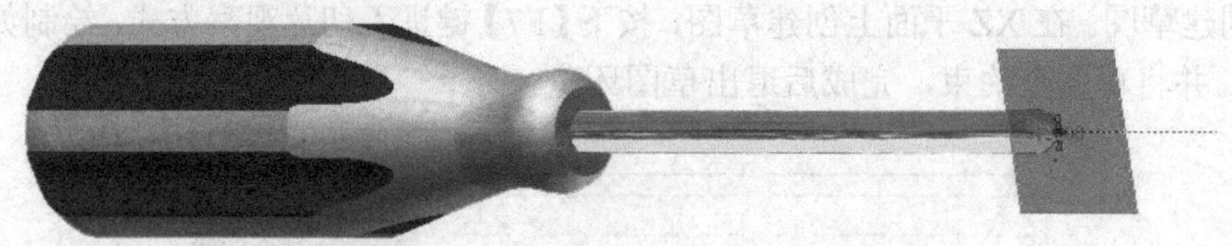

图 1-129　创建工作面

（14）绘制草图。在步骤（13）创建的工作面上创建草图，投影图 1-128 中直线 2，绘制如图 1-130（a）所示草图，并将草图全约束，完成后退出草图环境。

（15）创建拉伸特征。将步骤（14）创建的草图进行拉伸，拉伸方式选择“差集”，拉伸范围选择“贯通”。完成拉伸特征创建后，将该特征的特性颜色设置为“铬合金”，如图1-130（b）所示。

（16）创建圆角特征。将步骤（15）创建的拉伸特征进行圆角处理，圆角半径设置为0.2mm，如图1-131所示。按【Enter】键，完成圆角特征的创建，最后将圆角特征的特性颜色也设置为“铬合金”。

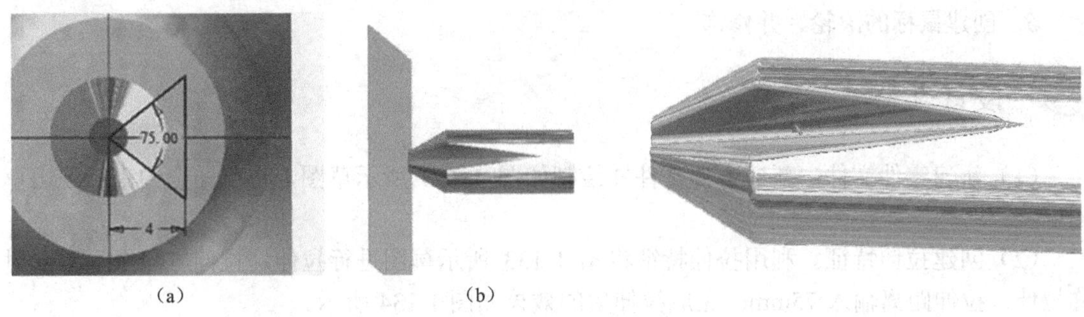

（a）　（b）

图1-130　创建草图　　图1-131　圆角处理

（17）环形阵列特征创建。选择步骤（15）、步骤（16）创建的拉伸特征、圆角特征进行环形阵列，阵列个数设置为4。完成阵列后，并将阵列特征的特性颜色设置为“铬合金”。将步骤（13）创建的工作面隐藏，效果如图1-117所示，最后保存文件并退出草图环境。

任务六　鼠标设计

任务说明

鼠标实例如图1-132所示。

图1-132　鼠标实例

设计流程

1. 绘制鼠标基本轮廓
2. 对鼠标基本轮廓进行圆角处理
3. 绘制鼠标底部的红外感应口
4. 创建鼠标的左右键
5. 创建鼠标的滚轮、并修饰

设计步骤

（1）新建零件文件。新建零件文件并绘制如图 1-133 所示草图，将草图全约束后退出草图环境。

（2）创建拉伸特征。利用拉伸特征将图 1-133 所示草图进行拉伸，拉伸方向选择双向对称拉伸，拉伸距离输入 75mm。完成拉伸后的效果如图 1-134 所示。

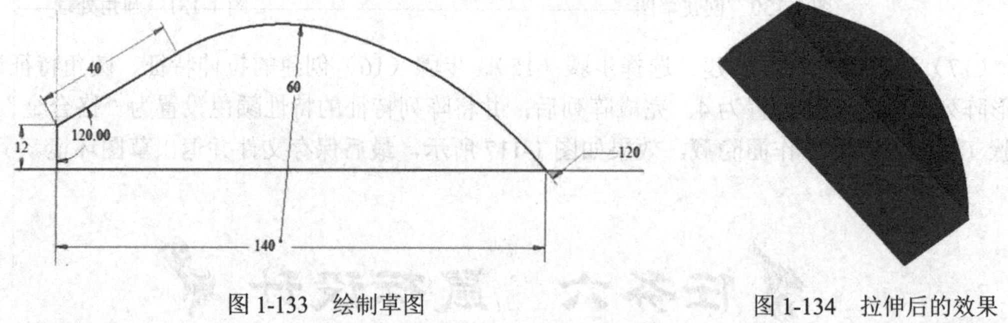

图 1-133　绘制草图　　图 1-134　拉伸后的效果

（3）绘制草图。在鼠标基体的底面上创建草图，在草图中将投影线设置为构造线，绘制如图 1-135 所示草图，完成后退出草图环境。

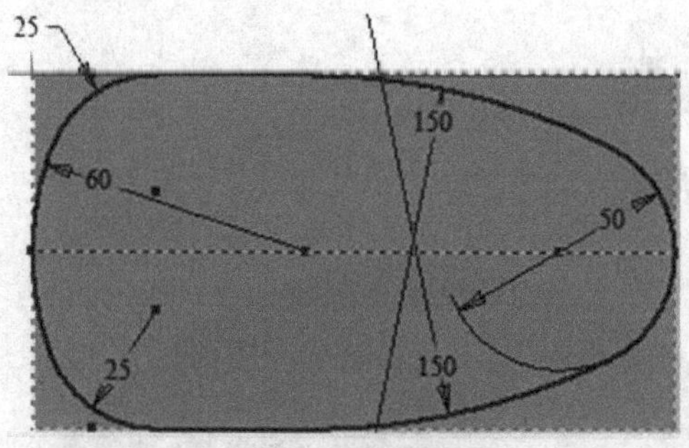

图 1-135　绘制草图

（4）创建拉伸特征。将图 1-135 所示草图进行拉伸，拉伸方式选择“交集”，拉伸范围选择“贯通”，效果如图 1-136 所示。

（5）创建圆角特征。利用圆角特征对鼠标进行圆角处理，圆角半径设置为 2mm，效果如图 1-137 所示。

图 1-136　拉伸求交后的效果

图 1-137　圆角后的效果

（6）绘制草图。在鼠标底面上创建草图，单击“绘图”工具面板上的“椭圆”按钮 椭圆 ，绘制一个长轴为 40、短轴为 24 的椭圆。椭圆的中心约束在投影截面的水平中心线上，且距左边线距离为 60mm，将椭圆向内侧偏移 1mm，如图 1-138 所示。

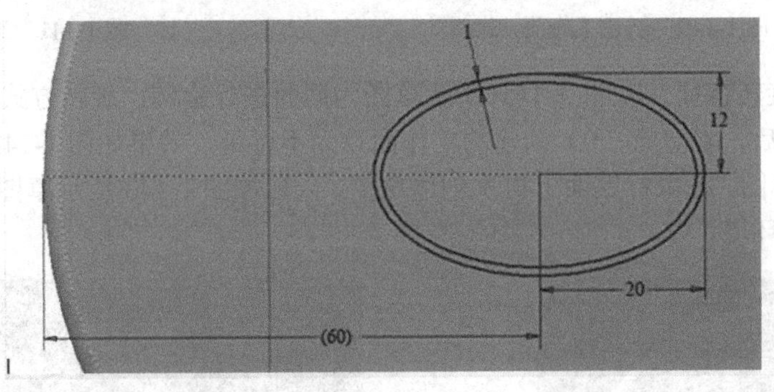

图 1-138　绘制草图

（7）创建拉伸特征。将图 1-138 所示截面进行拉伸，拉伸方式选择“差集”，拉伸距离输入 0.2mm，完成拉伸后，将其特性颜色设置为“白色（浅光）”，效果如图 1-139（a）所示。

（8）绘制草图。在鼠标底面上再次创建草图，单击“绘制”工具面板上“点”按钮 点，绘制一个工作点。投影中心点，将原点与工作点水平约束，且两者之间的距离设置为 65mm，效果如图 1-139（b）所示，完成后退出草图环境。

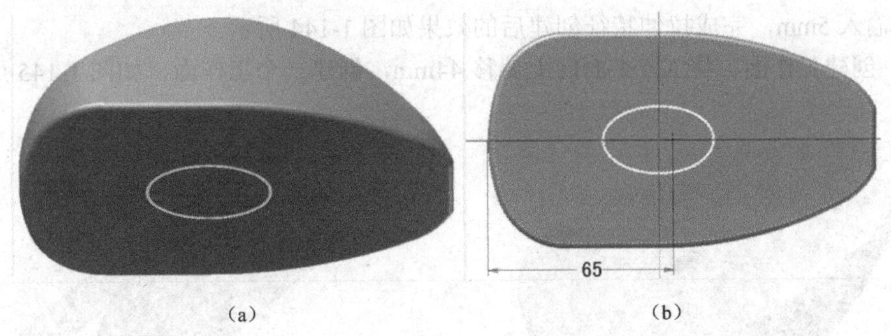

（a）　　（b）

图 1-139　特性颜色设置后的效果

（9）创建工作面。单击“平面”定位特征按钮后，依次单击浏览器中的 YZ 平面、步骤（8）创建的工作点，创建一平行于 YZ 平面且过工作点的工作面，如图 1-140 所示。

（10）绘制草图。在步骤（9）创建的工作面上创建草图，按下【F7】键进入切片观察方式，投影中心点，绘制如图 1-141 所示草图，完成草图后退出。

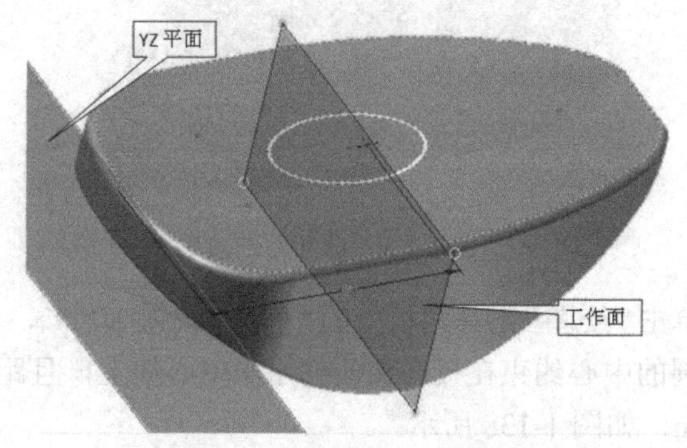

图 1-140　创建工作面

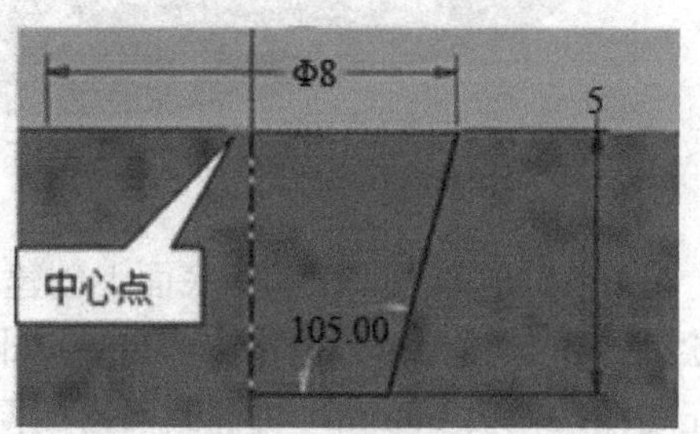

图 1-141　绘制草图

（11）创建旋转特征。以图 1-141 所示草图为截面进行旋转，旋转方式选择“差集”。完成旋转特征创建后，将步骤（9）创建的工作面设为不可见，效果如图 1-142 所示。

（12）绘制草图。在鼠标底面上再次创建草图，创建如图 1-143 所示草图，并将其全约束，完成后退出草图环境。

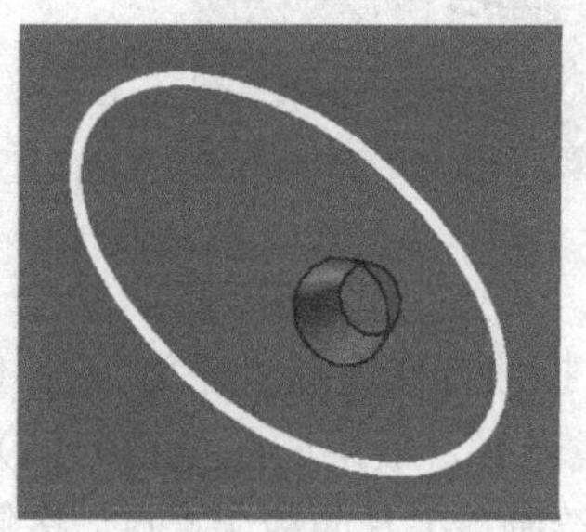

图 1-142　创建旋转特征后的效果

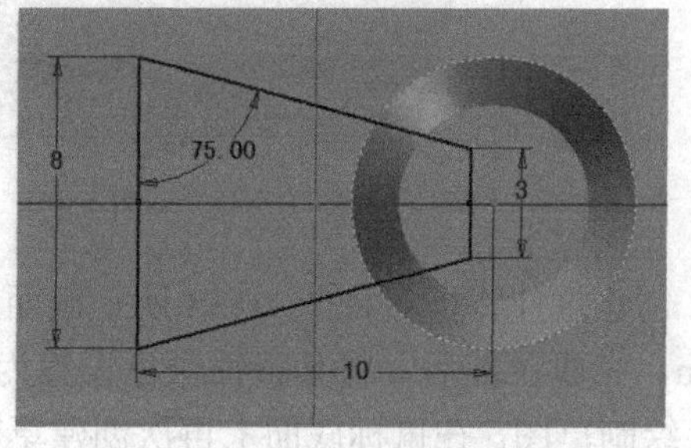

图 1-143　绘制草图

（13）创建拉伸特征。利用拉伸特征将图 1-143 所示截面进行拉伸，拉伸方式选择“求差”，拉伸距离输入 5mm，完成拉伸特征创建后的效果如图 1-144 所示。

（14）创建工作面。将 XZ 平面向上偏移 44mm，创建一个工作面，如图 1-145 所示。

图 1-144　创建拉伸特征后的效果

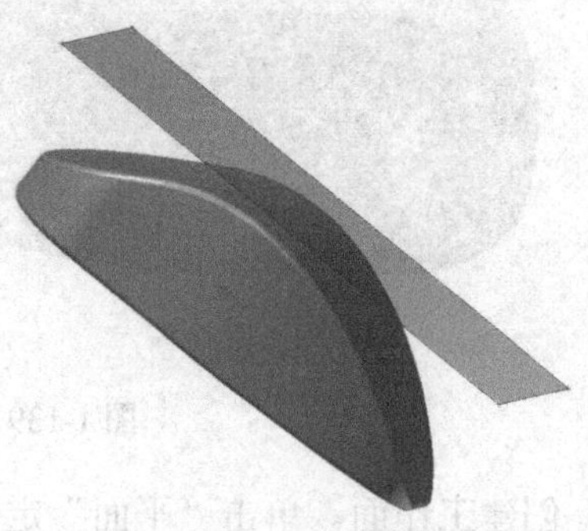

图 1-145　创建工作面

（15）绘制草图。在步骤（14）创建的工作面上创建草图，将投影的轮廓线设置成构造线，绘制如图 1-146 所示草图。图中直径为 9 的圆与中心点水平约束，半径为 59.5 的圆弧与投影弧线同心约束，内外轮廓偏移距离为 0.5mm，完成后退出草图环境。

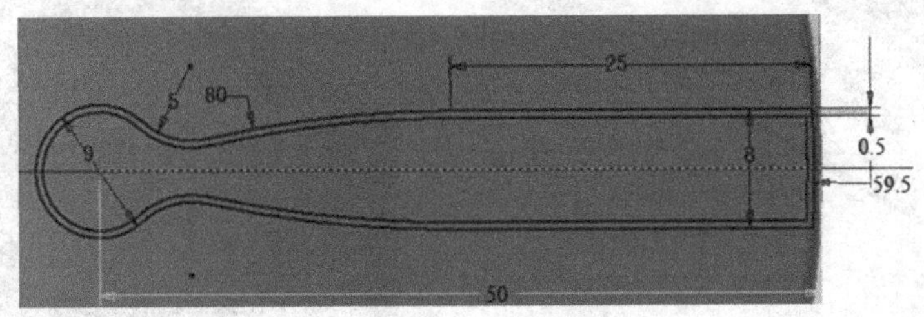

图 1-146　创建草图

（16）创建凸雕特征。将步骤（15）创建的草图进行凸雕，凸雕方式选择“从面凹雕”，深度输入 0.5mm。完成凸雕特征创建后，将凸雕特征的特性颜色设置为“褐色”，其他面的特性颜色设置如图 1-147 所示，最后将步骤（14）创建的工作面设为不可见。

（17）圆角特征创建。将凸雕特征进行圆角处理，圆角半径为 0.2mm。

（18）创建草图。在 XY 平面上创建草图，并进入切片观察方式，将自动投影线设置为构造线，绘制如图 1-148 所示草图，完成后退出草图环境。

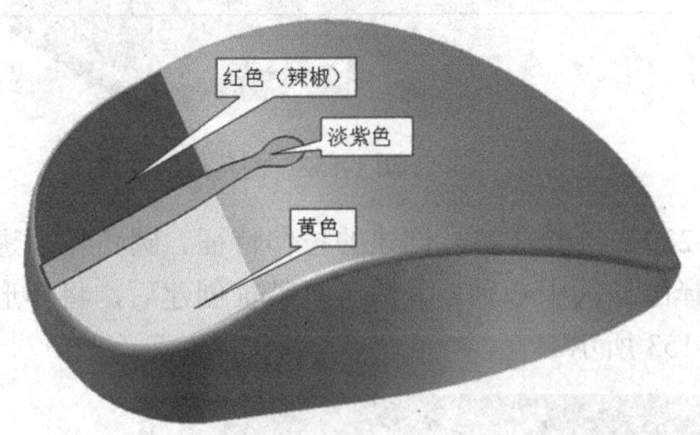

图 1-147　设置面特性颜色

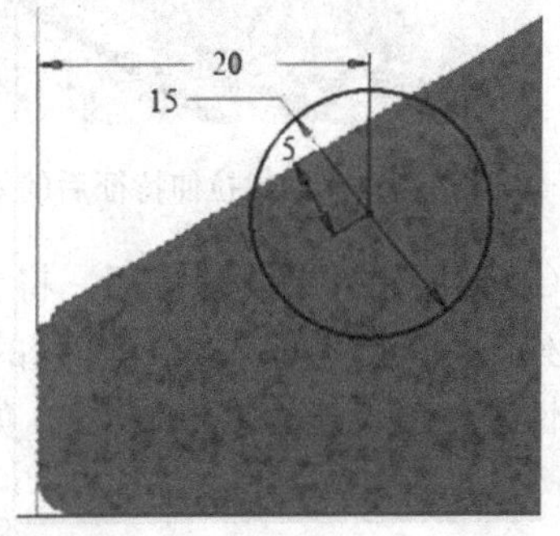

图 1-148　绘制草图

（19）创建拉伸特征。将步骤（18）创建的草图进行拉伸，拉伸方向选择“双向对称拉伸”，拉伸距离输入 2mm。完成拉伸特征创建后，将该特征的特性颜色设置为“米黄色”。

（20）创建圆角特征。将步骤（19）创建的拉伸特征进行圆角处理，圆角半径选择 1mm，并将该特征的特性颜色设置为“米黄色”，效果如图 1-149 所示。

（21）绘制草图。在步骤（19）创建的圆柱的底面上创建草图，并进入切片观察方式，将投影线设置为构造线，绘制一个草图，如图 1-150 所示，完成后退出草图环境。

（22）创建拉伸特征。将步骤（21）绘制的草图进行拉伸，拉伸方式选择“差集”，拉伸范围选择“贯通”，完成拉伸特征创建后，将该特征的特性颜色设置为“米黄色”，如图 1-151 所示。

（23）创建圆角特征。将步骤（22）创建的拉伸特征进行圆角处理，圆角半径选择 0.1mm。完成圆角处理后，将该特征的特性颜色设置为“米黄色”，如图 1-152 所示。

图 1-149　创建圆角特征后的效果

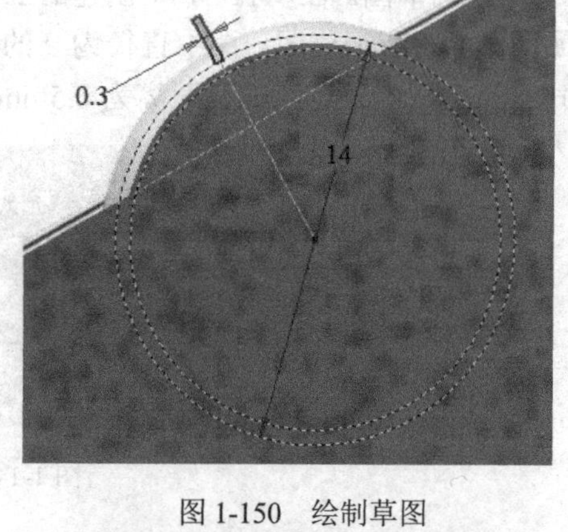

图 1-150　绘制草图

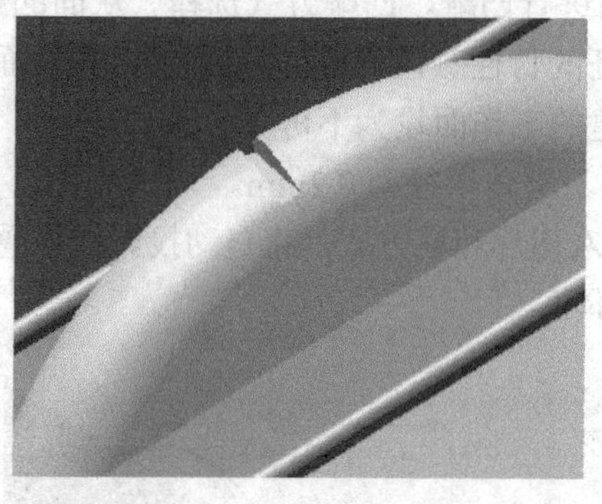

图 1-151　创建拉伸特征后的效果

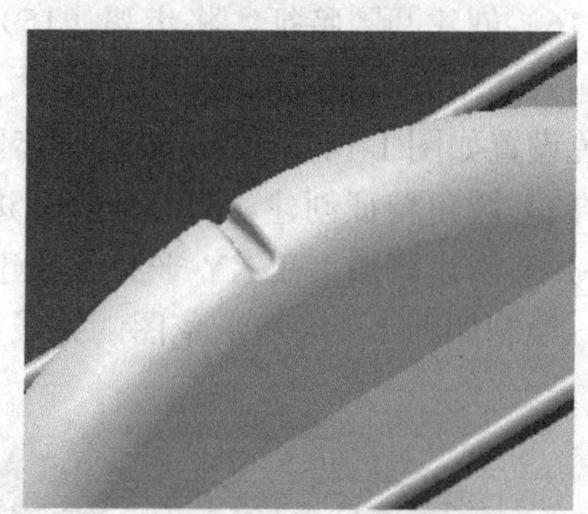

图 1-152　圆角后的效果

（24）创建环形阵列特征。将步骤（22）、步骤（23）创建的拉伸特征、圆角特征进行环形阵列，阵列数量输入 50，阵列的轴选择圆柱的中心轴。完成阵列特征创建后，将环形阵列的特性颜色也设置为“米黄色”，如图 1-153 所示。

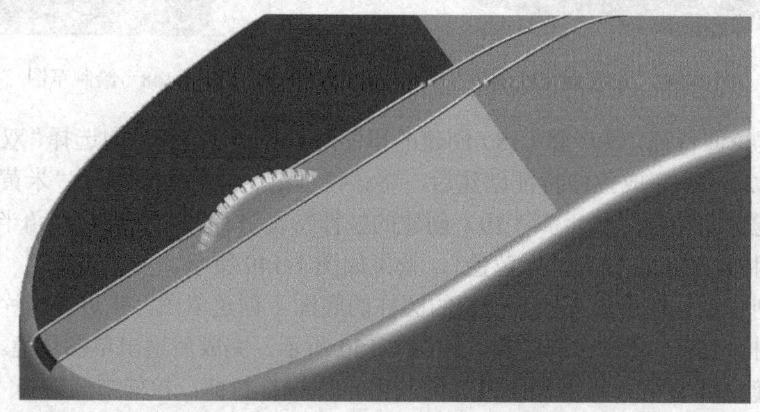

图 1-153　创建环形阵列特征后的效果

（25）设置实体颜色。选中浏览器中的实体，将其颜色设置为“黑色”，效果如图 1-131 所示，保存文件后退出。

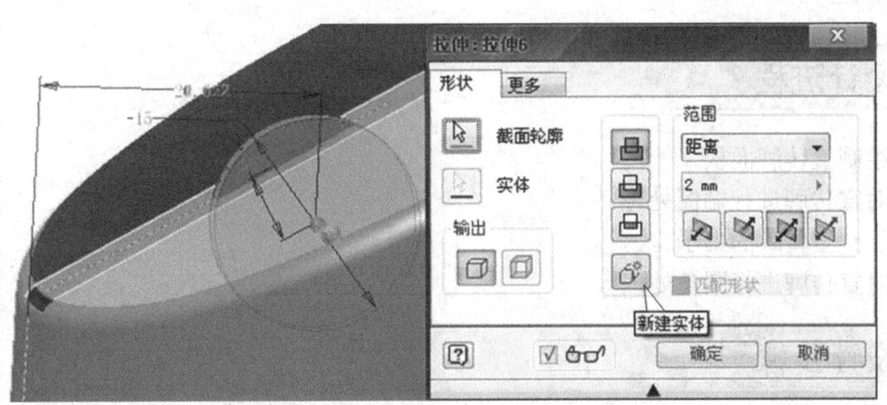

图 1-154　利用拉伸特征创建新实体

说明：

在步骤（19）中，利用拉伸特征创建鼠标滚轮时，在拉伸对话框中，如果选择“新建实体”选项，如图 1-154 所示。只需要将新建实体的颜色设置为“米黄色”，后期创建的特征的特性颜色就勿需设置了。关于新建实体的内容，在以后会专门进行详细的介绍，在本章就不作介绍了。

任务七　宣传牌设计

任务说明

宣传牌实例如图 1-155 所示。

图 1-155　宣传牌实例

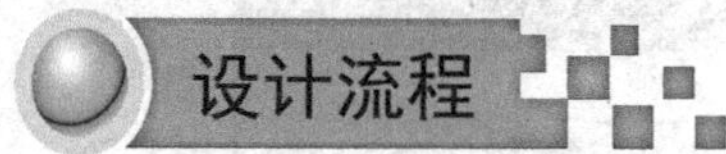

设计流程

1．绘制宣传牌面板
2．对宣传牌进行贴图处理
3．绘制宣传牌的架子
4．对宣传牌进行圆角处理

设计步骤

（1）新建零件文件。新建文件，绘制一段圆弧，将圆弧圆心与中心点垂直约束，圆弧中点与中心点重合约束，圆弧两个端点水平约束。如图 1-156 所示，完成后退出草图环境。

（2）拉伸曲面。利用拉伸特征将步骤（1）创建的草图进行拉伸，输出方式选择“曲面”；拉伸距离为 120mm；拉伸方向选择双向拉伸。完成拉伸特征创建后，效果如图 1-157 所示。

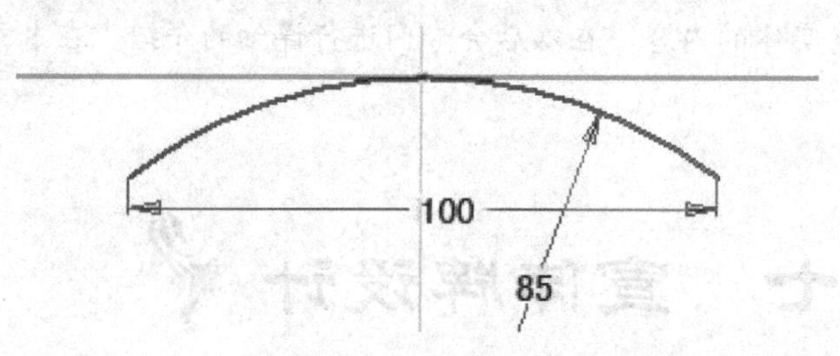

图 1-156　绘制草图

图 1-157　创建拉伸曲面

（3）加厚曲面。单击“曲面”特征工具面板上的 加厚/偏移 按钮，如图 1-158 所示，弹出“加厚/偏移”对话框。选择步骤（2）创建的拉伸曲面，加厚厚度为 5mm，向曲面外侧方向加厚。完成后，将拉伸曲面隐藏，并将实体的颜色设置为“铬合金”，如图 1-159 所示。

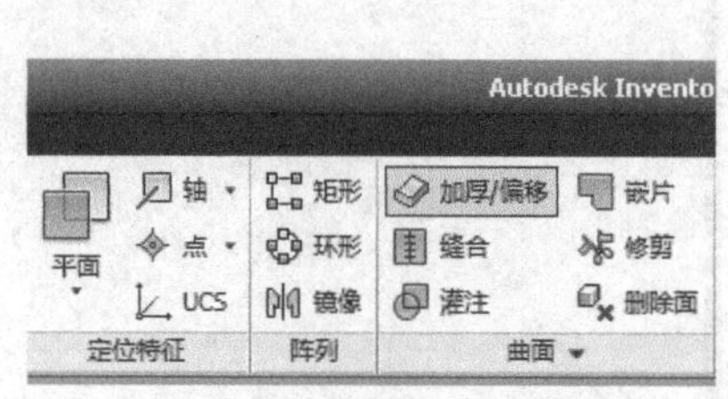

图 1-158　加厚/偏移图标

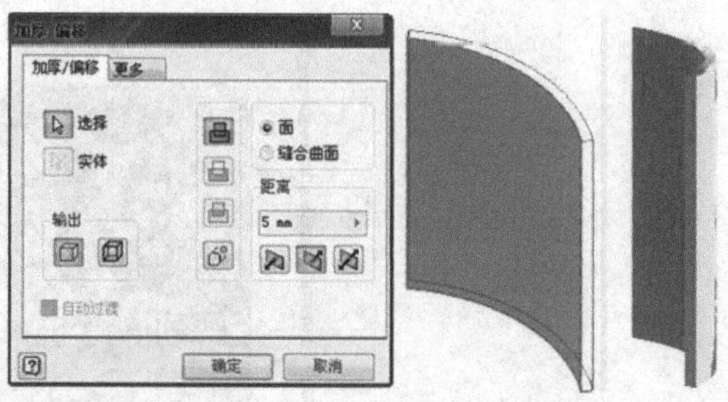

图 1-159　“加厚/偏移”对话框

（4）创建工作面。创建一个平行于 XZ 平面，且偏移距离为–30mm 的工作面。

（5）创建草图。在步骤（4）创建的工作面上创建草图，在草图环境下单击“插入”工具面板上的“图像”按钮 图像，弹出“打开”对话框。在光盘中“第一章”目录下，选择要贴图的图片“2008.bmp”，如图 1-160 所示。单击“打开”按钮，进入草图，在草图中合适的位置单击，将需要贴图的图片导入到草图，如图 1-161 所示。在草图中将图片的边与投影线重合约束，效果如图 1-162 所示。

图 1-160 “打开”对话框

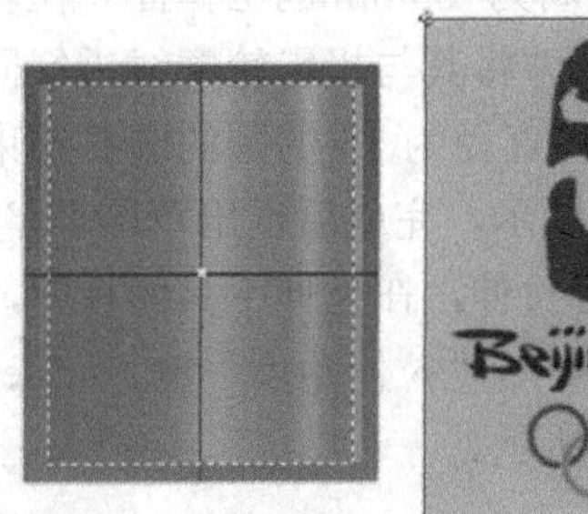

图 1-161 导入图片　　图 1-162 约束图片

（6）创建贴图。单击“创建”工具面板的下拉箭头，再单击“贴图”特征按钮 贴图，如图 1-163 所示，弹出“贴图”对话框。图像选择导入的图片，勾选“折叠到面”、“链选面”选项，单击实体的内轮廓面作为贴图面，如图 1-164（a）所示。单击“确定”按钮完成贴图，最后的效果如图 1-164（b）所示。

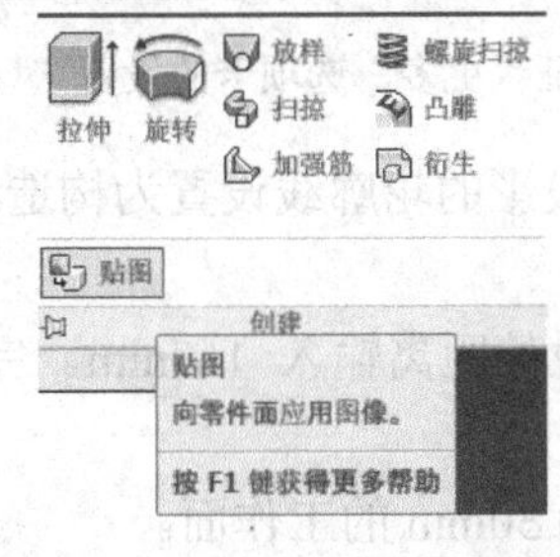

图 1-163 贴图按钮图标位置

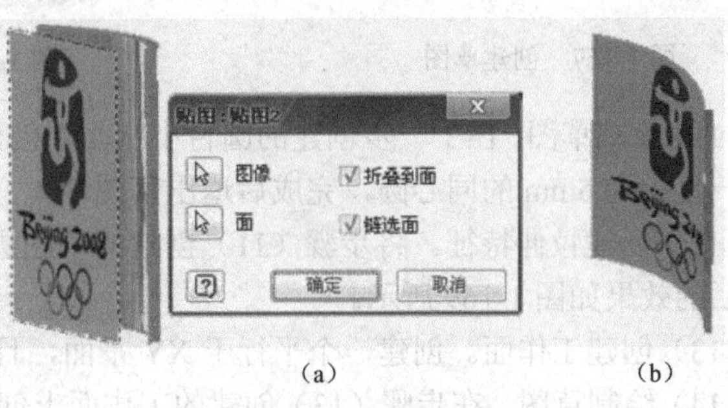

图 1-164 “贴图”对话框

（7）修改实体。在 XZ 平面上创建草图，并进入切片观察方式。将投影线设置为构造线，绘制如图 1-165 所示草图，完成后退出草图环境。

（8）创建拉伸特征。将如图 1-165 所示草图进行拉伸，拉伸范围选择“贯通”；拉伸方式选择“求交”；拉伸方向选择 “双向对称拉伸”，完成拉伸后的效果如图 1-166 所示。

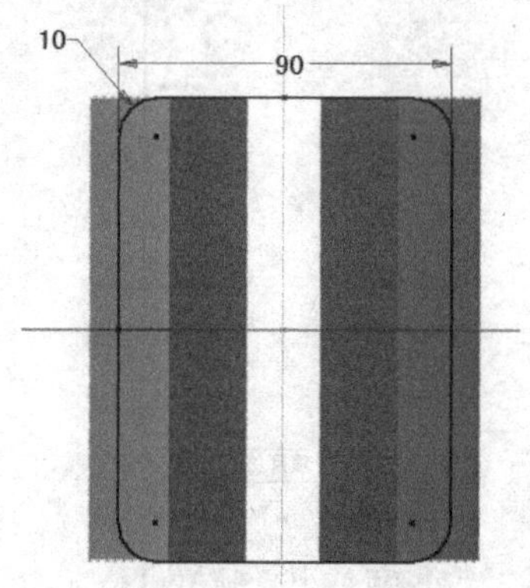

图 1-165　创建草图

图 1-166　拉伸求交后的效果

（9）创建草图。新建一平行于 XY 平面，且偏移距离为–85mm 的工作面。在新建的工作面上创建草图，投影轮廓线。绘制一直径为 175 的圆，并将其与投影轮廓线进行同心约束，将轮廓线与圆改为构造线。再绘制一直径为 15 的圆，将直径为 15 的圆的圆心约束在直径为 175 的圆上，且两圆心之间水平距离为 60，如图 1-167 所示，完成后退出草图环境。

（10）创建拉伸特征。将如图 1-167 所示的草图进行拉伸，在拉伸工具面板中，拉伸距离输入 5mm，拉伸方向选择“方向 1”，在“更多”选项卡下，“拉伸角度”输入–5deg。完成拉伸后，将上一步创建的工作面设为不可见，如图 1-168 所示。

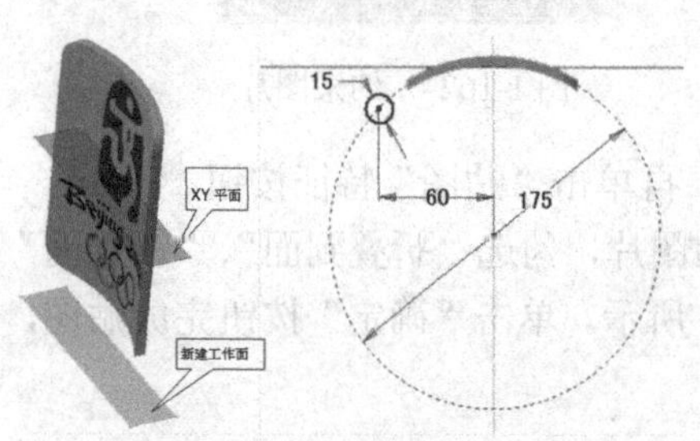

图 1-167　创建草图

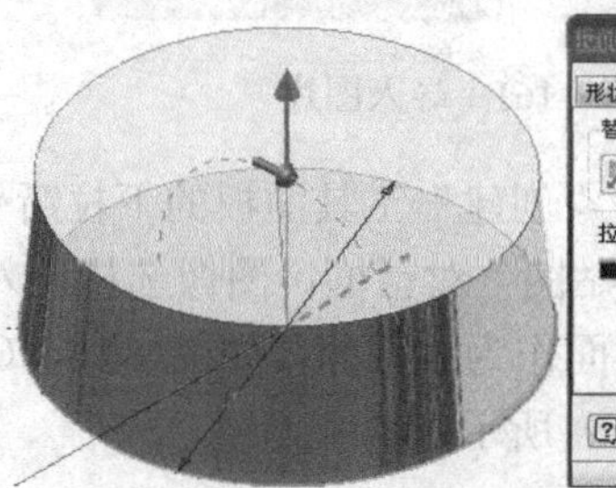

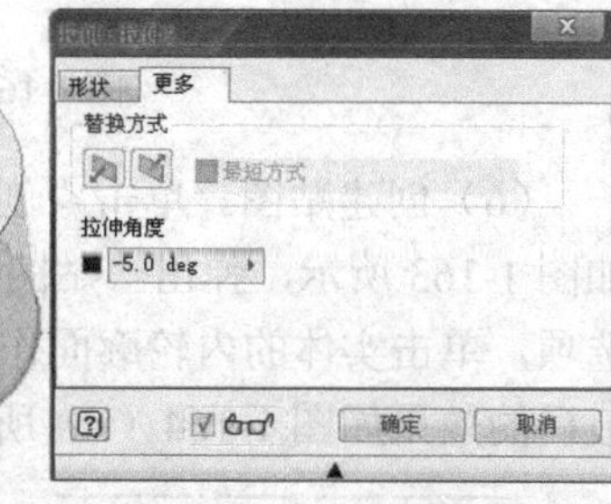

图 1-168　拉伸特征“更多”选项卡的设置

（11）绘制草图。在上一步创建的圆台小圆面上创建草图。将投影的轮廓线设置为构造线，绘制一直径为 5mm 的同心圆，完成后退出草图环境。

（12）创建拉伸特征。将步骤（11）创建的草图进行拉伸，拉伸距离输入 160mm。完成拉伸后的效果如图 1-169 所示。

（13）创建工作面。创建一个平行于 XY 平面，且偏移距离为 30mm 的工作面。

（14）绘制草图。在步骤（13）创建的工作面上创建草图。按下【F7】键进入切片观察方式，将投影线设置为构造线。单击圆弧命令按钮上的下拉箭头，选择圆弧圆心按钮 圆弧圆心 ，以轮廓投影的圆心为圆心，圆台的圆心为起点，实体轮廓上一点为终点（终点要超过宣传板垂直投影线），绘制圆弧，如图 1-170 所示。完成后退出草图环境，并将步骤（14）创建的工作面设为不可见。

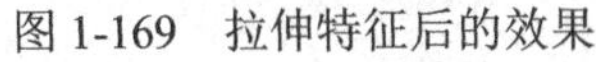

图 1-169　拉伸特征后的效果

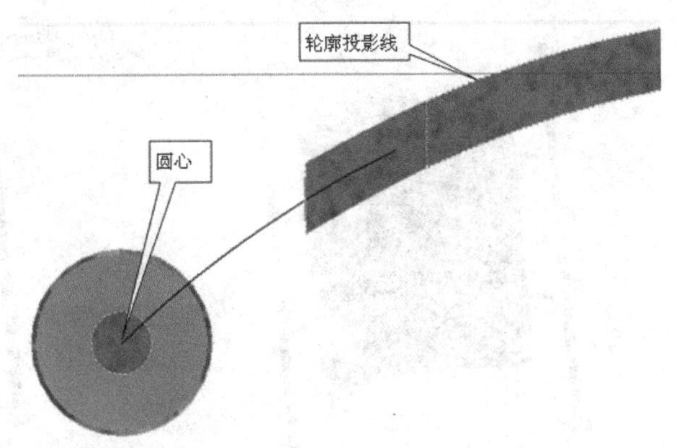

图 1-170　创建草图

（15）创建工作面。单击定位特征上的平面命令，然后单击步骤（14）创建的曲线，再单击曲线的端点，创建一垂直于圆弧的工作面，如图 1-171 所示。

（16）绘制草图。在步骤（15）创建的工作面上创建草图。按下 F7 键进入切片观察方式，投影步骤（15）绘制的曲线，将投影线设置为构造线。以投影线的端点为圆心绘制一直径为 3mm 的圆，完成后退出草图环境。

（17）创建扫掠特征。以步骤（14）创建的草图为扫掠路径、步骤（16）创建的草图为扫掠截面，创建扫掠特征，完成后将步骤（15）创建的工作面不可见，效果如图 1-172 所示。

（18）镜像特征创建。将步骤（17）创建的扫掠特征，以 XY 平面为镜像面进行镜像，如图 1-173 所示。

图 1-171　创建工作面

图 1-172　创建扫掠特征后的效果

图 1-173　镜像 1

（19）镜像特征创建。将步骤（10）、（12）、（17）、（18）创建的特征以 YZ 平面为镜像平面进行镜像，如图 1-174 所示。

（20）圆角特征创建。架子底部圆角半径为 0.5mm，贴图面板圆角半径为 2mm，连杆跟面板、架子之间接合处圆角半径为 1mm，架子顶部圆角半径为 2.5mm，效果如图 1-175 所示。最后保存文件并退出。

图 1-174　镜像 2

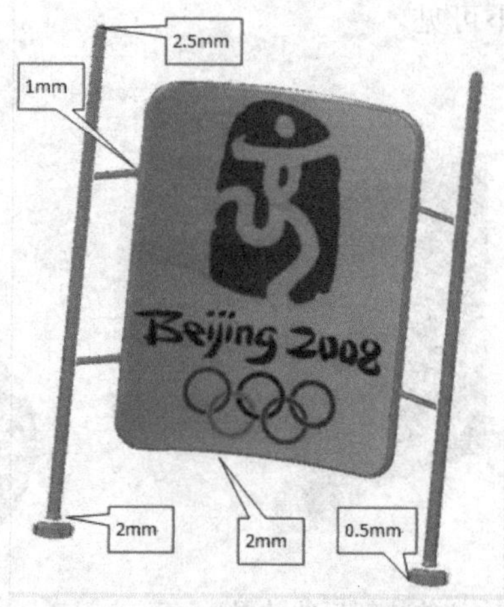

图 1-175　圆角处理

任务八　玻璃杯设计

任务说明

玻璃杯实例如图 1-176 所示。

图 1-176　玻璃杯实例

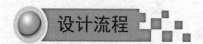

设计流程

1．绘制玻璃杯的基本轮廓

2．绘制玻璃杯的把手

3．给玻璃杯贴图

4．玻璃杯的圆角处理

（1）新建零件文件。新建零件文件并绘制如图 1-177 所示草图，将草图全约束。在输入 96 的尺寸时，输入“直径＝96”，完成后退出草图环境。

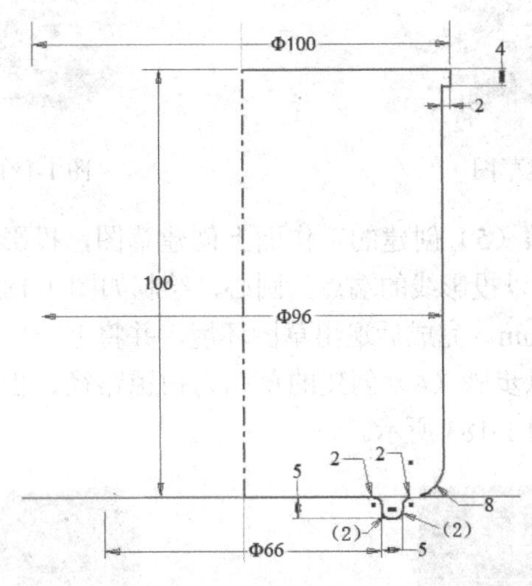

图 1-177　绘制草图

（2）创建旋转特征。将图 1-177 所示草图进行旋转。完成旋转特征创建后，将实体的颜色设置为“红色（半透明）”，效果如图 1-178 所示。

（3）圆角特征。将步骤 2 创建实体的 3 条棱边进行圆角处理，圆角半径均为 2mm，效果如图 1-179 所示。

图 1-178　旋转后的效果

图 1-179　圆角处理

（4）绘制草图。在 YZ 平面上创建草图，单击“绘制”工具面板上的“样条曲线”按钮 样条曲线，绘制如图 1-180 所示草图。草图中将样条线的上下两个端点进行垂直约束，端点距离投影的轮廓线距离分别为 20mm、10mm，将投影线设置为构造线，效果如图 1-180 所示，完成后退出草图环境。

（5）创建工作面。利用平面定位特征，创建过样条线端点，且与样条线垂直的工作面，如图 1-181 所示。

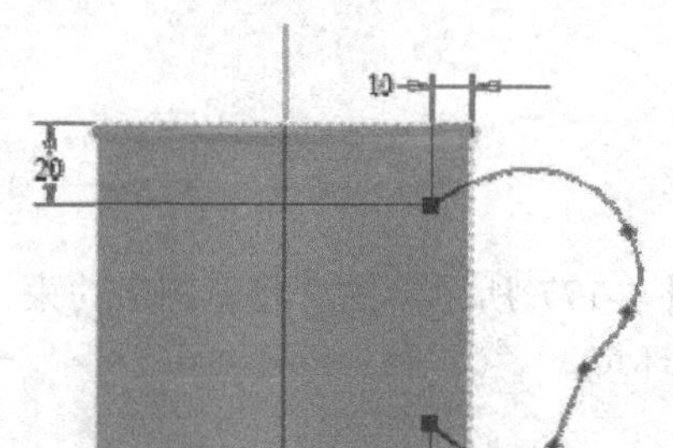

图 1-180 创建草图

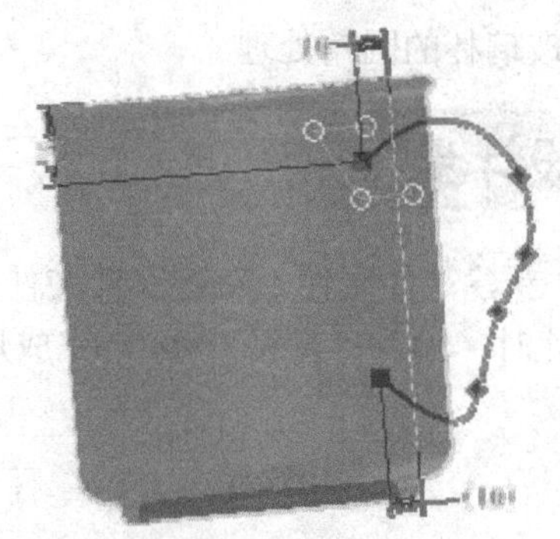

图 1-181 创建工作面

（6）创建草图。在步骤（5）创建的工作面上创建草图，投影步骤（5）创建的样条线，并将投影线设置为构造线，以投影线的端点为圆心，绘制如图 1-182 所示的椭圆，椭圆长半轴长为 10mm，短半轴长为 5mm。完成后退出草图环境，并将上一步创建的工作面设为不可见。

（7）创建扫掠特征。以步骤（4）创建的草图为扫掠路径、步骤（6）创建的草图为扫掠截面，进行扫掠，效果如图 1-183 所示。

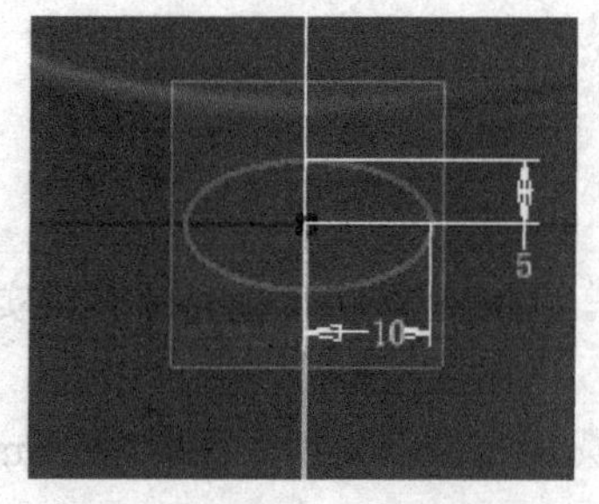

图 1-182 绘制椭圆

图 1-183 扫掠后的效果

（8）创建圆角特征。将把手与杯子的接合面处进行圆角处理，圆角半径为 2mm，如图 1-184 所示。

（9）创建草图。在 YZ 平面上创建草图，将投影线设置为构造线，草图顶边与投影线共线约束，中心线与 Y 轴共线约束，效果如图 1-185 所示，完成后退出草图环境。

图 1-184 圆角处理

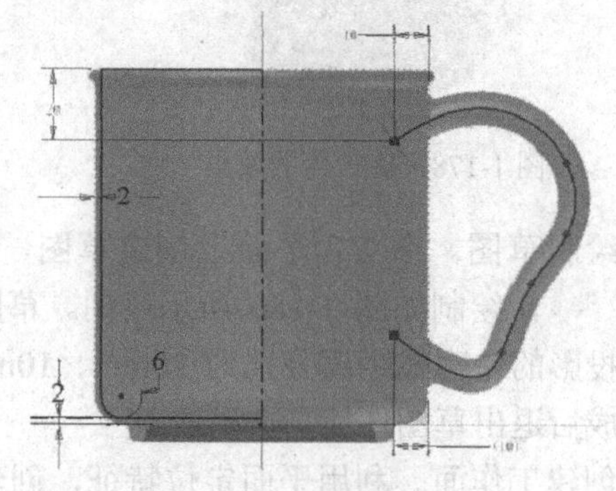

图 1-185 创建草图

（10）创建旋转特征。将步骤（9）创建的草图进行旋转，旋转方式选择“差集”，效果如图 1-186 所示。

图 1-186　旋转后的效果

（11）创建工作面。创建一个平行于 XY 平面，且偏移距离为 90mm 的工作面。

（12）绘制草图。在步骤（11）创建的工作面上创建草图，在草图中导入光盘“\第 1 章\玻璃杯.jpg”文件。在标注图片长度尺寸时输入“PI*直径”，这样可使图片正好贴满玻璃杯的外圆面，图片的上边与实体的投影线进行共线约束，效果如图 1-187 所示。

图 1-187　导入图片

（13）创建贴图。利用贴图特征命令进行贴图处理，勾选“折叠到面”、“链选面”选项，单击实体的外圆面作为贴图面。完成贴图后将步骤（11）创建的工作面隐藏，效果如图 1-188 所示。

图 1-188　贴图后的效果

任务九　可乐瓶设计

任务说明

可乐瓶实例如图 1-189 所示。

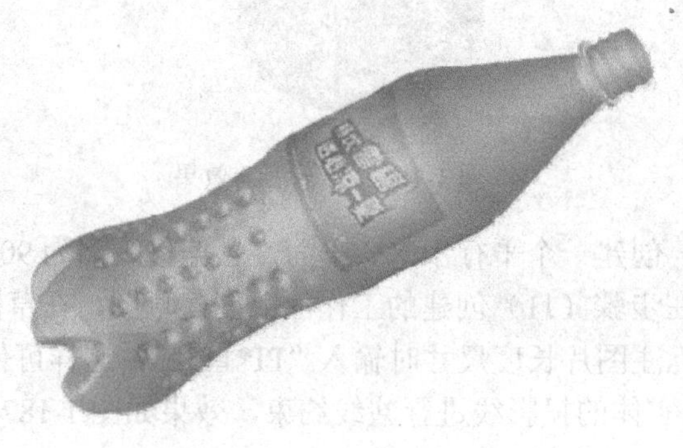

图 1-189　可乐瓶实例

设计流程

1. 绘制可乐瓶的基本轮廓
2. 绘制可乐瓶的底部
3. 绘制可乐瓶的表面凹陷
4. 绘制可乐瓶的瓶口

设计步骤

（1）新建零件文件。新建零件文件并绘制如图 1-190 所示草图，半径为 50、125 的两段圆弧的两个端点均水平对齐，将草图全约束后退出。

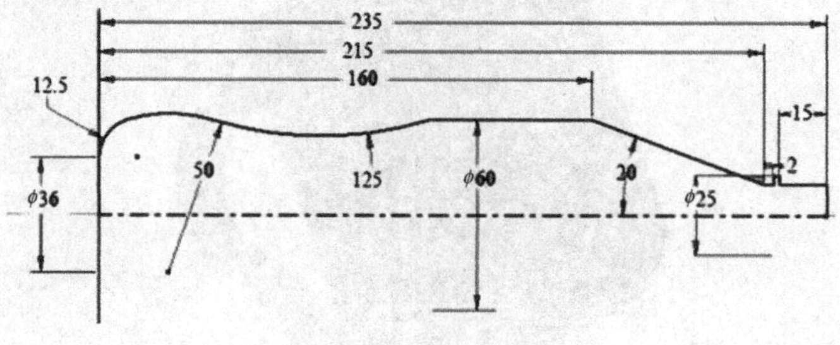

图 1-190　绘制草图

（2）创建旋转特征。将图1-190所示草图进行旋转，效果如图1-191所示。

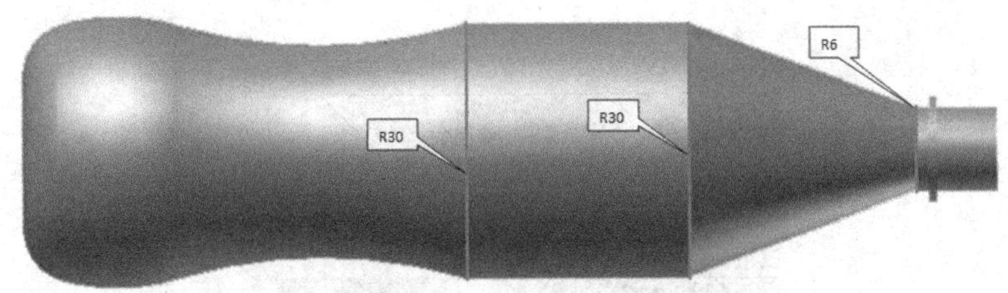

图1-191 圆角处理1

（3）创建圆角特征。将图1-191和图1-192中注释的边进行圆角处理，圆角半径分别为R30、R6、R0.5。

图1-192 圆角处理2

（4）创建草图。在XY平面上创建草图，绘制如图1-193所示草图，完成后退出草图环境。

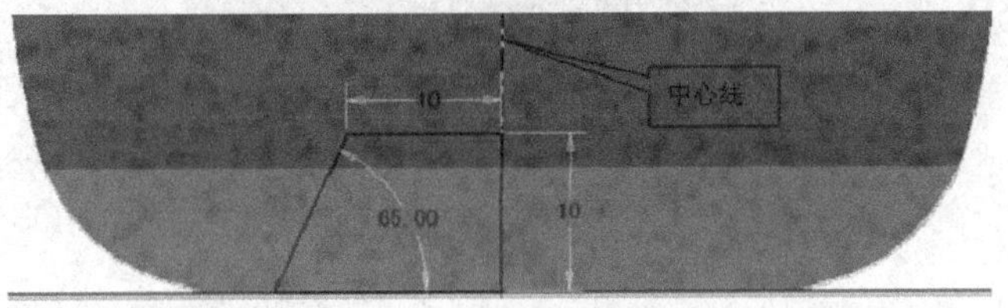

图1-193 绘制草图

（5）创建旋转特征。将如图1-193所示草图进行旋转，旋转方式选择“求差”。完成旋转特征创建后的效果如图1-194所示。

（6）创建工作面。创建一个过Z轴，且与YZ平面成45度角的工作面，如图1-195所示。

图1-194 旋转后的效果

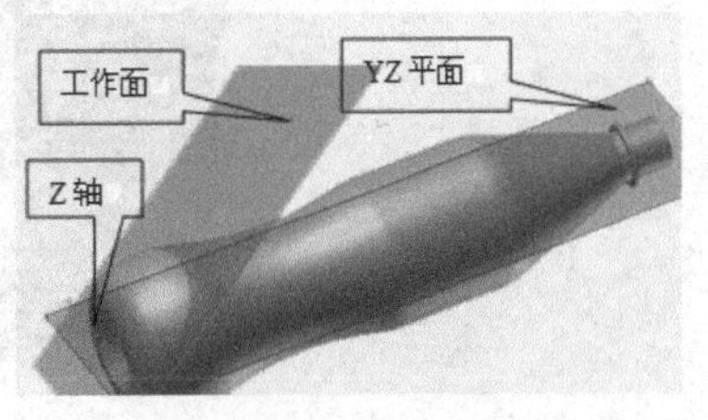

图1-195 创建工作面

（7）创建草图。在步骤（6）创建的工作面上创建草图，如图 1-196 所示，完成后退出草图。

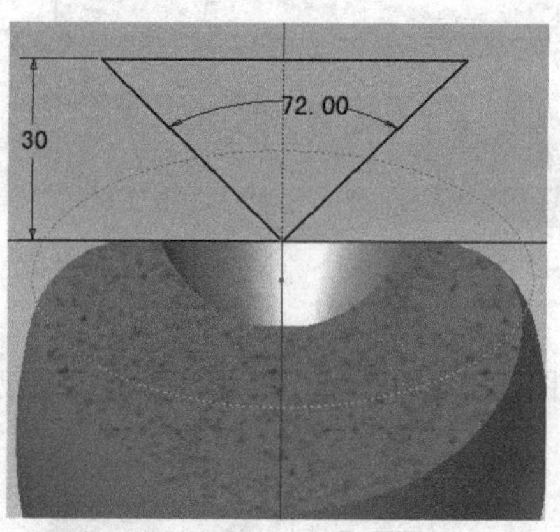

图 1-196　创建草图

（8）创建拉伸特征。将图 1-196 所示草图进行拉伸，范围选择“贯通”，拉伸方式选择“求差”，完成拉伸特征创建后的效果如图 1-197 所示。

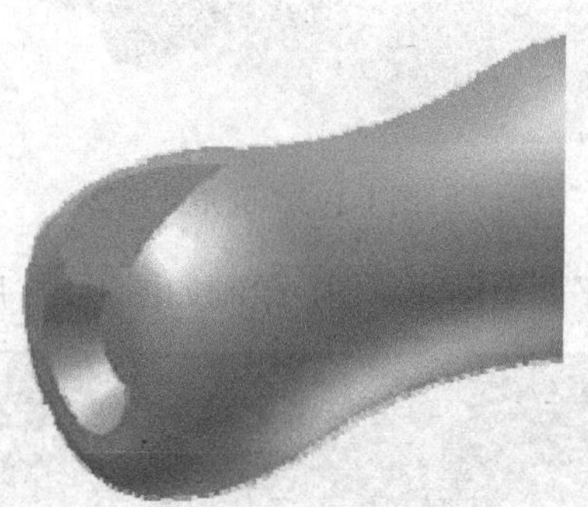

图 1-197　拉伸后的效果

（9）创建环形阵列特征。将步骤（8）创建的拉伸特征进行环形阵列，阵列个数为 5，效果如图 1-198 所示。

图 1-198　环形阵列

（10）创建圆角特征。将图 1-198 中所示加亮边进行圆角处理，圆角半径为 5mm，重复命令，对图 1-199 中所示回路进行圆角处理，圆角半径为 3mm。

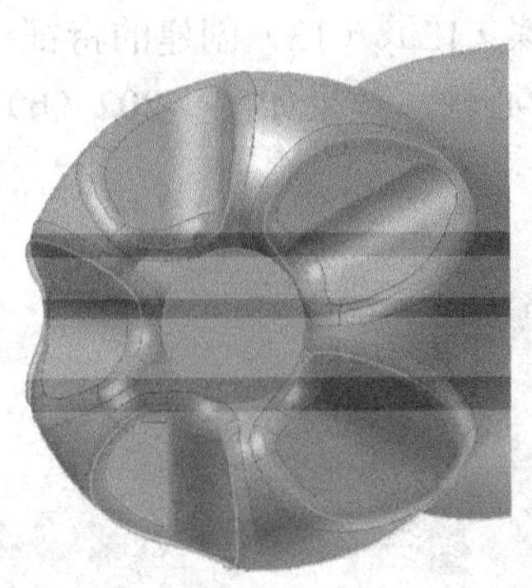

图 1-199 圆角处理

（11）创建草图。在 XY 平面上创建草图，绘制一个半圆，圆心约束在轮廓投影线上，将直径设置为中心线，如图 1-200 所示，完成后退出草图。

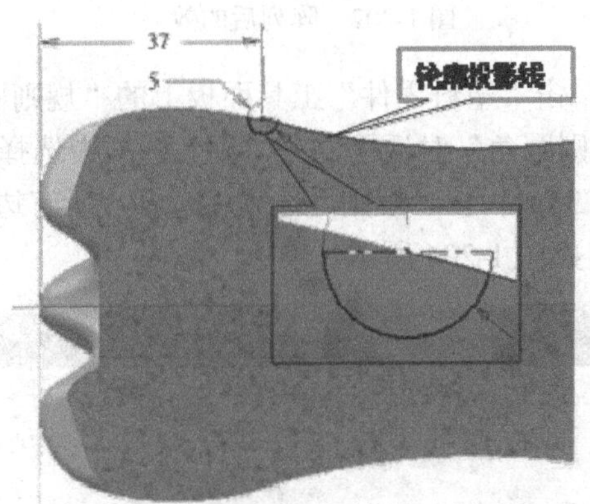

图 1-200 创建草图

（12）创建旋转特征。将步骤（11）绘制的半圆绕中心轴旋转，旋转方式选择“求差”，效果如图 1-201 所示。

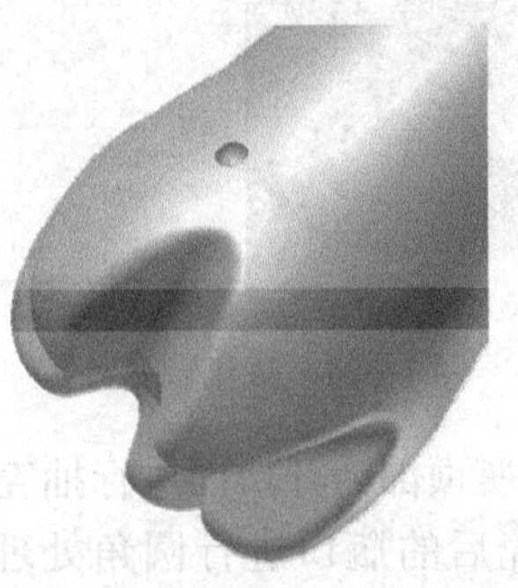

图 1-201 旋转后的效果

（13）创建矩形阵列。矩形阵列的方向选择图 1-200 中所示的轮廓投影线；阵列个数为 7；距离为 9mm，阵列效果如图 1-202（a）所示。

（14）创建环形阵列。将步骤（12）、（13）创建的特征进行环形阵列，环形阵列的个数为 10，环形阵列的轴即可乐瓶的中心轴，效果如图 1-202（b）所示。

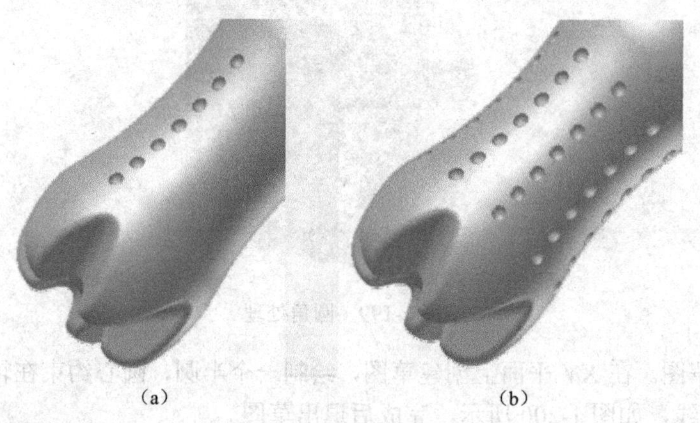

图 1-202　阵列后的效果

（15）创建规则圆角。单击“塑料零件”工具面板上的“规则圆角”特征按钮 规则圆角，如图 1-203 所示。弹出“规则圆角”对话框，在“源”选项中选择“面”，并选择图中所示曲面；在“半径”选项中输入 3mm；在“规则”选项中选择“所有边”；勾选“所有圆角”、“所有圆边”复选框，具体设置如图 1-204 所示。

图 1-203　规则圆角图标

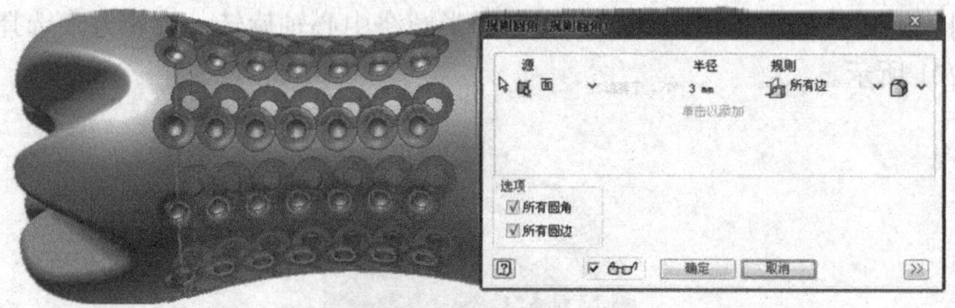

图 1-204　规则圆角处理

（16）创建抽壳特征。以可乐瓶顶部为开口面进行抽壳，抽壳厚度为 0.5mm。

（17）创建圆角特征。将抽壳后的瓶口进行圆角处理，圆角半径为 0.25mm，效果如图 1-205 所示。

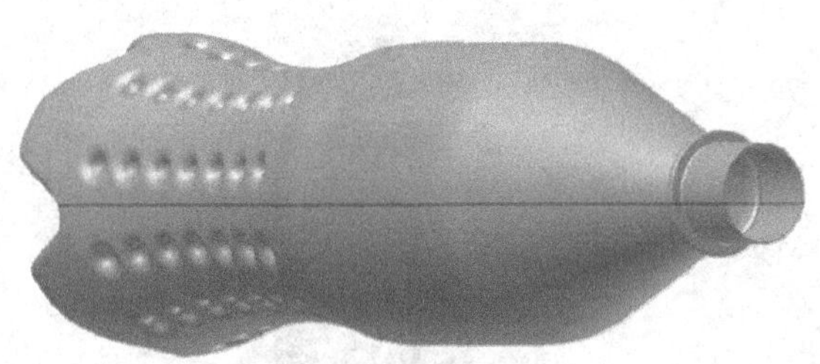

图 1-205　抽壳后的效果

（18）创建草图。在 XY 平面上创建草图，绘制如图 1-206 所示图形，完成后退出草图。

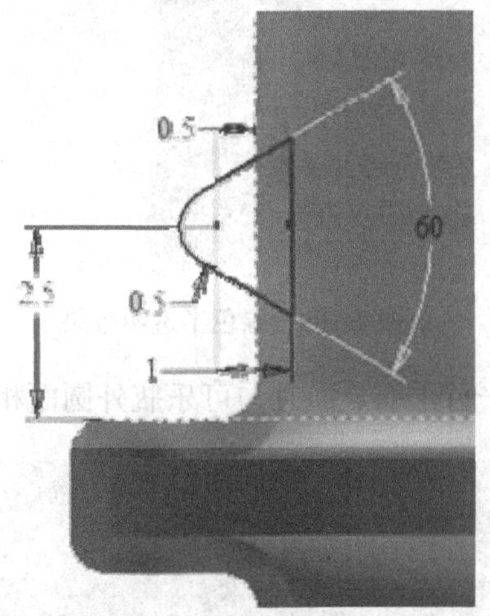

图 1-206　绘制草图

（19）创建螺旋扫掠特征。将图 1-206 所示草图为截面，瓶的中心为轴进行螺旋扫掠，在“螺旋扫掠”对话框中的“螺旋规格”选项卡下，“类型”选择“螺距和转数”，“螺距” 为 5mm，“转数”为 2，效果如图 1-207 所示。

（20）创建圆角特征。将步骤（19）创建的螺旋扫掠特征进行圆角处理，圆角半径分别为 0.5mm，0.2mm，如图 1-208 所示。

图 1-207　螺旋扫掠效果

图 1-208　圆角处理

（21）设置实体颜色。将实体颜色设置为“绿色（半透明）”，效果如图 1-209 所示。

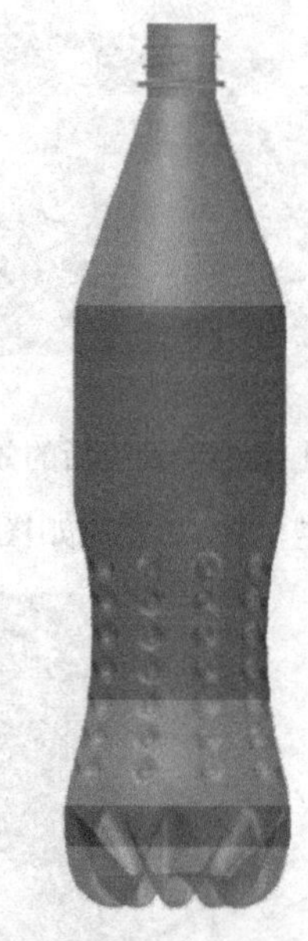

图 1-209　绿色半透明效果

（22）创建工作面。创建平行于 XY 面且与可乐瓶外圆面相切的工作面，如图 1-210 所示。

图 1-210　创建工作面

（23）创建草图。在步骤（22）创建的工作面上创建草图，导入光盘中“\第 1 章\可乐瓶.jpg”文件。投影可乐瓶的贴图面轮廓，将图片的两个长边与可乐瓶水平投影线进行共线约束，将图片的两个短边中点与垂直投影线的中点水平约束，效果如图 1-211 所示。

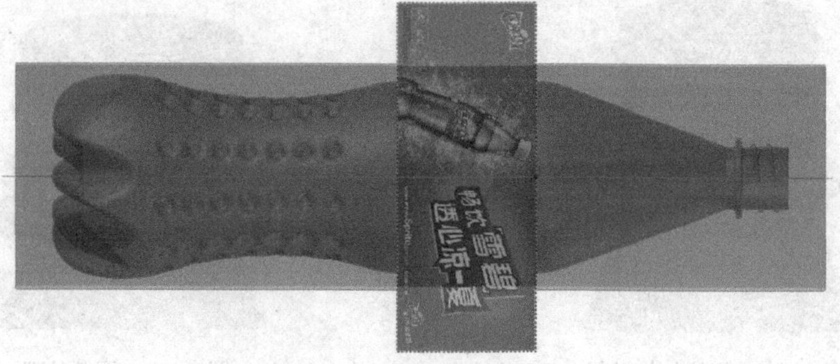

图 1-211　导入图片

（24）创建贴图特征。将图 1-211 所示图片进行贴图，在贴图工具面板上，勾选“折叠到面”选项，效果如图 1-212 所示，保存文件后退出。

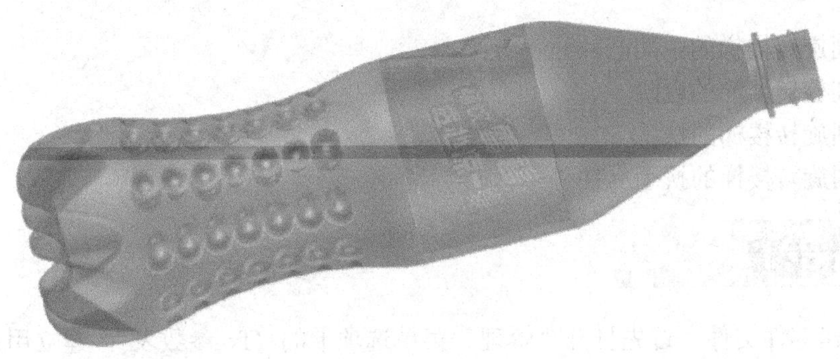

图 1-212　贴图后的效果

任务十　旋转楼梯制作

任务说明

旋转楼梯实例如图 1-213 所示。

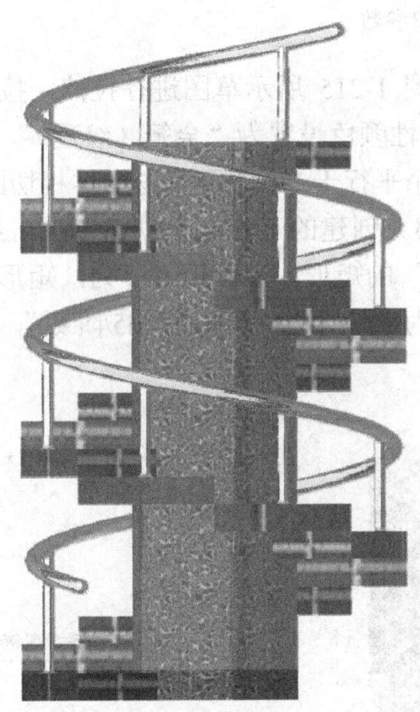

图 1-213　旋转楼梯实例

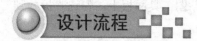

设计流程

1. 绘制旋转楼梯的中间圆柱
2. 绘制旋转楼梯的台阶
3. 绘制旋转楼梯的扶手
4. 绘制旋转楼梯的扶手立柱

设计步骤

（1）新建零件文件。首先打开“管理”菜单选项卡的“fx 参数表”，建立用户参数：“直径”、“高度”、“转数”、“阶数”，并将“转数”、“阶数”的单位设置为无量纲，“表达式”值的设置如图 1-214 所示。完成后退出“fx 参数表”，在草图环境中绘制一直径为 30mm 的圆，标注直径尺寸时选择列表参数中的“直径”，如图 1-215 所示，完成后退出草图环境。

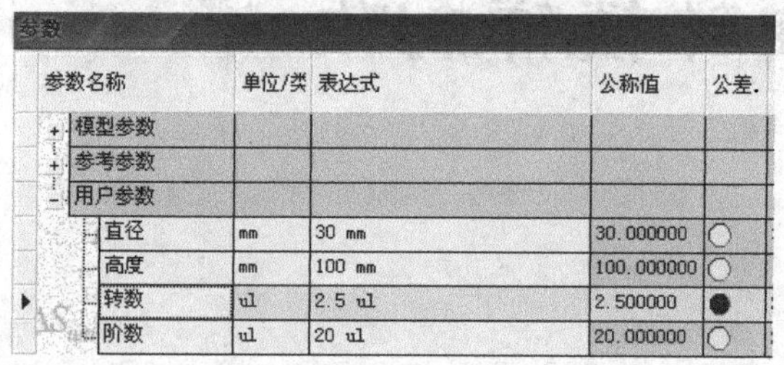

参数

参数名称	单位/类	表达式	公称值	公差.
+ 模型参数				
+ 参考参数				
− 用户参数				
直径	mm	30 mm	30.000000	○
高度	mm	100 mm	100.000000	○
转数	ul	2.5 ul	2.500000	●
阶数	ul	20 ul	20.000000	○

图 1-214　创建用户参数

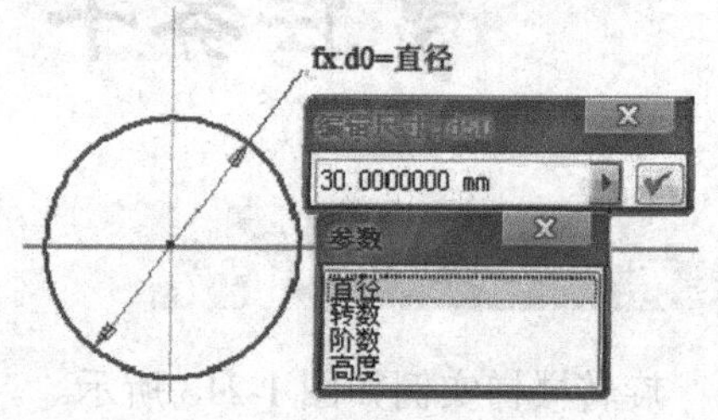

图 1-215　选择参数尺寸

（2）创建拉伸特征。将如图 1-215 所示草图进行拉伸，拉伸高度选择列表参数中的“高度”，完成拉伸后将该特征的特性颜色设置为“金箔（纹理）”，效果如图 1-216 所示。

（3）创建工作面。创建一个平行于 YZ 平面且与实体相切的工作面，如图 1-217 所示。

（4）创建草图。在步骤（3）创建的工作面上创建草图，绘制如图 1-218 所示图形。将图 1-218 中高度为“高度/阶数”的矩形，进行矩形阵列，矩形阵列的方向为图 1-218 中大矩形的对角线方向，阵列的个数为“阶数”，距离为“d5/阶数”，如图 1-219 所示，完成后退出草图环境。

图 1-216　楼梯圆柱

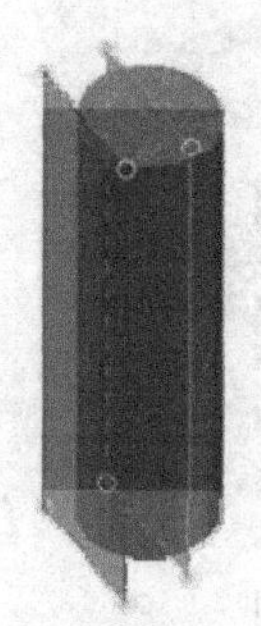

图 1-217　创建工作面

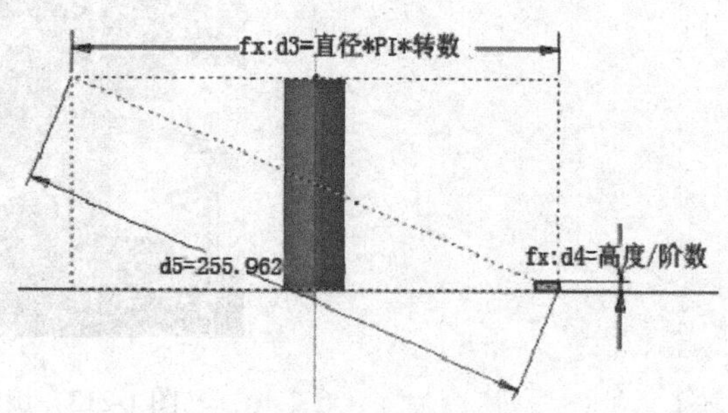

图 1-218　创建草图

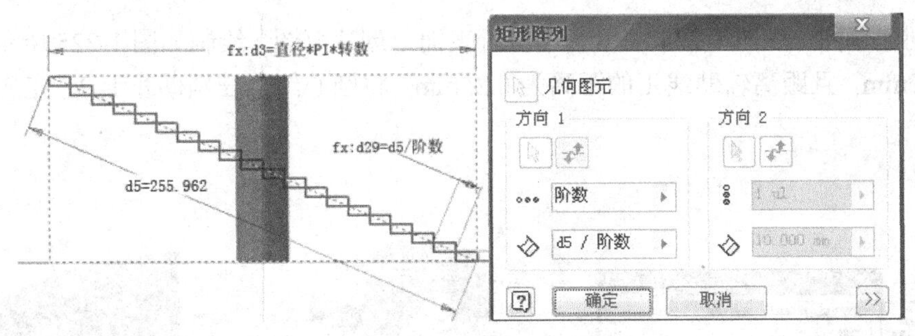

图 1-219 矩形阵列

（5）创建凸雕特征。截面轮廓选择图 1-219 中阵列的矩形，凸雕深度为 20mm，凸雕类型选择“从面凸雕”，勾选“折叠到面”复选框，如图 1-220 所示。完成凸雕后，将凸雕特性颜色设置为“瓷砖方形（中蓝色）”，隐藏工作面，效果如图 1-221 所示。

（6）创建草图。在 YZ 平面上创建草图，绘制如图 1-222 所示草图，完成后退出草图环境。

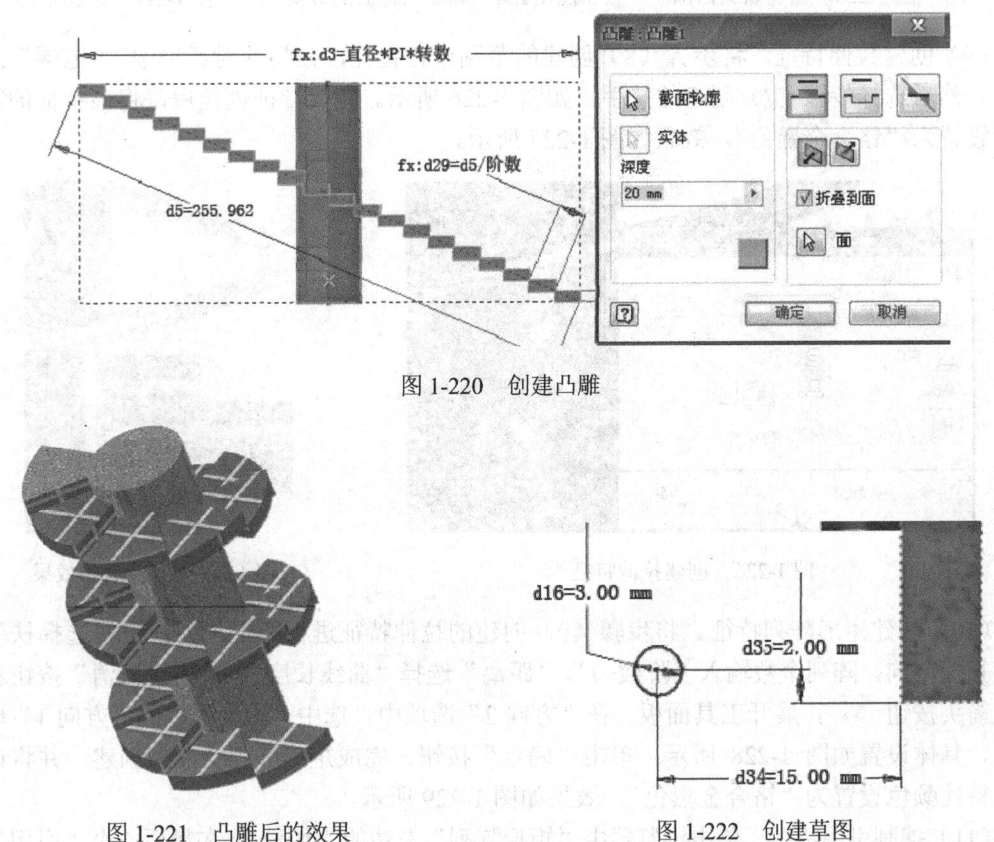

图 1-220 创建凸雕

图 1-221 凸雕后的效果

图 1-222 创建草图

（7）创建螺旋扫掠特征。以图 1-222 所示的草图为扫掠截面，Z 轴为螺旋扫掠轴，进行螺旋扫掠。在螺旋扫掠对话框中，螺旋扫掠的方向选择顺时针方向，在“螺旋规格”选项卡中，“类型”栏选择“转数和高度”，具体设置如图 1-223 所示。完成螺旋扫掠后，将该特征的特性颜色设置为“铬合金蓝色”，效果如图 1-224 所示。

（8）创建草图。在图 1-224 中第一个台阶表面上创建草图，绘制如图 1-225 所示图形，圆的直径为 2mm，且距离辅助线 1 的距离为 0.25mm，将圆心约束在辅助线上 2，完成后退出草图环境。

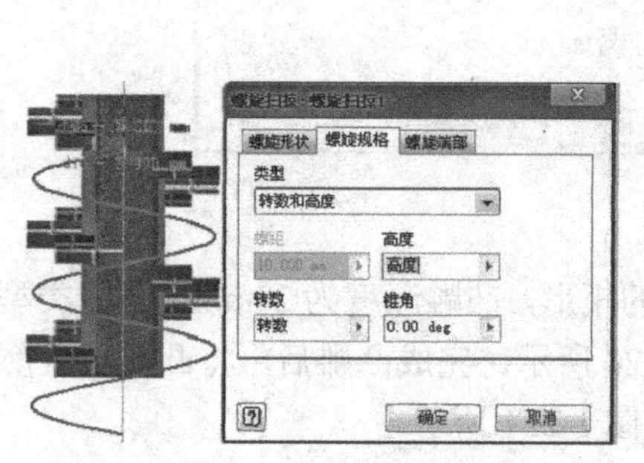

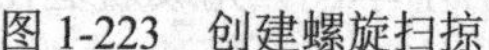
图 1-223 创建螺旋扫掠

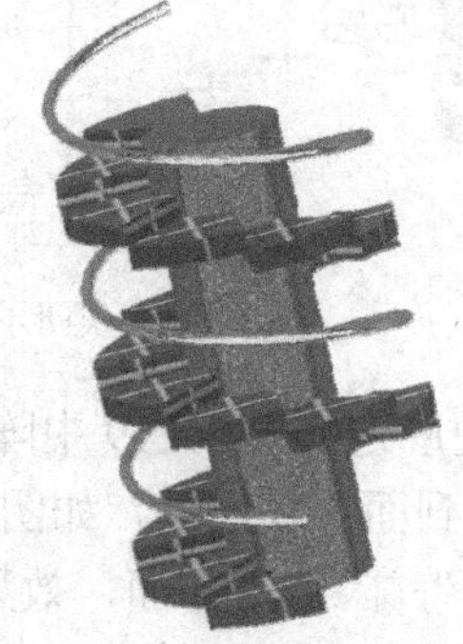
图 1-224 螺旋扫掠后的效果

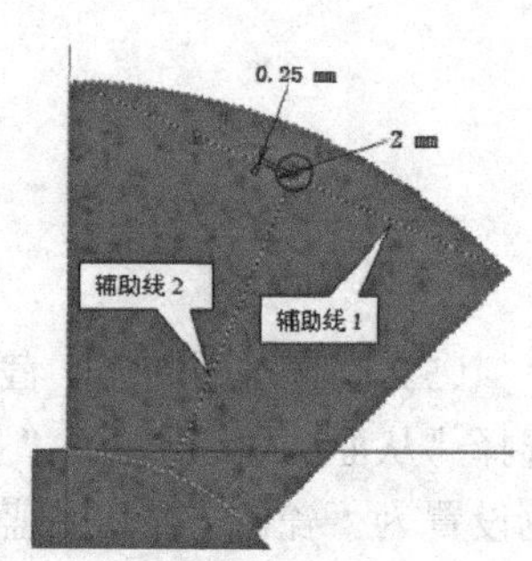

图 1-225 创建草图

（9）创建拉伸特征。将步骤（8）创建的草图进行拉伸，在拉伸对话框中，“范围”选择“到”，然后选择步骤（7）创建的扶手，如图 1-226 所示。完成特征创建后，将该特征的特性颜色设置为“铬合金黑色”，效果如图 1-227 所示。

图 1-226 创建拉伸特征

图 1-227 拉伸后的效果

（10）创建矩形阵列特征。将步骤（9）创建的拉伸特征进行矩形阵列，方向选择扶手的螺旋扫掠方向，阵列个数输入“阶数+1”，“距离”选择“曲线长度”，单击“取消”按钮右边的双箭头按钮 《 ，展开工具面板，在“方向 2”选项中，选中“方向”栏的“方向 1”单选按钮，具体设置如图 1-228 所示。单击“确定”按钮，完成矩形阵列特征的创建，并将该特征的特性颜色设置为“铬合金黑色”，效果如图 1-229 所示。

（11）抑制引用特征。单击浏览器中“矩形阵列”左边的“加号”，在最后一个“引用”特征上单击鼠标右键，在右键菜单中选择“抑制”命令，如图 1-230 所示，将最后一根立柱抑制掉。

（12）创建圆角特征。将扶手的端面进行圆角处理，圆角半径为 1.4mm，并将圆角特征的特性颜色设置为“铬合金蓝色”，如图 1-231 所示。重复命令将所有的扶手立柱进行圆角处理，圆角半径为 0.5mm，并将该圆角特征的特性颜色设置为“金属光泽金色”，效果如图 1-232 所示。

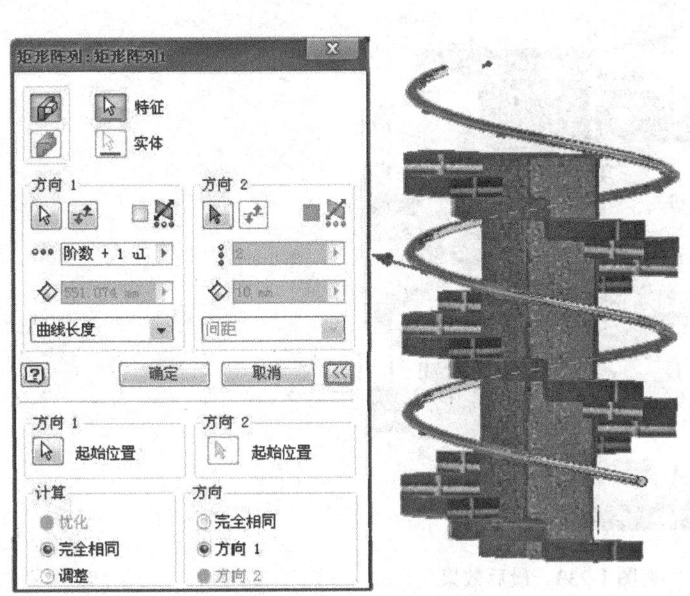

图 1-228　矩形阵列设置

图 1-229　矩形阵列后的效果

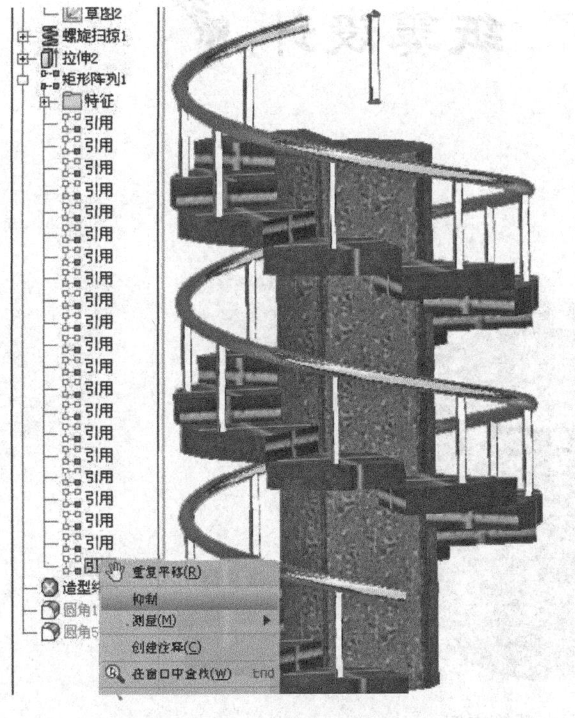

图 1-230　抑制特征引用

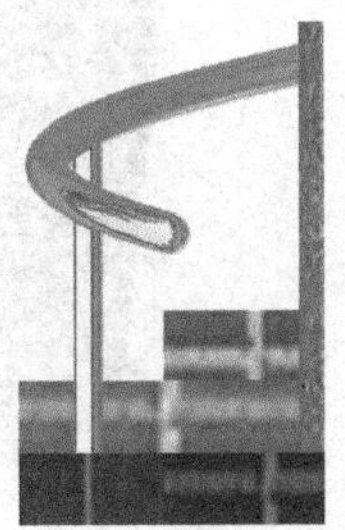

图 1-231　扶手圆角处理

图 1-232　立柱圆角处理

（13）完成后，保存文件并退出，效果如图 1-233 所示。

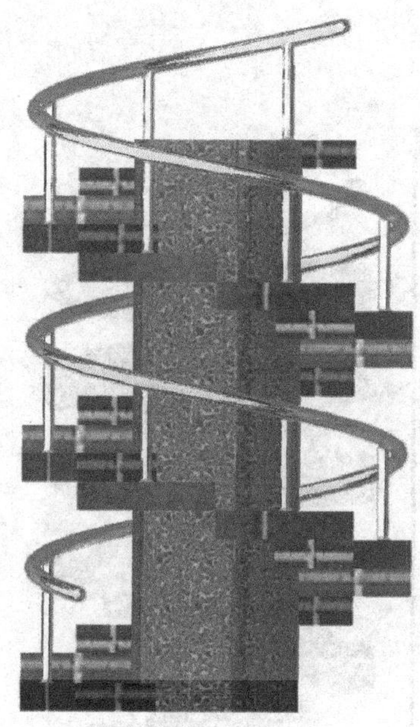

图 1-233　最后效果

任务十一　纸篓设计

纸篓实例如图 1-234 所示。

图 1-234　纸篓实例

设计流程

1．绘制纸篓的基本轮廓
2．绘制纸篓的透气孔
3．对纸篓进行圆角处理

设计步骤

（1）新建零件文件。在草图环境中绘制如图 1-235 所示草图，并将草图全约束，完成后退出。

（2）创建旋转特征。将图 1-235 所示草图进行旋转，创建实体，完成实体创建后将实体的颜色设置为“松绿色”，效果如图 1-236 所示。

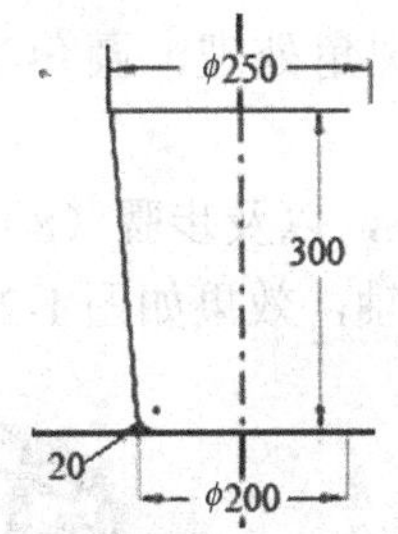

图 1-235　绘制草图

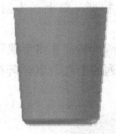

图 1-236　旋转后的效果

（3）创建抽壳特征。将实体进行抽壳，抽壳厚度为 2mm，开口面为ϕ250mm 的圆面。

（4）创建拉伸特征。在实体上表面上创建草图，绘制直径为 266mm 的圆，如图 1-237 所示。完成后退出草图，并对草图进行拉伸，拉伸方向选择“方向 2”，拉伸距离为 5mm，效果如图 1-238 所示。

（5）创建工作面。创建一个平行于 XY 平面且距离为 150 的工作面，如图 1-239 所示。

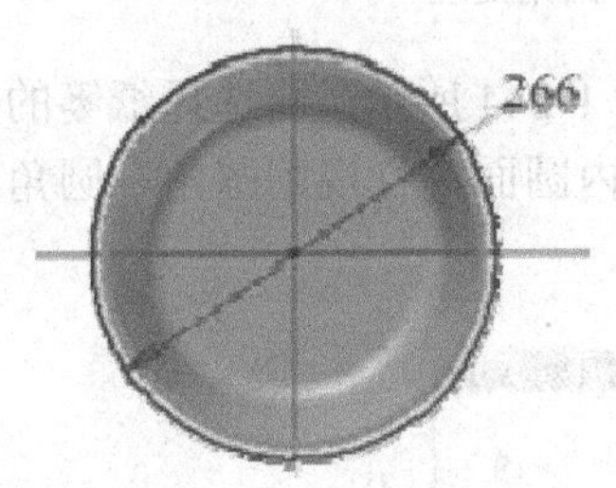

图 1-237　绘制草图

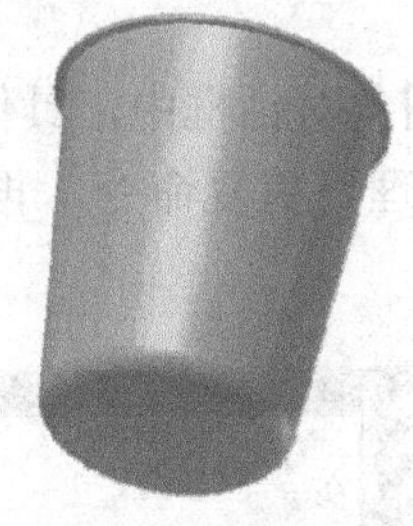

图 1-238　拉伸后的效果

图 1-239　创建工作面

（6）创建草图。在新建工作面上创建草图，绘制如图 1-240 所示图形，矩形水平边的中点跟实体顶边投影线的中点垂直对齐。将绘制的矩形进行矩形阵列，阵列个数为 7，间距为 25mm，方向为垂直向下，如图 1-241 所示。

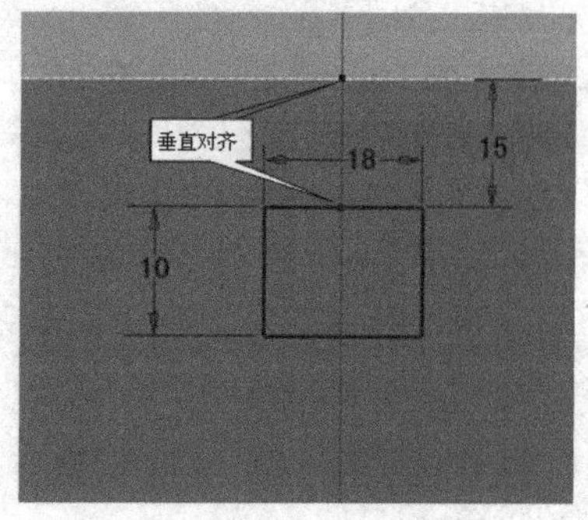

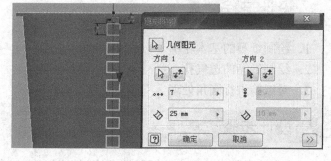

图 1-240　绘制草图

图 1-241　矩形阵列

（7）创建凸雕特征。将步骤（6）创建的草图进行凸雕，凸雕方式为“从面凹雕”，深度为 2mm，单击“确定”按钮，完成凸雕。将步骤（5）创建的工作面设为不可见，效果如图 1-242 所示。

（8）创建圆角特征，对上一步创建的凸雕特征进行圆角处理，圆角半径为 1mm，如图 1-243（a）所示。

（9）创建环形阵列特征。将步骤（7）创建的凸雕特征，以及步骤（8）创建的圆角特征进行环形阵列，阵列的个数为 20，阵列轴即为纸篓的中心轴，效果如图 1-243（b）所示。

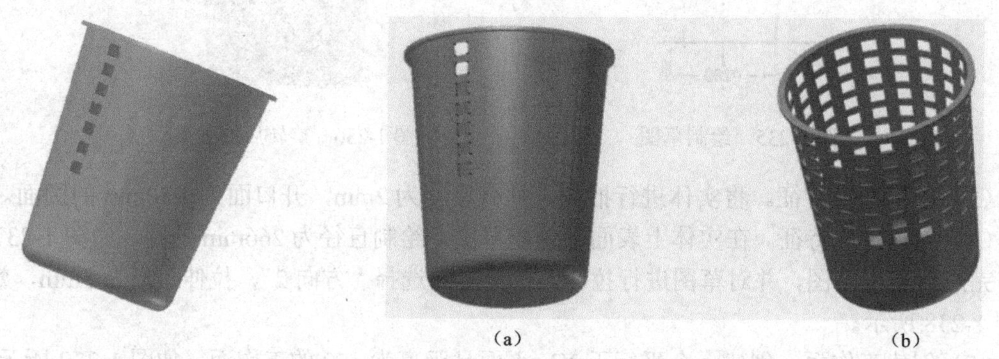

图 1-242　阵列后的效果

图 1-243　圆角处理

（10）创建规则圆角。在规则圆角对话框中，具体设置如图 1-244 所示，面选择纸篓的外圆面，完成外圆面所有边的圆角处理，重复命令，再对纸篓的内圆面进行规则圆角，圆角半径设置为 0.8mm。

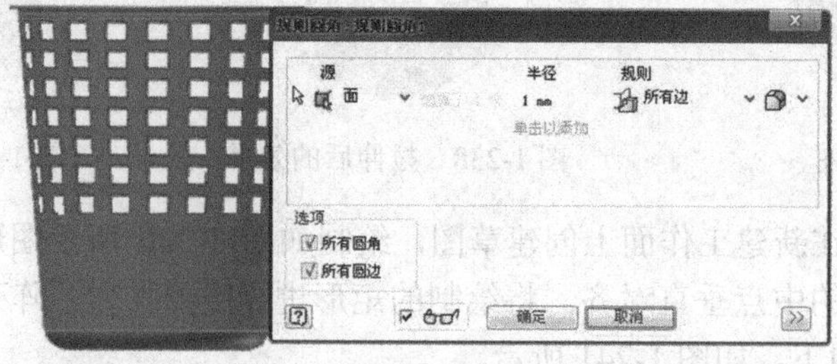

图 1-244　规则圆角处理

（11）创建圆角特征。将纸篓顶部四条边进行圆角处理，圆角半径为 2mm，如图 1-245 所示，效果如图 1-246 所示，保存文件后退出。

图 1-245　圆角处理

图 1-246　圆角后的效果

任务十二　吹风机设计

任务说明

吹风机实例如图 1-247 所示。

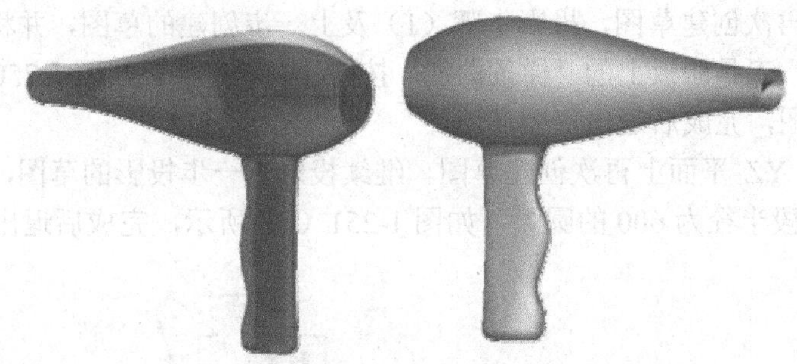

图 1-247　吹风机实例

设计流程

1. 绘制吹风机的把手曲面
2. 绘制吹风机主体曲面
3. 对把手、主体曲面进行修剪
4. 将曲面缝合为实体
5. 绘制吹风机的进风口
6. 将吹风机进行圆角处理

设计步骤

（1）新建零件文件。新建零件文件，在草图环境中，利用椭圆命令绘制如图 1-248 所示草图，并将草图全约束，完成后退出草图环境。

（2）创建工作面。创建一个平行于 XY 平面且偏移距离为 100mm 的工作面，如图 1-249（a）所示。

（3）创建草图。在步骤（2）创建的工作面上创建草图，投影步骤（1）创建的草图，完成后退出草图，如图 1-249（b）所示。

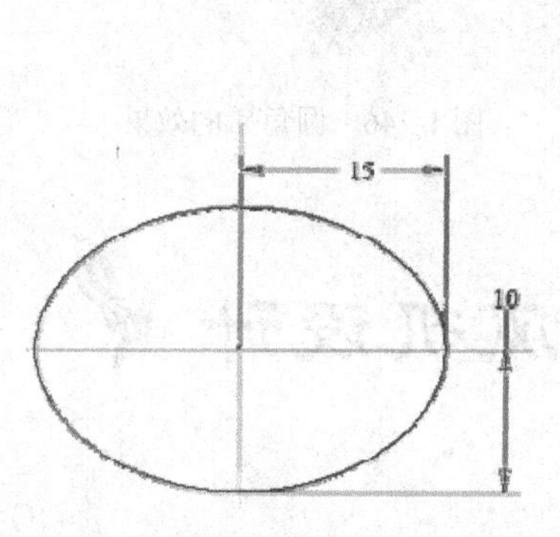

图 1-248　绘制草图

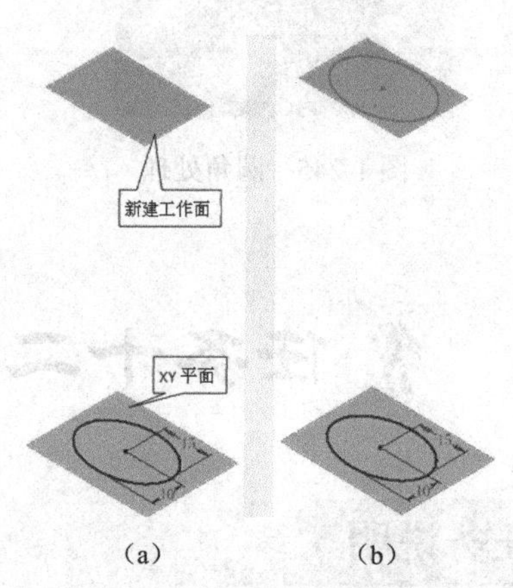

图 1-249　创建工作面

在 XZ 平面上再次创建草图，投影步骤（1）及上一步创建的草图，并将投影线设置为构造线。单击“绘制”工具面板上的“样条曲线”按钮 样条曲线，如图 1-250 所示。绘制如图 1-251（a）所示草图，完成后退出草图环境。

重复命令，在 YZ 平面上再次创建草图，继续投影上一步投影的草图，也将投影线设置为构造线，绘制两段半径为 600 的圆弧，如图 1-251（b）所示，完成后退出草图环境。

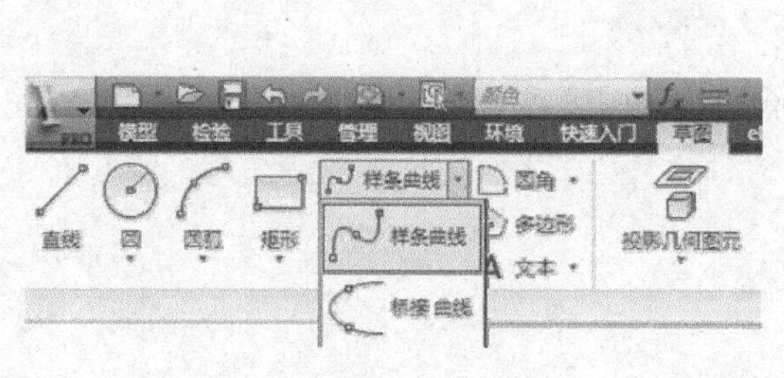

图 1-250　样条曲线图标

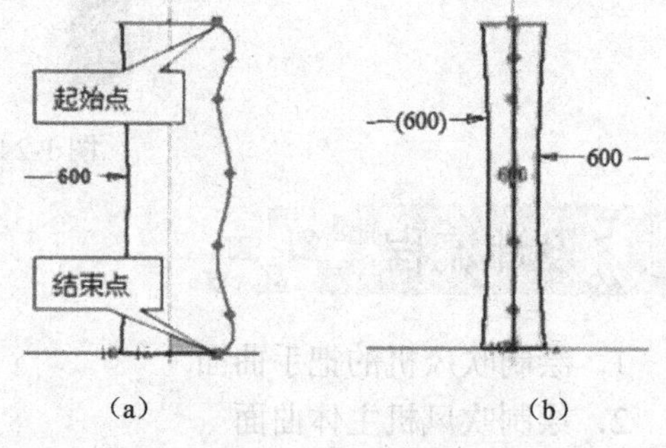

图 1-251　绘制放样轨道

说明：

绘制样条曲线时，单击第一个点作为样条曲线的起始点，移动鼠标继续单击，在样条曲线上创建更多点，双击样条曲线最后一个点，或者在单击最后一个点后，单击鼠标右键，在快捷菜单中选择“创建”来完成样条曲线的绘制。

（4）创建放样特征。放样截面选择步骤（1）、步骤（3）绘制的两个椭圆。在“轨道”栏，单击“单击添加”，选择图 1-251（a）中的一条轨道线，再次单击“单击添加”，选择图 1-251（a）图中另一条轨道线。重复命令，添加图 1-251（b）所示另外两条轨道。输出方式选择“曲面”，具体设置如图 1-252 所示。单击“确定”按钮，完成放样后，隐藏步骤（2）创建的工作面，效果如图 1-253 所示。

（5）创建草图。在 YZ 平面上创建草图，绘制如图 1-254 所示草图，完成后退出草图。

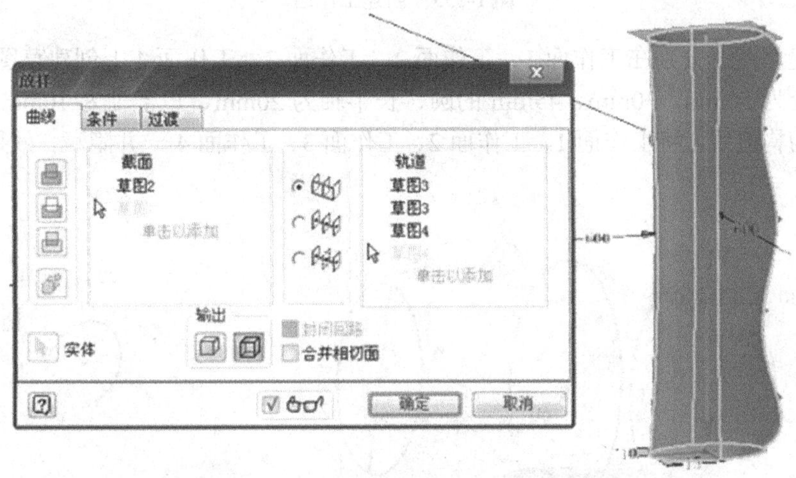

图 1-252　创建放样特征

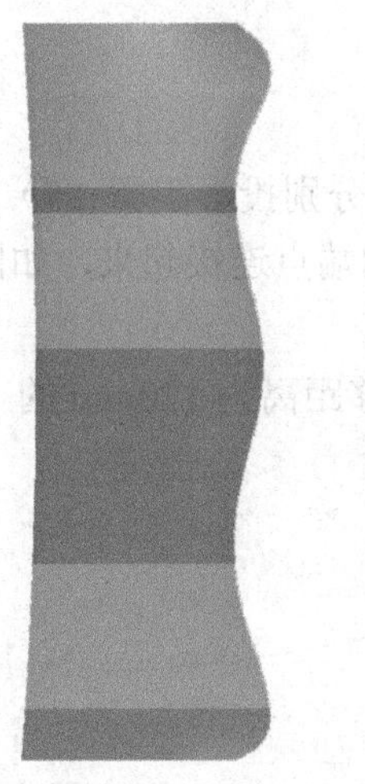

图 1-253　放样曲面

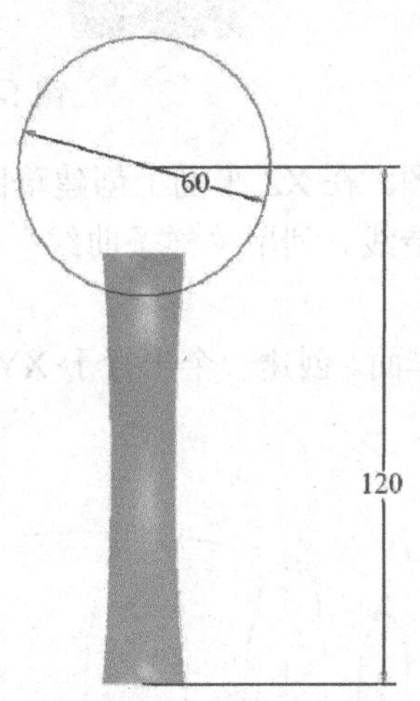

图 1-254　绘制草图

（6）创建工作面。依次创建平行于 YZ 平面且偏移距离分别为 30mm、50mm、–50mm、–130mm 的 4 个工作面，如图 1-255 所示。

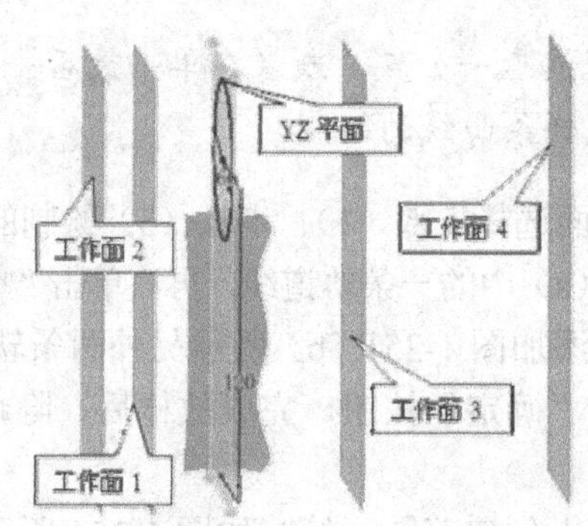

图 1-255 创建工作面

（7）创建草图。分别在工作面 1、工作面 2、工作面 3、工作面 4 上创建草图，在草图中分别绘制直径为 50mm、30mm、45mm 的圆、长半轴为 20mm、短半轴为 10mm 的椭圆。将投影线设置为构造线，将工作面 1、工作面 2、工作面 3、工作面 4 一并隐藏，效果如图 1-256 所示。

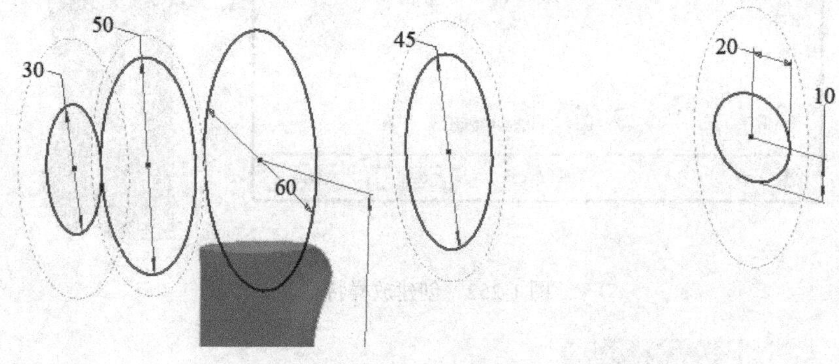

图 1-256 创建草图

（8）创建草图。在 XZ 平面上创建草图，在草图中分别投影步骤（7）创建的草图，并将投影线设置为构造线。利用“样条曲线”把各投影线的端点连接起来，如图 1-257 所示，完成后退出草图。

（9）创建工作面。创建一个平行于 XY 平面，且偏移距离为 120mm 的工作面，如图 1-258 所示。

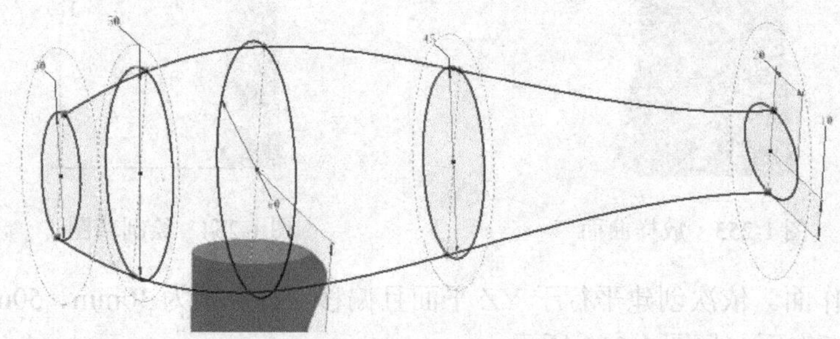

图 1-257 绘制放样轨道

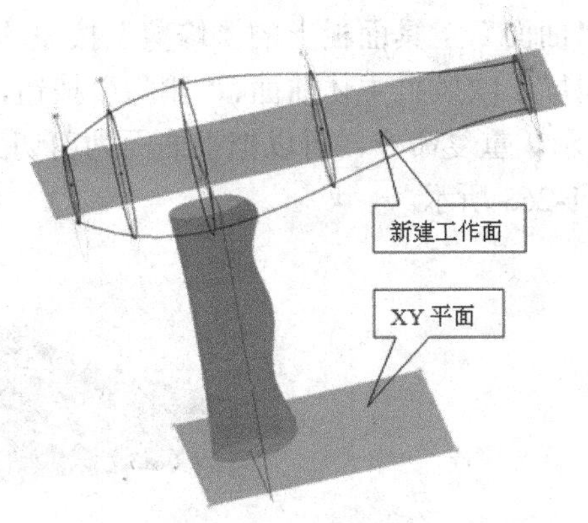

图 1-258　创建工作面

（10）创建草图。在步骤（9）创建的工作面上创建草图，在草图中投影步骤（7）创建的草图，并将投影线设置为构造线，利用“样条曲线”绘制如图 1-259 所示的草图，完成后退出草图。

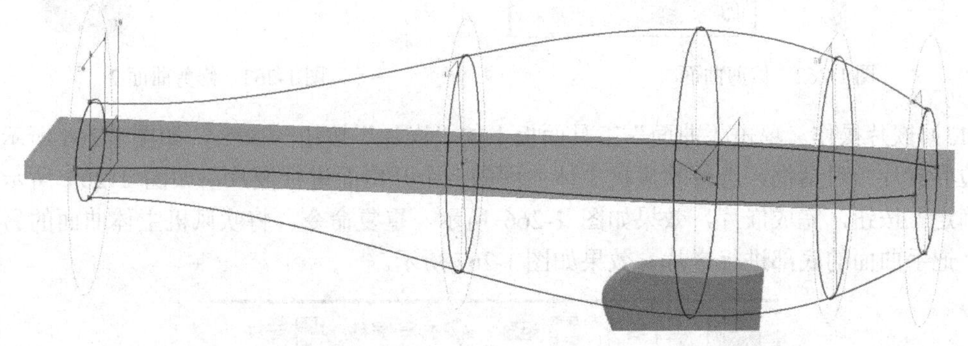

图 1-259　绘制放样轨道

（11）创建放样特征。放样截面选择步骤（5）、步骤（7）绘制的草图，四条引导轨道分别选择步骤（8）、步骤（10）创建的草图，输出方式选择“曲面”输出，如图 1-260 所示。完成放样后，隐藏步骤（9）创建的工作面，效果如图 1-261 所示。

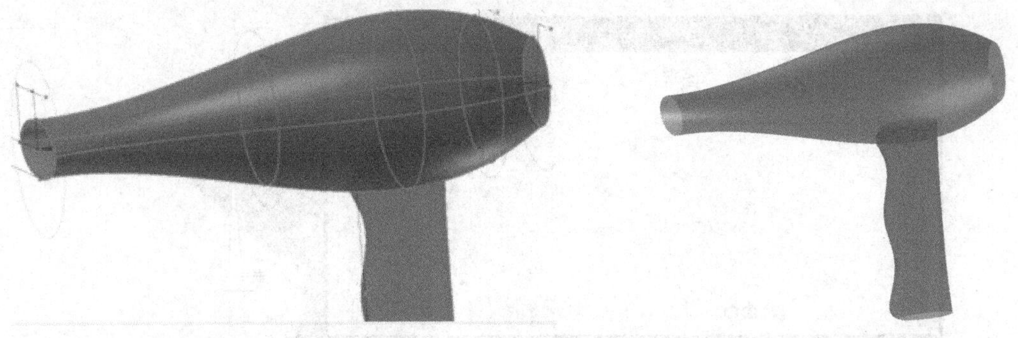

图 1-260　创建放样特征　　　　图 1-261　放样后的效果

（12）修剪曲面。单击“曲面”工具面板上的“修剪”按钮 修剪 ，弹出“修剪曲面”对话框，依次单击“剪切工具”、吹风机主体曲面、“删除”按钮，吹风机主体曲面与把手曲面相交部分，如图 1-262 所示。重复命令，再以把手曲面为剪切工具，修剪把手曲面与吹风机主体曲面相交部分，如图 1-263 所示。

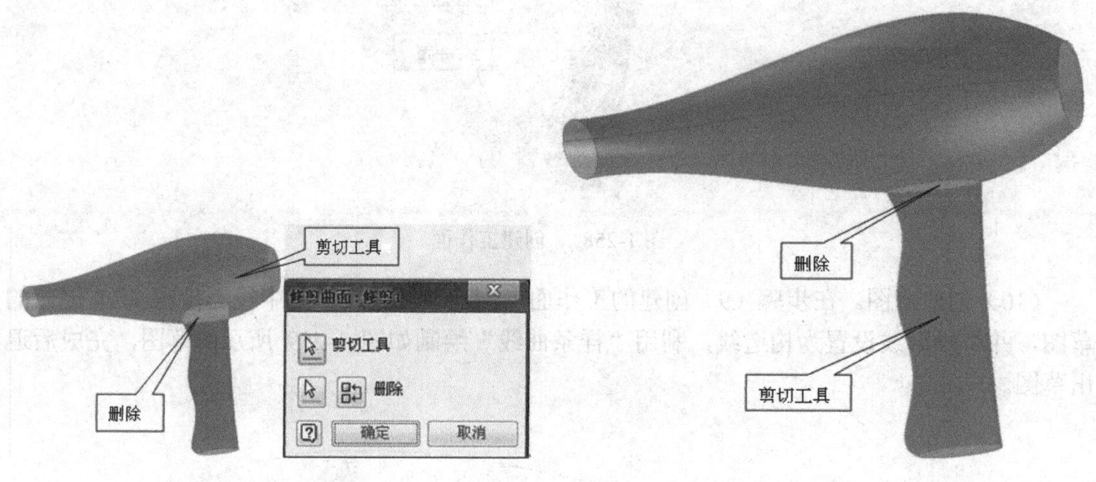

图 1-262　修剪曲面 1　　　　图 1-263　修剪曲面 2

（13）嵌片操作。单击“曲面”工具面板上的“嵌片”按钮 嵌片 ，如图 1-264 所示。弹出“边界嵌片”对话框，选择吹风机主体曲面的一个开口面进行嵌片，如图 1-265 所示。单击“确定”按钮，完成嵌片，效果如图 1-266 所示。重复命令，将吹风机主体曲面的另一开口面、把手曲面的底部进行嵌片，效果如图 1-267 所示。

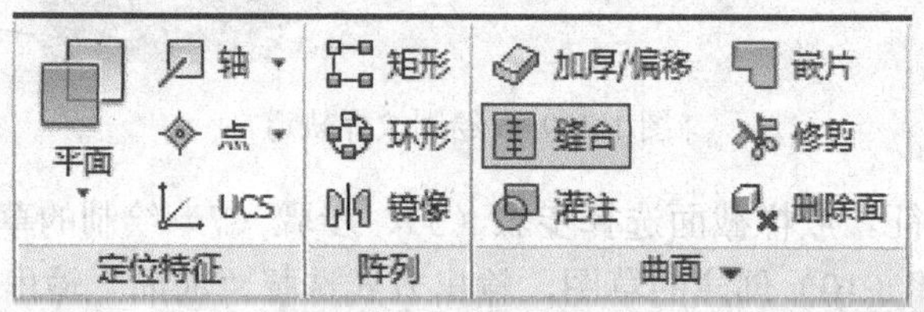

图 1-264　缝合图标

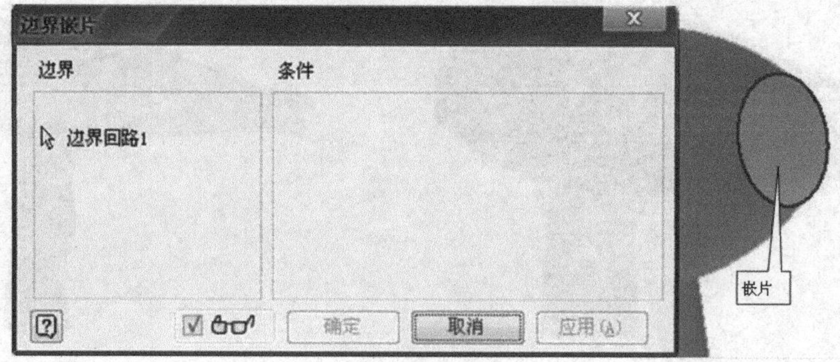

图 1-265　嵌片

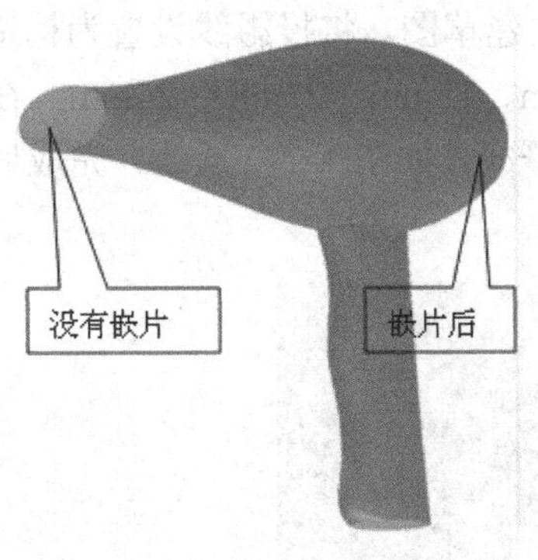

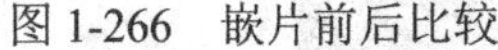
图 1-266　嵌片前后比较

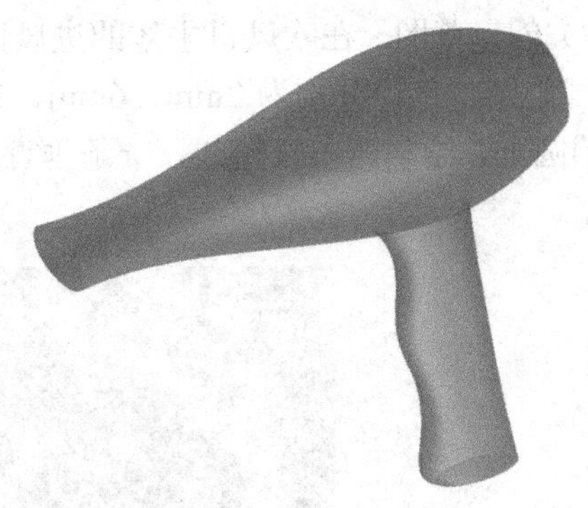
图 1-267　嵌片后的效果

（14）缝合曲面操作。单击“缝合”工具面板上的“缝合”按钮 ，弹出“缝合”对话框，依次选择吹风机主体曲面、把手曲面、开口处添加的嵌片，如图 1-268 所示。单击“完毕”按钮，完成曲面缝合，效果如图 1-269 所示。

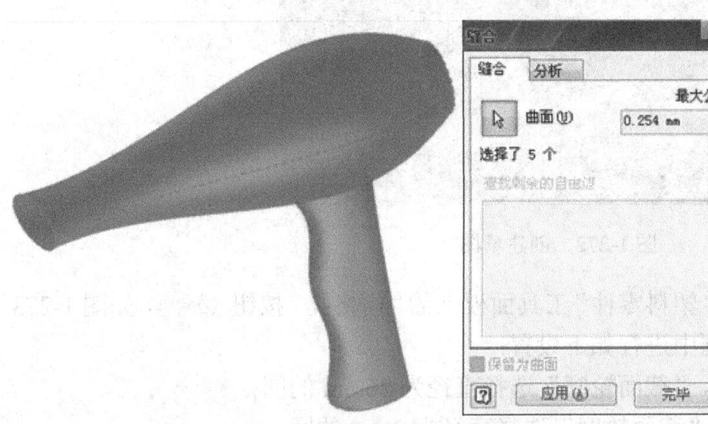

图 1-268　缝合曲面

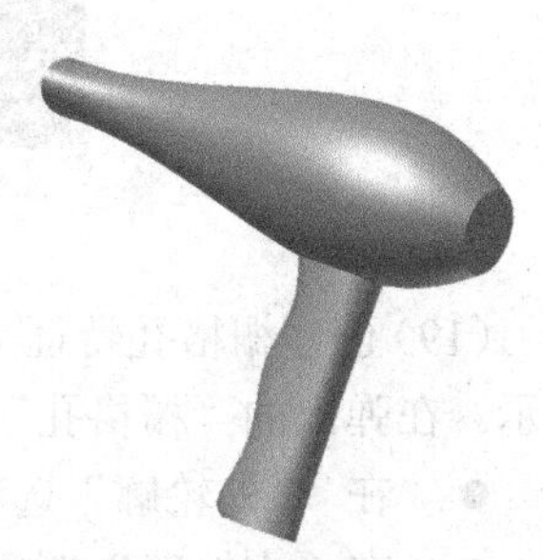
图 1-269　缝合后的效果

（15）创建圆角特征。在把手处进行圆角处理，把手底部圆角半径为 3mm，把手顶部圆角半径为 5mm，如图 1-270 所示。

（16）创建抽壳特征。将实体进行抽壳处理，开口面选择椭圆面，抽壳厚度为 1mm。

（17）创建圆角特征。将吹风机主体曲面的出风口、进风口进行圆角处理，出风口处圆角半径为 0.5mm，进风口处圆角半径为 2mm，效果如图 1-271 所示。

图 1-270　圆角 1

图 1-271　圆角 2

(18) 创建草图。在吹风机主体的进风口处平面上创建草图。将投影线设置为构造线，绘制 7 个同心圆，直径分别为 2mm、6mm、10mm、14mm、18mm、22mm、26mm。在直径为 26mm 的圆上，绘制两条直径线，一条垂直线，一条水平线，如图 1-272 所示，完成后退出草图环境。

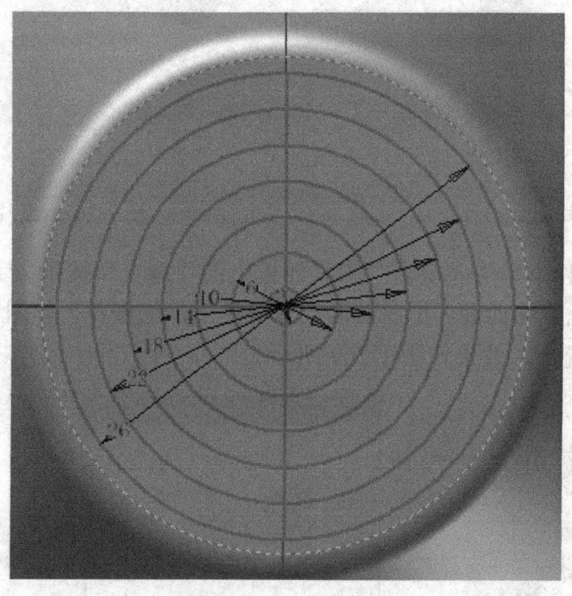

图 1-272　创建草图

(19) 创建栅格孔特征　单击“塑料零件”工具面板上的“栅格孔”按钮 栅格孔，如图 1-273 所示。在弹出的“栅格孔”对话框中进行如下设置：

- 在 “外轮廓” 选项卡中，“截面轮廓” 选择直径为 26mm 的圆；
- 在 “内轮廓” 选项卡中，“截面轮廓” 选择直径为 2mm 的圆；
- 在 “加强筋” 选项卡中，“截面轮廓” 选择两条直径线；
- 在“加强肋”选项卡中，“截面轮廓”选择直径为 6mm、10mm、14mm、18mm、22mm、的 5 个圆；

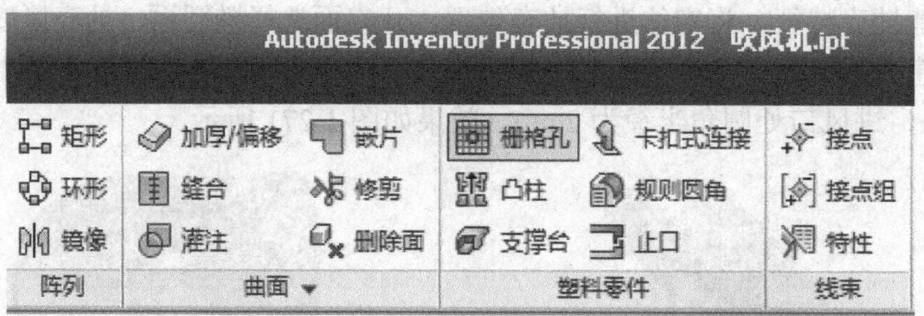

图 1-273　栅格孔图标

其他设置保持默认，如图 1-274 所示。单击“确定”按钮，完成栅格孔的创建，效果如图 1-275 所示。

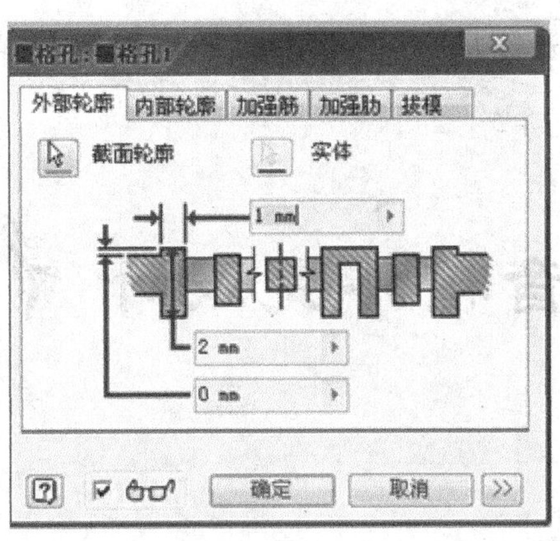

图 1-274　栅格孔处理

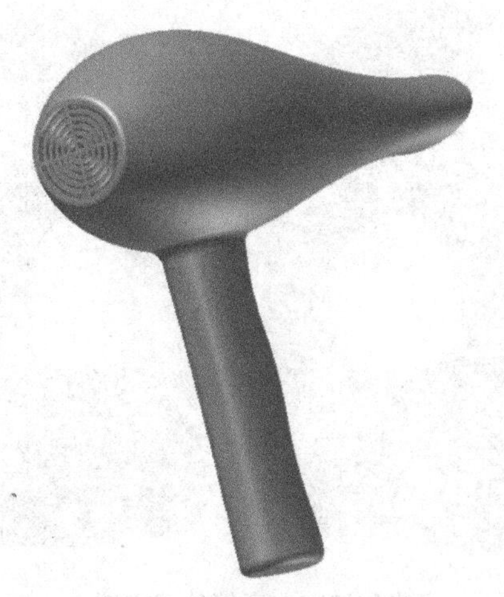

图 1-275　栅格孔后的效果

（20）创建规则圆角特征。将步骤（19）创建的“栅格孔”特征进行规则圆角处理，在“规则圆角”对话框中，“源”栏选择“特征”，圆角半径为 0.3mm，如图 1-276 所示。

（21）创建圆角特征。将栅格孔处其他部分进行圆角处理，圆角半径为 0.2mm，如图 1-277 所示。

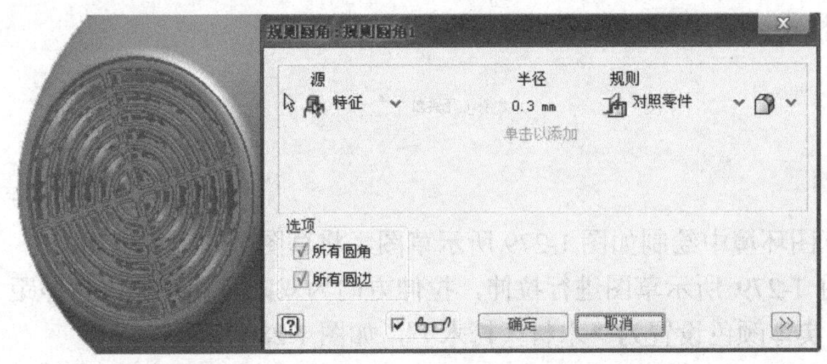

图 1-276　规则圆角处理

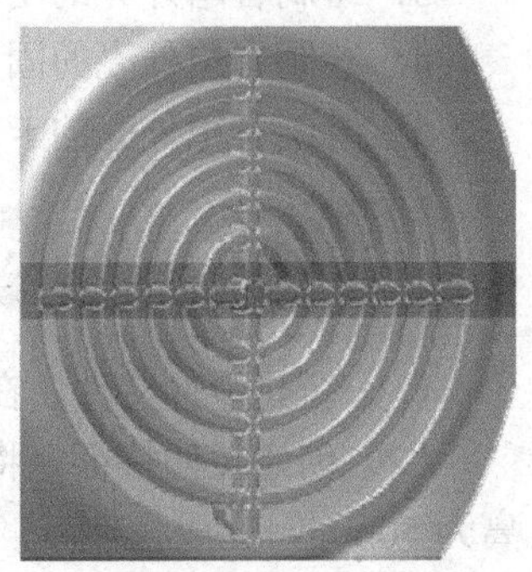

图 1-277　圆角处理

（22）设置吹风机的颜色。将实体的颜色设置为“红色（浅光）”，完成吹风机的制作。保存文件后退出，效果如图 1-247 所示。

任务十三　音箱外壳设计

任务说明

音箱外壳实例如图 1-278 所示。

图 1-278　音箱外壳实例

设计流程

1. 绘制音箱外壳的基本轮廓
2. 绘制音箱外壳的止口
3. 绘制音箱外壳的支撑台
4. 绘制音箱外壳的固定柱
5. 绘制音箱外壳的卡扣

设计步骤

（1）新建零件文件。在草图环境中绘制如图 1-279 所示草图，将草图全约束后退出。

（2）创建拉伸特征。将图 1-279 所示草图进行拉伸，拉伸方向为双向对称拉伸，拉伸距离为 50mm，完成拉伸后，将实体颜色设置为“木材（松木）”，如图 1-280 所示。

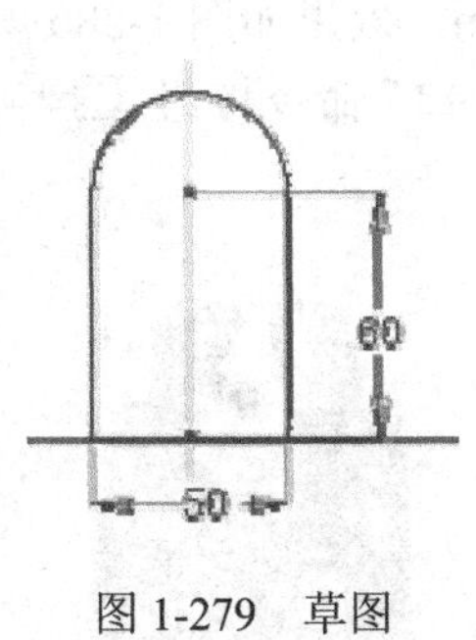

图 1-279　草图

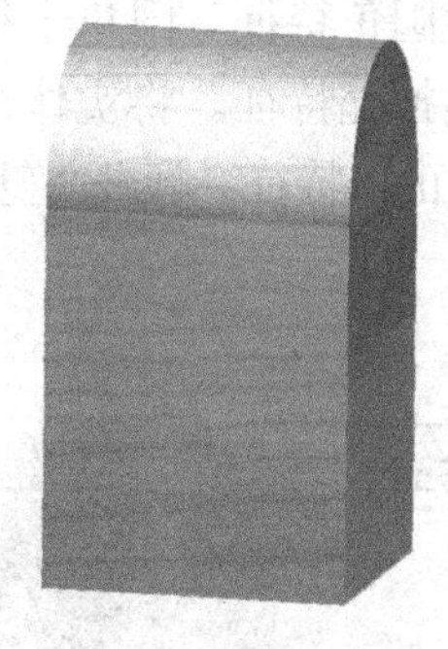
图 1-280　拉伸后的效果

（3）新建草图。在 YZ 平面上创建草图，并进入切片观察方式，绘制如图 1-281 所示草图，完成后退出草图环境。

（4）分割实体。单击“修改”工具面板上的“分割”按钮 分割，如图 1-282 所示。在弹出的“分割”对话框中，分割类型选择“修剪实体”；分割工具选择步骤（3）创建的草图；实体选择步骤（2）创建的实体；删除方向选择如图 1-283 中红色箭头所示方向。单击“确定”按钮，完成分割，效果如图 1-284 所示。

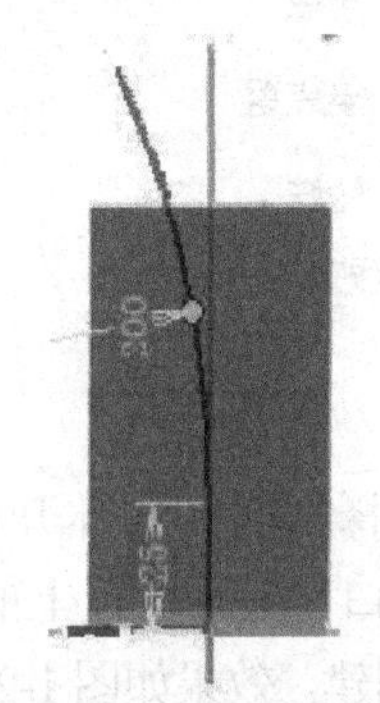

图 1-281　分割草图

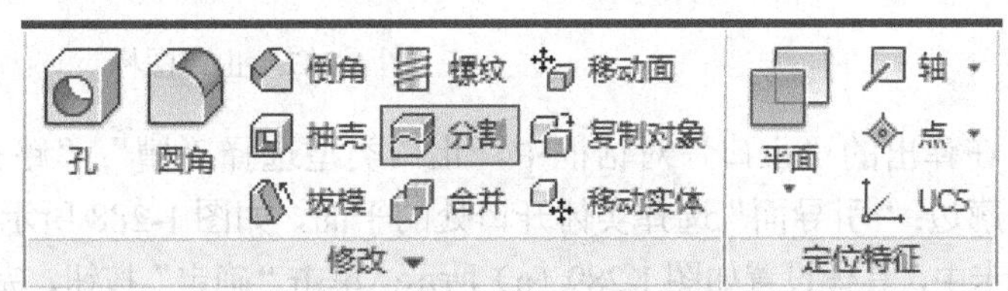

图 1-282　分割图标

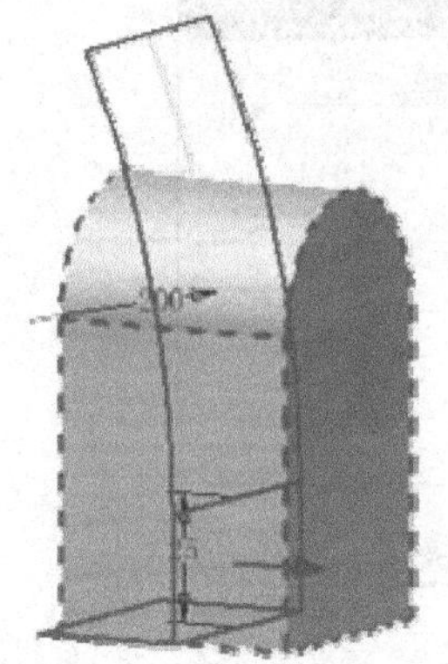

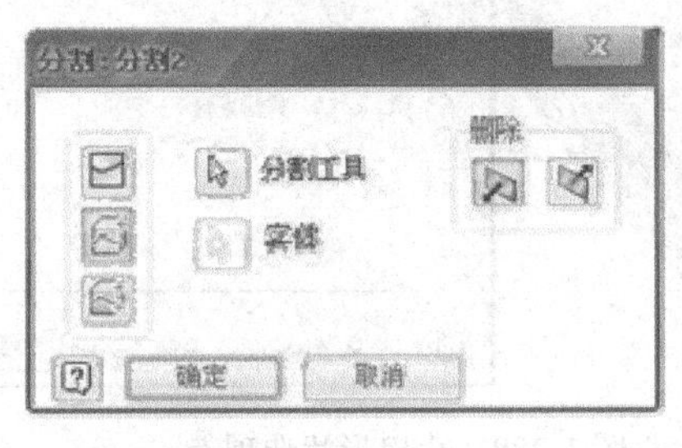

图 1-283　分割实体

图 1-284　分割后的效果

（5）创建圆角特征。圆角半径分别为5mm，10mm，效果如图1-285所示。

（6）创建抽壳特征。将实体进行抽壳，抽壳厚度为2mm，效果如图1-286所示。

（7）创建止口特征。单击“塑料零件”工具面板上的“止口”命令按钮 止口，如图1-287所示。

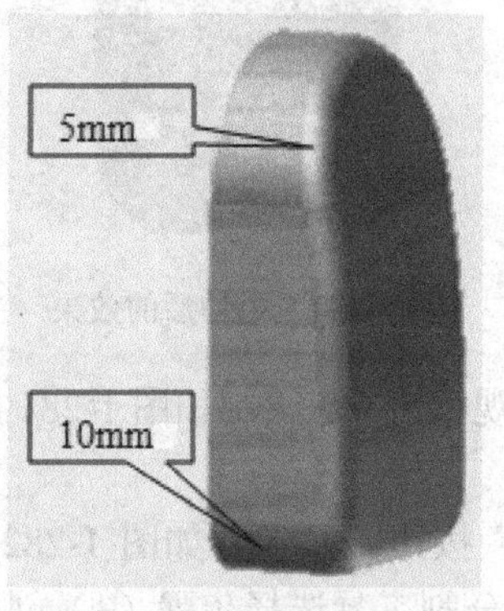

图1-285　圆角处理

图1-286　抽壳后的效果

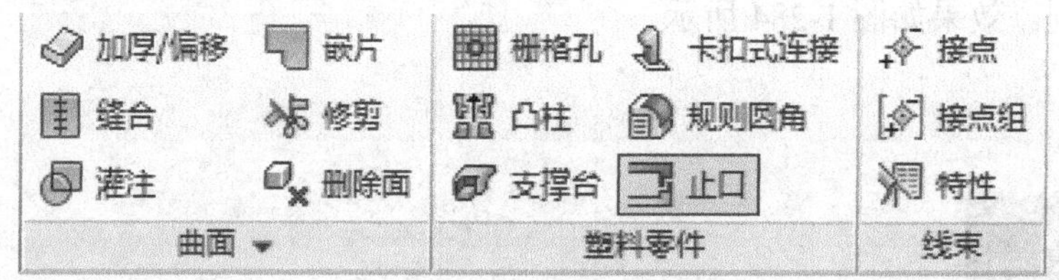

图1-287　止口图标

在弹出的“止口”对话框中，止口类型选择“槽”；“路径边”选择抽壳后实体开口处的内轮廓边；“引导面”选择实体开口处的平面，如图1-288所示。在“止口”工具面板上的“槽”选项卡中，具体设置如图1-289（a）所示。单击“确定”按钮，完成止口创建，效果如图1-289（b）所示。

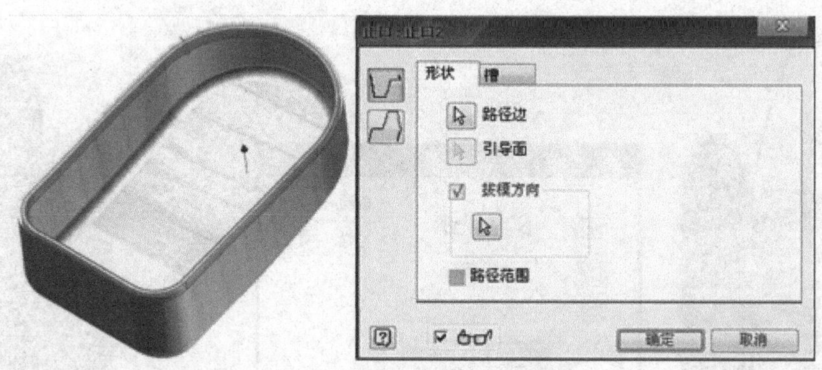

图1-288　止口形状选项卡

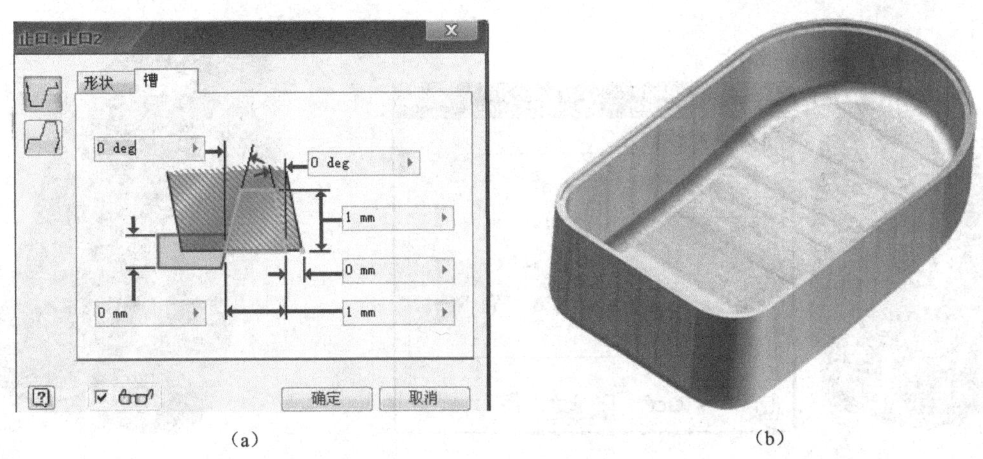

（a）　　（b）

图 1-289　止口槽选项卡

（8）创建工作面。创建一个平行于 XY 平面，且偏移距离为 5mm 的工作面，如图 1-290（a）所示。

（9）创建草图。在步骤（8）创建的工作面上新建草图，并进入切片观察方式，绘制如图 1-290（b）所示草图。将草图完全约束后退出，并隐藏工作面。

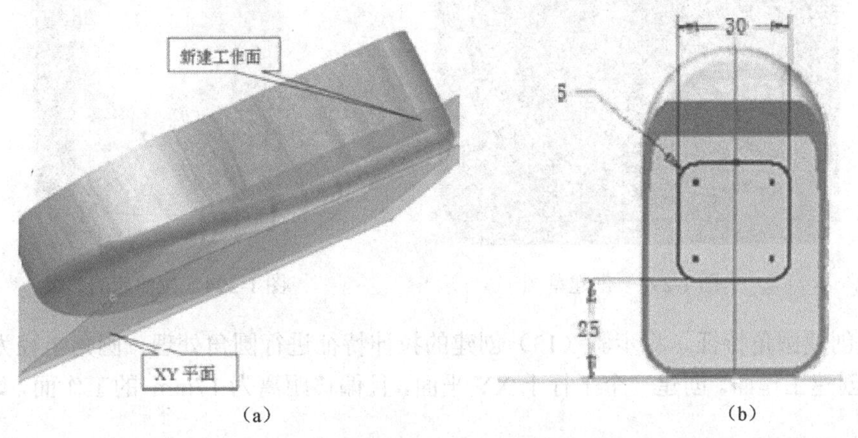

（a）　　（b）

图 1-290　创建工作面并绘制草图

（10）创建支撑台特征。单击“塑料零件”工具面板上的“支撑台”按钮 支撑台 ，弹出“支撑台”对话框。轮廓选择步骤（9）绘制的草图，方式选择贯通，厚度为 2mm，如图 1-291 所示，其他设置保持默认。按【Enter】键，完成支撑台创建，效果如图 1-292 所示。

（11）创建圆角特征。对步骤（10）创建的支撑台进行圆角处理，圆角半径均为 0.5mm。

（12）创建草图。在图 1-292 所注释平面上创建草图，并进入切片观察方式，将投影线设置为构造线，绘制一个与投影线相切的圆，如图 1-293 所示，将草图全约束后退出。

（13）创建拉伸特征。将步骤（12）绘制的圆进行拉伸，拉伸方式选择“求差”，拉伸范围选择“贯通”，效果如图 1-294 所示。

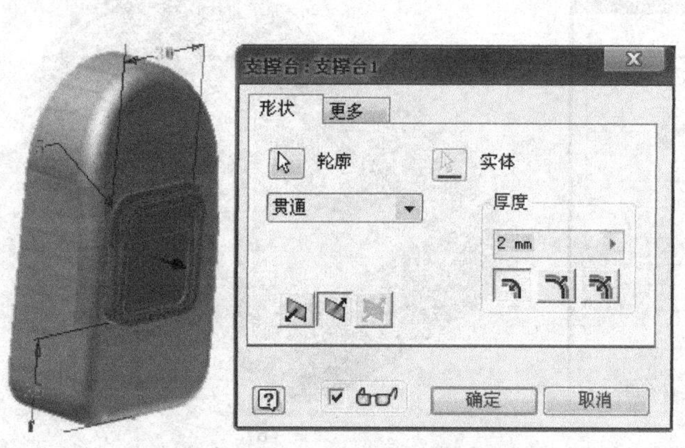

图 1-291　创建支撑台

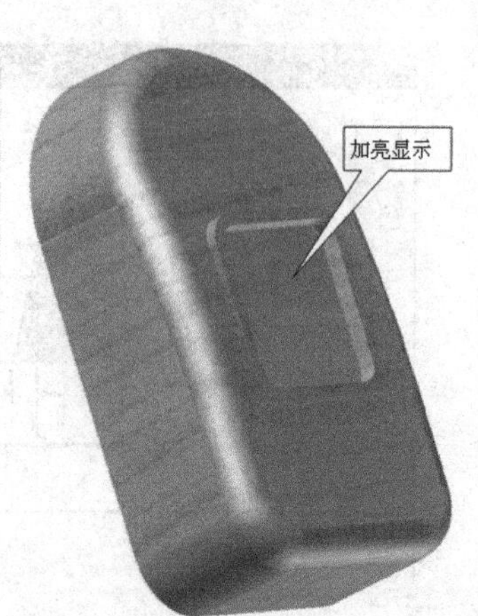

图 1-292　支撑台效果

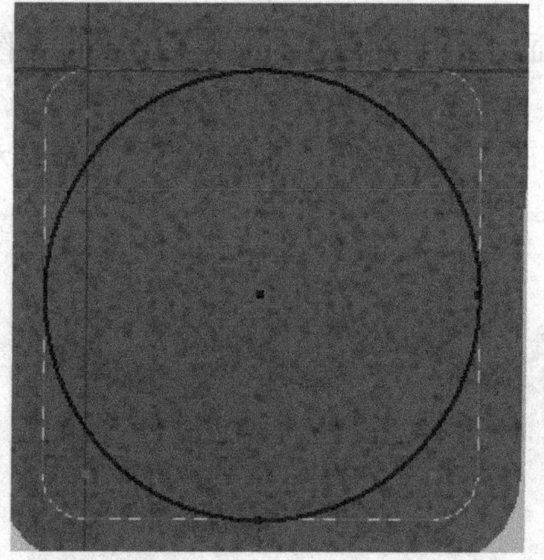

图 1-293　创建草图

图 1-294　拉伸后的效果

（14）创建圆角特征。将步骤（13）创建的拉伸特征进行圆角处理，圆角半径为 0.5mm。

（15）创建工作面。创建一个平行于 XY 平面，且偏移距离为 17mm 的工作面，如图 1-295 所示。

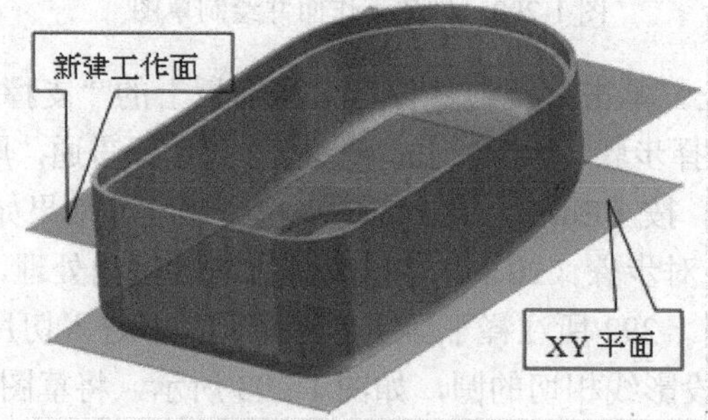

图 1-295　创建工作面

（16）创建草图。在步骤（15）创建的工作面上创建草图，绘制 3 个草图点，如图 1-296

所示，将草图全约束后退出。

（17）创建凸柱。单击“塑料零件”工具面板上的“凸柱”命令按钮 凸柱，弹出“凸柱”对话框，并自动选中步骤（16）创建的 3 个草图点。

- 在对话框中，选中“头”按钮；
- 在“形状”选项卡中，选择默认设置；
- 在“端部”选项卡中，具体设置如图 1-297 所示；

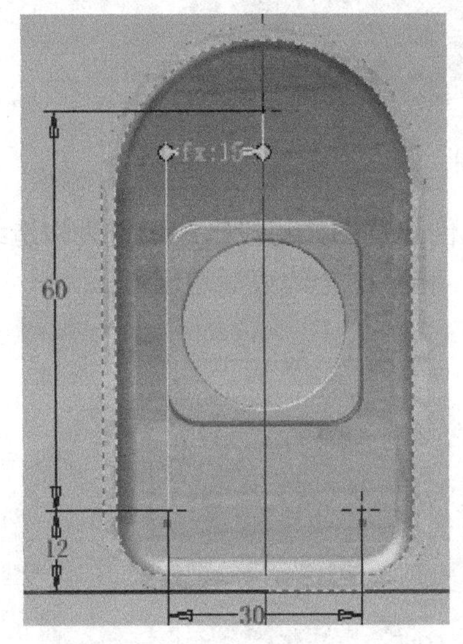

图 1-296 创建草图

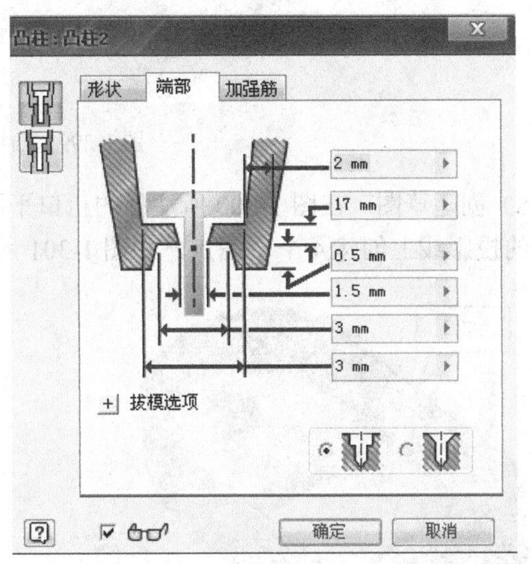

图 1-297 凸柱端部选项卡

- 在“加强筋”选项卡中，具体设置如图 1-298 所示。

单击“确定”按钮，完成设置，隐藏工作面，效果如图 1-299 所示。

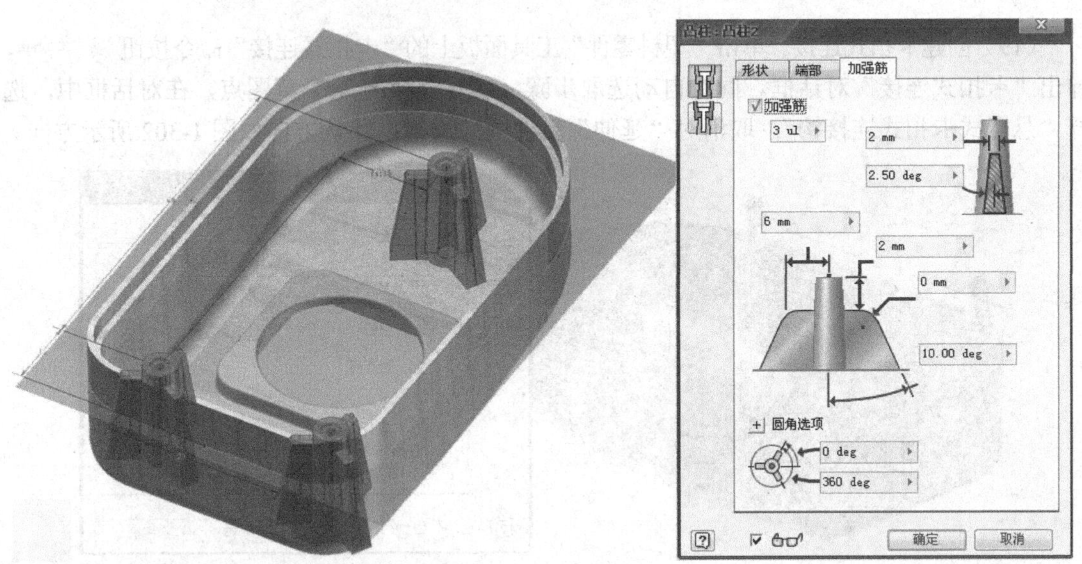

图 1-298 凸柱加强筋选项卡

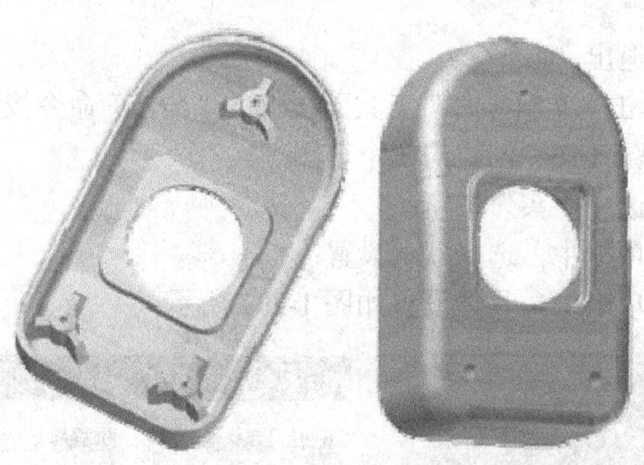

图 1-299　凸柱效果

（18）创建草图。在图 1-300 所注释的止口平面上创建草图，将投影线设置为构造线，在内轮廓的投影线上创建 4 个草图点，如图 1-301 所示，将草图全约束后退出。

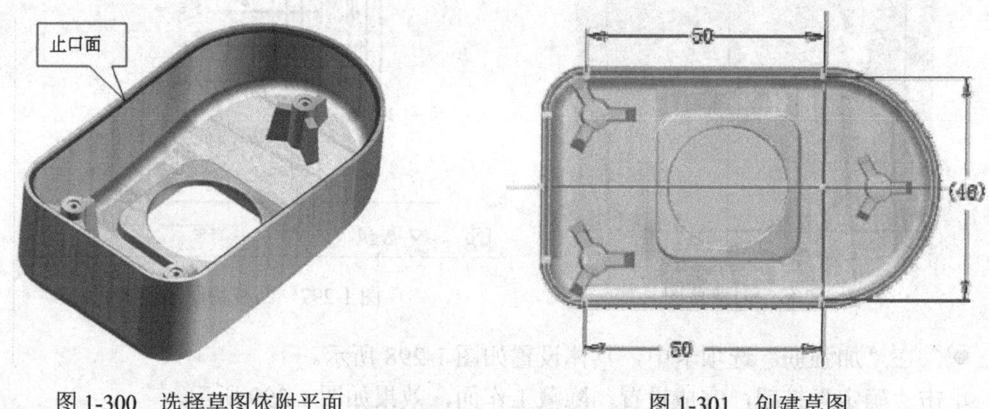

图 1-300　选择草图依附平面　　　　图 1-301　创建草图

（19）创建卡扣式连接。单击“塑料零件”工具面板上的“卡扣式连接”命令按钮 卡扣式连接，弹出“卡扣式连接”对话框。同时自动选取步骤（18）创建的 4 个草图点，在对话框中，选择“悬臂式卡扣式连接钩”；取消对“延伸”复选框的选择；默认方向如图 1-302 所示方向。

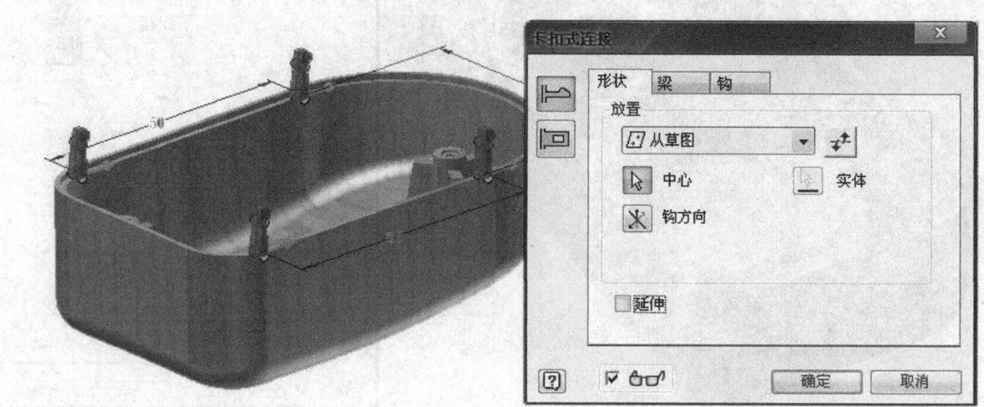

图 1-302　创建卡扣式连接

单击“钩方向”按钮，卡扣上会出现 4 个箭头，已选取方向箭头颜色为绿色，未选取方向箭头颜色为黄色，图中默认方向是朝右方向。我们选择朝里的黄色箭头，调整钩的方向。重复命令调整其他卡扣的钩方向，调整后的效果如图 1-303 所示。

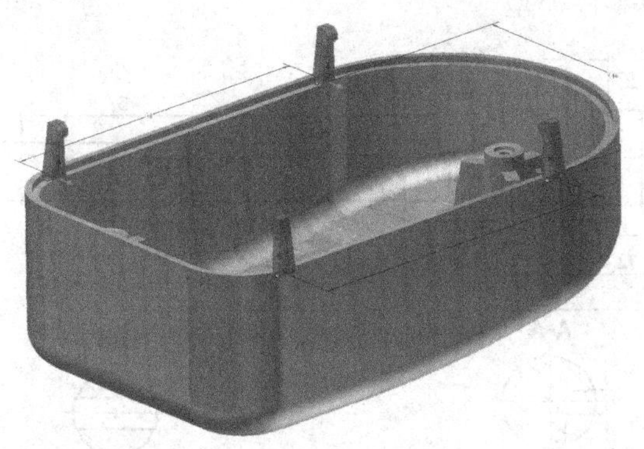

图 1-303　调整卡口式连接方向

在“梁”选项卡中，具体设置如图 1-304 所示。

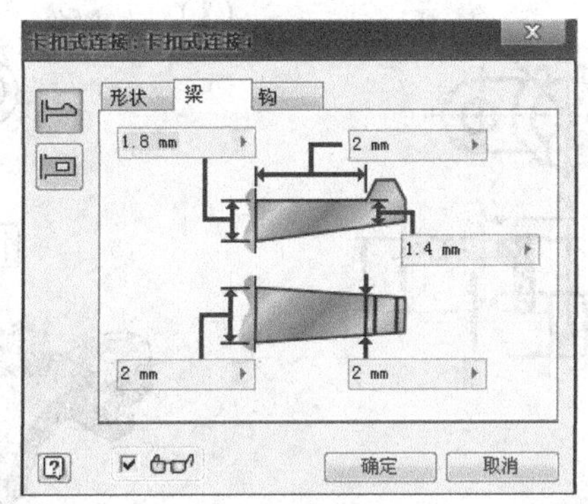

图 1-304　梁选项卡

在“钩”选项卡中，具体设置如图 1-305 所示。单击“确定”按钮，完成“卡扣式连接”特征的创建。效果如图 1-278 所示，保存文件后退出。

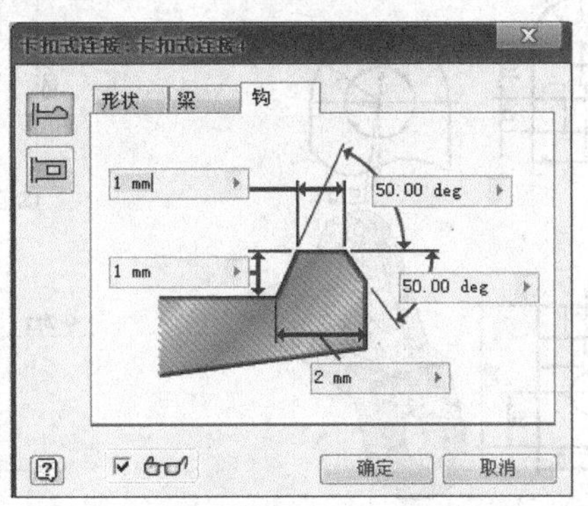

图 1-305　钩选项卡

思考与练习

1．根据零件图创建零件模型

（1）

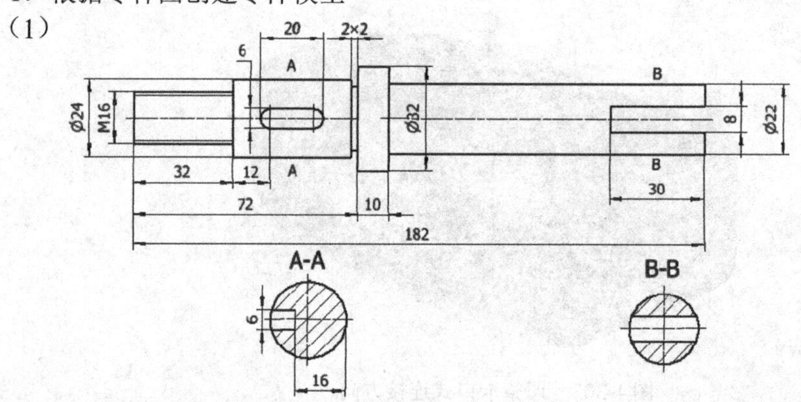

图 1-306　练习 1-1

（2）　　（3）

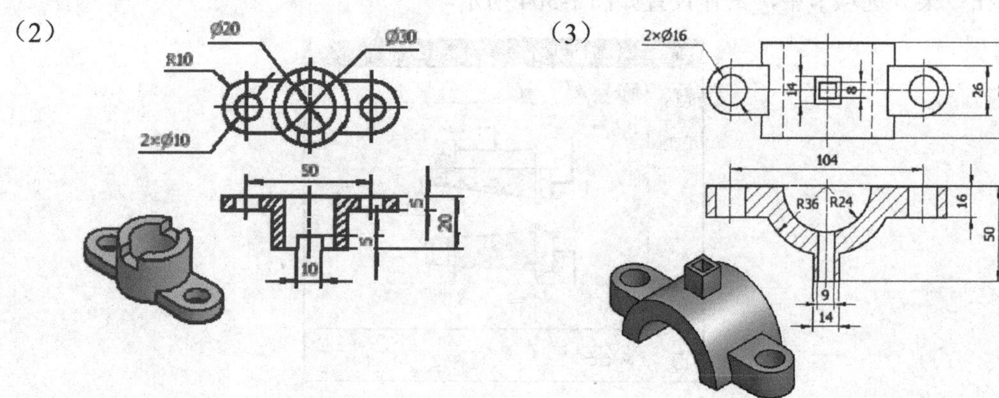

图 1-307　练习 1-2　　图 1-308　练习 1-3

（4）　　（5）

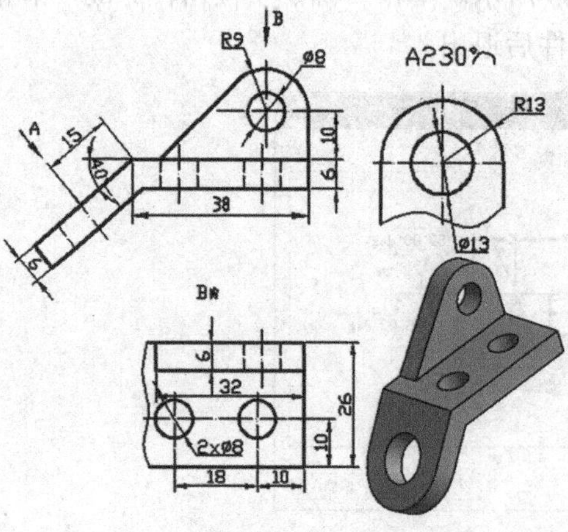

图 1-309　练习 1-4　　图 1-310　练习 1-5

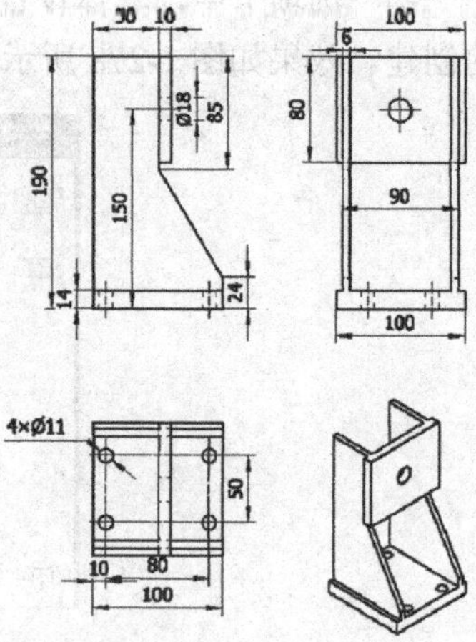

（6）　　（7）

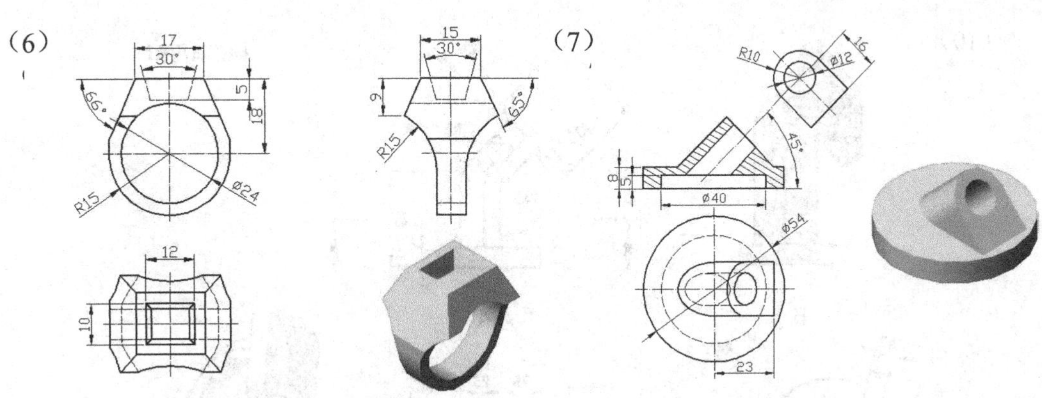

图 1-311　练习 1-6　　图 1-312　练习 1-7

（8）

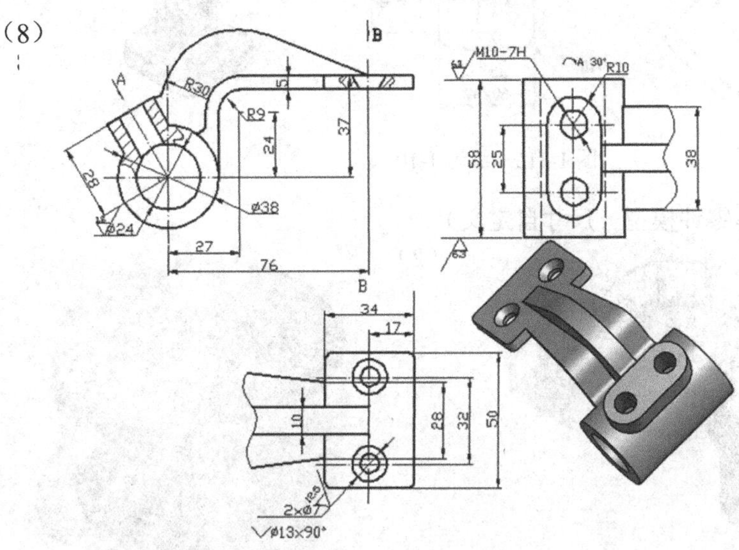

图 1-313　练习 1-8

（9）

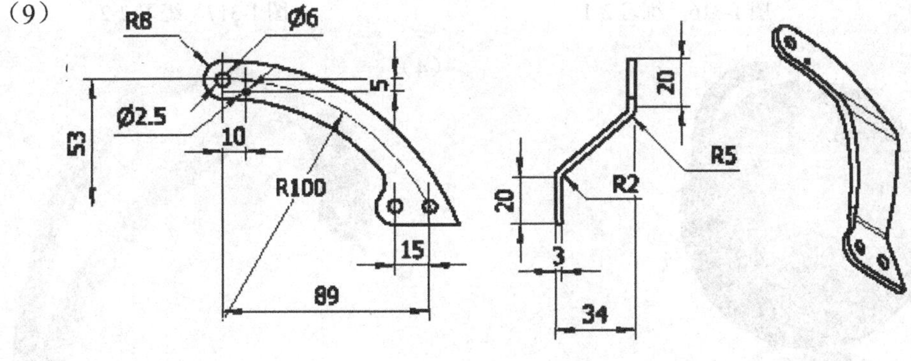

图 1-314　练习 1-9

（10）

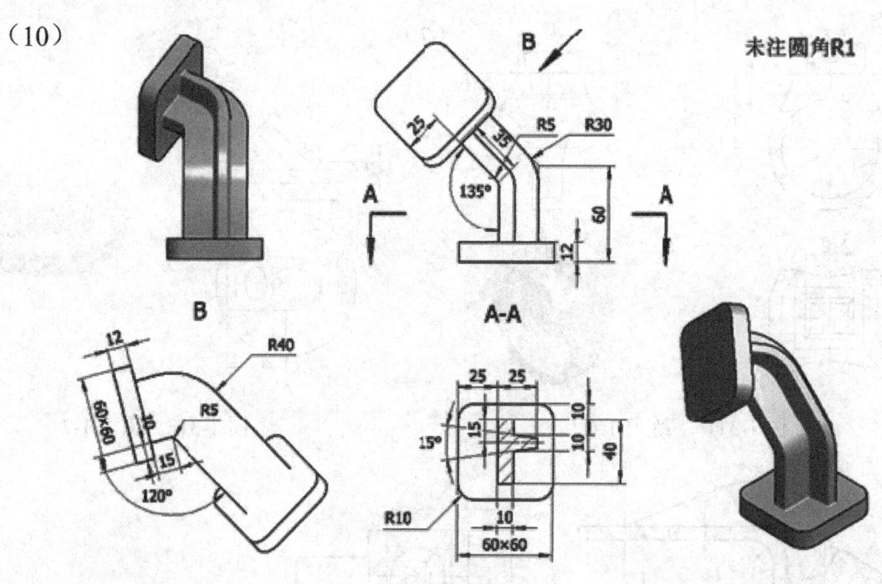

图 1-315　练习 1-10

2．模仿产品图片创建零件模型（尺寸自定义）

（1）　（2）

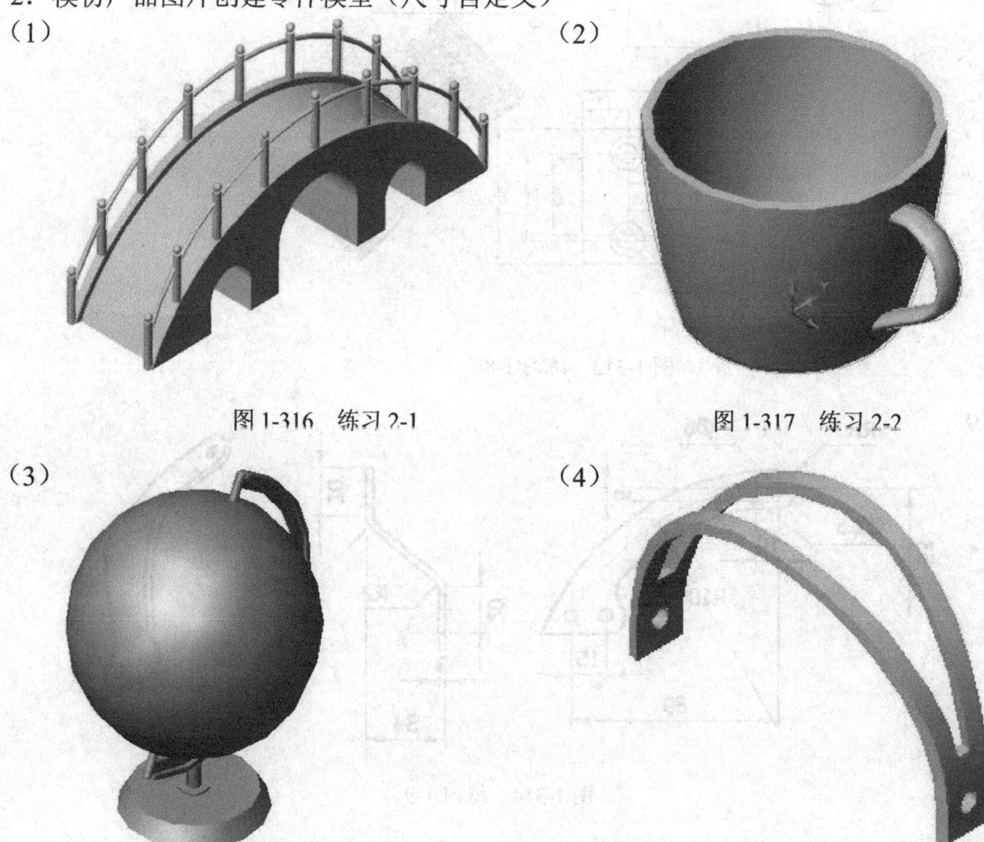

图 1-316　练习 2-1　　图 1-317　练习 2-2

（3）　（4）

图 1-318　练习 2-3　　图 1-319　练习 2-4

（5）　　（6）

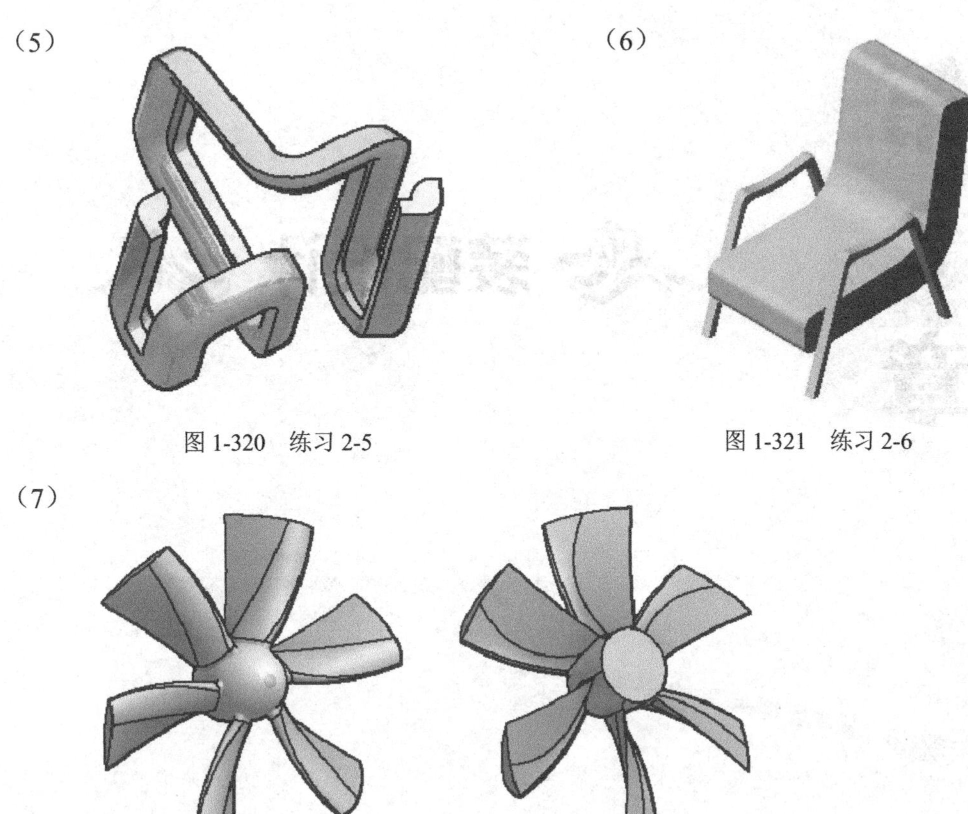

图 1-320　练习 2-5

图 1-321　练习 2-6

（7）

图 1-322　练习 2-7

第2章 装配设计

在前面我们学习了零件的造型设计。在实际设计中，绝大多数的产品都不是由一个零件组成的，而是包含多个零件，那么如何将多个零件组装在一起呢？这一章我们就这个问题进行详细介绍。在Inventor中我们将组合在一起的多个零件称为部件。零件是特征的组合，而部件就是零件的组合。

1. 用户界面

如图 2-1 所示即为部件环境下的界面。

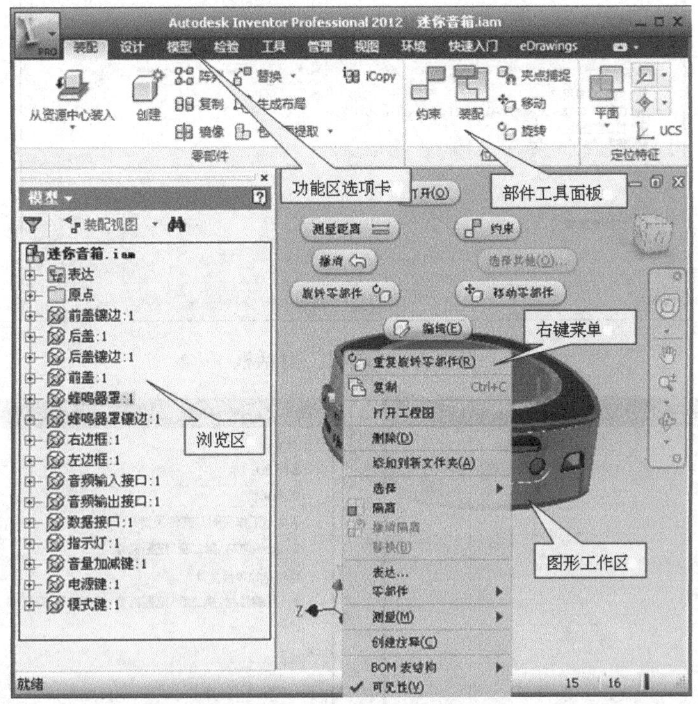

图 2-1　部件环境界面

2. 项目管理

在一个部件中可能会包含很多零件即多个文件，因此必须掌握多个文件的管理方法，在 Inventor 中是用“项目”来管理文件的。

（1）项目的创建。在尚未打开任何文件的 Inventor 中，我们可以在“启动”功能选项中单击“项目”，如图 2-2 所示。弹出“项目”对话框，如图 2-3 所示，单击下面的“新建”按钮，弹出“项目向导”对话框 1，选择“新建单用户项目”，如图 2-4（a）所示。单击“下一步”按钮，进入项目向导对话框 2，要求用户输入项目名称、指定项目文件夹，如图 2-4（b）所示，最后单击“完成”按钮，完成项目的创建。

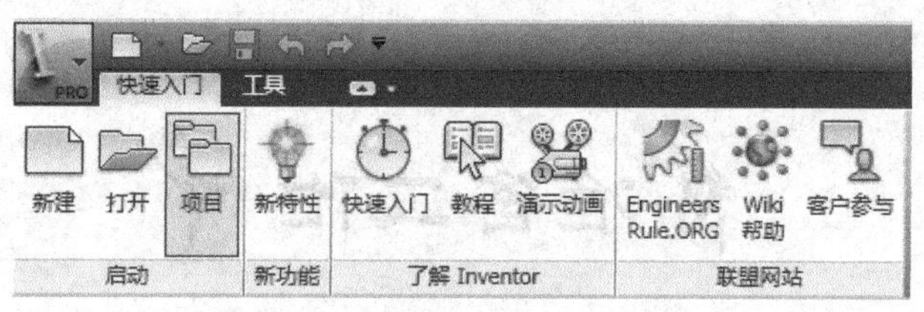

图 2-2 项目图标

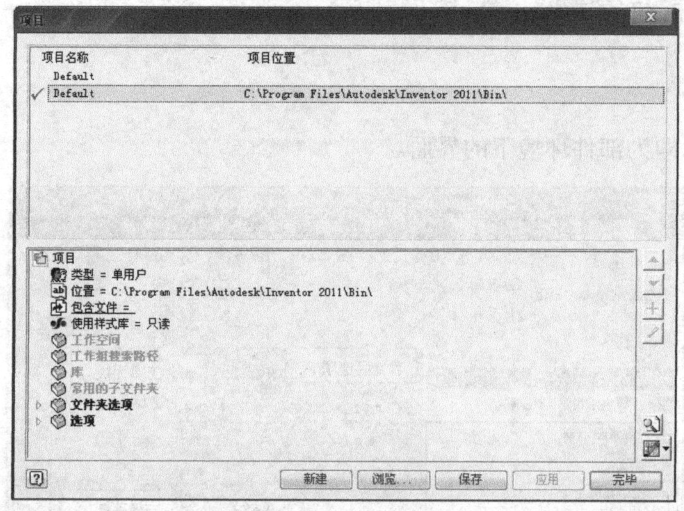

图 2-3 “项目”对话框

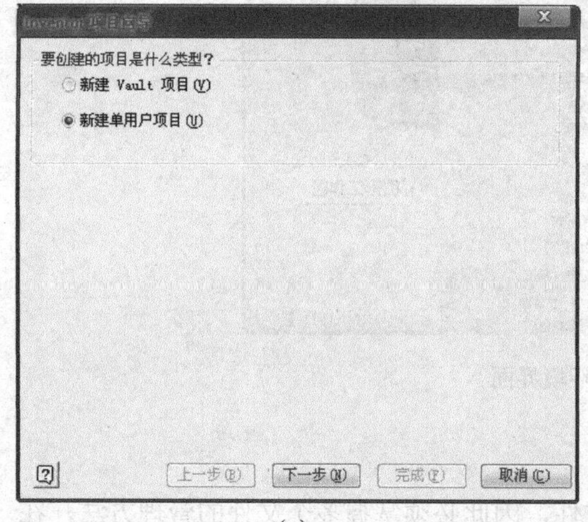

(a)

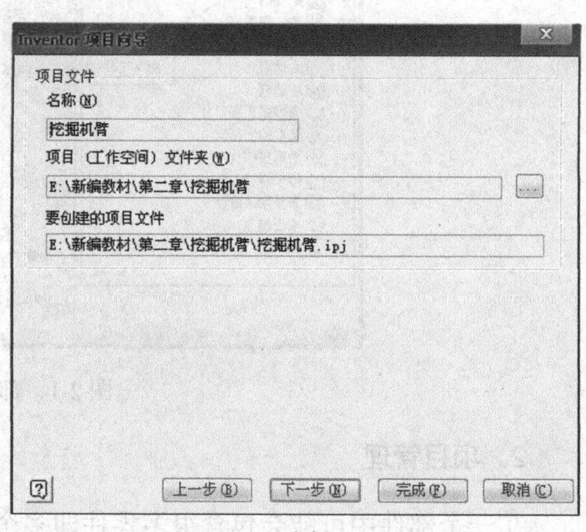

(b)

图 2-4 创建项目向导

（2）项目的激活。在项目对话框中，选中项目列表中的项目，双击或者单击“应用”按钮，即把该项目激活为当前项目。当前激活项目前面有个小对号图标。

项目的数据是以 ipj 为扩展名的文件。另外项目文件的创建也可以通过单击“新建文件”对话框中的“项目”按钮实现，如图 2-5 所示。

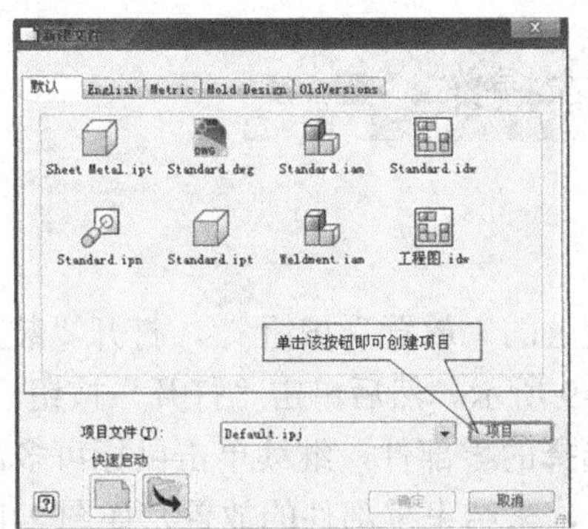

图 2-5　在新建文件窗口中建立项目文件

3．进入部件环境

进入部件环境有以下三种方法：

● 依次单击应用程序菜单图标上的箭头、“新建”右边的箭头、部件，如图 2-6 所示。

图 2-6　进入部件环境方法 1

● 单击快速访问工具栏的“新建”按钮旁边的下拉箭头，选择“部件”，如图 2-7 所示。

● 单击“启动”工具面板上的“新建”按钮，弹出“新建文件”对话框，选择“Standard.iam”，如图 2-8 所示。

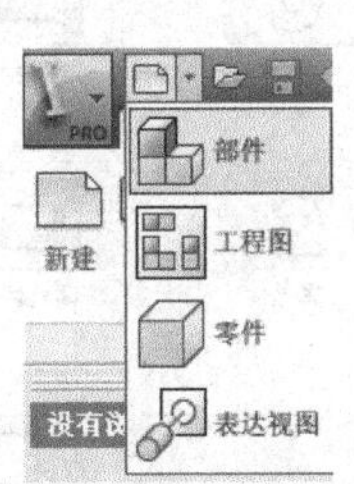

图 2-7　进入部件环境方法 2

图 2-8　进入部件环境方法 3

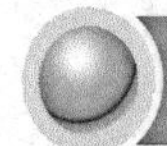

部件环境下的基本操作

1．装入零部件

单击“零部件”工具面板上的“放置”按钮，打开“装入零部件”对话框，查找并选择需要装入的零部件，如图 2-9 所示。然后单击“打开”按钮，将零部件装入到部件环境中，这时图形工作区已经装入你选择的零部件，继续单击鼠标可多次装入。如果不需要，就单击鼠标右键，选择“完毕”命令，来结束零部件的放置，如图 2-10 所示。

图 2-9　“装入零部件”对话框

图 2-10　结束零部件的放置

如果装入多个零部件，可以采取另一种方法，就是打开放置零部件的文件夹，选中要装入的零部件，然后将其直接拖入到部件环境中去。

另外装入标准件时，可从资源中心装入，如图 2-11 所示，单击“从资源中心装入”按钮后，打开“从资源中心放置”对话框，如图 2-12 所示，从里面找到需要装入的标准件进行装入。

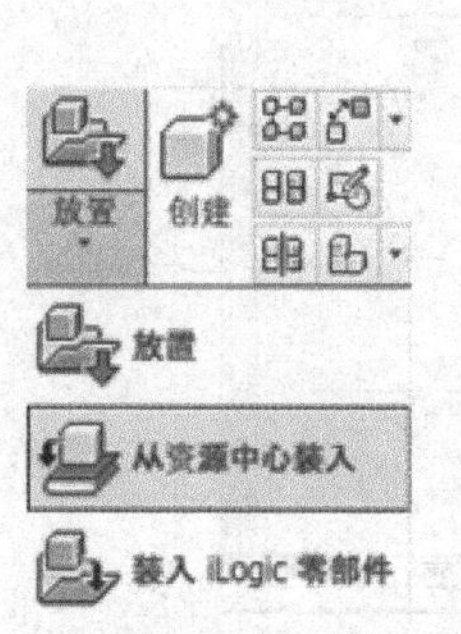

图 2-11　从资源中心装入图标

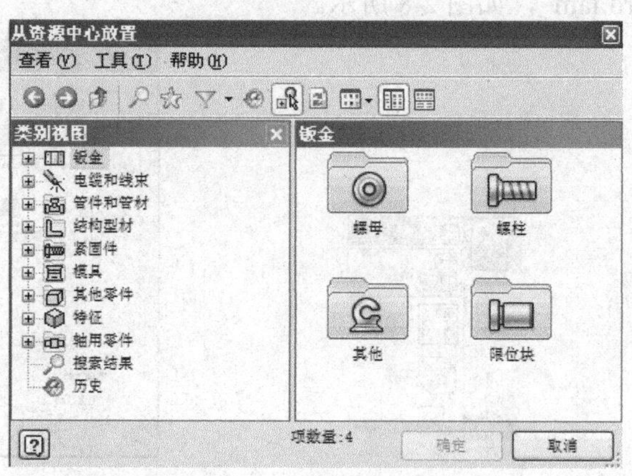

图 2-12　资源中心库

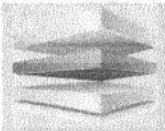

说明：

在 Inventor 中装入的第一个零件默认是固定的，标志就是在浏览器中，第一个装入的零部件图标上有个图钉图标，如图 2-13 所示，其不可以在图形区随便移动。随后装入的零部件不再固定，可以在图形区随意拖动。要改变这种方法，就是在图形区的零部件上，或者在浏览器中零部件的名称上单击鼠标右键，在快捷菜单中取消对“固定”复选框的选择，解除固定即可。反之要想固定一个零部件，就选中“固定”复选框。

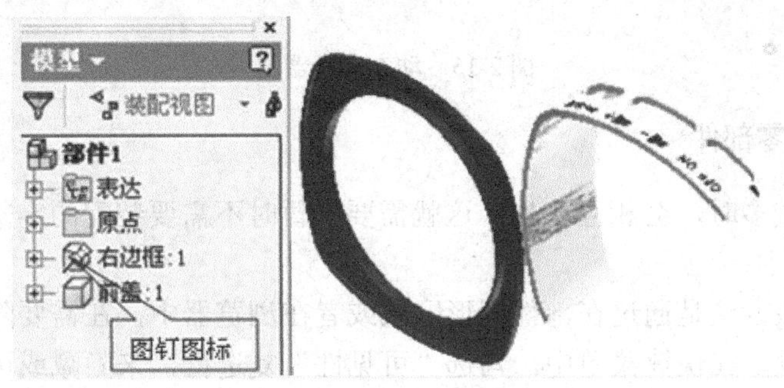

图 2-13　固定零部件图标

2. 移动和旋转零部件

有时在装配零部件时，零部件当前的视角不一定合适，这就需要将零部件移动或者旋转，从而调整其视角。

● 移动零部件。在零部件的自由度没有全约束的情况下，直接用鼠标拖动需要移动的零部件，这种方法只能移动单个零部件。要移动多个零部件，首先按住【Shift】键或者【Ctrl】键的同时，单击要移动的零部件，选中后单击“位置”工具面板上的“移动”命令按钮 移动，

在图形区中，拖动鼠标即可将其移动。如果要移动的零部件，其各个自由度均进行了约束，那么移动后，单击快速访问工具条上的“本地更新”按钮 ，如图 2-14 所示，移动后的零部件就会返回原来位置。

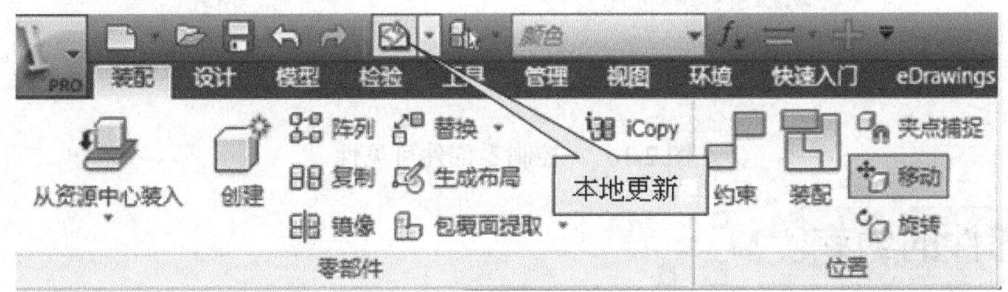

图 2-14　本地更新图标

● 旋转零部件。首先单击“位置”工具面板上的“旋转”命令按钮 旋转 ，然后在图形区单击要旋转的零部件，该零部件周围出现动态观察器。在动态观察器的内部拖动鼠标，可以任意方向旋转零部件，在动态观察器的外部拖动鼠标，零部件只能绕某个轴旋转。当鼠标悬停在动态观察器的不同位置时，鼠标指针形状也是不一样的，如图 2-15 所示。

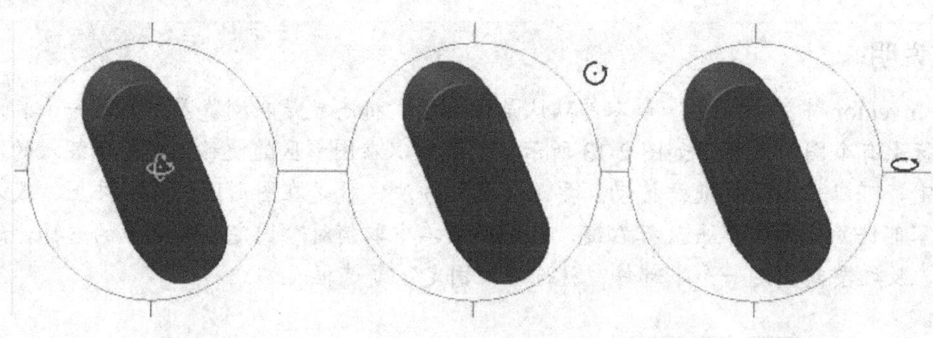

图 2-15　动态观察器

3．可见、隐藏零部件

部件中零件比较多时，会相互遮挡，这就需要将暂时不需要装配的零部件隐藏，方法有两种。

● 可见性。该方法是通过在部件图形区域或者在浏览器中，在需要隐藏或者可见的零部件上单击鼠标右键，在快捷菜单中，勾选“可见性”复选框，来隐藏或可见某一个或者多个零部件，如图 2-16（a）所示。

● 隔离。该方法是选中一个零部件后，单击鼠标右键，在快捷菜单中选择“隔离”复选框，则除了选中的零部件外，其他零部件均不可见。如要其他零部件再次可见，只需在可见零部件的右键菜单中选中“撤销隔离”命令即可，如图 2-16（b）所示。

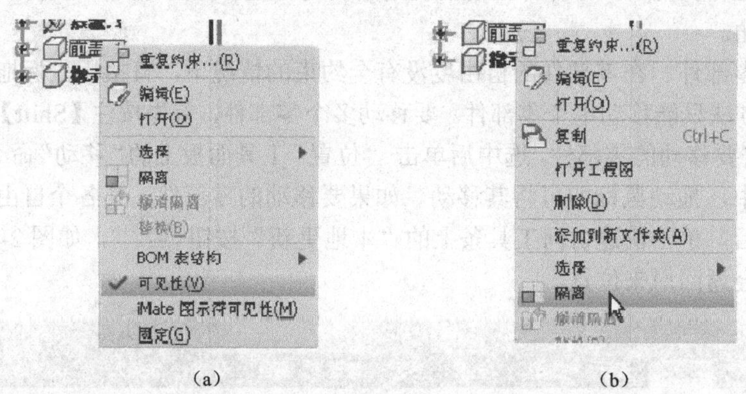

(a)　(b)

图 2-16　控制零部件可见性

零部件的约束

所谓约束即零部件组合在一起的方式，零部件的约束有两种：一种是位置约束，另一种是运动关系的约束。单击“位置”工具面板上的“约束”命令按钮 约束 ，弹出“放置约束”对话框，如图 2-17 所示。在该对话框中有四个选项卡，分别是：“部件”、“运动”、“过渡”、“约束集合”。“部件”选项卡用来添加位置约束；“运动”、“过渡”选项卡用于添加运动约束；“约束集合”用于坐标系的约束，使用较少，在本教材中不作介绍。

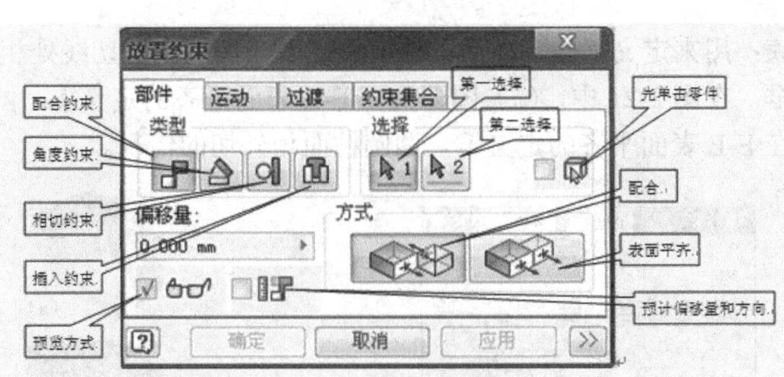

图 2-17　放置约束窗口

1. 位置关系约束

（1）配合约束：用于面、线、点之间的重合约束，在图 2-18 中，

（a）图是配合约束应用以前的状态。

（b）图是采用 B-B 面重合约束、C-C 面表面平齐约束、E-A 面表面平齐且轴向距离为 5mm 的约束，此时零件的所有自由度均已经约束。

（c）图是“线-线”重合约束、“点-点”重合约束后的结果，拖动零件可以绕交线转动。

（d）图是只有“点-点”重合约束后的结果，拖动零件可以在任意方向上转动，但始终保持两点重合。

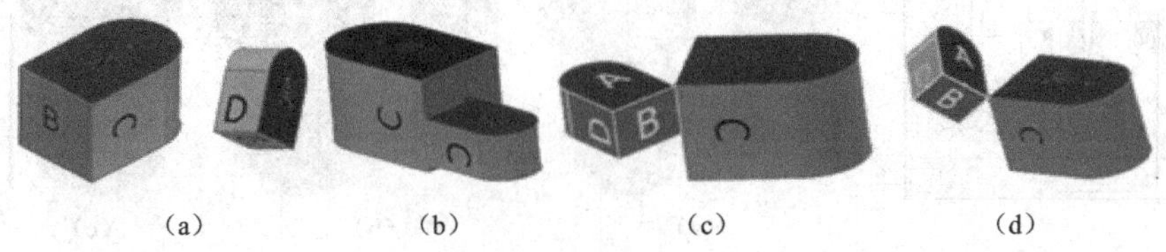

（a）　（b）　（c）　（d）

图 2-18　位置关系约束

（2）角度约束：用来定义线、面之间的角度关系，图 2-19 所示即为角度约束对话框。“定向角度”指定义的角度具有方向性，按照右手法则判定；“未定向角度”指定义的角度没有方向性，只有大小；“明显参考矢量”是指通过添加第三次选择，来制定 Z 轴矢量方向，从 Z 轴顶端方向看，角度方向为第一次选择的面（或者线）逆时针旋转至第二次选择的面（或者线）。图 2-19 所示模型就是定义了“线-线”重合约束、“面-面”角度约束后的效果。

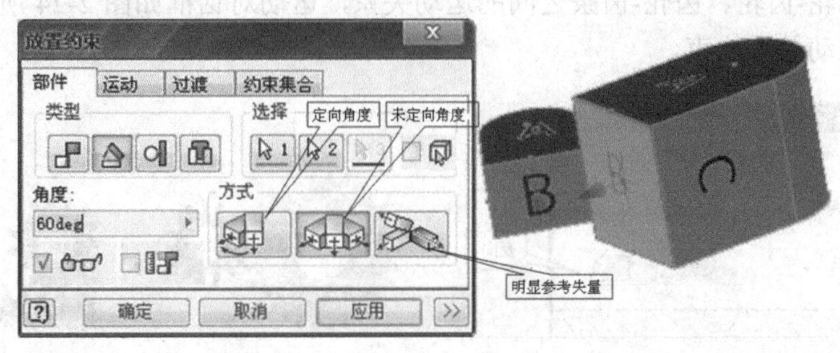

图 2-19　角度约束选项

（3）相切约束：用来定义平面、柱面、球面、锥面在切点或者切线处相结合，图 2-20 即为相切约束对话框。在图 2-21 中，（a）图即为在 E-E 表面平齐的定义下，两圆柱面相内切的情况，（b）图为在 E-E 表面平齐的定义下，两圆柱面相外切的情况。

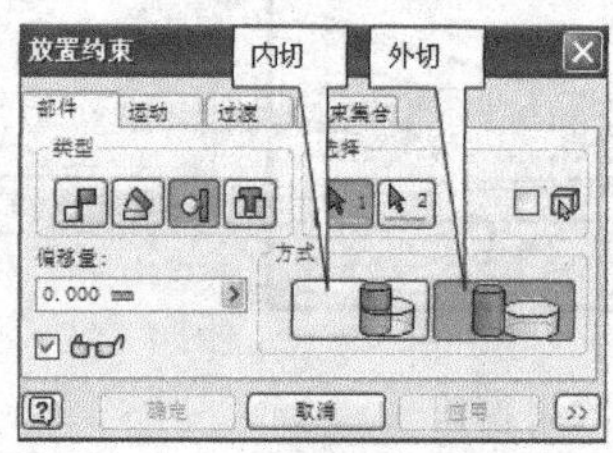

图 2-20 相切约束对话框

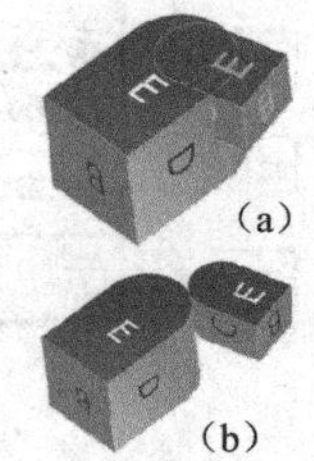

图 2-21 相切约束比较

（4）插入约束：插入约束是个约束集合，是指两个零部件之间轴-轴之间的重合约束与面-面之间的配合约束的集合。“反向约束”是指轴对轴重合约束、面跟面重合约束；“对齐约束”是指轴对轴重合约束、面跟面平齐约束，图 2-22 即为“放置约束”对话框。图 2-23 中（a）图为单击“插入约束”后第一次选择，（b）图为第二次选择，（c）图为在“反向”约束情况下的执行结果，（d）图为在“对齐”方式情况下的执行结果。

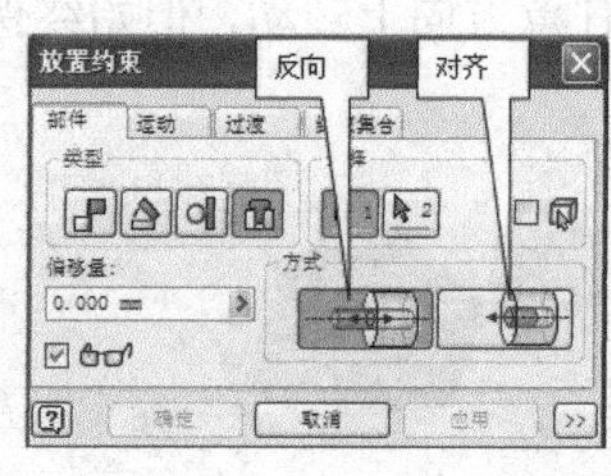

图 2-22 “放置约束”对话框

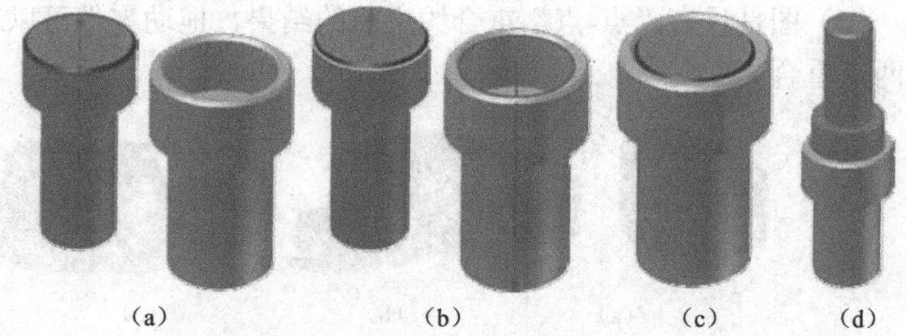

图 2-23 插入约束操作过程

2. 运动关系约束

运动关系约束用来指定零部件在运动过程中所遵循的规律。在 “放置约束”对话框中，“运动”、“过渡”两个选项卡是用来添加运动关系约束的。

（1）运动：“运动”选项卡用于指定“转动-转动”、“转动-平动”两种类型的运动关系，一般用来定义齿轮-齿轮、齿轮-齿条之间的运动关系，运动对话框如图 2-24 所示。如图 2-25 所示为典型的运动关系约束。

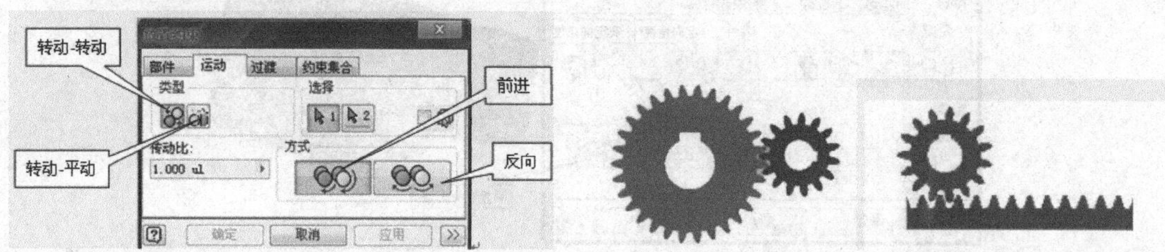

图 2-24 “放置约束”对话框

图 2-25 运动关系约束

（2）过渡约束：过渡约束用于使不同的零部件的两个表面在运动过程中始终保持接触。通常用来定义凸轮机构的运动关系，“过渡”选项卡如图 2-26 所示。如图 2-27 所示为典型的过渡关系约束。

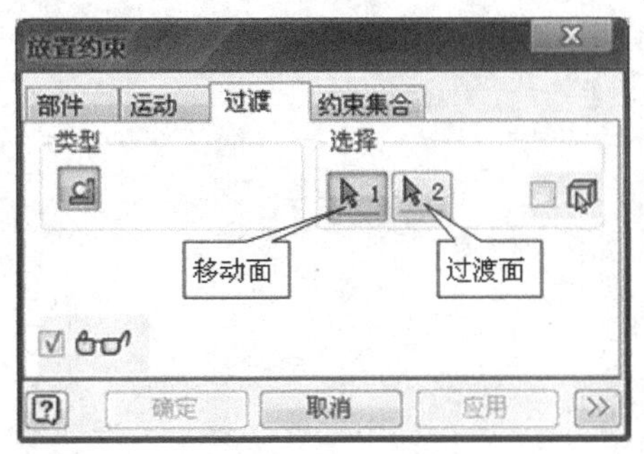

图 2-26　“过渡”选项卡

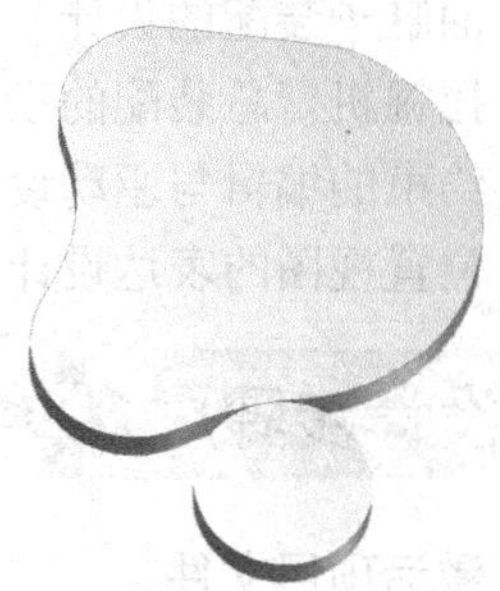

图 2-27　过渡关系约束

任务一　挖掘机臂的装配设计

挖掘机臂的装配实例如图 2-28 所示。

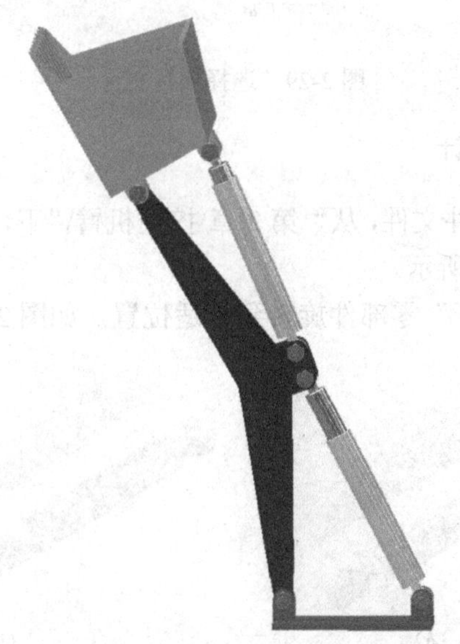

图 2-28　挖掘机臂的装配实例

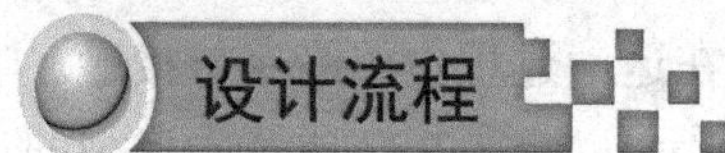

设计流程

1. 项目的管理
2. 油缸子装配的设计
3. 挖掘机臂总装配的设计
4. 约束的编辑与驱动设计
5. 位置视图的表达设计

设计步骤

1. 激活项目文件

将“\第 2 章\挖掘机臂\挖掘机臂.ipj”文件设置为当前项目文件，如图 2-29 所示。

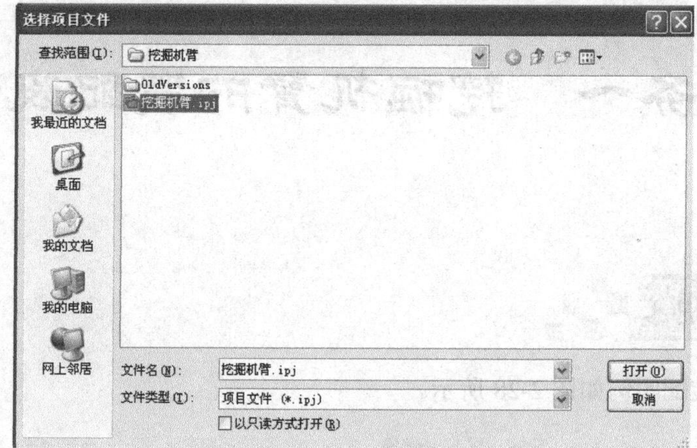

图 2-29 选择项目文件

2. 油缸子装配的装配设计

(1) 放置零部件。新建部件文件，从“\第 2 章\挖掘机臂\”下，先后置入“油缸.ipt”、“杆.ipt”两个零部件，如图 2-30（a）所示。

(2) 旋转零部件。将“杆”零部件旋转到合适位置，如图 2-30（b）所示。

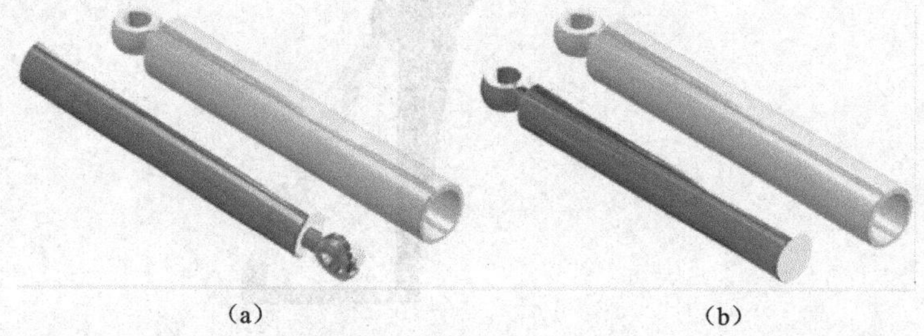

图 2-30 调整零部件位置

（3）约束零部件。单击“约束”按钮，打开“放置约束”对话框。选择“部件选项卡”下的“配合”约束，将鼠标放到“杆”零部件上，出现一个红色的轴线，如图2-31（a）所示，单击，然后再单击油缸的轴线，将两轴线重合约束。用鼠标拖动“杆”，发现“杆”只能在“油缸”的轴线上移动，将其移动到合适位置，如图2-31（b）所示。

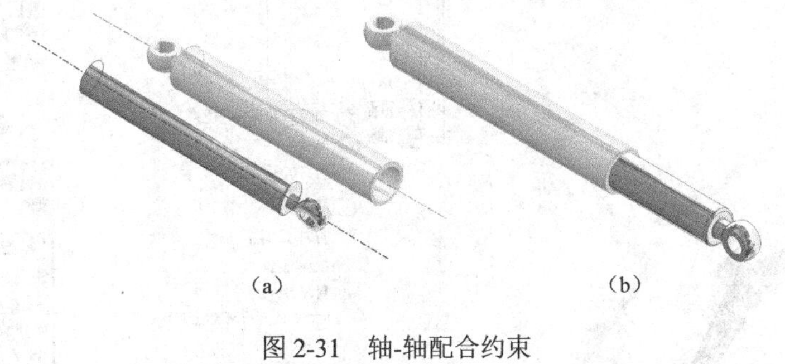

图2-31　轴-轴配合约束

（4）打开激活识别器。进入“检验”工具选项卡，在该选项卡下，单击“激活接触识别器”按钮 激活接触识别器，将其激活，如图2-32所示。在浏览器中的“油缸”零部件上，单击鼠标右键，在快捷菜单中选择“接触集合”命令，如图2-33所示，同样在“杆”零部件的快捷菜单中也选中“接触集合”命令。浏览器的零部件图标上添加了“接触集合”标志 ，如图2-34所示。这时拖动“杆”零部件，已不能将“杆”零部件穿透“油缸”零部件，最后将文件保存为“油缸.iam”文件。

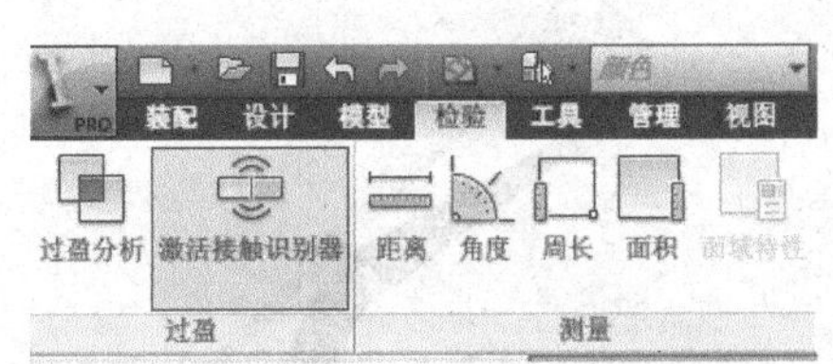

图2-32　激活接触识别器图标位置

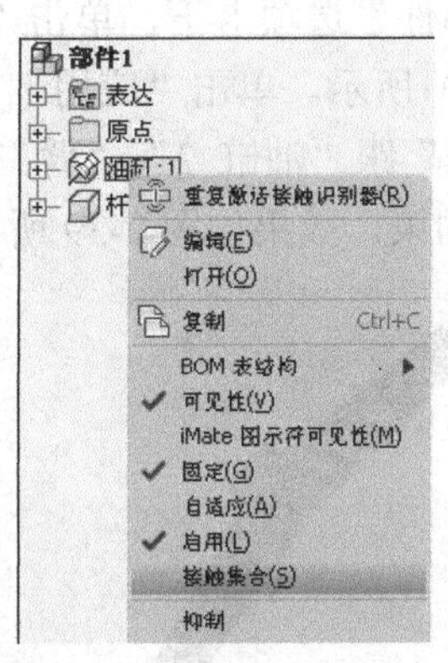

图2-33　选择接触集合

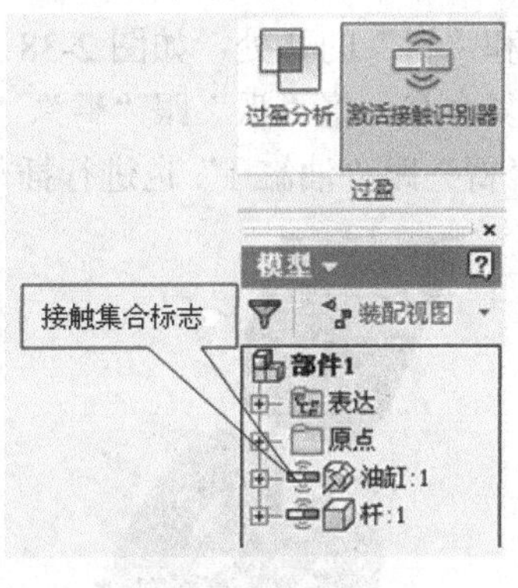

图2-34　接触集合标志

3. 挖掘机臂总装配的设计

（1）放置零部件。新建部件文件，从“\第2章\挖掘机臂\”下，先后置入“座.ipt”、“臂.ipt”、“爪.ipt”、“油缸.iam”几个零部件，其中“油缸.iam”置入两个，并将其移动或旋转到合适位置，如图2-35所示。

（2）柔性设置。置入零部件后，发现“油缸”子装配的杆已经不能在油缸内移动。如果让子装配的约束关系在总装配中继续生效，需对子装配进行“柔性”设置。在浏览器的“油缸1.iam”零部件图标上单击鼠标右键，在快捷菜单中选择“柔性”命令，如图2-36所示，同样也将“油缸 2.iam”设置为柔性。完成后，浏览器的零部件图标上添加了“柔性”标志，如图 2-37 所示。

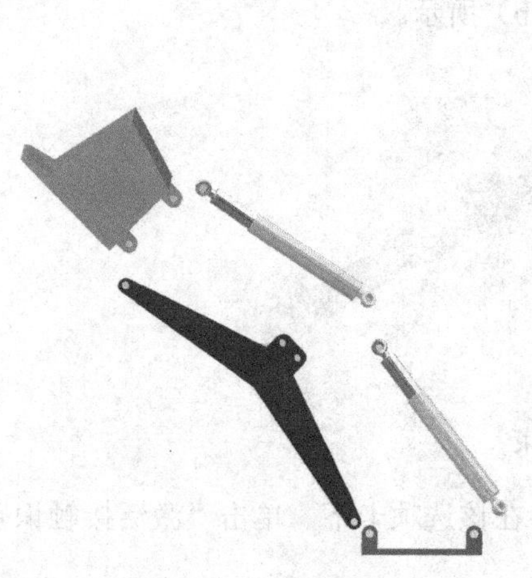
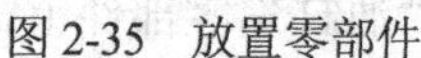

图 2-35 放置零部件

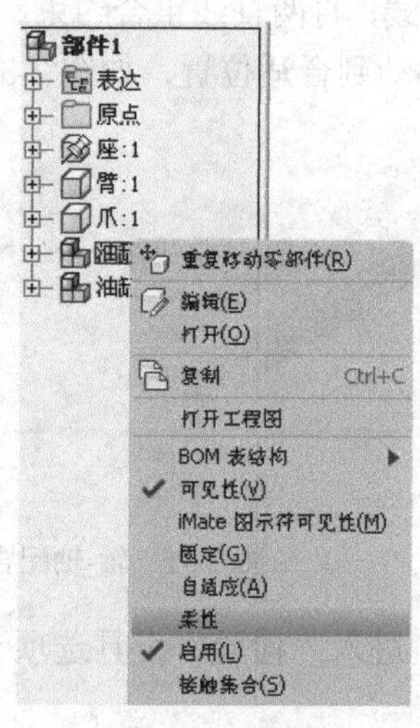

图 2-36 选择柔性

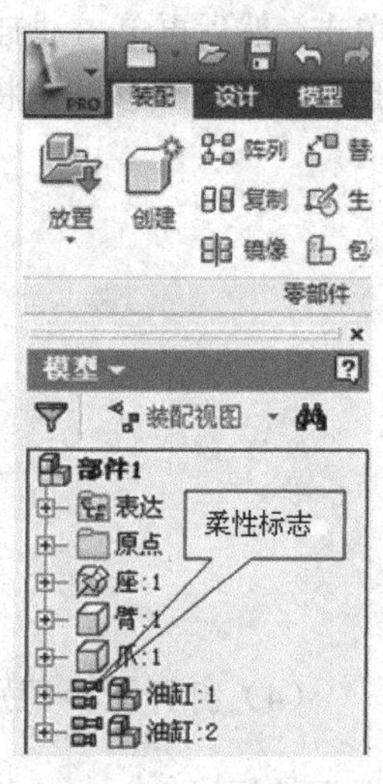

图 2-37 柔性标志

（3）打开激活识别器。在“检验”功能选项卡下，打开“激活识别器”，并在“臂”、“爪”、“底座”零部件的快捷菜单中选中“接触激活”。

（4）总装配的设计。单击“约束”命令按钮，打开“放置约束”对话框。

● 插入约束装配。在“部件”选项卡下，单击“插入”约束类型，分别单击“底座”和“臂”的孔处，如图 2-38（a）所示。单击“应用”按钮后，效果如图 2-38（b）所示。重复命令，将“爪”跟“臂”、“爪”跟“油缸 2”、“臂”、跟“油缸 2”、“底座”跟“油缸 1”、“臂”跟“油缸 1”也进行插入约束，效果如图 2-39 所示。

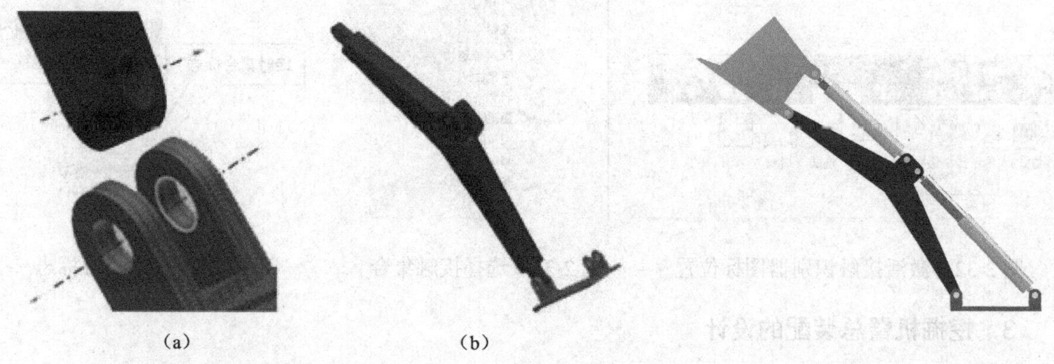

（a）　（b）

图 2-38 底座和臂之间的插入约束

图 2-39 插入约束后的效果

这时用鼠标拖动零部件，发现零部件不能转动。关闭“检验”功能选项卡下的“激活识别器”，再用鼠标拖动零部件，发现“爪”、“臂”均能绕其插入约束的轴旋转。

● 角度约束装配。在“部件”选项卡下单击“角度”约束类型，选择“未定向角度”，分别单击图 2-40 中所示“臂”、“底座”的面，在“角度”文本框中输入 80，单击“应用”按钮。重复命令将“爪”、“臂”也进行角度约束，约束角度为 40deg，所选面如图 2-41 所示。这时再用鼠标拖动“臂”、“爪”零部件，发现其均不能转动，说明对它们的各个自由度均已进行了约束。

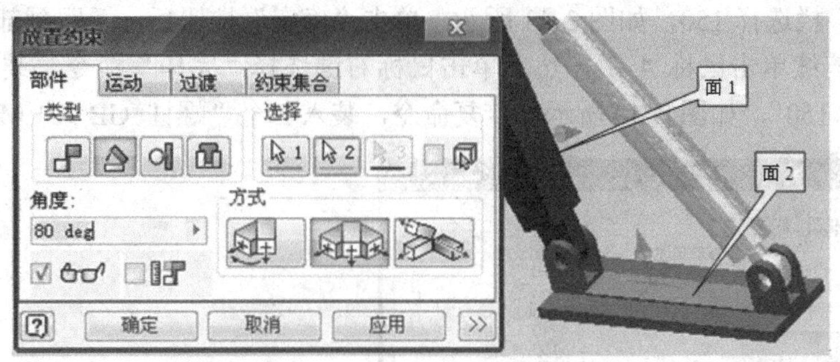

图 2-40　臂和底座之间的角度约束

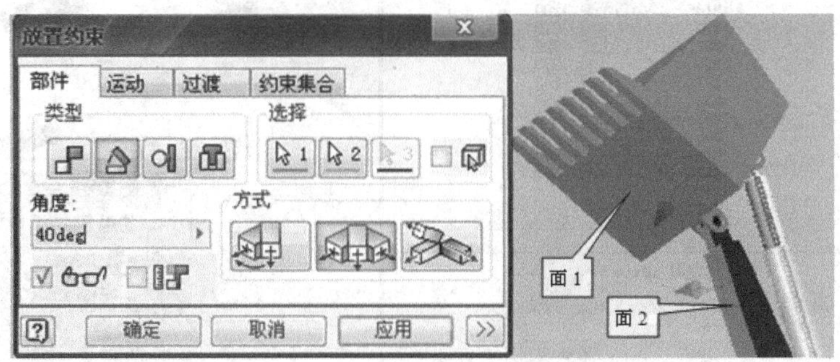

图 2-41　爪和臂之间的角度约束

（5）置入标准件。在“零部件”功能面板上，单击“从资源中心装入”按钮，打开“从资源中心放置”对话框，如图 2-42 所示。

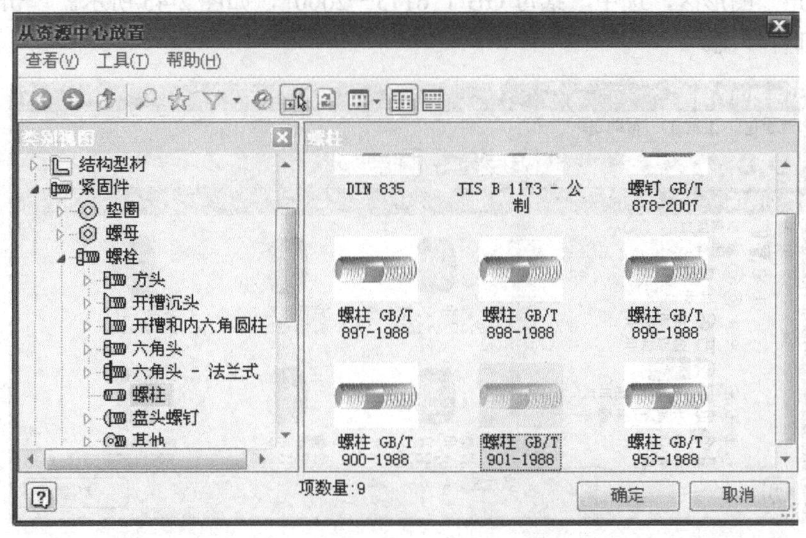

图 2-42　“从资源中心放置”对话框

在“类别视图”中先后单击“紧固件-螺栓-螺柱”，在“螺柱”图形区，选中“螺柱 GB/T 901—1988”，单击“确定”按钮后，进入部件环境。

在图形区单击鼠标，弹出“螺柱 GB/T 901—1988”对话框，在“螺纹描述”栏选择“M39”，在“公称长度”栏选择 150，如图 2-43 所示。单击“确定”按钮后，返回到部件环境。

在图形区连续单击鼠标 4 次，然后单击鼠标右键选择“完毕”命令，装入 4 个“螺柱 GB 901 M39 ×150”，如图 2-44 所示。重复命令，装入 2 个“螺柱 GB 901 M39 ×180”。

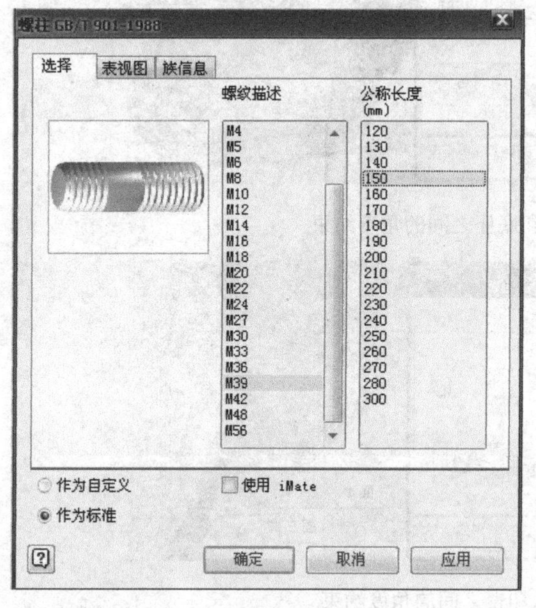

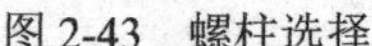

图 2-43 螺柱选择

图 2-44 完成螺柱装入

重复上述操作，在“资源中心放置”对话框的“类别视图”下，先后单击“紧固件-螺母-六角”，在“六角”图形区，选中“螺母 GB/T 6173—2000”，如图 2-45 所示。单击“确定”按钮后，进入部件环境。

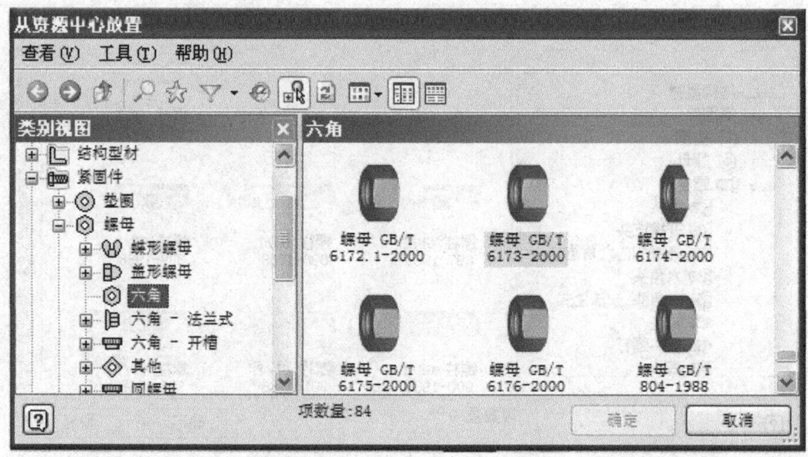

图 2-45 从资源中心添加螺母

在图形区单击鼠标，弹出“螺母 GB/T 6173—2000”对话框，在“螺纹描述”栏选择“M39×3”，如图 2-46 所示。单击“确定”按钮后，返回部件环境，在图形区连续单击鼠标 12 次，然后单击鼠标右键，在快捷菜单中选择“完毕”命令，装入 12 个“螺母 GB/T 6173 M39×3”，如图 2-47 所示。

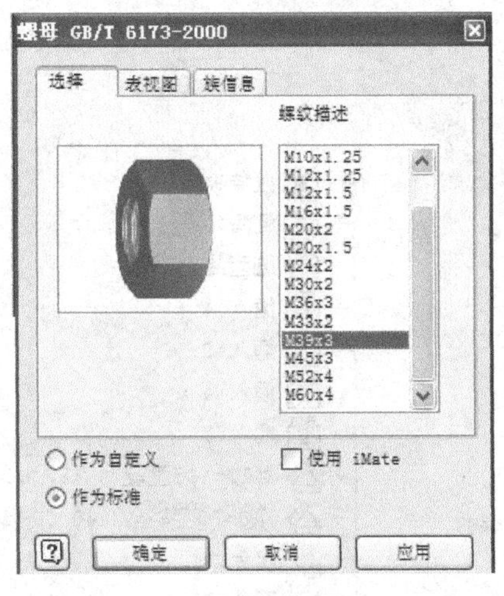

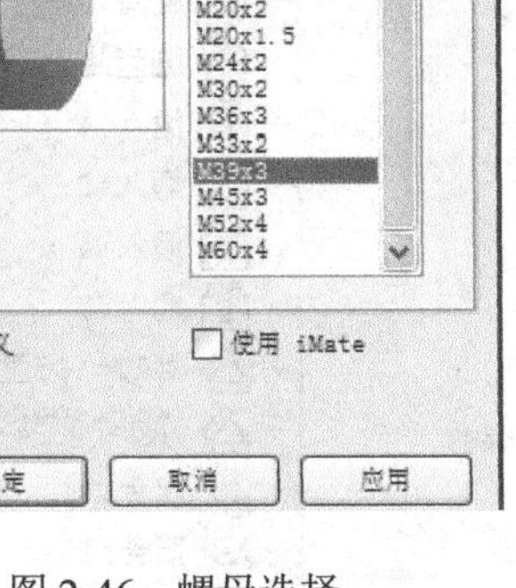

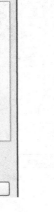

图 2-46 螺母选择

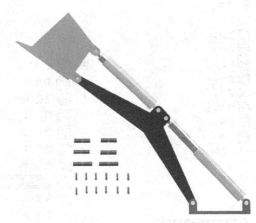

图 2-47 完成螺母装入

将 2 个“M39×180”的螺柱与“臂”进行轴配合约束，2 个“M39×150”的螺柱分别与“底座”、“爪”进行轴配合约束。螺母跟臂、爪、底座进行插入约束配合。其中在挖掘机臂一侧的 6 个螺母除了执行插入约束外，还要与螺柱添加表面平齐约束，如图 2-48 所示，最终效果如图 2-49 所示。

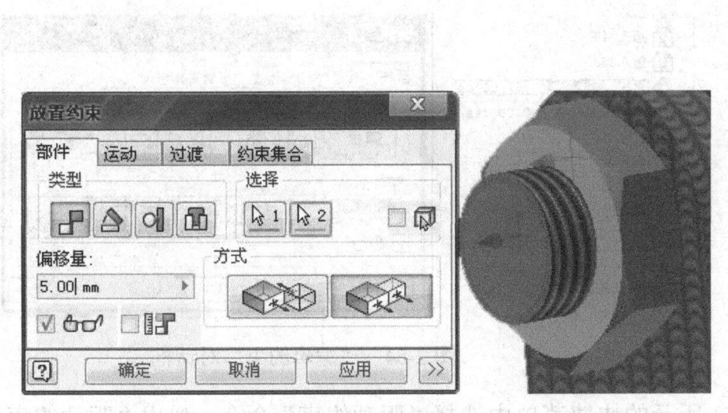

图 2-48 螺柱跟螺母之间的表面平齐约束

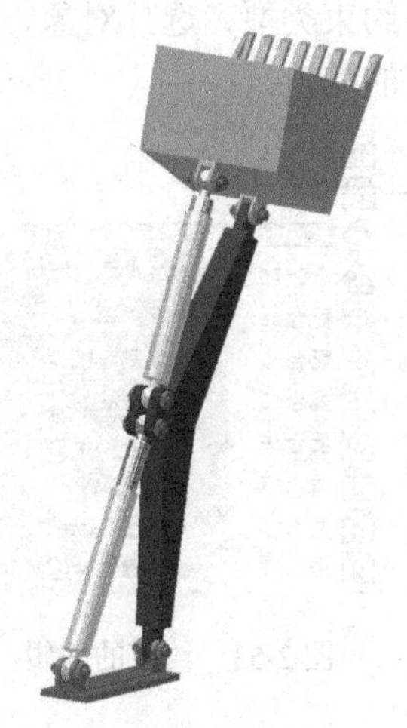

图 2-49 全约束后的效果

4. 约束的编辑与驱动

（1）重命名约束名称。单击浏览器中“臂”零部件前面的“+”，将其展开，如图 2-50 所示。在“角度:1 (80.00 deg)”名称上单击两次，在名称文本框中输入“臂 20-105 度驱动”，如图 2-51 所示。然后在其他空白处单击，完成重命名。重复操作，将“角度:2 (40.00 deg)”重命名为“爪 0-70 度驱动”，如图 2-52 所示。

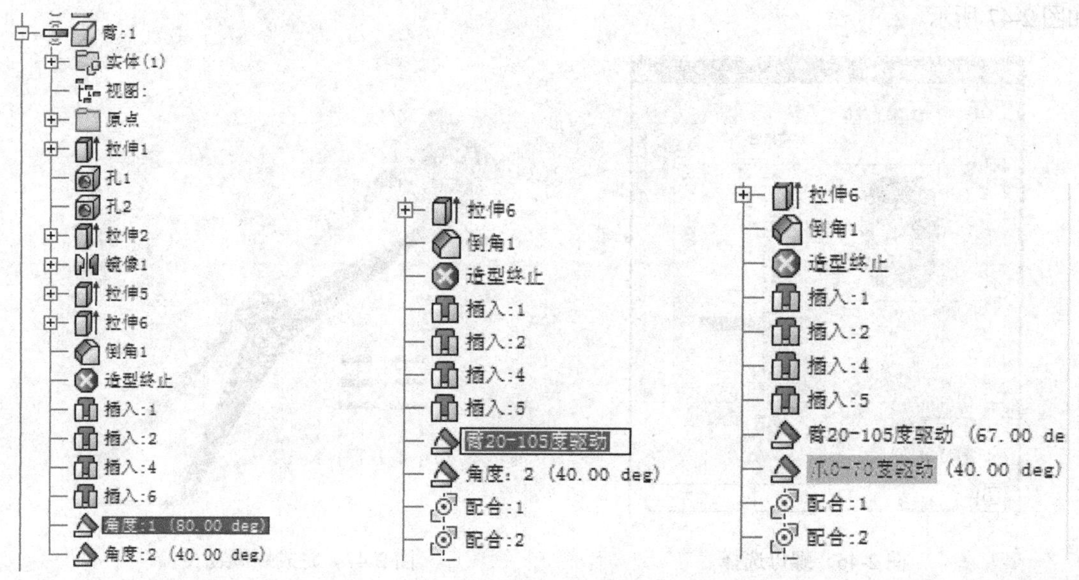

图 2-50　展开父特征　　图 2-51　修改约束名称　　图 2-52　约束名称修改后的浏览器

（2）约束的编辑。在浏览器中的约束名称上，单击鼠标右键，弹出快捷菜单，如图 2-53 所示。

编辑约束。在快捷菜单中，选择“编辑”，弹出“编辑约束”对话框。在该对话框中可以对约束类型、选择对象，约束角度等进行编辑，如图 2-54 所示。单击“确定”按钮，完成约束的编辑。

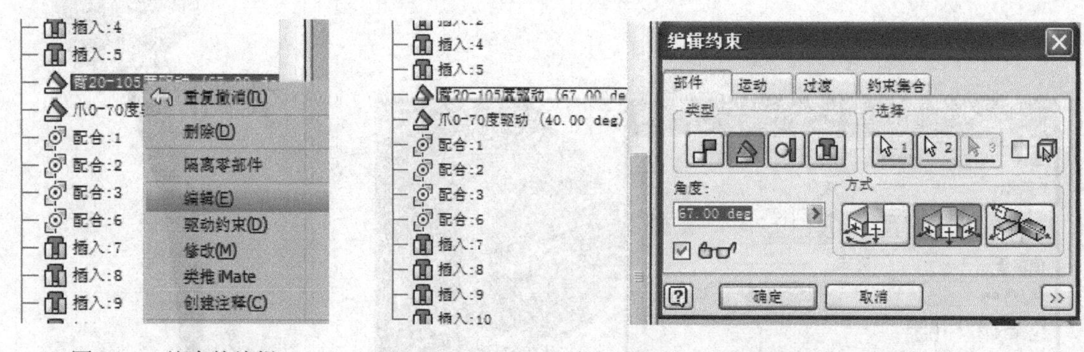

图 2-53　约束的编辑　　图 2-54　“编辑约束”对话框

（3）约束的驱动。在图 2-53 所示的快捷菜单中选择“驱动约束”命令，弹出“驱动约束”对话框。单击对话框右下角的 >> 按钮，可将对话框展开，用来设置播放的速度等参数。在“起始位置”文本框输入 20.00deg；“终止位置”文本框输入 105.00deg，如图 2-55 所示。单击“正向播放”按钮，即可播放约束的驱动过程。

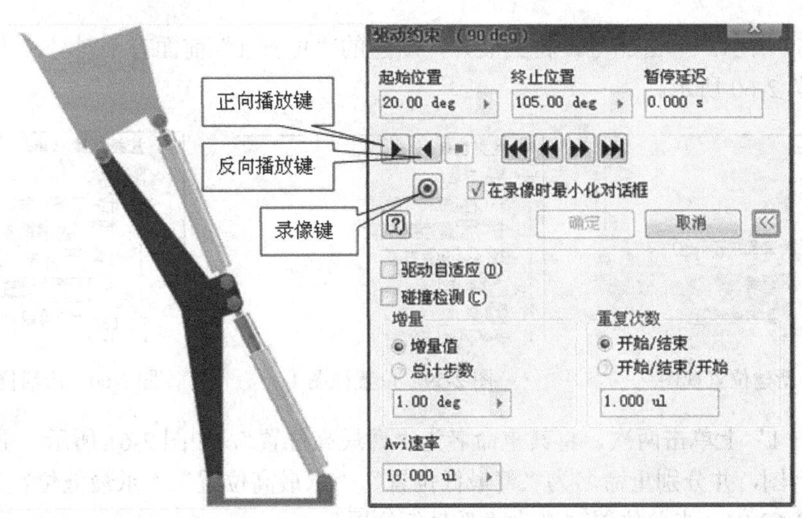

图 2-55　驱动约束设置

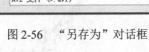

单击“录像”按钮 ，弹出“另存为”对话框，在该对话框的保存类型选项选择“AVI 文件”类型，文件名选项输入“臂的驱动”，如图 2-56 所示。单击“保存”按钮，弹出“视频压缩”对话框。在该对话框可进行压缩程序、压缩质量的设置，在这里压缩程序选择“Microsoft Video 1”，如图 2-57 所示。单击“确定”按钮后，再单击“正向播放”按钮，即可对约束的驱动过程进行录像，并保存。

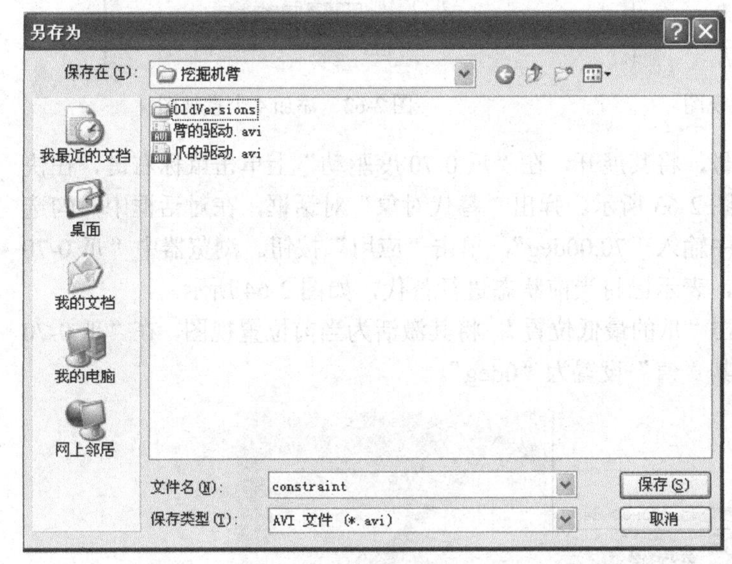

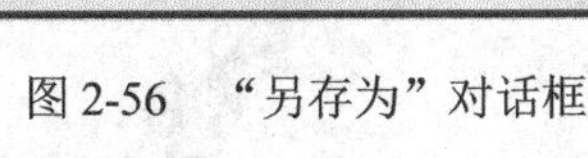

图 2-56　“另存为”对话框

图 2-57　“视频压缩”对话框

5．位置视图的表达

在浏览器中，单击“表达”前面的加号，将其展开，在“位置”选项上单击鼠标右键，弹出快捷菜单，如图 2-58 所示。单击“新建”命令后，“位置”选项前面也出现了小加号图标，如图 2-59 所示。单击加号，将其展开，新建的“位置 1”前面有个对号，表示其处于激活状态，如图 2-60 所示。

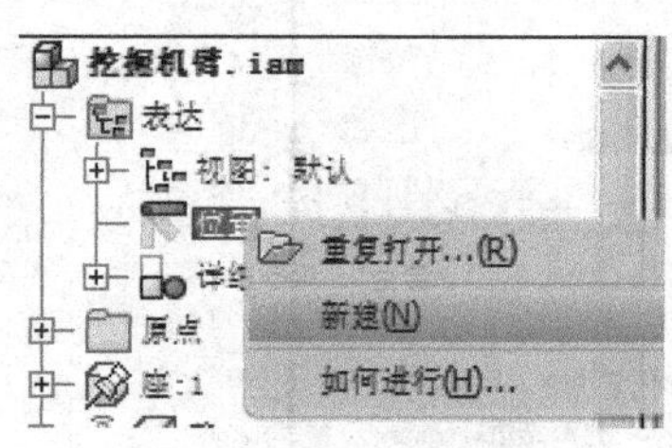

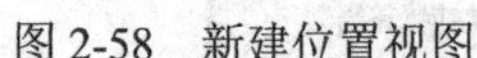

图 2-58　新建位置视图

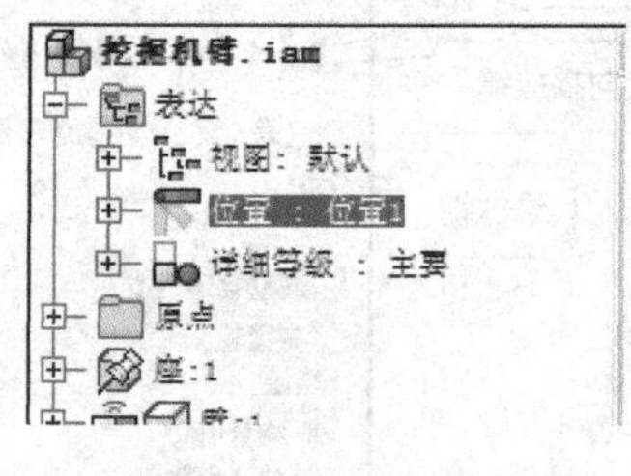

图 2-59　位置视图 1

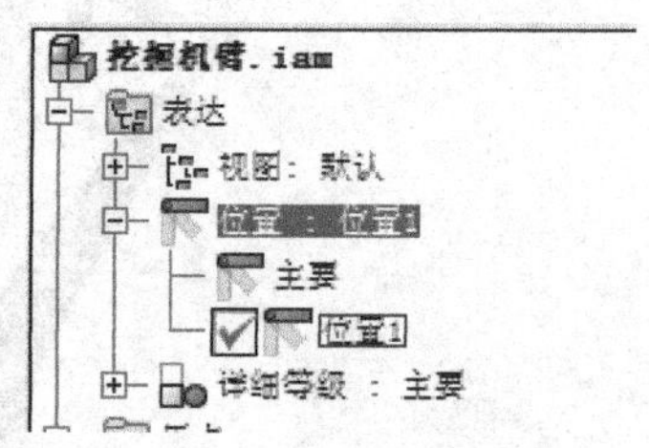

图 2-60　激活位置视图 1

在“位置 1”上单击两次，将其重命名为“臂最高位置”，如图 2-61 所示。重复操作，新建其他位置视图，并分别重命名为“臂最低位置”、“爪最高位置”、“爪最低位置”，如图 2-62 所示。在图 2-62 中，当前位置视图为“爪最低位置”。

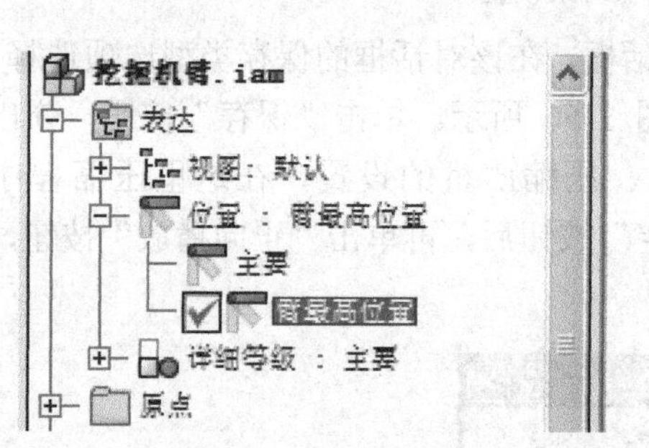

图 2-61　重命名位置视图

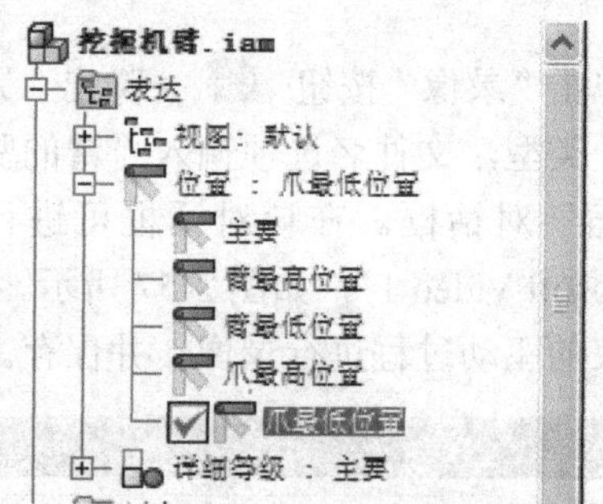

图 2-62　添加 4 个置视图

单击“爪”零部件前面的加号，将其展开，在“爪 0-70 度驱动”上单击鼠标右键，在快捷菜单中选择“替代”命令，如图 2-63 所示。弹出“替代对象”对话框，在对话框中，勾选“值”选项，并在“值” 文本框中输入“70.00deg”，单击“应用”按钮。浏览器中“爪 0-70 度驱动”角度约束名称加粗显示，表示已将当前状态进行替代，如图 2-64 所示。

重复操作。在位置视图中双击“爪的最低位置”，将其激活为当前位置视图，在“爪 0-70 度驱动”替代对象对话框中，将其“值”设置为“0deg”。

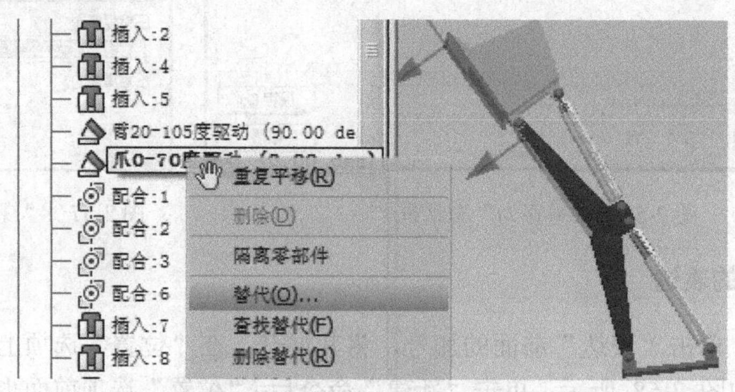

图 2-63　替代位置视图

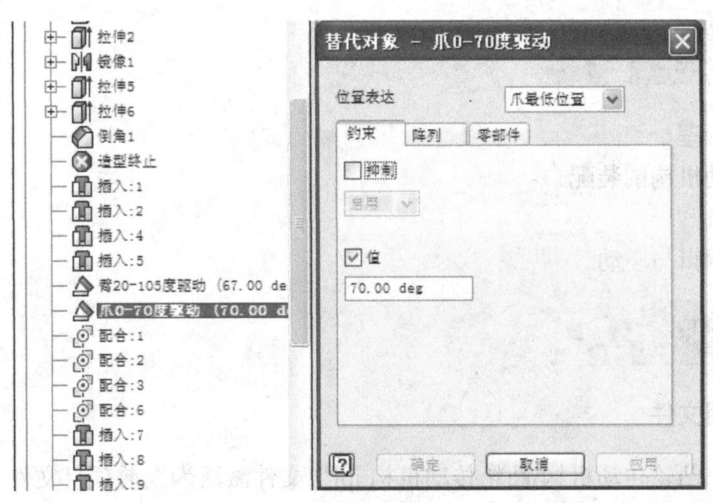

图 2-64　“替代对象”对话框

将“臂最高位置”的位置视图激活，在“臂 20-105 度驱动”的替代对象对话框中，将其“值”设置为“105deg”。

将“臂最低位置”的位置视图激活，在“臂 20-105 度驱动”的替代对象对话框中，将其“值”设置为“20deg”。

完成后将“主要”位置视图激活为当前位置视图，完成“挖掘机臂”的装配，保存后退出。

任务二　凸轮传动装置的装配设计

任务说明

凸轮传动装置装配实例如图 2-65 所示。

图 2-65　凸轮传动装置装配实例

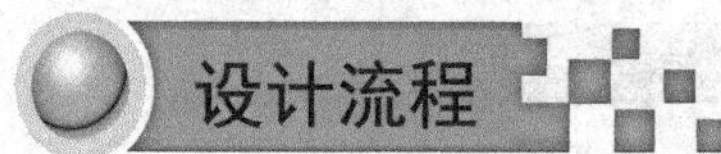

设计流程

1．项目的管理
2．凸轮传动机构的装配
3．过盈检查
4．约束的编辑与驱动

设计步骤

1．激活项目文件

将“\第 2 章\凸轮传动机构\凸轮传动机构.ipj”文件激活为当前项目文件。

2．凸轮传动机构的装配

（1）新建部件文件并置入零部件。新建文件，将“\第 2 章\凸轮传动机构\”下的“底座.ipt”、“连杆.ipt”、“凸轮.ipt”置入部件环境，如图 2-66 所示。

（2）约束装配的设计。

① “凸轮”和“底座”之间的插入约束、角度约束。

首先将凸轮和底座进行插入约束装配，如图 2-67 所示。完成约束后，用鼠标拖动凸轮，凸轮可以绕轴转动。

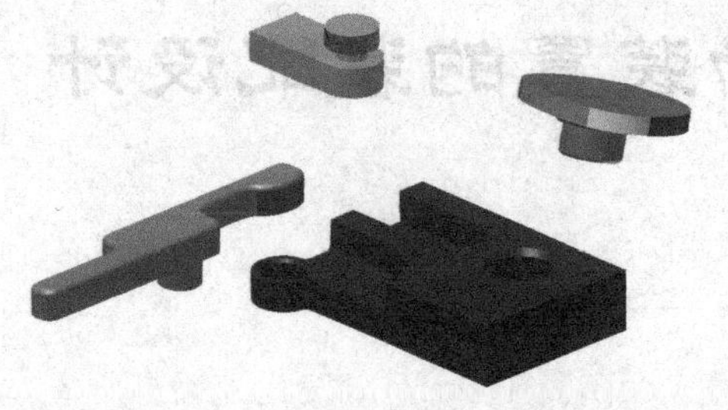

图 2-66　装入零部件

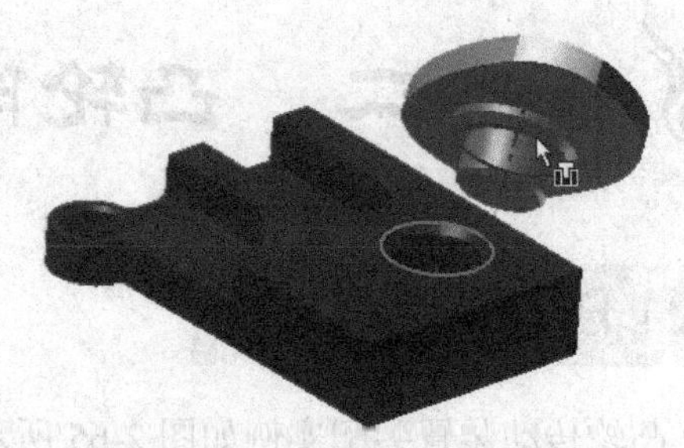

图 2-67　凸轮和底座之间的插入约束

其次将凸轮过渡面中的平面和底座的侧面进行角度约束，如图 2-68 所示。完成角度约束后，拖动凸轮，凸轮不再转动。

图 2-68　凸轮和底座之间的角度约束

② “连杆”和“底座”之间的配合约束，如图 2-69 和图 2-70 所示。

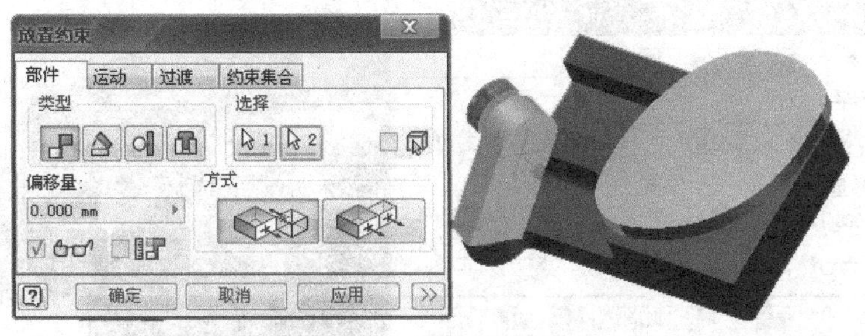

图 2-69　连杆和底座之间的底面配合约束

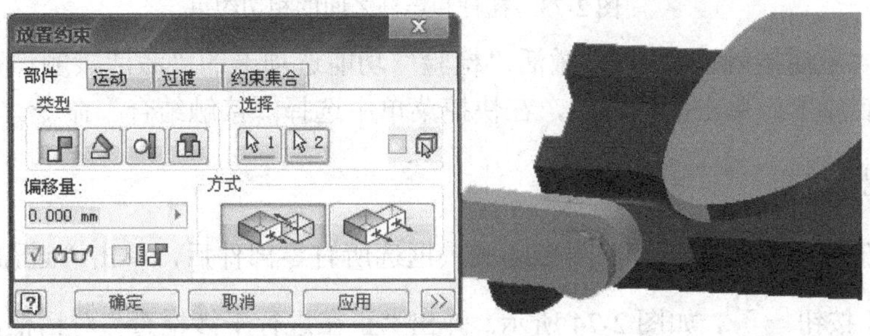

图 2-70　连杆和底座之间的侧面配合约束

③ “连杆”和“凸轮”之间的过渡约束。选择时，请注意第一次选择的是圆柱面，第二次选择的是过渡面，如图 2-71 所示。

图 2-71　连杆和凸轮之间的过渡约束

④ “摇杆”和“底座”之间的插入约束，如图 2-72 所示。

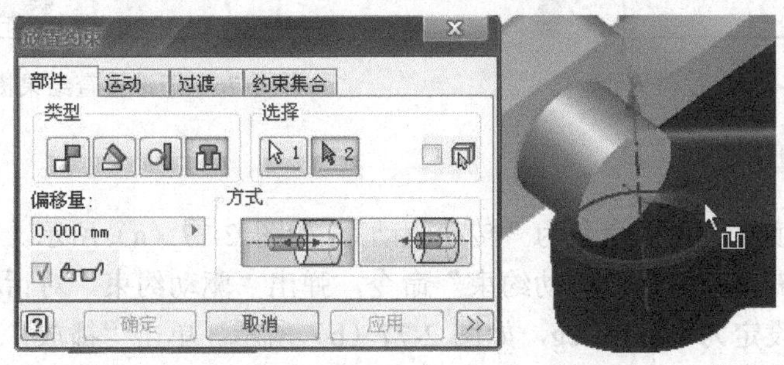

图 2-72　摇杆和底座之间的插入约束

⑤ “摇杆”和“连杆”之间的相切约束，如图 2-73 所示。

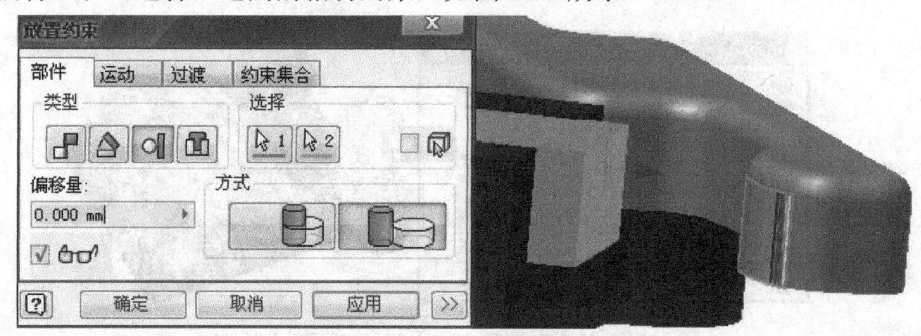

图 2-73　摇杆和连杆之间的相切约束

（3）打开“激活接触识别器”。激活“检验”功能选项卡的“激活接触识别器”，在浏览器中的摇杆、底座上，单击鼠标右键，在快捷菜单中选择“接触结合”命令。

3．过盈配合分析

进入“检验”功能选项卡，在图形区域，框选所有零部件后，单击“过盈”功能面板上的“过盈分析”按钮，如图 2-74 所示。弹出“正在进行干涉检查”对话框，并进行检查，如图 2-75 所示。检测完成后，如果没有过盈，会弹出如图 2-76 所示的提示窗口，单击“确定”按钮，完成过盈检查。

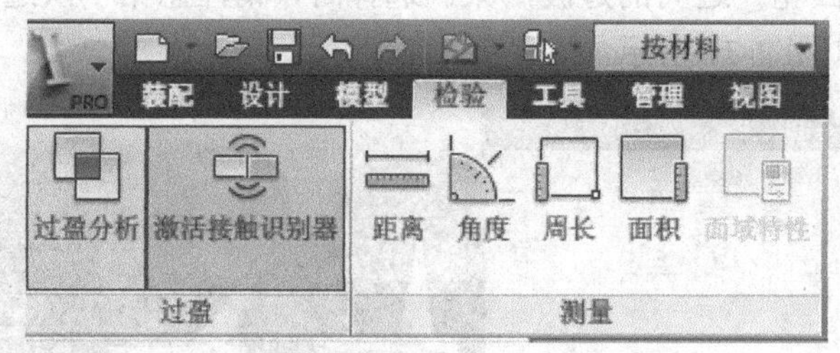

图 2-74　过盈分析图标

图 2-75　过盈检查

图 2-76　干涉检查结果提示

4．约束的编辑与驱动

将凸轮的“角度”约束重命名为“转动驱动”，如图 2-77（a）所示。在“转动驱动”约束名称上单击鼠标右键，选择“驱动约束”命令，弹出“驱动约束”对话框，在对话框中，将终止位置的角度设定为 360.00deg，如图 2-77（b）所示。单击“播放”按钮，对约束进行驱动，驱动过程见“\第 2 章\凸轮传动机构\驱动约束.avi”。最后保存文件并退出。

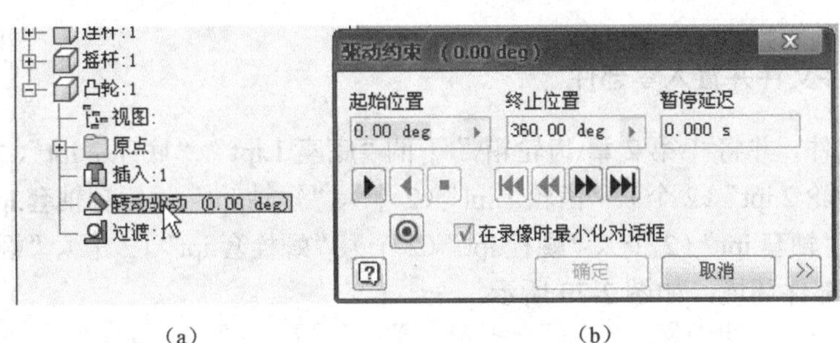

(a)　　　　　　　　　　(b)

图 2-77　驱动约束

任务三　齿轮箱的装配设计

任务说明

齿轮箱的装配实例如图 2-78 所示。

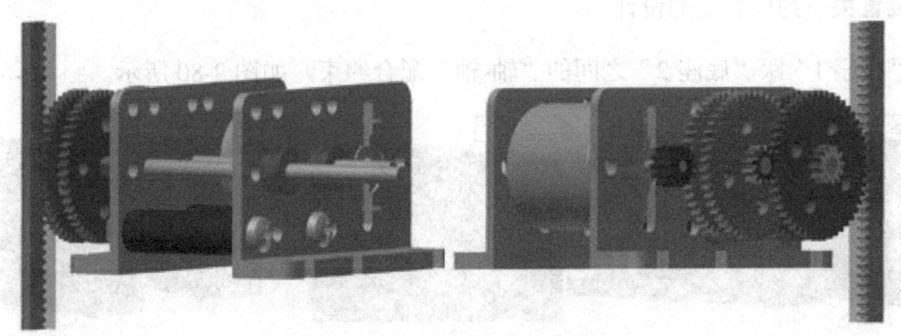

图 2-78　齿轮箱装配实例

设计流程

1. 项目的管理
2. 齿轮箱的位置关系约束装配
3. 齿轮箱的运动关系约束装配
4. 约束的编辑与驱动

设计步骤

1. 激活项目文件

将“\第 2 章\齿轮箱\齿轮箱.ipj”文件激活为当前项目文件。

2. 新建部件文件并置入零部件

新建部件文件，并将“\第 2 章\齿轮箱\”下的“底座 1.ipt”、“底座 2.ipt”、“电机.ipt”、“电机齿轮.ipt”、“齿轮 2.ipt”（2 个）、“齿轮 1.ipt”（2 个）、“短轴.ipt”、“短轴轴套.ipt”、“长轴.ipt”、“长轴轴套.ipt”、“轴套.ipt”（2 个）、“螺栓.ipt”（2 个）、“螺栓套.ipt”（2 个）、“螺母.ipt”（2 个）、“齿条.ipt”置入部件环境，如图 2-79 所示。

图 2-79　装入零部件

3. 位置关系约束装配的设计

（1）“底座 1”跟“底座 2”之间的“轴-轴”配合约束，如图 2-80 所示。

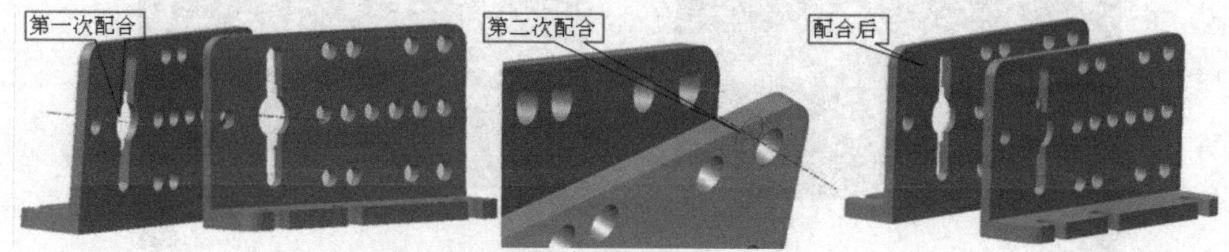

图 2-80　底座 1 跟底座 2 之间的配合约束

（2）“底座 1”跟“电机”之间的插入配合约束、角度配合约束，插入约束选择，如图 2-81（a）所示，角度配合约束方式选择“未定向角度，角度为 0deg，所选平面如图 2-81（b）所示。

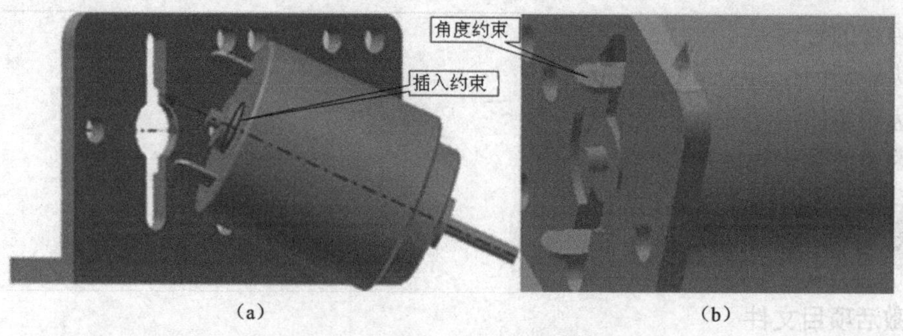

（a）　（b）

图 2-81　底座 1 跟电机之间的约束

（3）“底座 2”跟“电机”之间的插入配合约束，旋转“底座 2”至合适视角，如图 2-82（a）所示，配合后的效果如图 2-82（b）所示。

（a）　　（b）

图 2-82　底座 2 跟电机之间的插入约束

（4）“底座 1”跟“螺栓”之间的插入配合约束，如图 2-83 所示。

图 2-83　底座 1 跟螺栓之间的插入约束

（5）“螺栓套”跟“底座 1”之间的插入配合约束，如图 2-84 所示。

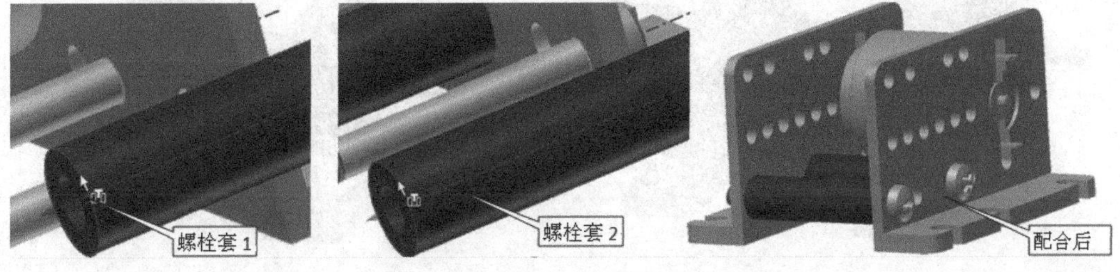

图 2-84　螺栓套跟底座 1 之间的插入约束

（6）“螺栓”跟“螺母”之间的插入配合约束，如图 2-85 所示。

图 2-85　螺栓跟螺母之间的插入约束

（7）“电机齿轮”跟“电机”之间的插入配合约束，插入方式为“对齐”，如图 2-86 所示。

图 2-86　电机齿轮跟电机之间的插入约束

（8）“短轴”跟“底座 2”之间的轴-轴配合约束，如图 2-87 所示。
（9）“长轴”跟“底座 2”之间的轴-轴配合约束，如图 2-88 所示。

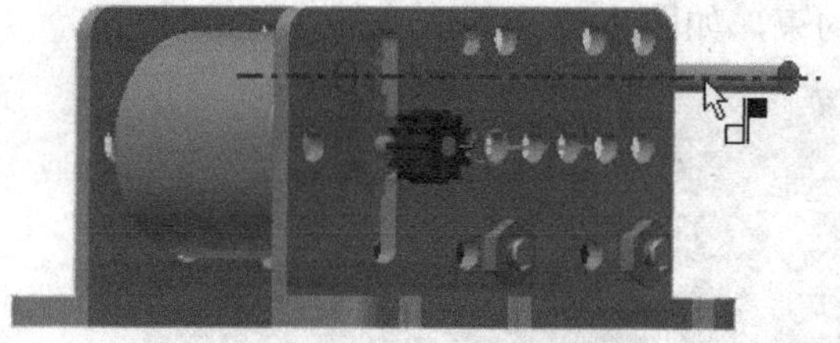

图 2-87　短轴跟底座 2 之间的配合约束

图 2-88　长轴跟底座 2 之间的配合约束

（10）“底座 1”跟“轴套”之间的插入配合约束，如图 2-89 所示。

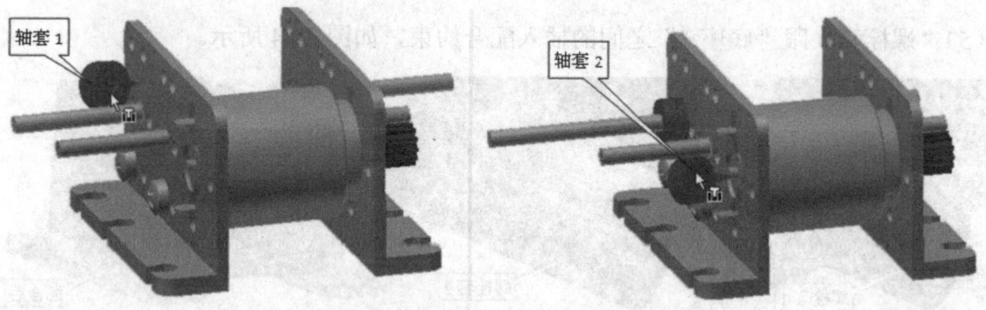

图 2-89　底座 1 跟轴套之间的插入约束

（11）“底座 2”跟“短轴轴套”、“长轴轴套”之间的插入配合约束，如图 2-90 所示。

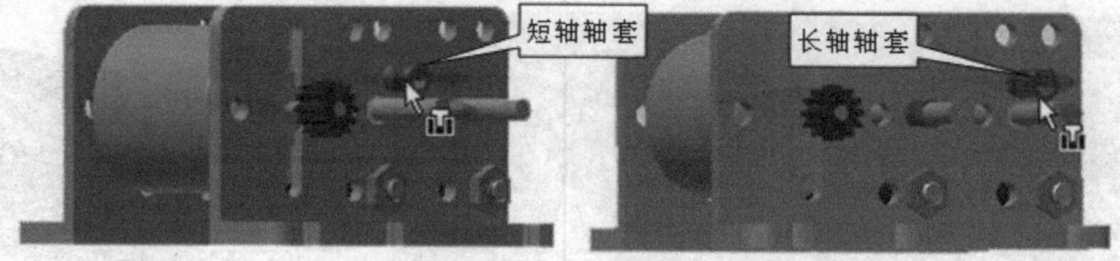

图 2-90　底座 2 跟长轴轴套、短轴轴套之间的插入约束

（12）“齿轮 1:1”跟“短轴轴套”之间的插入约束，如图 2-91 所示。

图 2-91　齿轮 1:1 跟短轴轴套之间的插入约束

（13）“齿轮 2:1”跟“长轴轴套”之间的插入约束，如图 2-92 所示。

图 2-92　齿轮 2:1 跟长轴轴套之间的插入约束

（14）“齿轮 1:2”跟“齿轮 1:1”之间的插入约束装配及“齿轮 1:2”跟“短轴”之间的表面平齐约束装配，如图 2-93 所示。

图 2-93　齿轮 1:2 跟齿轮 1:1 之间的插入约束装配及齿轮 1:2 跟短轴之间的表面平齐约束

（15）“齿轮 2:2”跟“齿轮 2:1”之间的插入约束装配及“齿轮 2:2”跟“长轴”之间的表面平齐约束装配，如图 2-94 所示。

图 2-94　齿轮 2:2 跟齿轮 2:1 之间的插入约束装配及齿轮 2:2 跟长轴之间的表面平齐约束

(16)“齿条”跟“齿轮 2:2”之间的相切约束、表面平齐约束，相切约束是齿轮的分度圆面跟齿条的分度平面之间的相切；表面平齐约束是齿条侧面跟齿轮 2-2 侧面之间的约束，如图 2-95 所示。

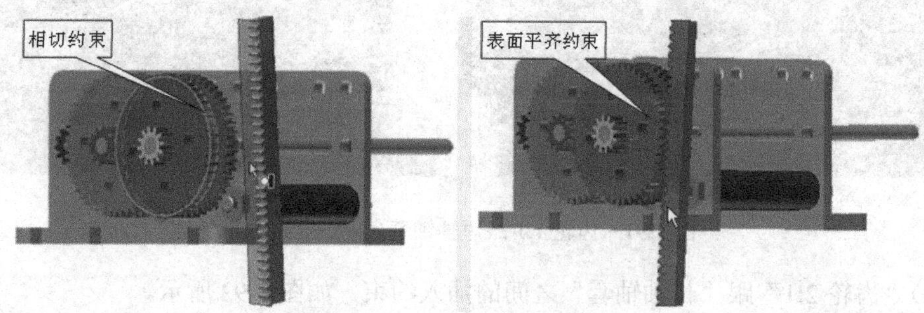

图 2-95　齿条跟齿轮 2:2 之间的约束

(17)“齿条”跟“底座 2”之间的角度约束，角度约束方式选择“未定向角度”，如图 2-96 所示。

图 2-96　齿条跟底座 2 之间的角度约束

4. 运动关系约束装配

(1)“电机齿轮”跟“齿轮 1:1”之间的运动关系装配约束，首先将除“电机齿轮”跟“齿轮 1:1”以外的所有零部件隐藏。转动“齿轮 1:1”，调整“电机齿轮”跟“齿轮 1:1”之间位置，让齿轮之间紧密结合，如图 2-97 所示。

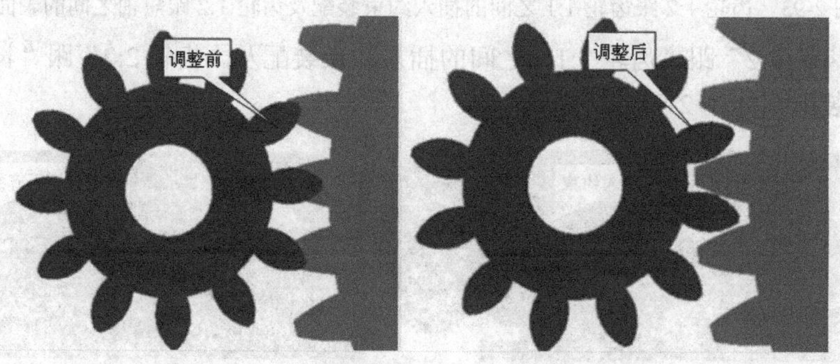

图 2-97　电机齿轮跟齿轮 1:1 之间的位置调整

运动方式选择“反向”，如图 2-98 所示。完成约束后，拨动任意一个齿轮，另一个齿轮也会跟着转动。

图 2-98　电机齿轮跟齿轮 1:1 之间运动关系约束

（2）“齿轮 1:1”跟“齿轮 2:1”之间的运动关系装配约束，首先将除“齿轮 1:1”跟“齿轮 2:1”以外的所有零部件隐藏。转动“齿轮 2:1”，调整“齿轮 1:1”跟“齿轮 2:1”之间的位置，让齿轮之间紧密结合，如图 2-99 所示。

图 2-99　齿轮 1:1 跟齿轮 2:1 之间的位置调整

运动方式选择“反向”，如图 2-100 所示。完成约束后，拨动任意一个齿轮，另外一个齿轮跟电机齿轮也会跟着转动。

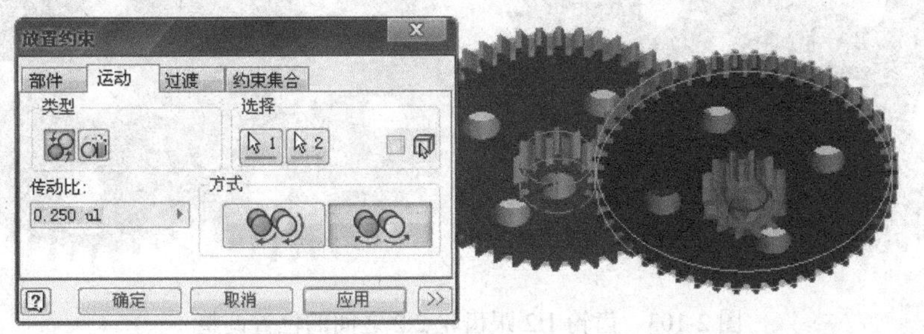

图 2-100　齿轮 1:1 跟齿轮 2:1 之间的运动关系约束

（3）“齿轮 1:2”跟“齿轮 2:1”之间的运动关系装配约束，首先将除“齿轮 1:2”跟“齿轮 2:1”以外的所有零部件隐藏。调整“齿轮 1:2”跟“齿轮 2:1”之间的位置，让齿轮之间紧密结合，如图 2-101 所示。

图 2-101　齿轮 1:2 跟齿轮 2:1 之间的位置调整

运动方式选择“反向”，如图 2-102 所示。完成约束后，拨动“齿轮 1:2”，“齿轮 2:1”、“齿轮 1:1”、“电机齿轮”也会跟着转动。

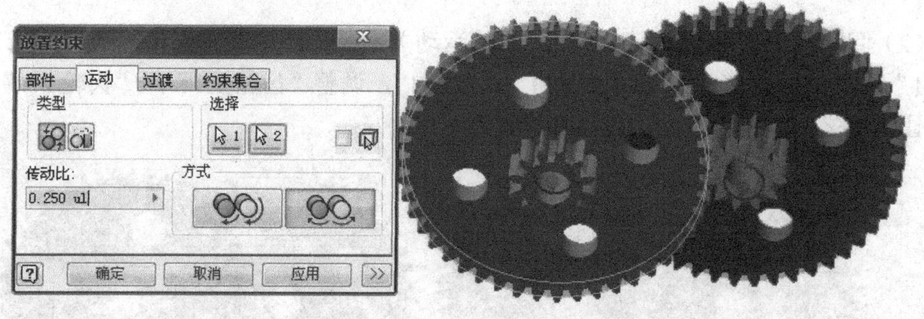

图 2-102　齿轮 1:2 跟齿轮 2:1 之间的运动关系约束

（4）“齿轮 1:2”跟“齿轮 2:2”之间的运动关系装配约束，首先将除“齿轮 1:2”跟“齿轮 2:2”以外的所有零部件隐藏。调整“齿轮 1:2”跟“齿轮 2:2”之间的位置，让齿轮之间紧密结合，如图 2-103 所示。

图 2-103　齿轮 1:2 跟齿轮 2:2 之间的位置调整

运动方式选择“反向”，如图 2-104 所示。完成约束后，拨动“齿轮 2:2”，所有齿轮也会跟着转动。

图 2-104　齿轮 1:2 跟齿轮 2:2 之间运动关系约束

（5）“齿条”跟“齿轮 2:2”之间的运动关系装配约束，首先将“齿轮 2:1”设为不可见，再调整“齿轮 2:2”跟“齿条”之间的位置，让齿轮与齿条之间紧密结合，如图 2-105 所示。

图 2-105　齿条跟齿轮 2:2 之间的位置调整

运动类型选择“转动-平动”，运动方式选择“前进”，“距离”为默认值，如图 2-106 所示。完成约束后，拨动任意一个齿轮，所有齿轮转动的同时，齿条也上下移动。

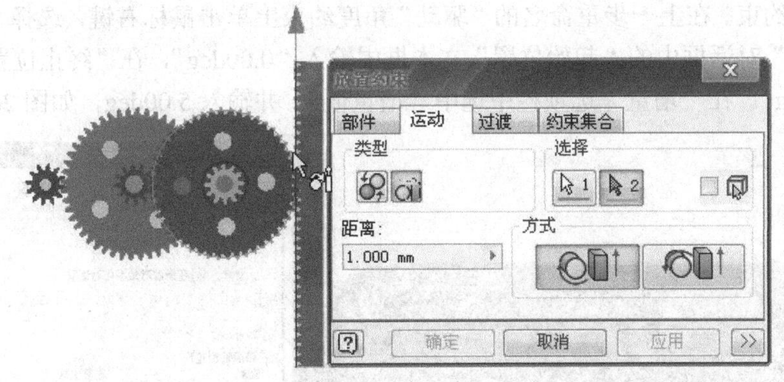

图 2-106　齿条跟齿轮 2:2 之间的运动关系约束

（6）“电机齿轮”跟“底座 2”之间的角度关系装配约束，在浏览器中展开“电机齿轮”找到 YZ 平面，如图 2-107 所示。将“电机齿轮”的 YZ 平面跟“底座 2”的侧面进行角度约束，方式选择“未定向角度”，角度值为 0deg，如图 2-108 所示。完成角度约束后，再拨动任意一个齿轮，齿轮均已经不能转动。

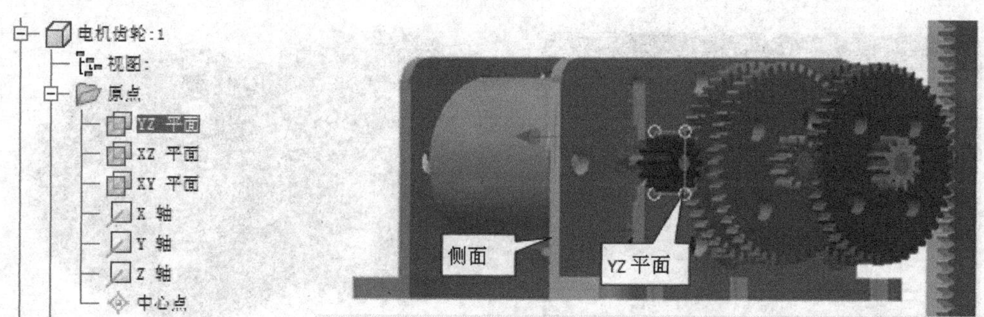

图 2-107　选择 YZ 平面　　　　图 2-108　电机齿轮跟底座 2 之间的角度约束

5. 约束的编辑与驱动

（1）约束的编辑。在浏览器中，将“电机齿轮”的角度约束重命名为“驱动”，如图 2-109 所示。

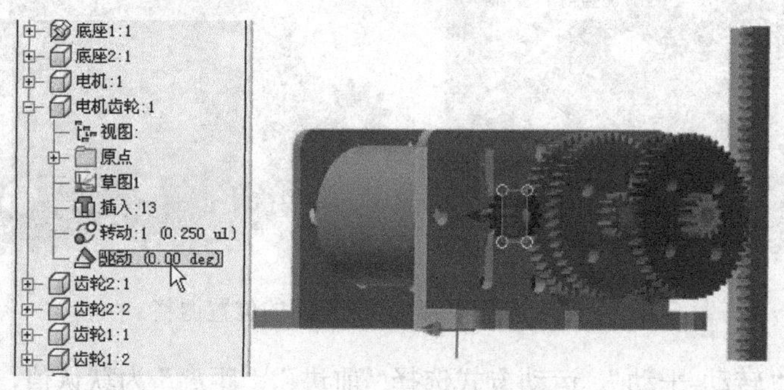

图 2-109　约束名称的重命名

（2）驱动约束。在上一步重命名的“驱动”角度约束上单击鼠标右键，选择“驱动约束”，在“驱动约束”对话框中的“起始位置”文本框中输入“0.00deg”，在“终止位置”文本框中输入“3600deg”。在“增量”选项栏中选中“增量值”，并输入 5.00deg，如图 2-110 所示。

图 2-110　驱动约束

完成设置后，单击“播放”按钮，效果如“\第 2 章\齿轮箱\驱动.avi”所示。最后完成装配，保存文件后退出。

任务四 衣服夹的装配设计

任务说明

衣服夹的装配实例如图 2-111 所示。

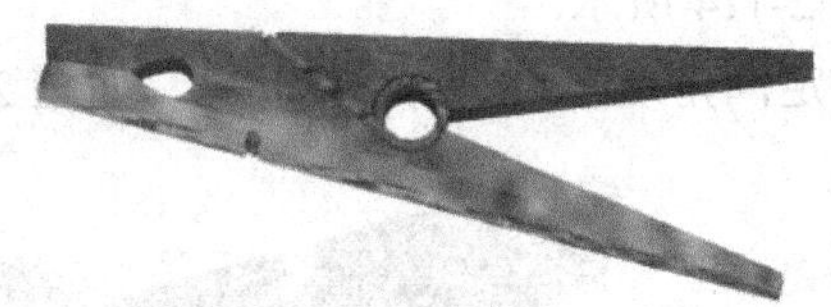

图 2-111 衣服夹的装配实例

设计流程

1．项目的管理
2．夹板的装配设计
3．弹簧的在位设计
4．约束的编辑与驱动设计

设计步骤

（1）激活项目文件，将“\第 2 章\衣服夹\衣服夹.ipj”文件，激活为当前项目文件。

（2）夹板的装配设计。

1）新建文件并置入零部件，新建部件文件，将“\第 2 章\衣服夹\”下的“衣服夹_1.ipt”、“衣服夹_2.ipt”置入部件环境，如图 2-112 所示。

图 2-112 装入零部件

2）“衣服夹_1.ipt”与“衣服夹_2.ipt”之间的重合约束、角度约束、表面平齐约束。

- 轴-轴重合约束，如图 2-113 所示。

图 2-113　轴-轴重合约束

- 表面平齐约束，如图 2-114 所示。
- 角度约束，方式为“定向角度”，角度为 180deg，如图 2-115 所示。

图 2-114　表面平齐约束　　图 2-115　角度约束

（3）弹簧的在位设计。

1）创建工作面，进入“模型”选项卡，创建一个平行于夹板侧面且偏移距离为–3 的工作面，如图 2-116 所示。

图 2-116　创建工作面

2）设置尺寸显示方式，在图形区单击鼠标右键，在快捷菜单中选择“尺寸显示-表达式”，让尺寸以表达式形式显示。

3）创建在位零件文件，进入“装配”选项卡，单击“零部件”工具面板上的“创建”按钮，弹出“创建在位零部件”对话框，在“新零部件名称”栏内输入“弹簧”，其他设置采用默认设置，如图 2-117 所示。单击“确定”按钮，完成零部件的创建。

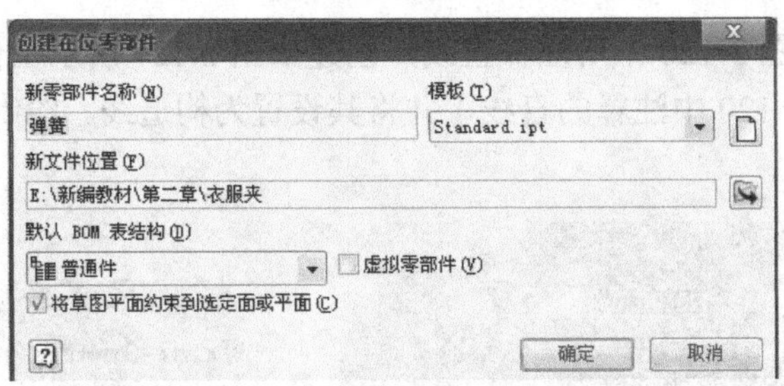

图 2-117　创建在位零件

4）创建草图，完成零部件创建后，进入部件环境。单击图 2-116 所示的工作面，进入草图环境，投影夹板上的圆弧，并将其设置为构造线。以直径形式标注投影线尺寸，如图 2-118 所示。重复命令，以直径形式标注其他投影线，效果如图 2-119 所示。

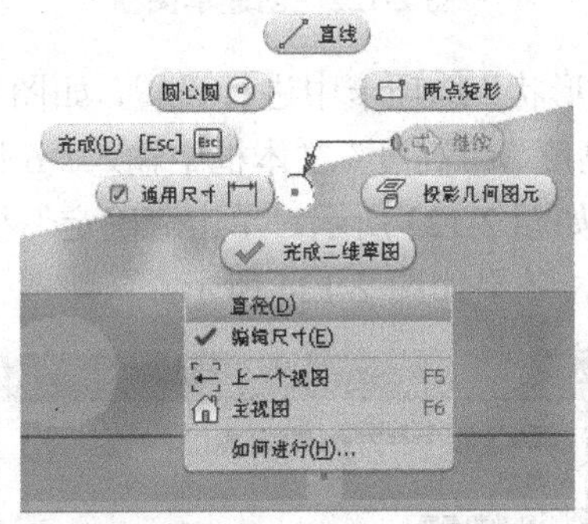

图 2-118　标注投影线

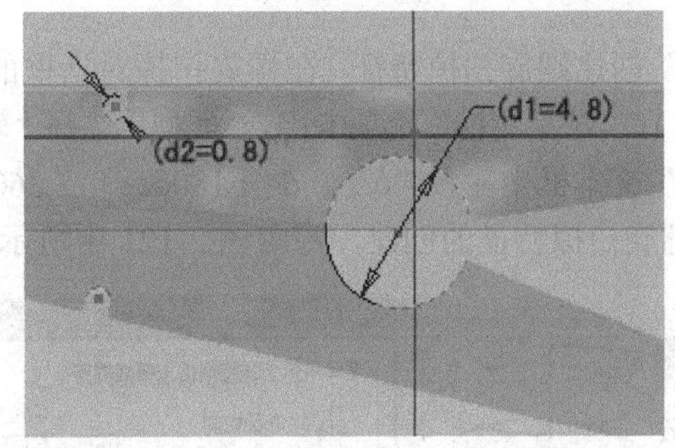

图 2-119　表达式方式显示尺寸标注

说明：

在投影圆弧轮廓时，直径为 4.8 的圆弧，只需投影一个夹板上的轮廓即可，另一个夹板上的圆弧轮廓不要投影，直径为 0.8 的圆弧，两个夹板均需投影。

绘制如图 2-120 所示图形，在标注圆的直径时输入“d1-d2”，直线与圆进行相切约束，完成后退出草图，并隐藏图 2-116 中所示工作面。

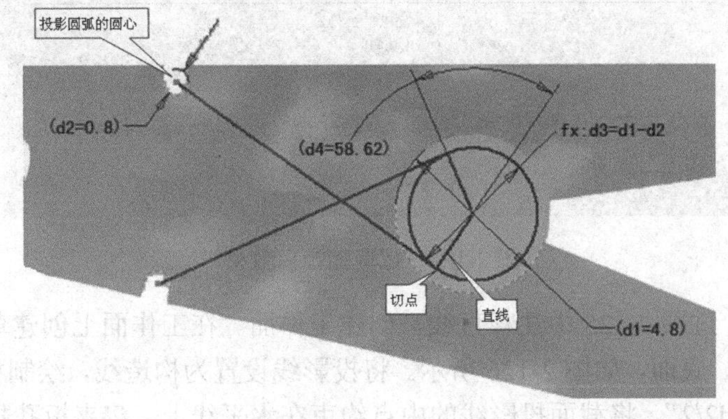

图 2-120　创建草图

5）创建草图，过图 2-120 中所注释直线，创建如图 2-121 所示工作面。在创建的工作面上绘制草图，投影图 2-120 中注释的直线，并将其设置为构造线。绘制如图 2-122 所示图形，完成后退出草图。

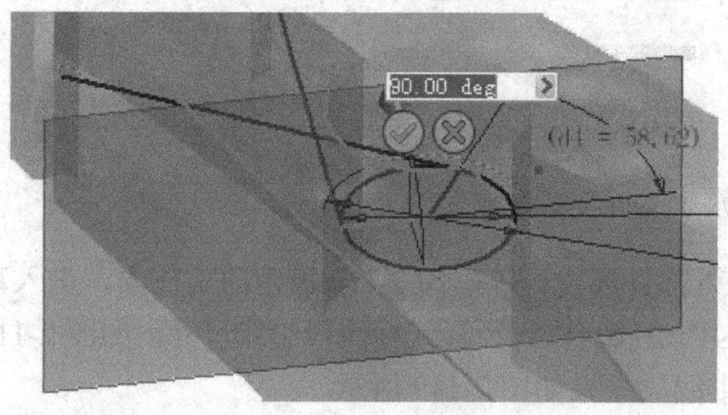

图 2-121　创建工作面

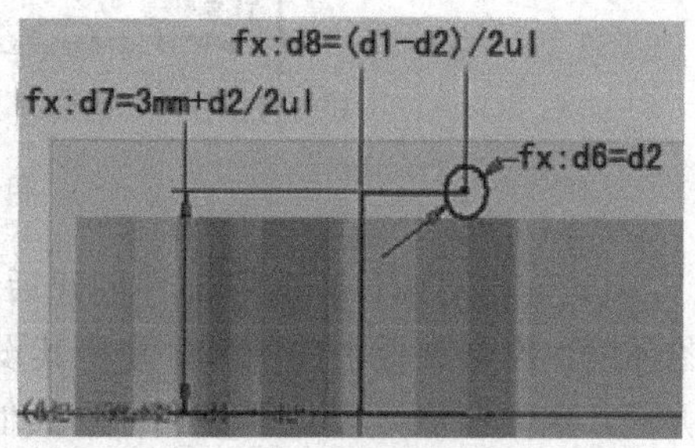

图 2-122　创建草图

6）创建螺旋扫掠特征，在螺旋扫掠对话框的“螺旋形状”选项卡中进行设置，如图 2-123 所示；在“螺旋规格”选项卡中，“类型”选择“转数和高度”，“高度”文本框中输入“6+d2”，“转数”文本框中输入“6＋（d4＋180deg）／360deg”，如图 2-123 所示。单击“确定”按钮，完成螺旋扫掠特征的创建，隐藏图 2-121 中所示工作面，效果如图 2-124 所示。

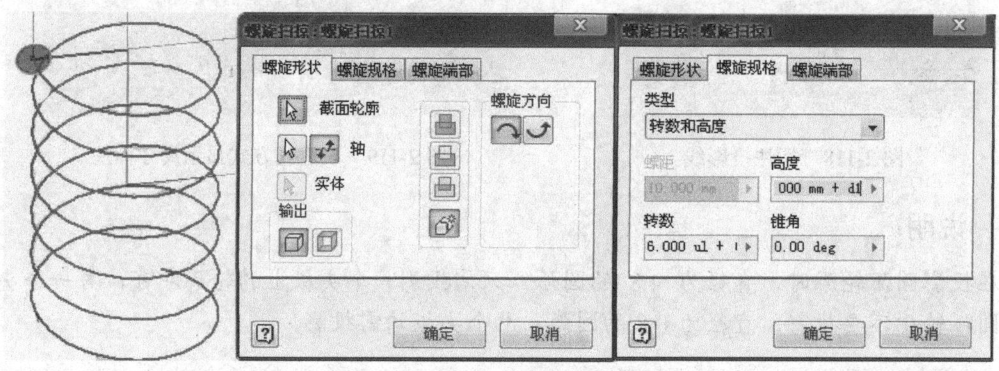

图 2-123　创建螺旋扫掠

图 2-124　螺旋扫掠后效果

7）创建草图，过图 2-125 中注释直线，创建工作面。在工作面上创建草图，投影弹簧的截面、夹板上的孔、底面，如图 2-126 所示。将投影线设置为构造线，绘制如图 2-127 所示图形，圆角半径为“d2/2”。将截面投影线的中点约束在水平线上，将夹板孔投影线的中点约束在垂直线上，将垂直线的端点约束在夹板底面的投影线上，完成后退出草图。

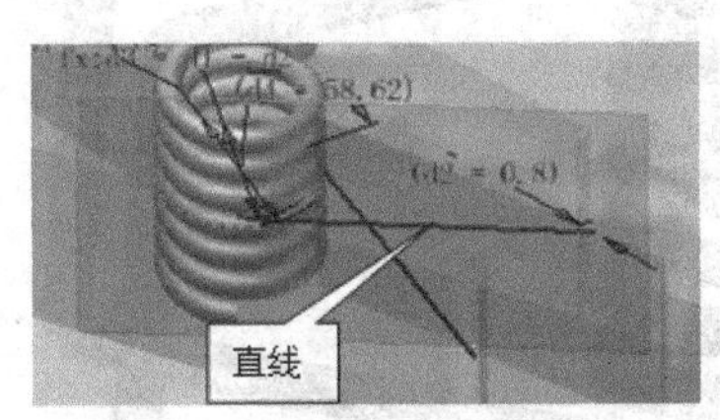

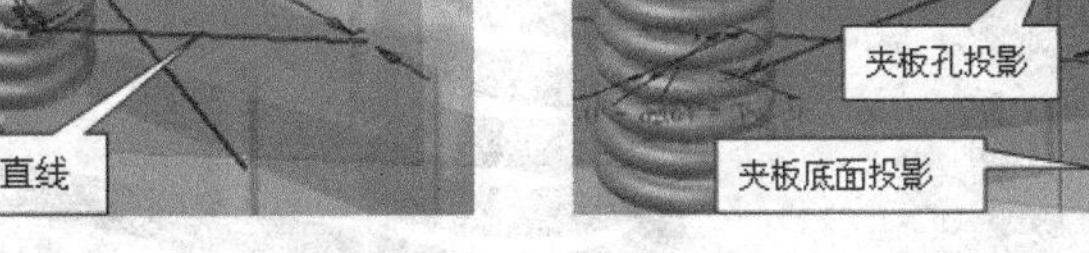

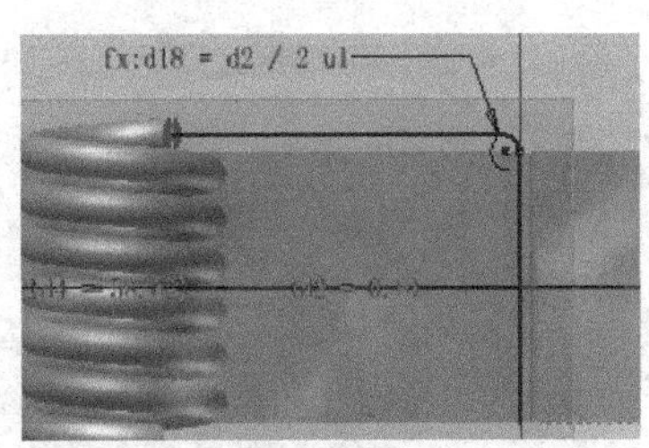

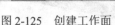

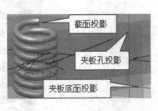

图 2-125　创建工作面　　图 2-126　投影轮廓　　图 2-127　绘制扫掠路径

8）创建扫掠特征，在浏览器中，将螺旋扫掠特征下的草图设为可见，如图 2-128 所示。然后以图 2-122 所示的截面为扫掠截面，以图 2-127 所示的草图为扫掠路径，进行扫掠，效果如图 2-129 所示。

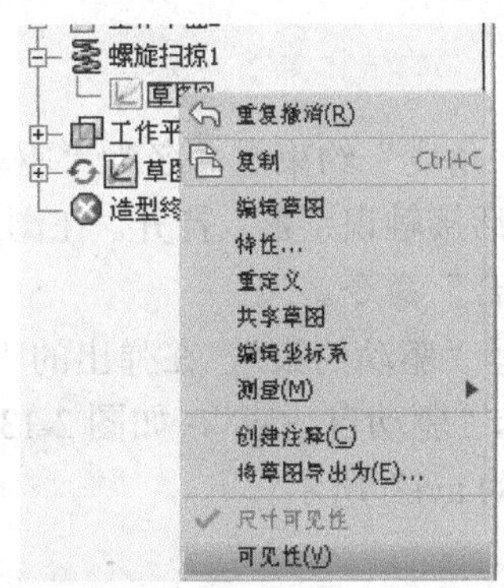

图 2-128　将草图设为可见

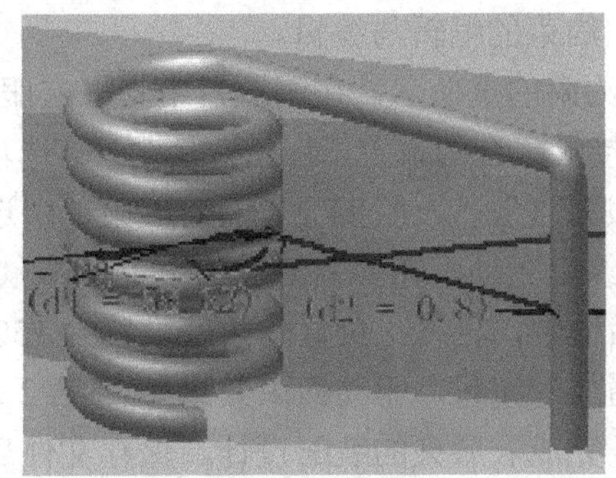

图 2-129　扫掠后的效果

9）创建草图，隐藏螺旋扫掠特征下的草图和图 2-125 所示的工作面，过图 2-130 中所注释直线创建工作面。在工作面上创建草图，投影弹簧的截面、夹板上的孔、底面，将投影线设置为构造线，绘制如图 2-131（a）所示图形，完成后退出草图。再在弹簧的截面上创建草图，投影截面，如图 2-131（b）所示。

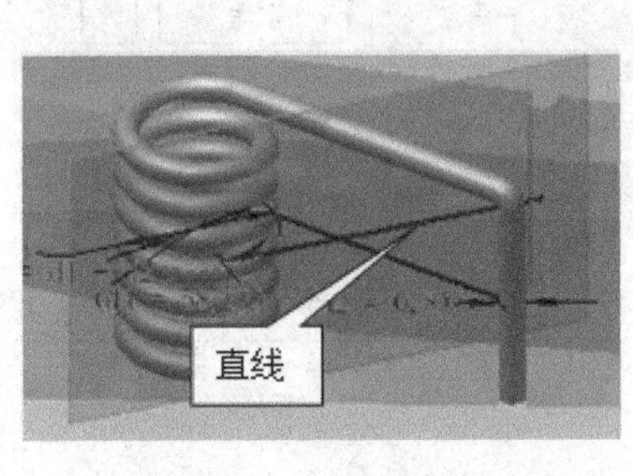

图 2-130　创建工作面

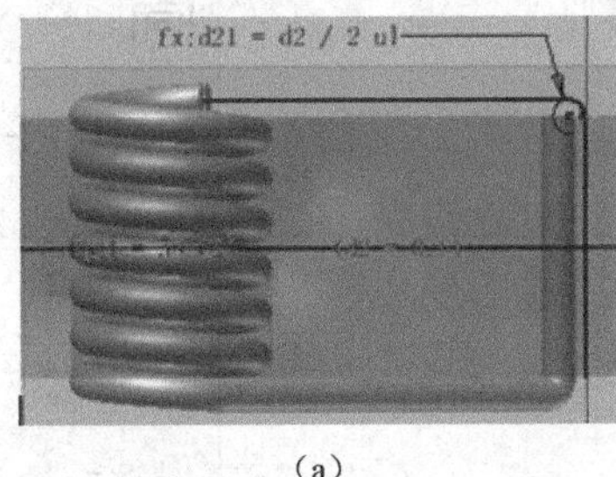

（a）　　（b）

图 2-131　创建扫掠路径和截面

10）创建扫掠特征，将上一步创建的草图进行扫掠，效果如图 2-132 所示。

11）弹簧颜色设置，隐藏图 2-130 所示工作面，隐藏图 2-120 所示草图，将弹簧的颜色设置为“金属钢板（蓝色）”，如图 2-133 所示。

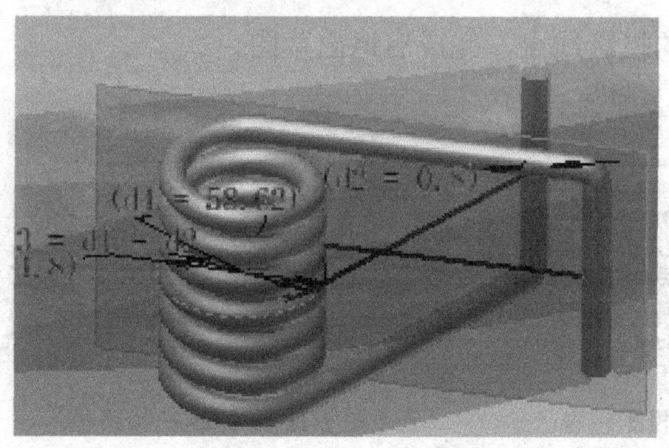

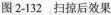

图 2-132　扫掠后效果

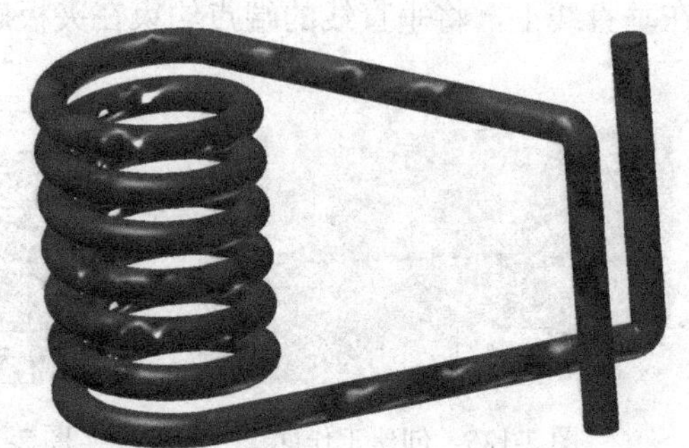

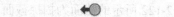

图 2-133　金属钢板（蓝色）效果

12）返回部件环境，单击“返回”工具面板上的“返回”按钮  ，返回部件环境。衣服夹装配如图 2-134 所示。

（4）约束的编辑与编辑。

1）约束的重命名，在浏览器中将“衣服夹_1”下的“角度”约束重命名为“驱动”。

2）接触集合的设置，将“检验”工具选项卡下的“激活接触识别器”打开。在浏览器中，在“衣服夹_1”、“衣服夹_2”的右键菜单中选中“接触集合”命令。

3）约束驱动，在“驱动”约束上单击鼠标右键，选择“驱动约束”，在弹出的“驱动约束”对话框中，将终止位置的角度设置为 150.00deg，勾选“驱动自适应”，如图 2-135 所示。单击“播放”按钮，驱动约束效果如“\第 2 章\衣服夹\驱动.avi”所示。

（5）完成衣服夹的装配设计。保存文件后退出。

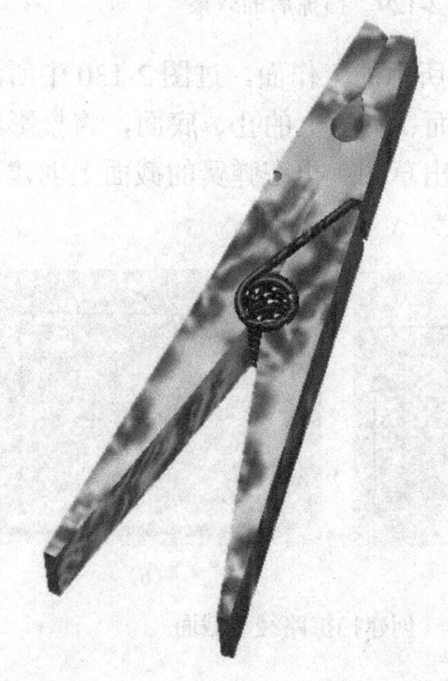

图 2-134　完成在位零件创建后的效果

图 2-135　驱动约束

思考与练习

1．将光盘中“\第 2 章\练习\1\”下的零件，按照如图 2-136 所示样式进行装配。

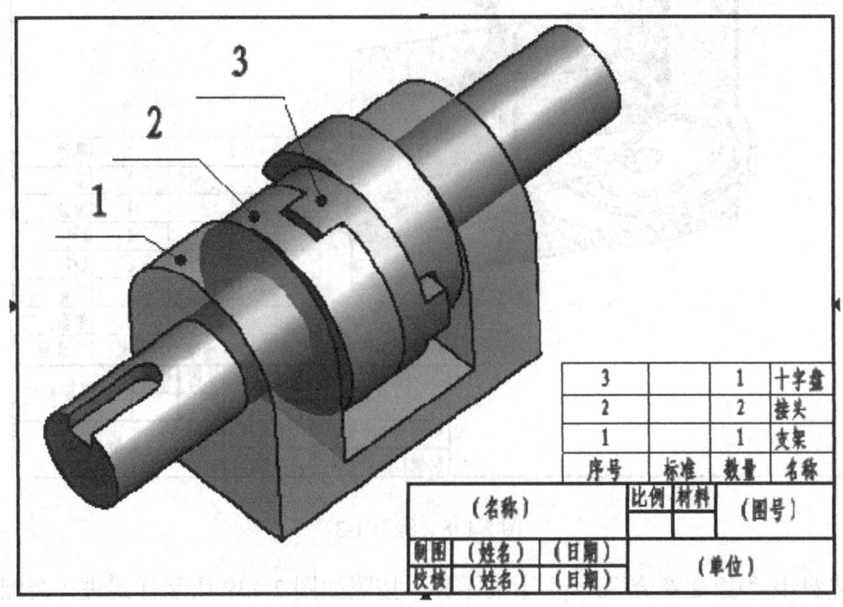

3
2
1
3 1 十字盘
2 2 接头
1 1 支架
序号 标准 数量 名称
(名称)
比例
材料
(图号)
制图 (姓名) (日期)
校核 (姓名) (日期)
(单位)

图 2-136　练习 1-1

2．将光盘中“\第 2 章\练习\2\”下的零件，按照如图 2-137 所示样式进行装配。

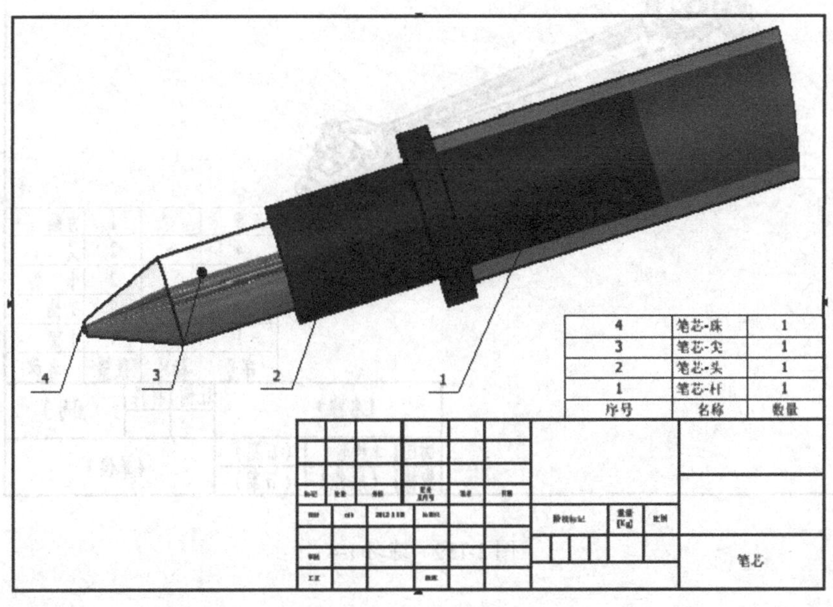

图 2-137　练习 1-2

3．将光盘中“\第 2 章\练习\3\”下的零件，按照如图 2-138 所示样式进行装配。

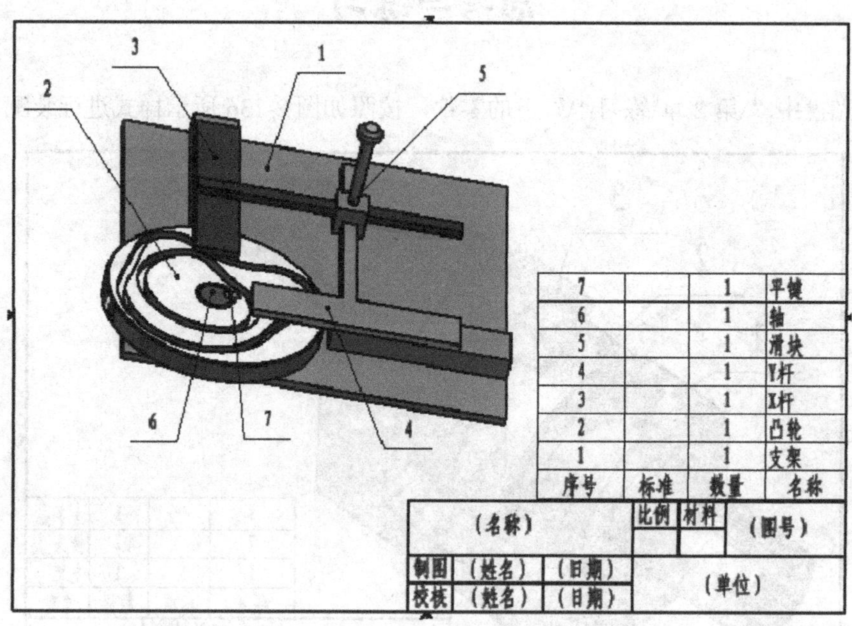

3
1
2
5
6
7
4
7 1 平键
6 1 轴
5 1 滑块
4 1 Y杆
3 1 X杆
2 1 凸轮
1 1 支架
序号 标准 数量 名称
(名称)
比例 材料
(图号)
制图 (姓名) (日期)
校核 (姓名) (日期)
(单位)

图 2-138　练习 1-3

4．将光盘中“\第 2 章\练习\4\”下的零件，按照如图 2-139 所示样式进行装配。

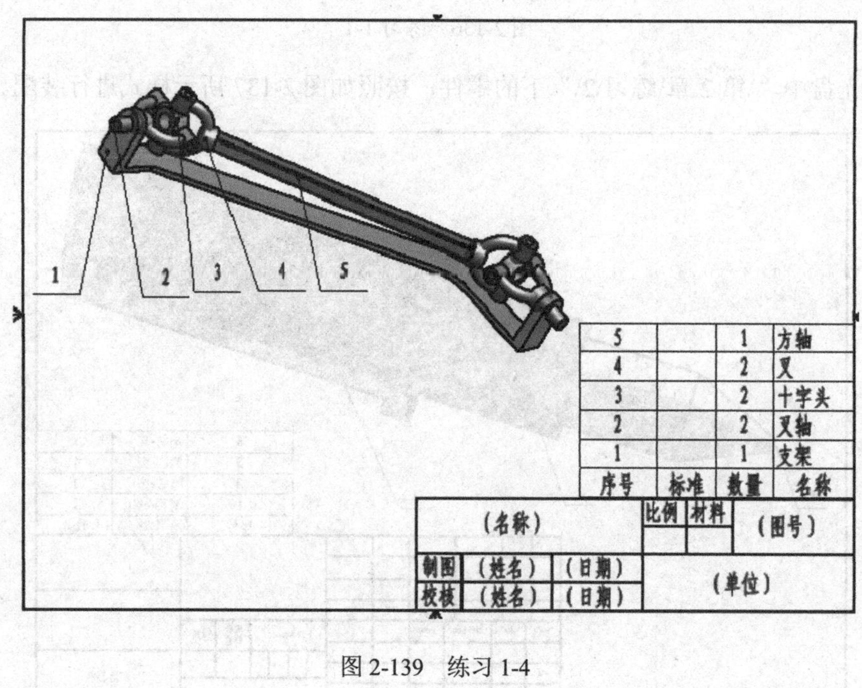

图 2-139　练习 1-4

第3章 基于多实体的零件设计

多实体零件设计是 Inventor 2010 以后新增的一个功能，所谓多实体即指在一个零件中有多个实体，它是按照自顶向下的工作流而进行设计的一种方法。多实体生成的方法有四种，分别是：通过创建实体类的特征、通过衍生、通过复制对象、编辑零件中已有的实体类特征。在本章我们主要以第一种即通过创建实体类特征为例介绍多实体零件的设计。

准备工作

由实体类的特征创建实体

在 Inventor 2012 中创建实体类的特征有拉伸、旋转、扫掠、螺旋扫掠、放样、加厚/偏移、灌注特征。下面我们以拉伸、加厚/偏移特征为例进行介绍。

1. 拉伸特征创建实体

（1）创建实体。打开“\第 3 章\零件 1.ipt”文件，如图 3-1（a）所示。在实体的上表面上创建草图，投影轮廓，并将四个圆的投影线设置为构造线，完成草图后退出，如图 3-1（b）所示。

图 3-1　零件 1 模型

将图 3-1（a）所示草图进行拉伸，在拉伸特征对话框中，选择“实体”按钮 ，如图 3-2 所示。单击“确定”按钮，完成拉伸特征的创建。在浏览器中展开“实体（2）”，发现已经新增了一个实体：“实体 2”，如图 3-3 所示。

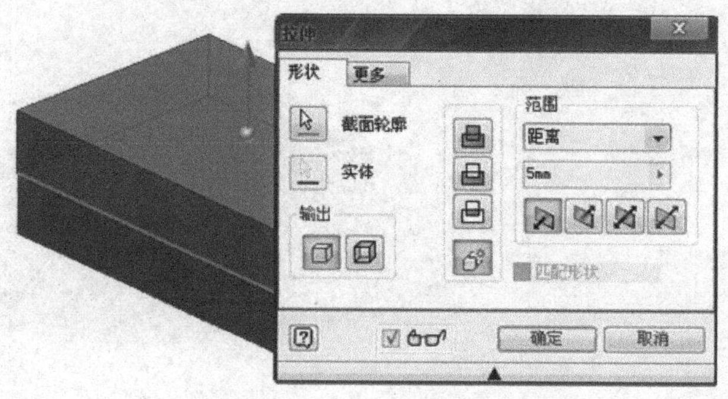

图 3-2　创建拉伸特征

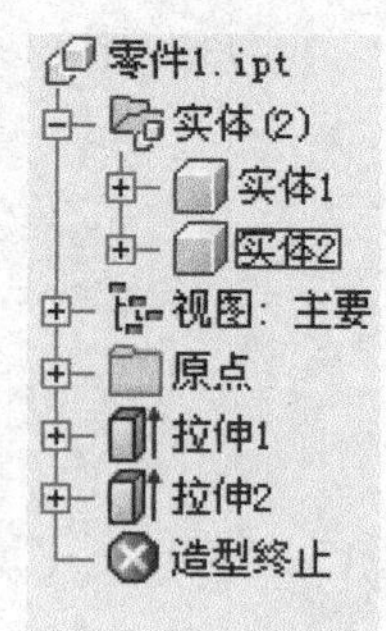

图 3-3　创建多个实体后的浏览器

（2）移动实体。单击“修改”工具面板上的“移动实体”按钮 ，弹出“移动实体”对话框，实体选择新建实体，X、Y、Z 方向的偏移量均设置为 10mm，如图 3-4 所示。单击“确定”按钮，完成实体的移动，效果如图 3-5 所示。

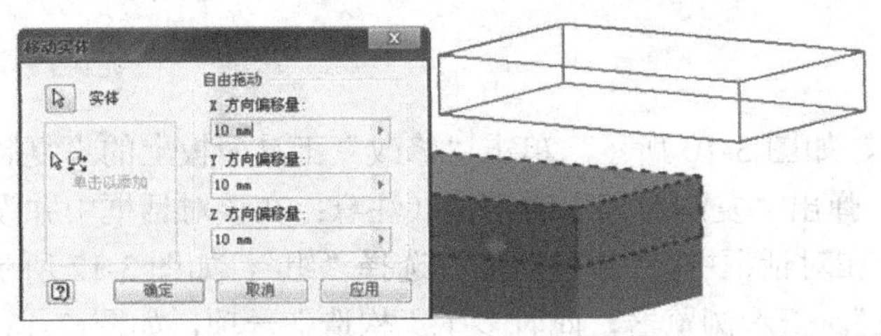

图 3-4　移动实体

图 3-5　移动实体后的效果

2．加厚/偏移特征创建实体

（1）创建实体。打开“\第 3 章\零件 2.ipt”文件，如图 3-6 所示。单击“曲面”工具面板上的“加厚/偏移”按钮 ，弹出“加厚/偏移”对话框，在对话框中，取消对“自由过渡”复选框的选择，选择“新建实体”按钮，加厚距离为 5mm，方向为向下，如图 3-7 所示。单击“确定”按钮，完成新实体的创建。

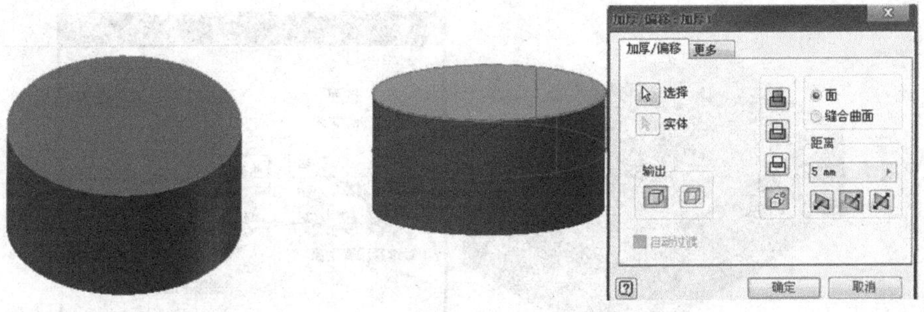

图 3-6　零件 2 模型　　图 3-7　加厚/偏移实体

（2）移动实体。在“移动实体”对话框中，选择新建实体，“移动方式”选择“绕直线旋转”，旋转轴选择 Y 轴，旋转角度为 90deg，如图 3-8 所示。单击“确定”按钮，完成实体的旋转，效果如图 3-9 所示。

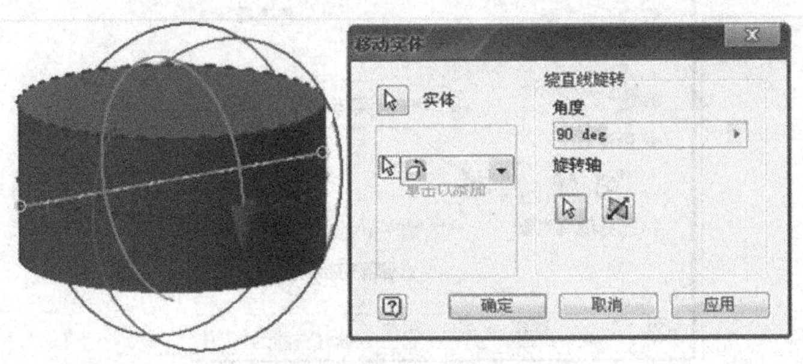

图 3-8　旋转实体

图 3-9　旋转实体后的效果

多实体成员的复制对象

在 Inventor 2012 中还有一种通过复制对象来创建实体的方法。

1. 建立构造

打开“\第 3 章\零件 3.ipt”文件，如图 3-10 所示。单击“修改”工具面板上的“复制对象”按钮[复制对象]，如图 3-11 所示。弹出“复制对象”对话框（注意：在该对话框中并没有“新建实体”按钮），选择圆柱实体，在对话框中，“新建对象”选择“组”，如图 3-12 所示。单击“确定”按钮，完成“复制对象”。查看浏览器，此时多了“构造”一项，如图 3-13 所示。

图 3-10　零件 3 模型

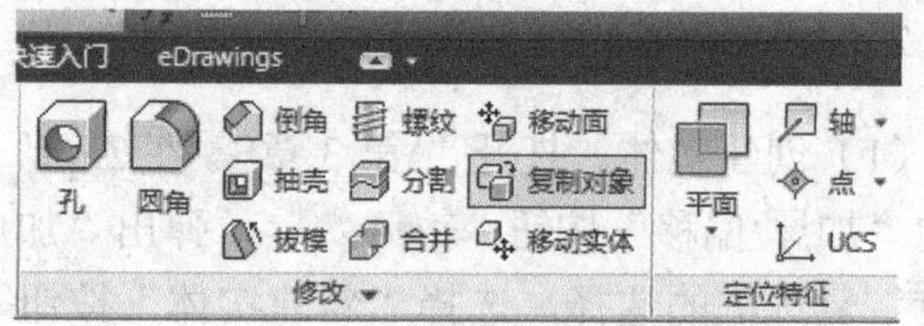

图 3-11　复制对象图标

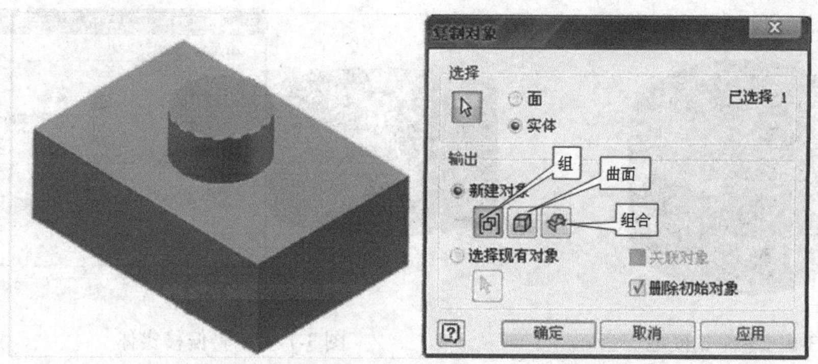

图 3-12　复制对象

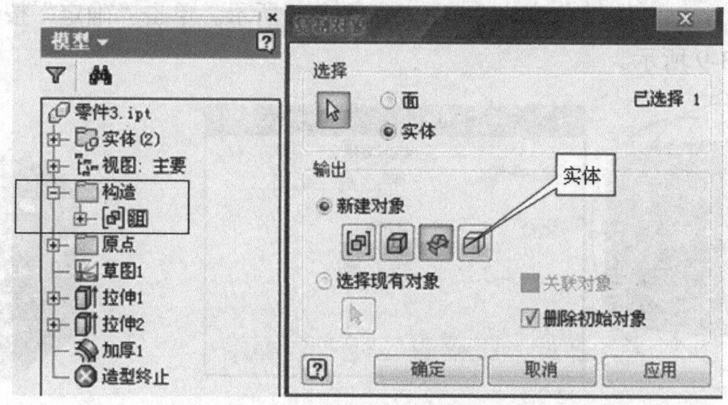

图 3-13　复制对象后的浏览器

2. 创建实体

再次单击“修改”工具面板上的“复制对象”按钮，在浏览器中，选择“构造”下的“组”后，“复制对象”对话框中增加了“实体”按钮，如图 3-13 所示。选中“实体”按钮，按【Enter】键，完成实体的创建，浏览器中新增了实体 3，如图 3-14 所示。

3. 移动实体

效果如图 3-15 所示，此时浏览器中的“构造”已失去存在的意义，我们将其删除。

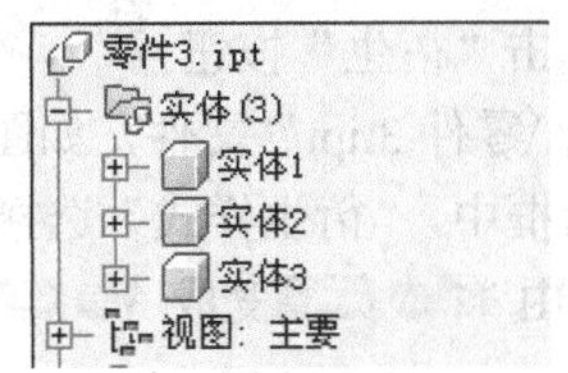

图 3-14　新增实体后的浏览器

图 3-15　移动实体后的效果

实体的拆分与合并

1. 实体的拆分

零件中实体拆分的方法是通过衍生来实现的，具体的方法有三种。

（1）新建零件衍生的方法。新建一个零件文件，在草图环境中的快速访问工具条右端，找到“自定义快速访问工具栏”按钮，单击其右边的下拉箭头，选择“返回”，如图 3-16 所示。

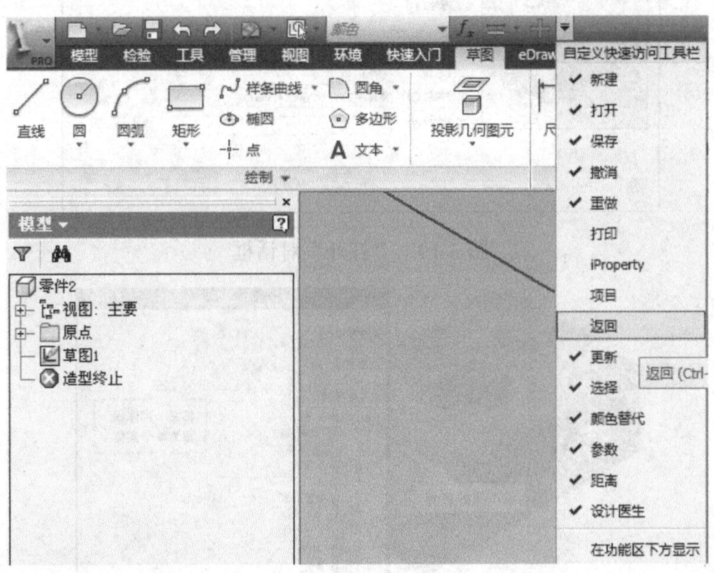

图 3-16　自定义快速访问工具栏

此时，快速访问工具条上新增了“返回”按钮，如图 3-17 所示即为快速访问工具栏返回按钮增加前后的对比。单击该按钮或者直接按下【Ctrl+Enter】组合键，退出草图，在浏览器中将草图删除。

图 3-17　快速访问工具条

单击“管理”功能选项卡，在“插入”工具面板上单击“衍生”按钮，如图 3-18 所示，弹出“打开”对话框。在查找范围中，选择“\第 3 章\零件 3.ipt”文件，如图 3-19 所示。单击“打开”按钮，弹出“衍生零件”对话框，在该对话框中，“衍生样式”选择“将每个实体保留为单个实体”。选中“实体 1”并单击其图标，图标由 实体1 变成 实体，如图 3-20 所示。单击“确定”按钮，完成实体衍生。

图 3-18　衍生图标

图 3-19　“打开”对话框

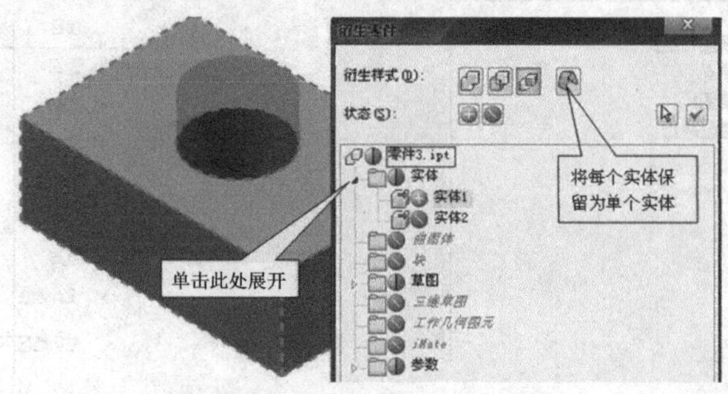

图 3-20　“衍生零件”对话框

保存时弹出"另存为"对话框，将实体的文件名保存为"实体 1"，按【Enter】键，完成"实体 1"的创建，重复上述操作，可完成"实体 2"的创建。

（2）多实体零件环境下生成零件的方法。这是在零件环境中逐个创建零件的方法。首先打开"\第 3 章\零件 3.ipt"文件。在零件环境中，单击"管理"功能选项卡，在"布局"工具面板上，单击"生成零件"按钮 ，弹出"生成零件"对话框，选中并单击"实体 1"后，弹出 Inventor 提示框，单击"确定"按钮，关闭提示框，如图 3-21 所示。单击生成零件对话框的"确定"按钮，完成零件创建，并自动进入部件环境。返回到"零件 3.ipt"环境，重复上述操作，可将实体 2 生成零件。进入到自动生成的部件环境中，单击"保存"按钮，弹出"保存"对话框，如图 3-22 所示。保持默认设置，单击"确定"按钮，将多实体环境下的实体特征生成零件。

利用该方法创建的零件，都自动放在一个部件里面，而且每个零件都按照其在多实体零件中的位置重新摆好，并且做了固定。在浏览器中，零部件名称上均有个小图钉图标，如图 3-23 所示。要改变其约束位置，只需将固定解除，重新添加约束即可。

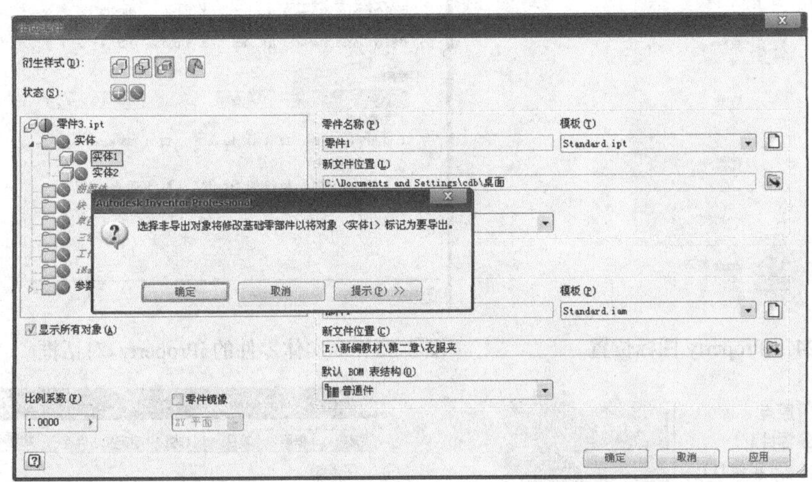

图 3-21　"生成零件"对话框

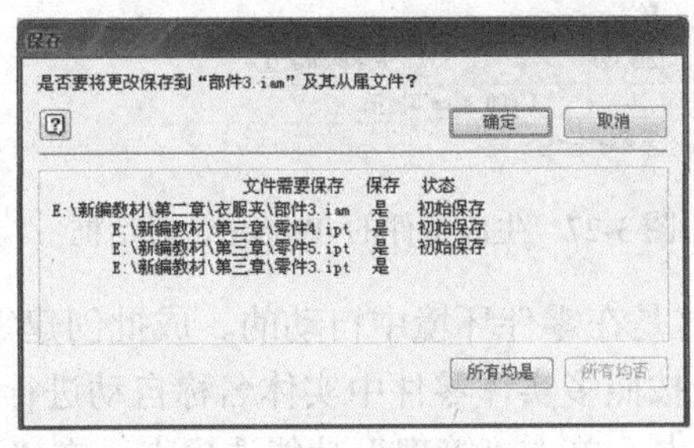

图 3-22　"保存"对话框

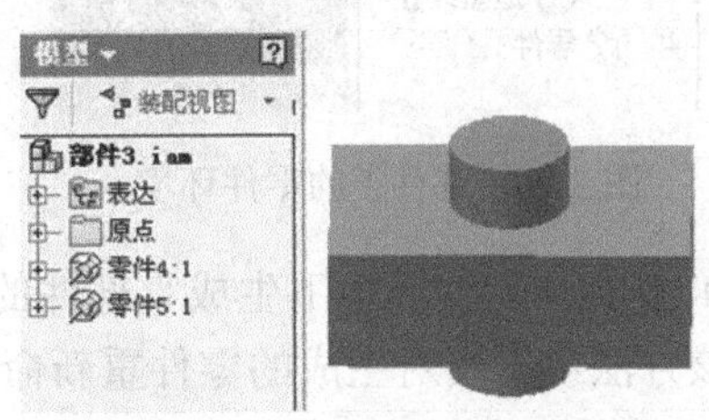

图 3-23　自动生成部件文件

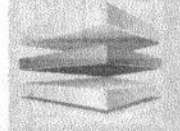

说明：

采用这种方法创建的零件材质都是默认的，尽管在多实体零件中已经设置了零件材质。

例如进入多实体零件“零件 3.ipt”，先后单击应用程序菜单、“iProperty”，如图 3-24 所示。弹出“iProperty”对话框，单击“物理特性”选项卡，在“材料”一栏中我们发现实体材料是“铝- 6061”，如图 3-25 所示。单击“关闭”按钮，关闭“iProperty”对话框，进入部件环境。在浏览器中双击“零件 4:1”，进入“零件 4”零件环境，如图 3-26 所示。打开“iProperty”对话框，单击“物理特性”选项卡，在“材料”一栏中我们看到实体 1 的材料是“默认”，如图 3-27 所示。因此采用此种方法衍生的零件，材质是不能传承的。

图 3-24　iProperty 图标位置

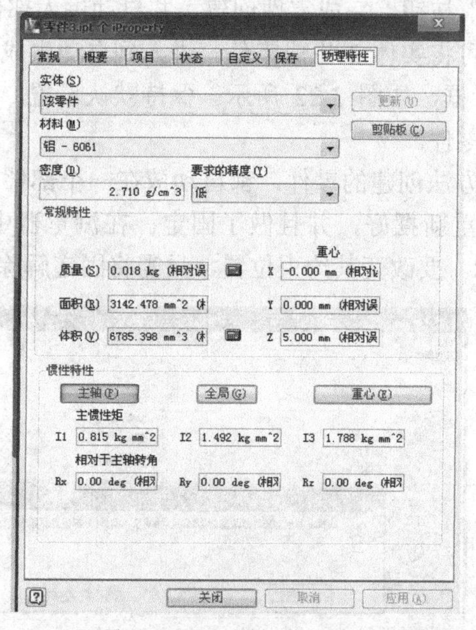

图 3-25　多实体零件的 iProperty 对话框

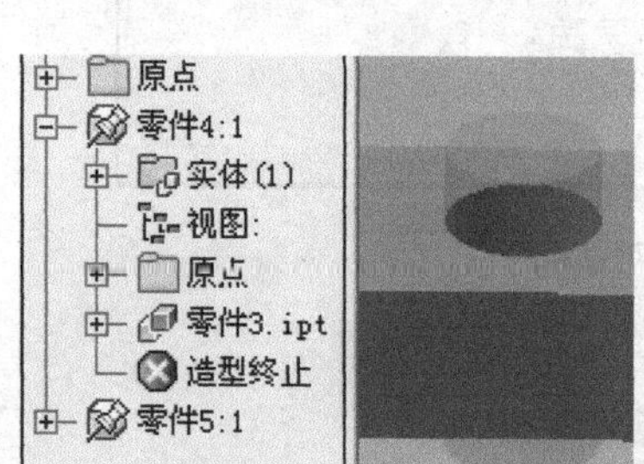

图 3-26　部件下的零件环境

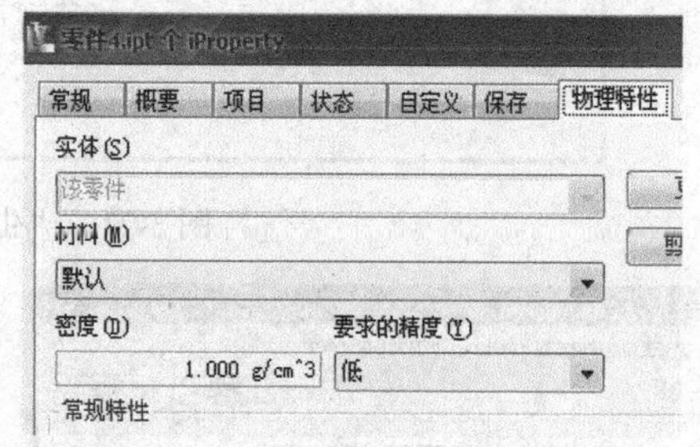

图 3-27　生成零件的 iProperty 对话框

（3）多实体零件环境下生成零部件的方法。这是在零件环境中自动的、成批创建零件的方法。该方法不需要对生成的零件重新命名，它会按照多实体零件中实体名称自动进行命名。首先打开“\第 3 章\零件 3.ipt”文件，在零件环境中，单击“管理”功能选项卡，在“布局”工具面板上，单击“生成零部件”按钮 生成零部件 ，弹出“生成零部件：选择”对话框，在浏览器中选中几个实体，在“生成零部件：选择”对话框的列表中就添加相对应的几个实体，如图 3-28 所示。

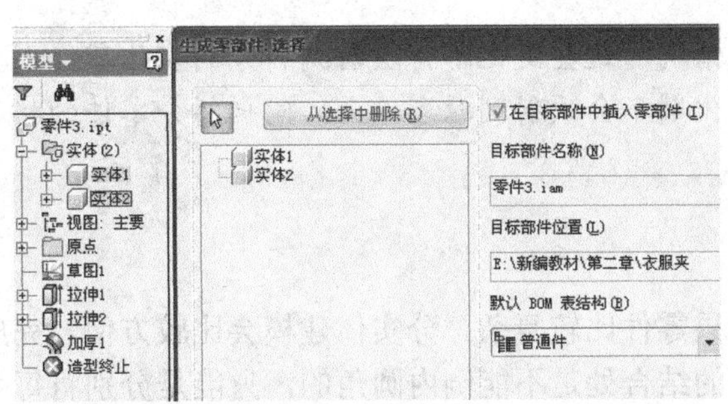

图 3-28　“生成零部件：选择”对话框

单击“下一步”按钮，弹出“生成零部件：实体”对话框，如图 3-29 所示。

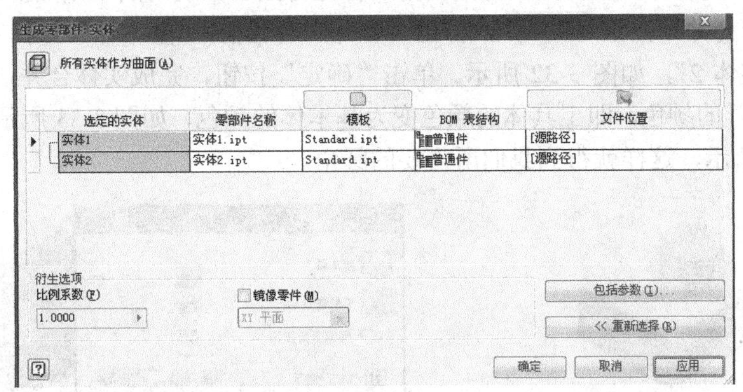

图 3-29　“生成零部件：实体”对话框

单击“包括参数”按钮，弹出“包括参数”对话框，如图 3-30（a）所示。在该对话框中单击“参数”图标 ，再单击“确定”按钮，完成参数设置。回到“生成零部件：实体”对话框后单击“确定”按钮，完成零件的创建，并自动进入部件环境，如图 3-30（b）所示，这样就一次生成了多个零件。

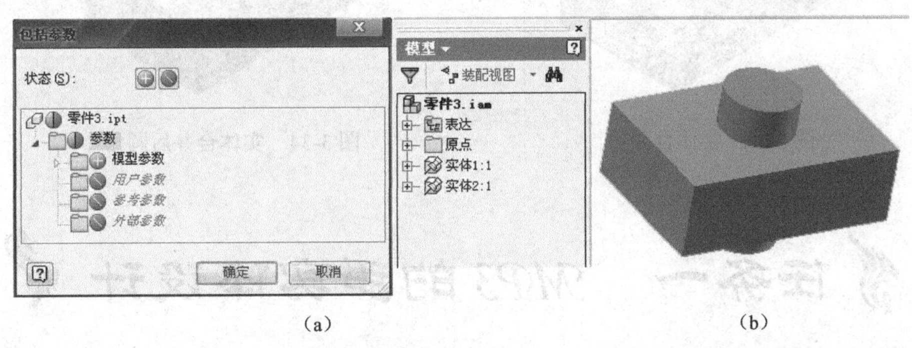

（a）　（b）

图 3-30　“包括参数”对话框

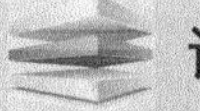

说明：

由多实体拆分零件后，多实体零件源文件与拆分的零件必须同时存在，修改多实体零件源文件中的参数及特征结构，这些变化都将映射到拆分的实体零件上。反过来，在拆分的实体零件上后期发生的变化则不会映射到源文件上，同样拆分零件的材质也不会传承源文件的材质。

2. 实体的合并

在零件建模时，如果零件比较复杂，分实体建模会比较方便，完成后再将其合并为一个实体。比如，实体之间的结合处是不能倒内圆角的，只能是分别将每个实体倒外圆角，只有合并实体后才能倒内圆角，下面我们就以一个实例来说明这个问题。

打开“\第 3 章\零件 3.ipt”文件，在两个实体结合边处倒圆角，圆角半径为 2mm，效果如图 3-31 所示。我们将实体合并后再倒圆角，首先将图 3-31 中所示圆角删除，单击“修改”工具面板上的“合并”按钮 合并 ，弹出“合并”对话框，“基本体”选择“实体 1”、“工具体”选择“实体 2”，如图 3-32 所示。单击“确定”按钮，完成实体合并，“实体 2”的颜色变成“实体 1”的颜色，即工具体的颜色变为基本体的颜色，如图 3-33 所示。再次倒圆角，效果如图 3-34 所示，这样就得到我们所需要的圆角。

图 3-31　实体合并前的圆角

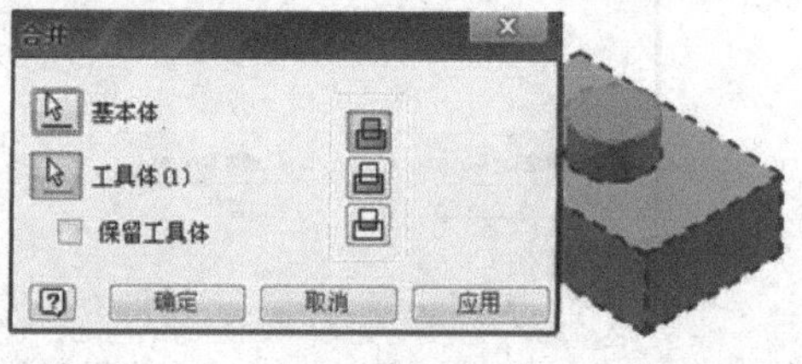

图 3-32　合并实体

图 3-33　实体合并后

图 3-34　实体合并后圆角

任务一　MP3 的多实体设计

MP3 多实体设计实例如图 3-35 所示。

图 3-35 MP3 多实体设计实例

设计流程

1．创建项目文件
2．创建多实体零件
3．拆分多实体零件

设计步骤

首先创建项目文件。在桌面上新建“MP3”文件夹，创建该文件夹下的项目文件“MP3.ipj”，然后创建多实体零件。

（1）新建零件文件，在草图中绘制如图 3-36 所示草图，将草图全约束，完成后退出草图。

（2）创建拉伸特征，将如图 3-36 所示草图进行拉伸，拉伸方向选择“双向对称”拉伸，拉伸距离为 37mm。完成拉伸后，将实体颜色设置为“蓝色（天蓝-亮）”，效果如图 3-37 所示。

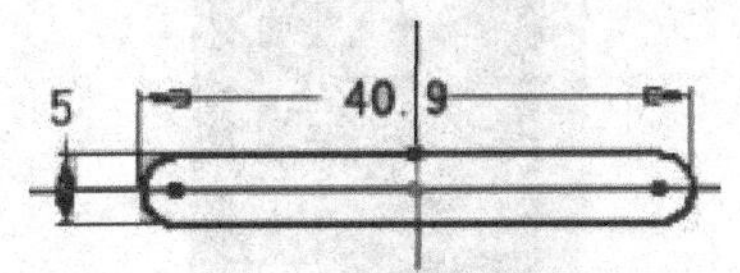

图 3-36 绘制轮廓草图

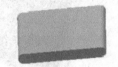

图 3-37 拉伸后的效果

（3）创建草图，在实体表面上创建草图，在草图中将投影线设置为构造线，绘制如图 3-38 所示草图，完成后退出草图。

（4）创建拉伸特征，将如图 3-38 所示草图进行拉伸，拉伸方式选择“差集”，拉伸距离为 0.5mm，如图 3-39 所示。

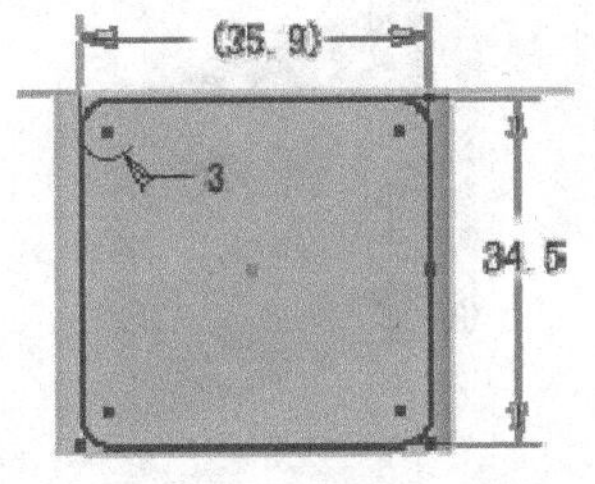

图 3-38 创建草图

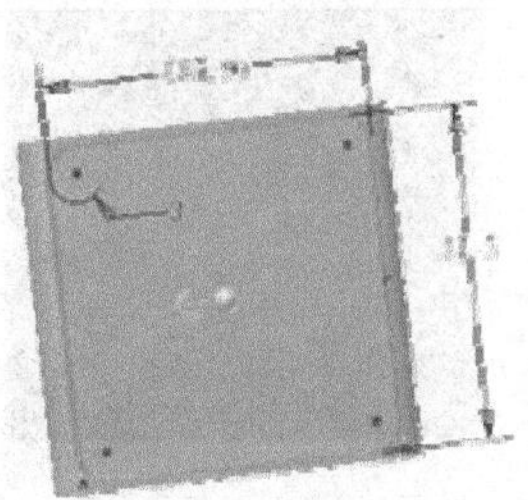

图 3-39 创建拉伸特征

（5）创建草图，在上一步创建的拉伸特征表面上创建草图，按下【F7】键，进入切片观察方式。绘制如图 3-40 所示草图，完成后退出草图。

（6）创建屏框实体，将如图 3-40 所示草图进行拉伸，拉伸距离为 0.3mm，输出方式选择“实体”，如图 3-41 所示。在浏览器中选中新建实体，将该实体的颜色设置为黑色，如图 3-42 所示。

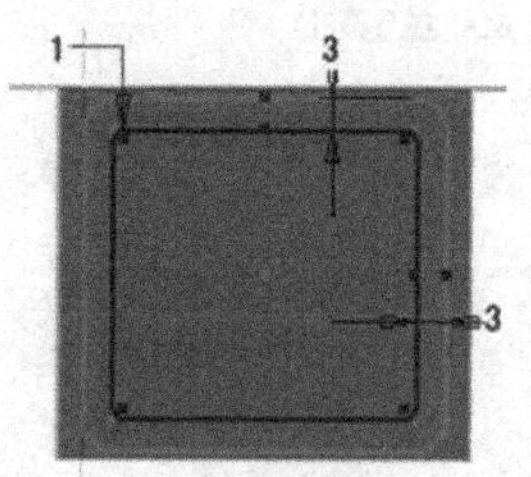

图 3-40　创建草图

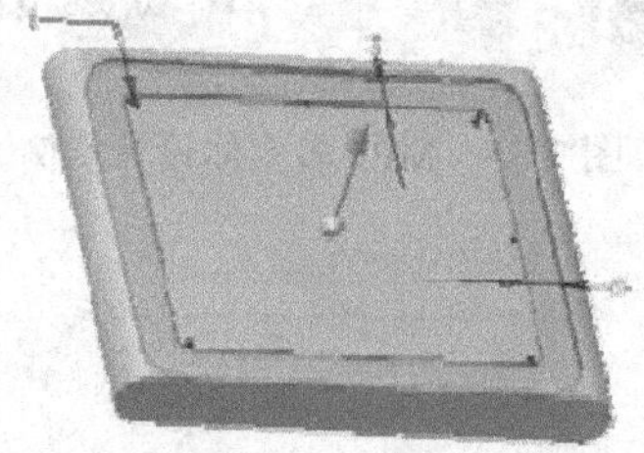

图 3-41　创建屏框实体

图 3-42　黑色屏框实体

（7）创建屏实体，将如图 3-40 所示草图设为可见，并将其内部轮廓进行拉伸，拉伸距离为 0.3mm，输出方式选择“实体”，完成拉伸后再将如图 3-40 所示草图设为不可见，将该实体的颜色设置为“蓝色（浅光）”，如图 3-43 所示。

（8）将屏贴图，在屏实体上新建草图，导入“\第 3 章\MP3\贴图.bmp”，将图片的边线与屏的投影线进行共线约束，完成后退出草图环境。利用贴图命令将图片贴在屏上，如图 3-44 所示。

图 3-43　蓝色屏实体

图 3-44　将图贴在屏上

（9）创建保护屏实体，在屏框的表面上创建草图，进入切片观察方式，将内轮廓投影线设置为构造线，如图 3-45 所示。完成后退出草图。将该草图进行拉伸，输出方式选择“实体”，拉伸距离为 0.2mm。完成拉伸创建后，将该实体的颜色设置为“玻璃（绛红）”，如图 3-46 所示。

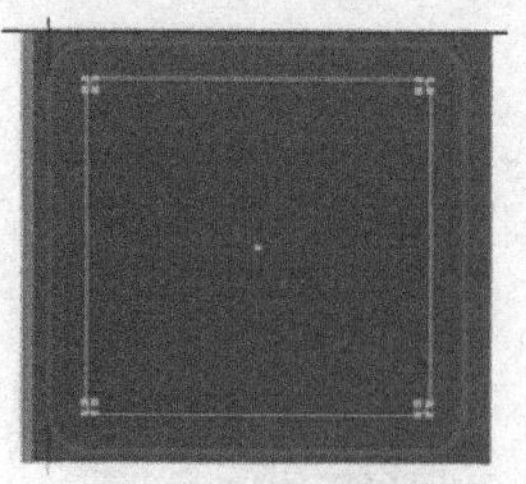

图 3-45　创建草图

图 3-46　创建保护屏实体

（10）创建拉伸特征，在主体的侧面上创建草图，将投影线设置为构造线，绘制如图 3-47 所示草图。完成后退出草图，将草图进行拉伸，拉伸方式选择“差集”，距离为 2mm，效果如图 3-48 所示。

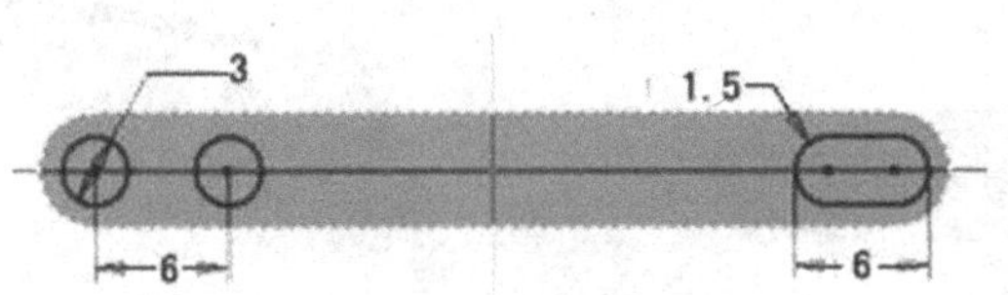

图 3-47 创建草图

图 3-48 创建拉伸特征后的效果

（11）创建实体音量“减”按钮。

① 创建草图，在图 3-48 中左侧的孔底平面上创建草图，投影轮廓，完成后退出草图。

② 创建拉伸特征，将上一步创建的草图进行拉伸，拉伸距离为 2.5mm，输出方式为“实体”。

③ 设置实体颜色，将实体的颜色设置为“铬合金”，效果如图 3-49 所示。

④ 创建草图，在按钮实体的表面上创建草图，绘制一个长、宽分别为 2mm、0.3mm 的矩形，如图 3-50 所示，完成后退出草图。

⑤ 创建凸雕特征，将上一步绘制的草图进行凸雕，凸雕方式为“从面凹雕”，距离为 0.2mm。

⑥ 设置特征特性颜色，将上一步创建的凸雕特征的特性颜色设置为黑色，如图 3-51 所示。

图 3-49 创建音量“减”按钮实体

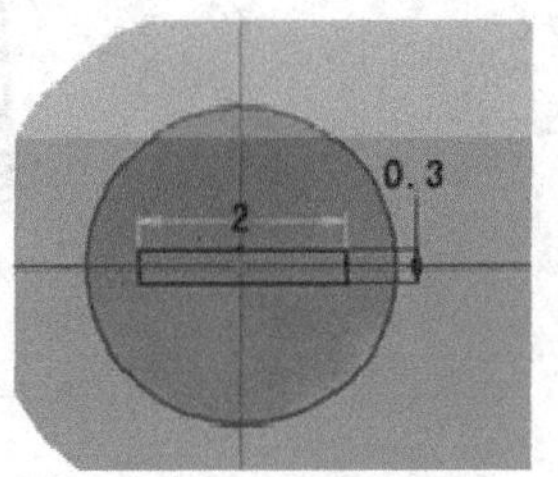

图 3-50 创建草图

图 3-51 凸雕效果

（12）创建实体音量“加”按钮，重复上述步骤，创建实体音量“加”按钮，如图 3-52 所示。

（13）创建实体睡眠/唤醒键，重复上述步骤，创建实体睡眠/唤醒键，如图 3-53 所示。

图 3-52 创建音量“加”按钮实体

图 3-53 创建睡眠/唤醒键

（14）创建SD卡插槽及耳机孔，在主体的另一侧面上创建草图，绘制如图3-54所示草图，完成后退出草图，利用拉伸特征将草图拉伸，拉伸方式为“差集”，距离为2mm，完成拉伸后将拉伸特征的特性颜色设置为“黑色”，效果如图3-55所示。

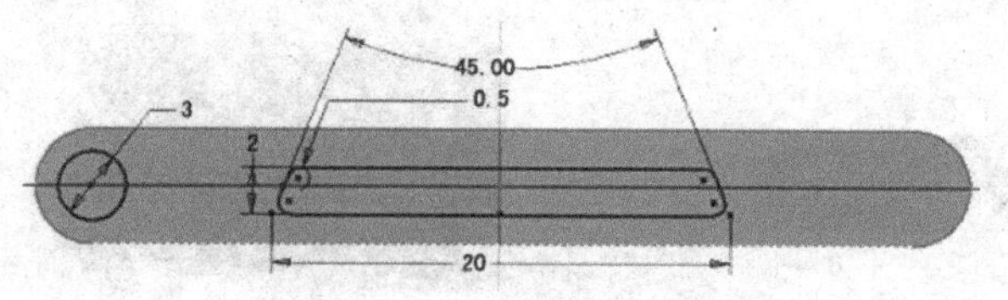

图3-54 创建草图

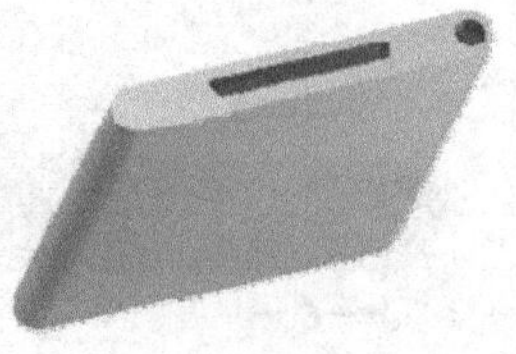

图3-55 创建SD卡插槽及耳机孔

（15）创建圆角特征，将SD卡插槽、耳机孔、主体、按钮处进行圆角处理，圆角半径均为0.1mm，如图3-56所示。

（16）创建夹板底座，创建平行于主体侧面，且偏移距离为−5mm的工作面，如图3-57所示。在工作面上创建草图，绘制如图3-58所示图形，完成后退出草图。将草图进行拉伸，拉伸距离为27mm，完成特征创建后将工作面隐藏，效果如图3-59所示。

图3-56 圆角处理

图3-57 创建工作面

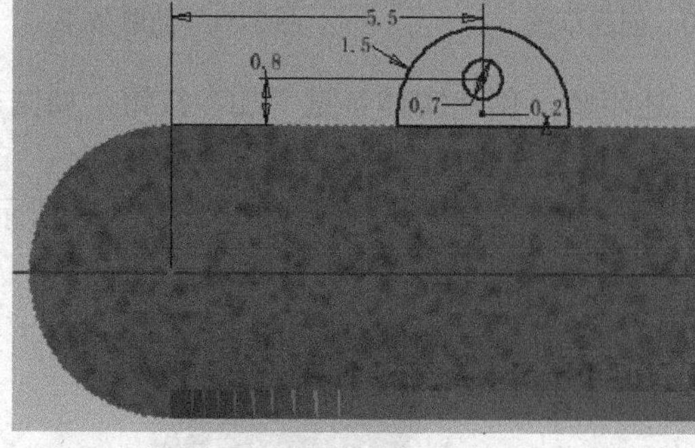

图3-58 创建草图

图3-59 创建夹板底座

（17）创建夹板实体。

① 创建草图，在夹板底座侧面上创建草图，绘制如图3-60所示图形，完成草图创建后

退出。

② 创建拉伸特征，将上一步绘制的草图进行拉伸，拉伸距离为1.5mm，输出方式为“实体”，并将实体的颜色设置为“海蓝色”，如图3-61所示。

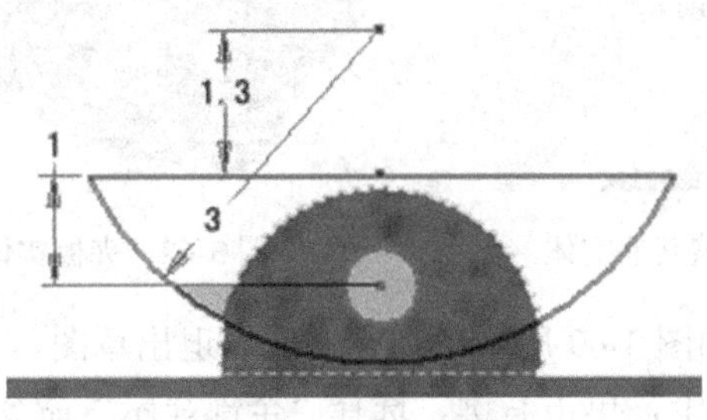

图3-60　创建草图

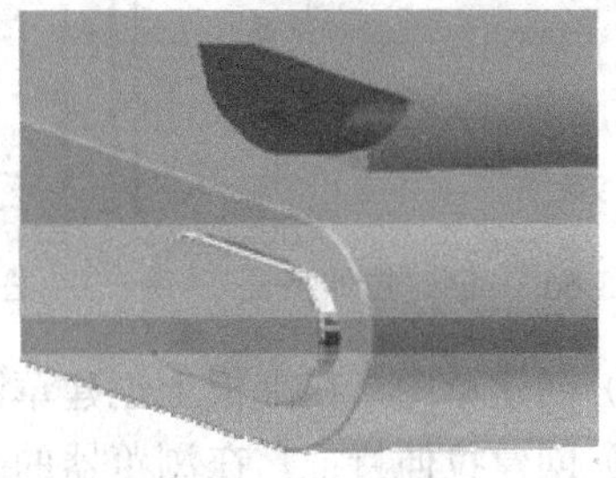

图3-61　创建夹板实体

③ 创建草图，在新建实体侧面上创建草图，绘制直径为1的圆，如图3-62所示，完成后退出草图。

④ 创建拉伸特征，将上一步创建的草图进行拉伸，拉伸方式为“差集”，距离为0.5mm，如图3-63所示。

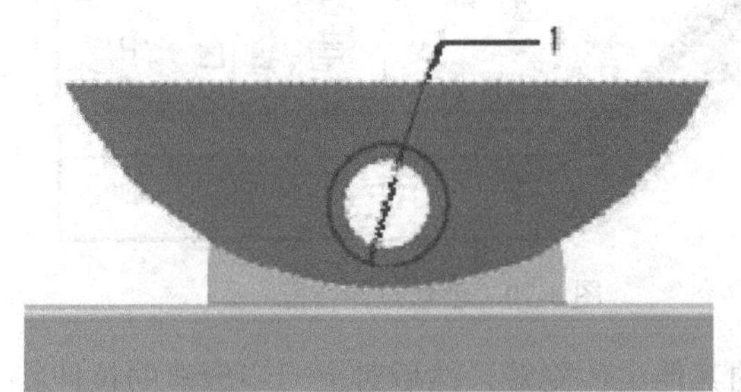

图3-62　创建草图

图3-63　创建拉伸特征

⑤ 镜像实体，将上一步创建的实体以XY平面为镜像平面进行镜像，如图3-64所示。

⑥ 创建草图，在实体底面上创建草图，绘制如图3-65所示草图，完成后退出草图。

图3-64　镜像特征

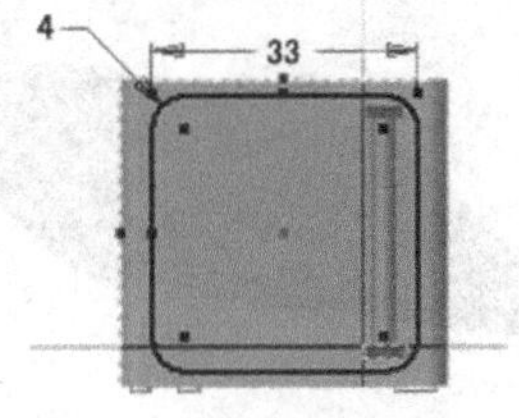

图3-65　创建草图

⑦ 创建拉伸特征，将上一步绘制的草图进行拉伸，拉伸距离为1.98mm，如图3-66所示。

⑧ 隐藏实体，在浏览器中，右键单击“实体8”，选择“隐藏其他”命令，如图3-67所示。将其他实体隐藏后，只剩下夹板实体，如图3-68所示。

图 3-66　创建拉伸特征

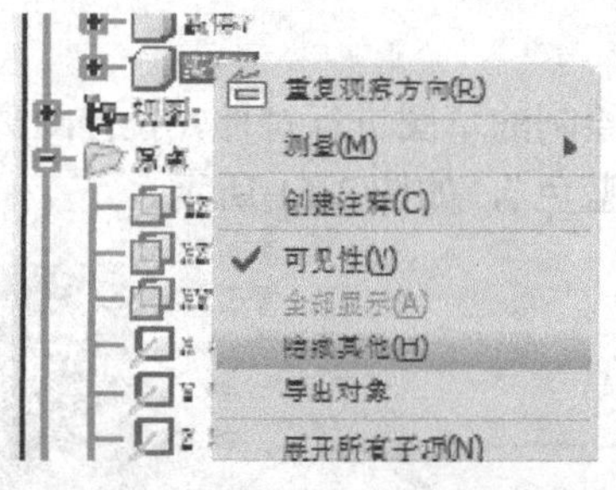

图 3-67　隐藏其他实体

图 3-68　夹板实体

⑨ 创建草图，在夹板上创建草图，绘制如图 3-69 所示草图，完成后退出草图。

⑩ 创建拉伸特征，在浏览器的“实体 8”上，单击右键，选择“全部显示”命令，将隐藏的实体设为可见。将上一步绘制的草图进行拉伸，拉伸范围选择“到”，选择主体实体的背面，如图 3-70 所示。

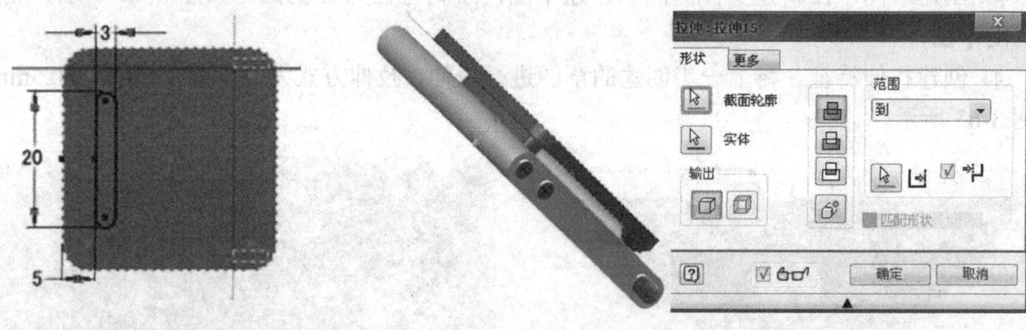

图 3-69　创建草图

图 3-70　创建拉伸特征

⑪ 创建圆角特征，首先将除“夹板”以外的其他实体隐藏，然后对上一步创建的拉伸特征进行圆角处理，圆角边如图 3-71 所示，圆角半径为 1.5mm，效果如图 3-72 所示。重复上述命令，再对夹板进行圆角处理，圆角半径为 0.1mm。

⑫ 创建草图，在夹板上创建草图，利用样条曲线绘制如图 3-73 所示图形，完成后退出草图。

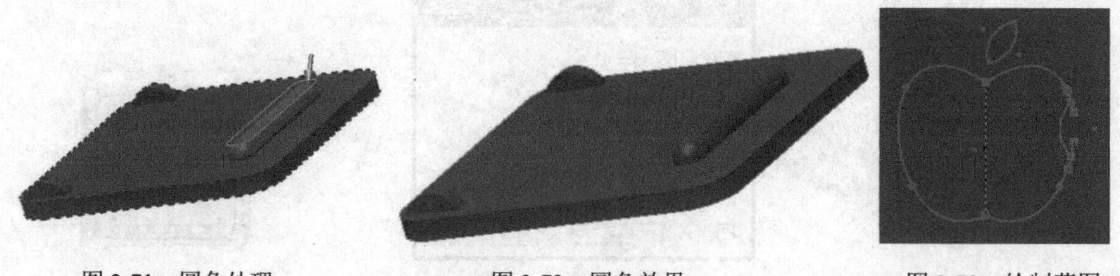

图 3-71　圆角处理

图 3-72　圆角效果

图 3-73　绘制草图

⑬ 创建凸雕特征，将上一步创建草图进行凸雕，凸雕方式选择“从面凹雕”，深度为 0.2mm。

⑭ 设置特征特性颜色，将凸雕特征的特性颜色设置为白色，如图 3-74 所示。

（18）创建轴实体。

① 创建草图，在如图 3-75（a）所示注释面上创建草图，自动投影轮廓，完成后退出草图。

② 创建拉伸特征，将投影线的内轮廓进行拉伸，输出方式选择“实体”，拉伸范围选择“到”，选择夹板另一侧面，如图 3-75（b）所示。

图 3-74 凸雕效果

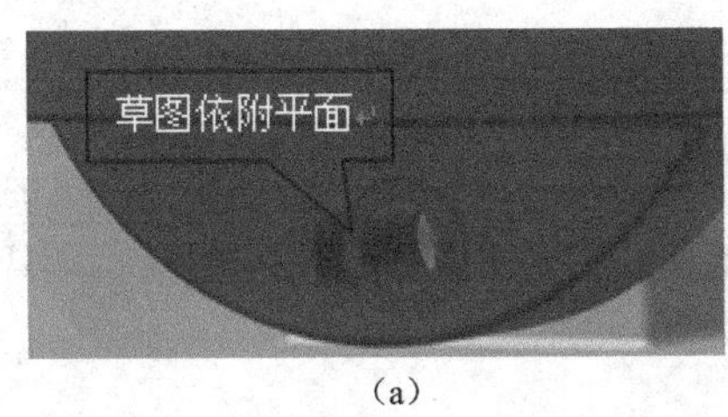

（a）

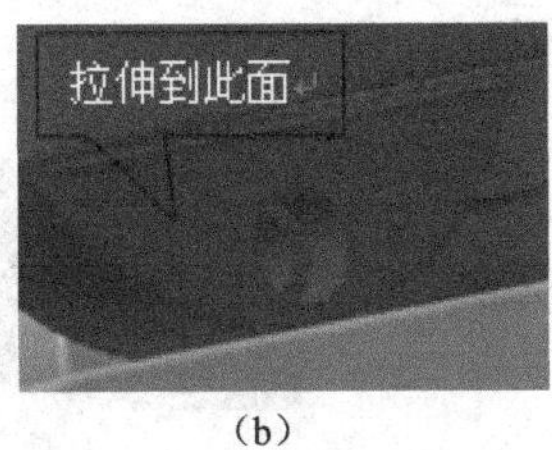

（b）

图 3-75 创建轴实体

③ 设置实体颜色，将上一步创建的实体颜色设置为“金属光泽金色”，并隐藏其他实体，如图 3-76 所示。

④ 创建草图，在轴的侧面上创建草图，绘制一个直径为 1 的圆，如图 3-77（a）所示，完成后退出草图。

⑤ 创建拉伸特征，将上一步绘制草图进行拉伸，拉伸距离为 0.5mm，如图 3-77（b）所示。

图 3-76 隐藏除轴以外的其他实体

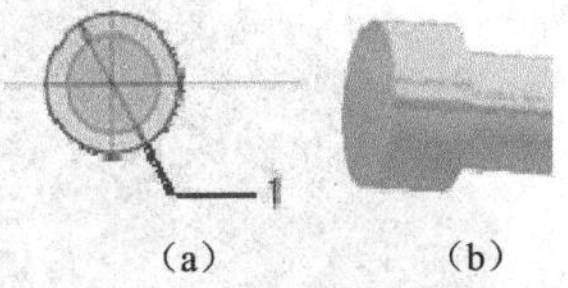

（a） （b）

图 3-77 创建拉伸特征

⑥ 创建螺纹特征，在轴另一侧添加螺纹，在螺纹的“位置”选项卡中，取消对“全螺纹”复选框的选择，长度设为 1mm，在“定义”选项卡中，将“螺纹类型”选择为“GB Metric Profile”，如图 3-78 所示。

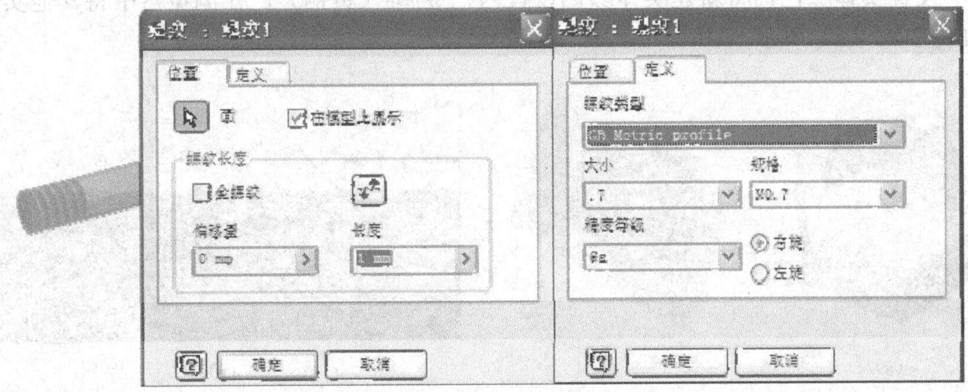

图 3-78 螺纹定义

⑦ 创建倒角特征，将轴倒角处理，倒角半径为 0.1mm，效果如图 3-79 所示。

⑧ 创建草图，在轴另一侧端部平面上创建草图，如图 3-80（a）所示，完成后退出草图。

⑨ 创建拉伸特征，将上一步创建的草图进行拉伸，拉伸方式选择“差集”，拉伸距离为 0.2mm。

⑩ 设置特征颜色，完成拉伸后，将拉伸特征的特性颜色设置为“黑色”，如图 3-80（b）所示。

图 3-79 创建倒角特征

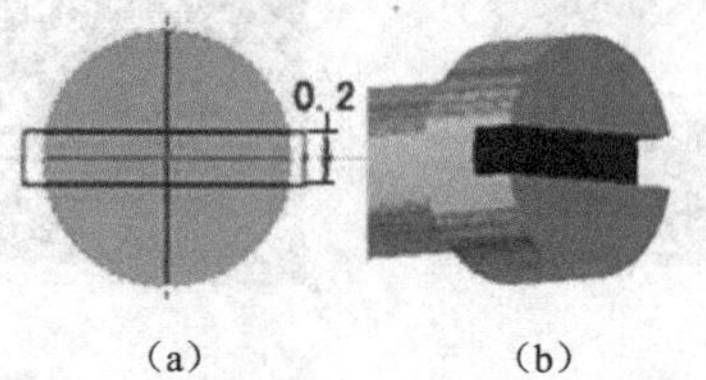

（a） （b）

图 3-80 创建一字槽

（19）创建螺母实体

① 创建草图，在如图 3-81 所注释平面上创建草图，绘制如图 3-82 所示正六边形，完成后退出草图。

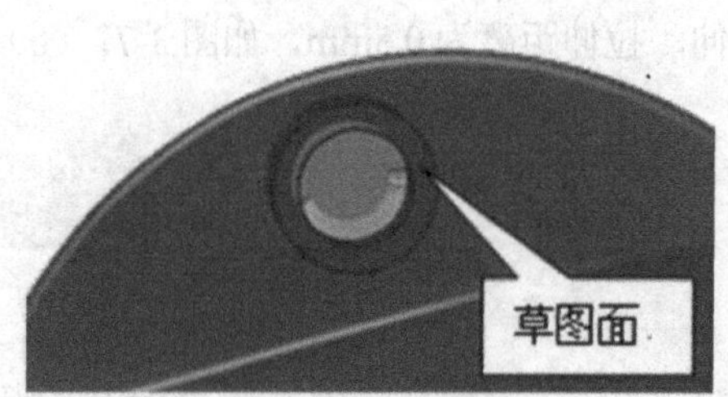

图 3-81 选择草图依附平面

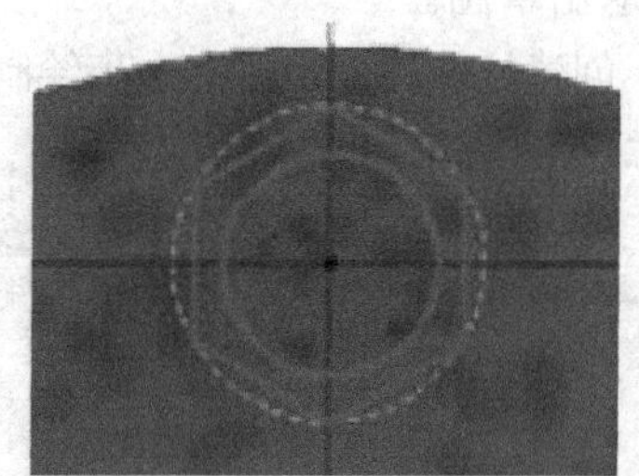

图 3-82 创建草图

② 创建拉伸特征，将上一步绘制的草图进行拉伸，拉伸距离为 0.5mm，输出方式为“实体”。

③ 设置实体颜色，将新建实体颜色设置为“金属-（黄铜）”，在浏览器中将其他实体隐藏，如图 3-83（a）所示。

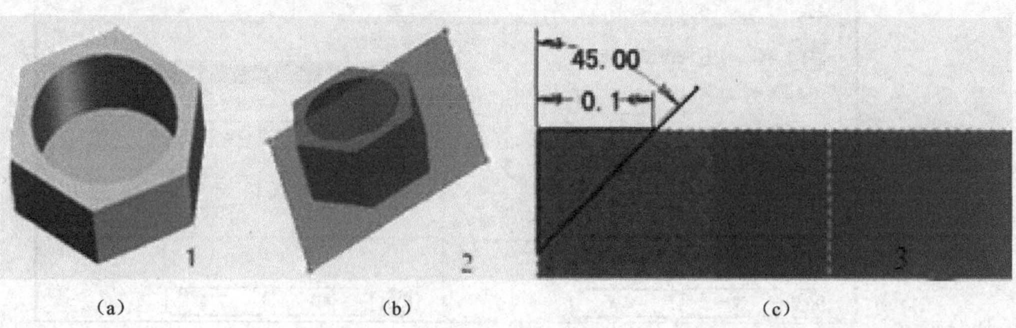

（a） （b） （c）

图 3-83 创建草图

④ 创建工作面，创建一个过螺母对角线的工作面，如图 3-83（b）所示。

⑤ 创建草图，在上一步创建的工作面上创建草图，绘制如图 3-83（c）所示图形，完成后退出草图。

⑥ 创建旋转特征，将上一步创建的草图进行旋转，旋转方式选择“差集”。如图 3-84（a）所示，完成特征创建后，将工作面隐藏。

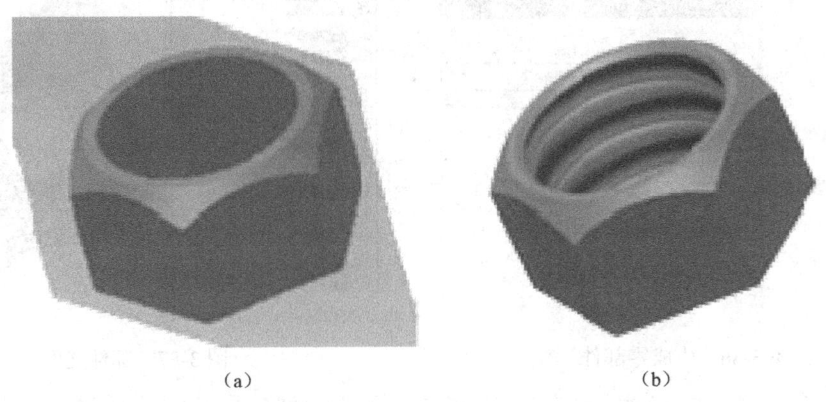

（a）　　　　　　（b）

图 3-84　创建旋转特征

⑦ 创建螺纹特征，在螺母内侧面添加螺纹，在螺纹的“位置”选项卡中，选择默认，在“定义”选项卡中，将“螺纹类型”选择为“GB Metric Profile”。

⑧ 创建倒角特征，完成螺纹特征创建后，将螺母倒角处理，倒角半径为 0.02mm，效果如图 3-84（b）所示。

（20）将所有实体设为可见。

拆分多实体零件。

（1）实体命名，在浏览器中分别将实体进行重新命名，如图 3-85 所示，即为实体命名前后对比。

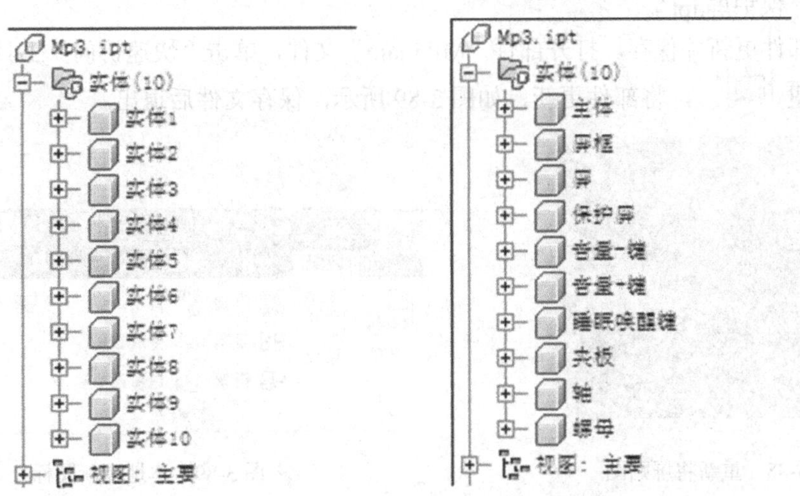

图 3-85　实体重命名前后对比

（2）生成零部件。进入“管理”功能选项卡，单击“布局”功能面板上的“生成零部件”按钮，弹出“生成零部件：选择”对话框，在浏览器中选中所有实体，如图 3-86 所示。生成零部件时包括所有参数，完成后自动进入部件环境，如图 3-87 所示。单击“保存”按钮，将部件进行保存。

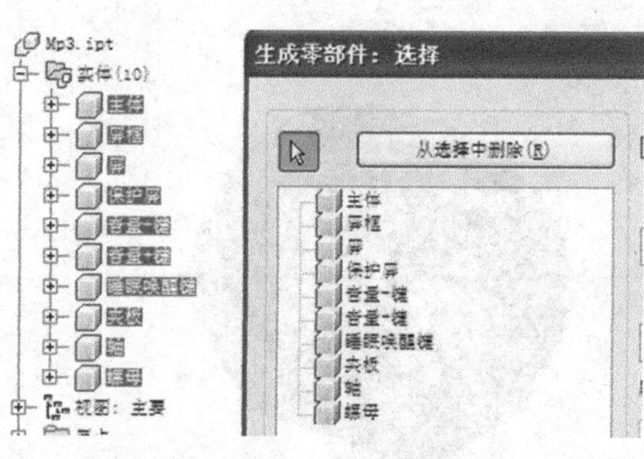

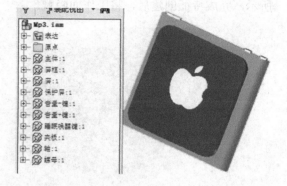

图 3-86　生成零部件

图 3-87　部件文件

说明：

由多实体生成零部件后自动生成的部件，必须要先将部件进行保存，否则，不能正确生成零部件。另外在多实体环境中，在实体上创建的贴图特征，生成零部件后，贴图特征将失效，打开需要贴图的零部件重新进行贴图。再者由于生成零部件的材质不能传承，因此也需对零部件的材质重新设置。

（3）重新将屏贴图。打开生成的零部件“屏.ipt”，在屏的表面上创建草图，导入贴图图片，并将其贴在屏上，如图 3-88 所示。单击“保存”按钮，关闭“屏.ipt”。

（4）重新设置保护屏的材质。打开生成的零部件“保护屏.ipt”，将其颜色设置为“玻璃”，保存后关闭“保护屏.ipt”。

（5）将部件更新并保存。打开部件“MP3.iam”文件，单击“快速访问”工具条上的“本地更新”按钮，将部件更新，如图 3-89 所示，保存文件后退出。

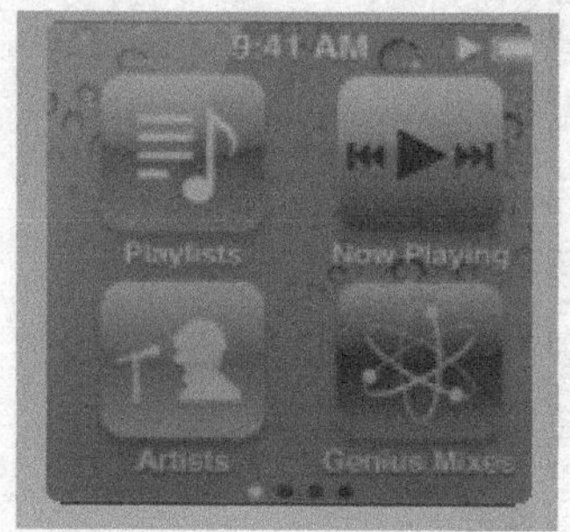

图 3-88　重新将屏贴图

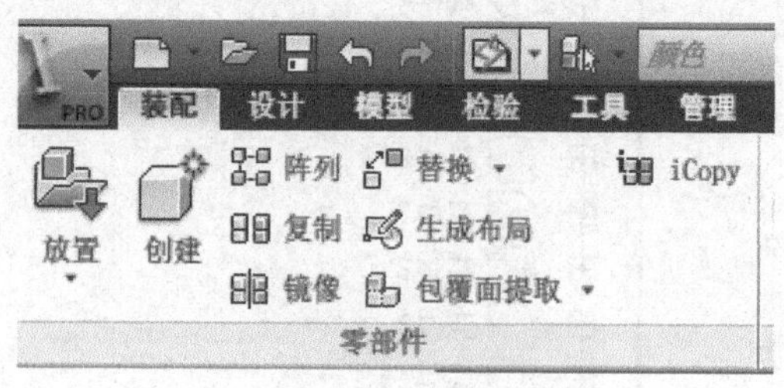

图 3-89　本地更新图标

任务二　迷你音箱的多实体设计

迷你音箱多实体设计实例如图 3-90 所示。

图 3-90　迷你音箱多实体设计实例

设计流程

1．创建项目文件

2．创建多实体零件

3．拆分多实体零件

设计步骤

1．创建项目文件

新建“迷你音箱”文件夹，并创建该文件夹下的项目文件“迷你音箱.ipj”。

2．创建多实体零件

（1）创建旋转曲面，新建零件文件，绘制如图 3-91（a）所示草图，圆弧顶点与原点垂直对齐，且距离为 18mm，圆弧圆心与原点垂直对齐，圆弧端点与原点水平对齐。在圆弧顶点绘制一个草图点，利用草图点将圆弧分割，分割后，将圆弧右边部分设置为构造线。从顶点到原点绘制一条中心线，完成后退出草图。利用旋转特征将草图旋转，输出方式为曲面，效果如图 3-91（b）所示。

图 3-91　旋转曲面

（2）创建拉伸特征，在 XZ 平面上创建草图，如图 3-92（a）所示。完成后退出草图。利用拉伸特征将草图拉伸，拉伸范围选择“到”，选择创建的曲面，如图 3-92（b）所示。

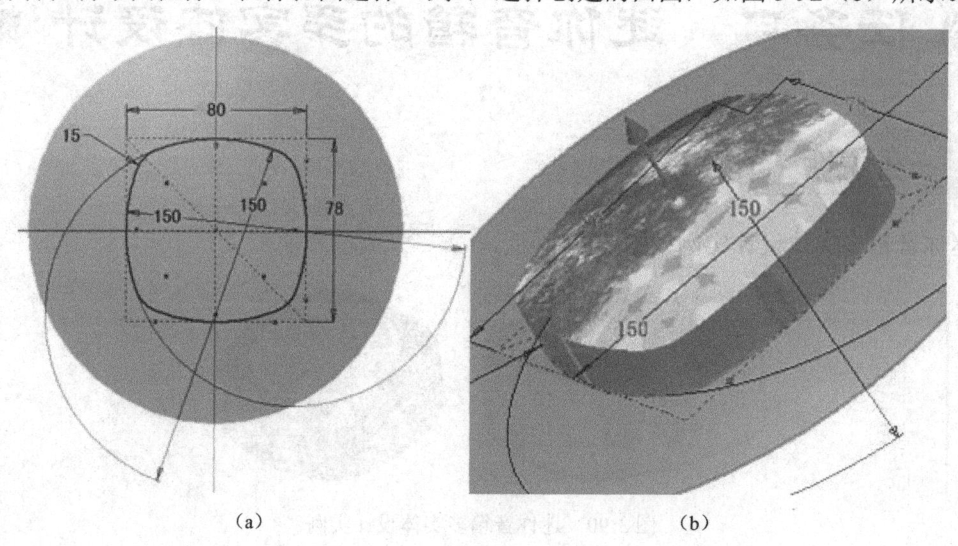

图 3-92　创建拉伸特征

（3）创建镜像特征，将上一步创建的拉伸特征，以 XZ 为镜像平面进行镜像，隐藏旋转曲面，效果如图 3-93 所示。

（4）分割前后盖镶边实体，在 YZ 平面上创建草图，绘制如图 3-94 所示两条水平直线，完成后退出草图。利用草图中的一条直线将实体分割，分割类型选择“分割实体”，如图 3-95 所示。

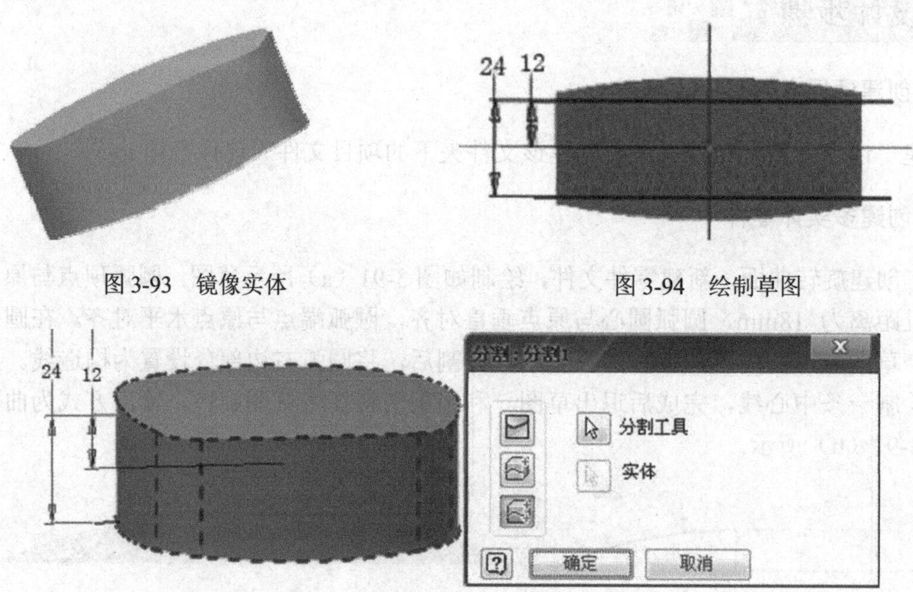

图 3-93　镜像实体

图 3-94　绘制草图

图 3-95　分割实体

完成分割后，将如图3-94所示草图设为可见，然后利用草图中的另一条直线将实体再次分割，分割类型仍选择“分割实体”。完成两次分割后，将草图设为不可见，并将分割的上下两个实体颜色设置为“金属-黄铜”，效果如图3-96所示。

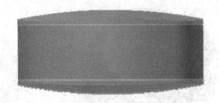

图3-96 更改实体颜色

（5）分割前后盖实体，在XZ平面上创建草图，投影切割边，并将投影线向内侧偏移2mm，然后将投影的切割边设置为构造线，如图3-97所示。完成后退出草图，利用草图将上面的实体进行分割，分割类型选择“分割实体”。将分割后的新实体颜色设置为“红色”，如图3-98（a）所示。将草图设为可见，利用该草图再将下面的实体进行分割，分割类型选择“分割实体”，将分割后的新实体颜色设置为“红紫色”。最后将草图设为不可见，如图3-98（b）所示。

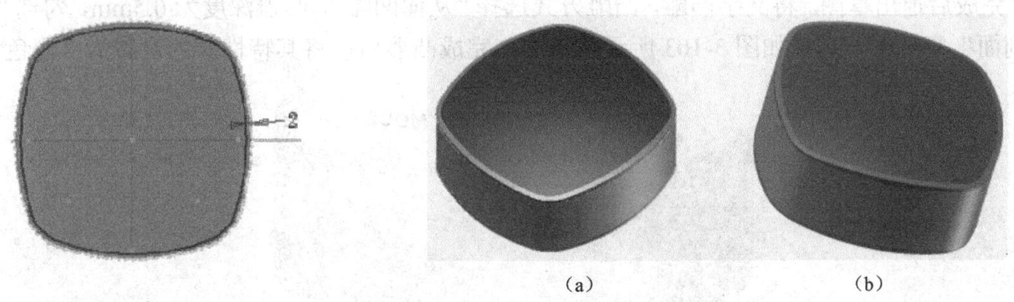

（a） （b）

图3-97 创建草图　　图3-98 分割前后盖实体

（6）分割蜂鸣器罩镶边实体，在XZ平面上创建草图，绘制直径为60的圆，如图3-99（a）所示，完成后退出草图。利用草图将红色的实体进行分割，分割类型选择“分割实体”，将分割后的新实体颜色设置为“金属光泽金色”，如图3-99（b）所示。

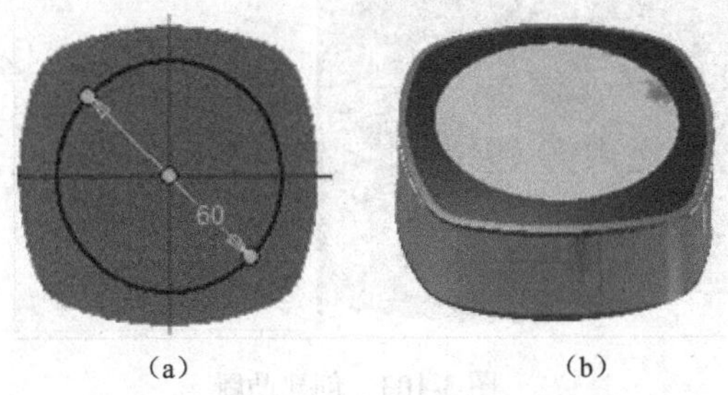

（a） （b）

图3-99 分割蜂鸣器罩镶边实体

（7）分割蜂鸣器罩实体，在XZ平面上创建草图，绘制直径为54的圆，如图3-100（a）所示，完成后退出草图。利用草图将“蜂鸣器罩镶边”实体进行分割，分割类型选择“分割实体”，将分割后的新实体颜色设置为“金属网 01”，如图 3-100（b）所示。

（8）边框抽壳，将除去边框以外的其他实体设为不可见，将其进行抽壳处理，开口面为上下两个面，抽壳厚度为 2mm，效果如图 3-101 所示。

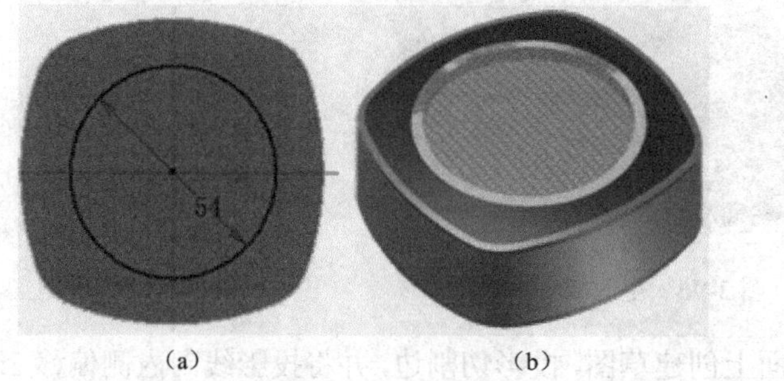

（a）　（b）

图 3-100　分割蜂鸣器罩实体

图 3-101　边框抽壳

（9）将边框凸雕。

● 凸雕文字。在 XY 平面上创建草图，并进入切片观察方式，输入如图 3-102 所示文字，完成后退出草图。将文字凸雕，凸雕方式选择“从面凹雕”，凸雕深度为 0.5mm，勾选“折叠到面”复选框，选择如图 3-103 所示凸雕面。完成凸雕后，将其特性颜色设置为“黑色”。

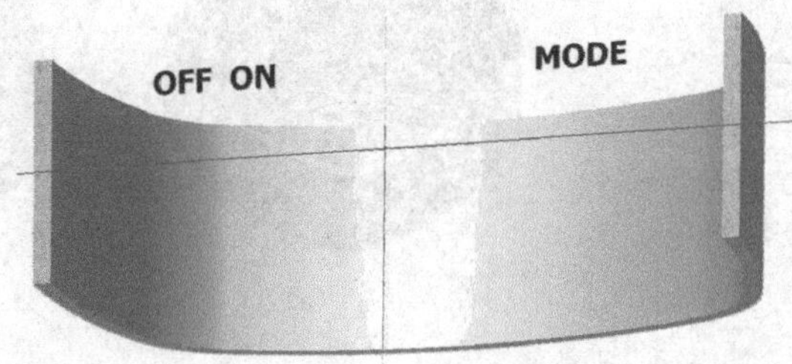

图 3-102　凸雕文字

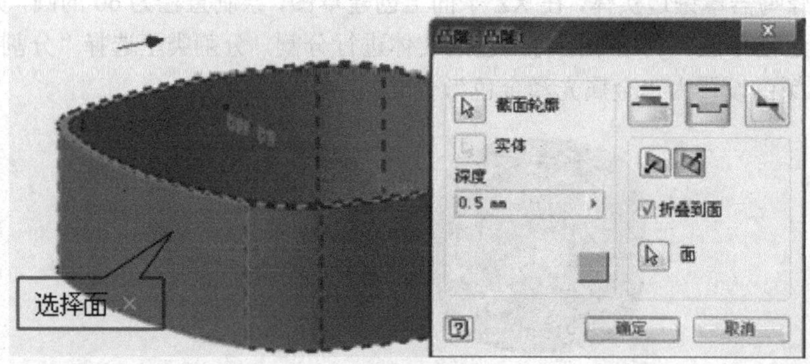

图 3-103　创建凸雕

● 凸雕图形。在 XY 平面上继续创建草图，绘制如图 3-104（a）所示图形，图形尺寸自定义，完成后退出草图。并按照上一步凸雕样式对其进行凸雕，完成凸雕后，也将凸雕特征的特性颜色设置为黑色，效果如图 3-104（b）所示。

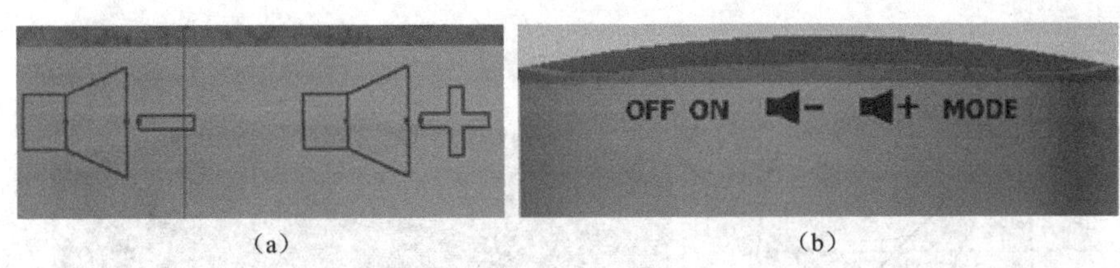

图 3-104　凸雕图形

（10）创建拉伸特征。在 XY 平面上创建草图，绘制如图 3-105 所示图形，完成后退出草图。将草图进行拉伸处理，拉伸范围选择“贯通”，拉伸方式选择“求差”，如图 3-106 所示。完成拉伸后，效果如图 3-107 所示。

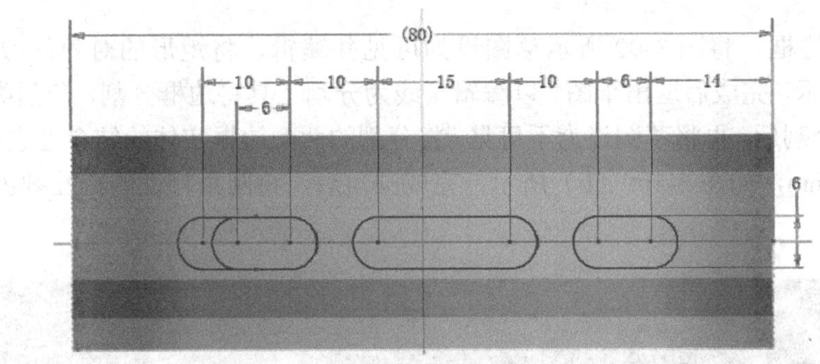

图 3-105　绘制草图

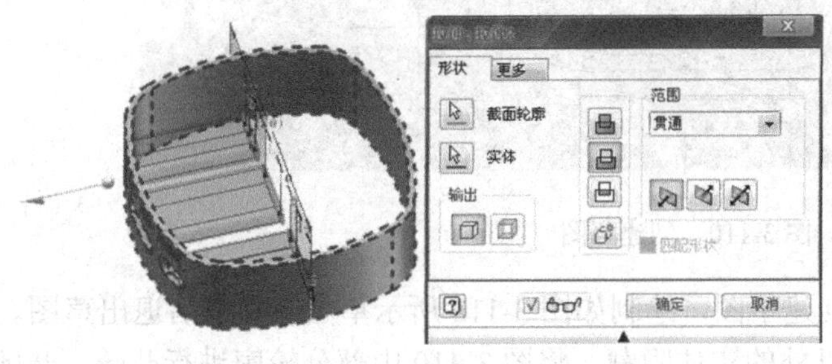

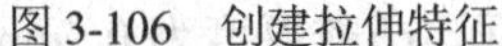

图 3-106　创建拉伸特征

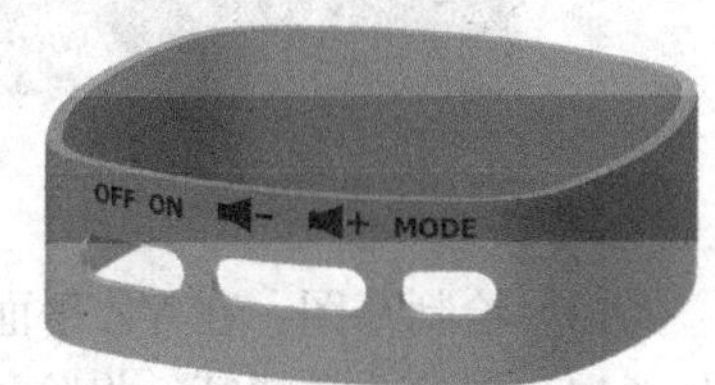

图 3-107　完成拉伸特征后的效果

（11）创建抽壳特征。将后盖、前盖、蜂鸣器罩分别进行抽壳处理，抽壳厚度均为 1mm，如图 3-108 所示。

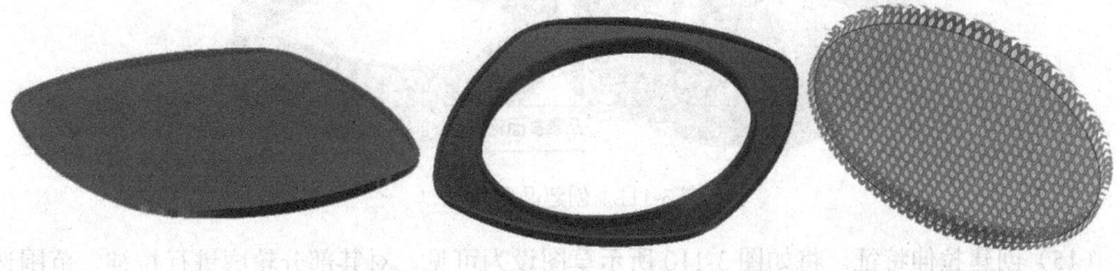

图 3-108　抽壳后的后盖、前盖、蜂鸣器罩

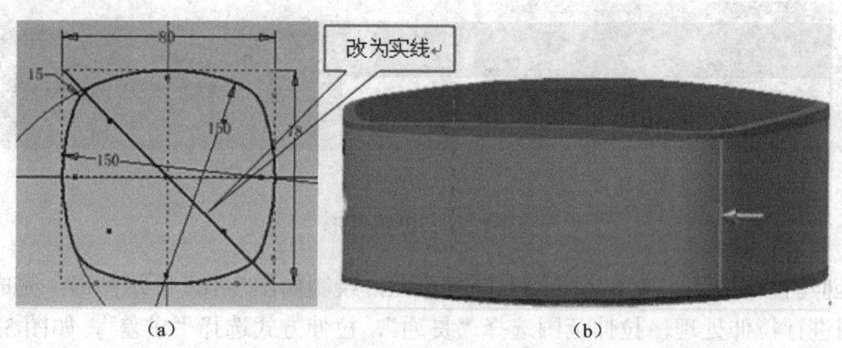

图 3-109　分割边框

（12）分割边框。将图 3-92 所示草图设为可见并编辑，将矩形的对角线改成实线，如图 3-109（a）所示，完成后退出草图。以编辑实线为分割工具将边框分割，分割类型选择“分割实体”，完成分割后，再将草图设为不可见。将分割的两个边框实体的结合处进行圆角处理，圆角半径为 0.5mm，如图 3-109（b）所示。完成圆角后，将圆角特征的特性颜色设置为“白色（浅光）”。

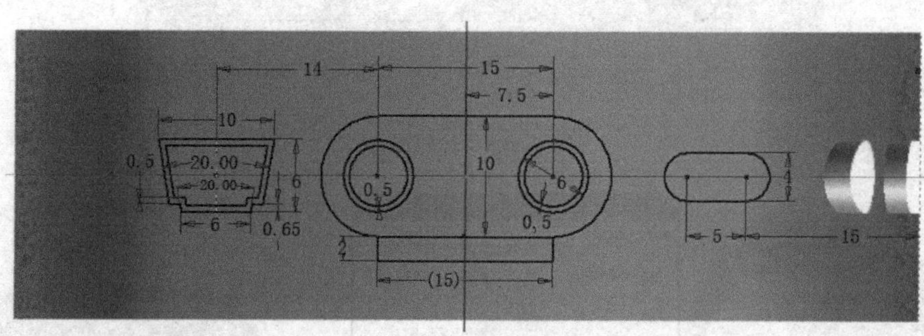

图 3-110　创建草图

（13）绘制草图。在 YZ 平面上创建草图，绘制如图 3-110 所示草图，完成后退出草图。

（14）创建凸雕特征。将除边框以外的实体隐藏。将图 3-110 中部分轮廓进行凸雕，凸雕方式选择“从面凹雕”，勾选“折叠到面”复选框，凸雕厚度为 0.5mm，如图 3-111 所示。

图 3-111　创建凸雕特征

（15）创建拉伸特征。将如图 3-110 所示草图设为可见，对其部分轮廓进行拉神，范围选择“贯通”，拉伸方式选择“求差”，如图 3-112 所示。

图 3-112　创建拉伸特征

（16）创建“音频输入接口”实体。将如图 3-112 所示草图部分轮廓进行拉伸，范围选择“介于两面之间”，输出方式选择“新建实体”。完成实体创建后，将实体的颜色设置为“绿色”，如图 3-113 所示。

（17）创建“音频输出接口”实体。重复上一步操作步骤，创建“音频输出接口”实体，并将实体颜色设置为“黑色”，如图 3-114 所示。

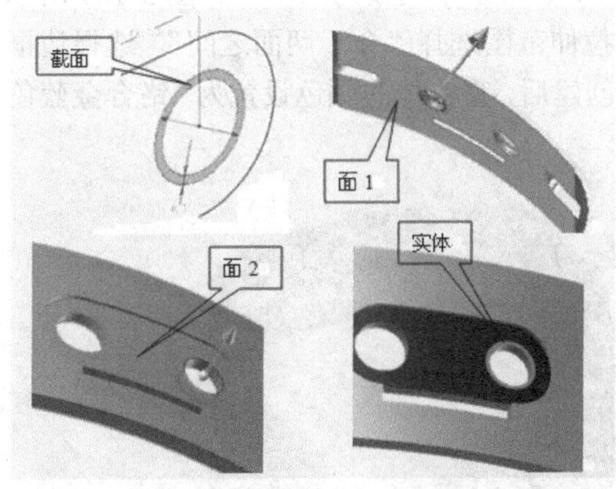

图 3-113　创建“音频输入接口”实体过程

图 3-114　创建“音频输出接口”实体

（18）创建“数据接口”实体。重复上一步操作步骤，创建“数据接口”实体，并将实体颜色设置为“黑色”，如图 3-115 所示。在图中我们看到数据接口实体并没有与边框的两个表面平齐，因此以后还需要将超出边框表面的部分修剪掉。

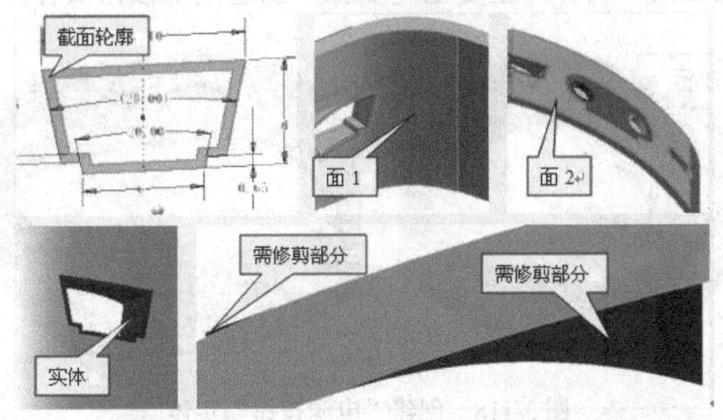

图 3-115　创建“数据接口”实体过程

（19）创建指示灯实体。根据前面的操作步骤，创建指示灯实体，并将实体颜色设置为“红紫色”，如图 3-116 所示。

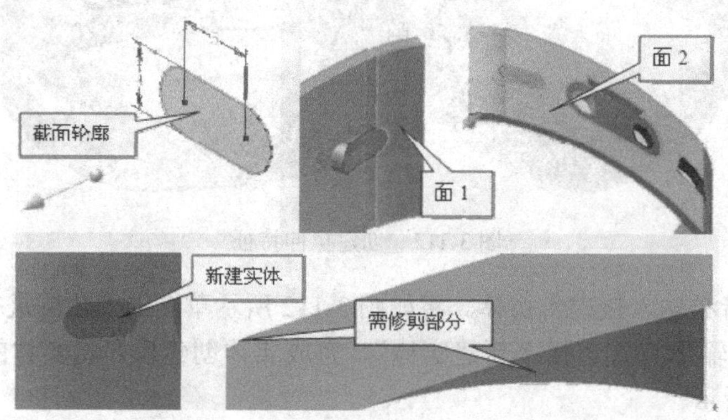

图 3-116 创建指示灯实体过程

（20）创建“音量加减按钮”实体。将如图 3-110 所示草图设为不可见、图 3-105 所示草图设为可见。将如图 3-117（a）所示截面拉伸，拉伸范围选择“介于两面之间”，选择边框的内外表面，输出方式选择“新建实体”。完成实体创建后，将实体的颜色设置为“铬合金蓝色”，效果如图 3-117（b）所示。

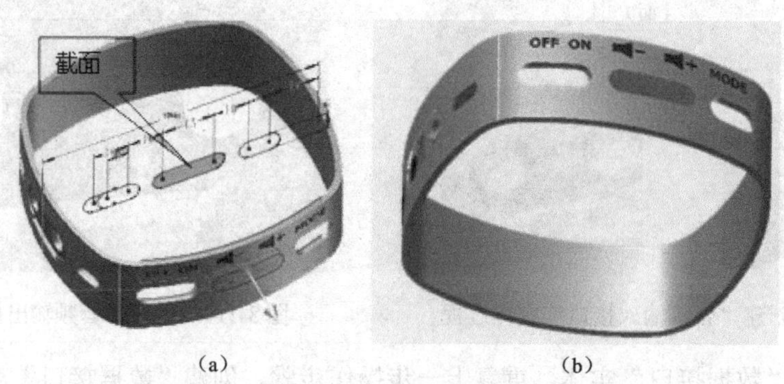

(a) (b)

图 3-117 创建“音量加减按钮”实体

（21）创建“电源按钮”实体，重复上述步骤，创建电源按钮实体，如图 3-118 所示。

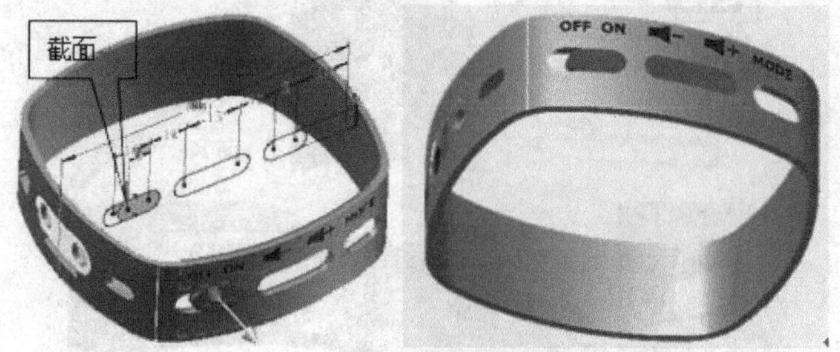

图 3-118 创建“电源按钮”实体

（22）创建“模式按钮”实体。重复上述步骤，创建模式按钮实体，如图 3-119 所示。

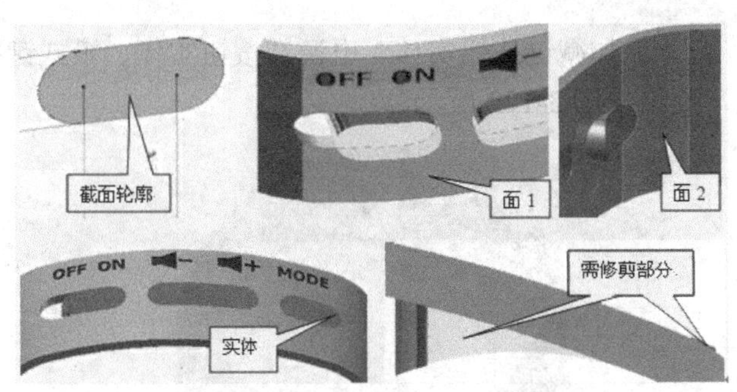

图 3-119　创建“模式按钮”实体过程

（23）修剪实体。将如图 3-92 所示草图设为可见，并对其进行编辑，将轮廓向内偏移，偏移距离为 2mm，如图 3-120 所示。完成后退出草图，将边框实体隐藏，将编辑草图进行拉伸，截面轮廓选择如图 3-121 所示；拉伸方式选择“求交”；拉伸方向选择双向对称拉伸；拉伸距离输入 50mm；单击“实体”按钮后，按住【Shift】键在浏览器中选中如图 3-121 所示实体。单击“确定”按钮，完成拉伸，将实体需要修剪的部分删除，最后隐藏草图。

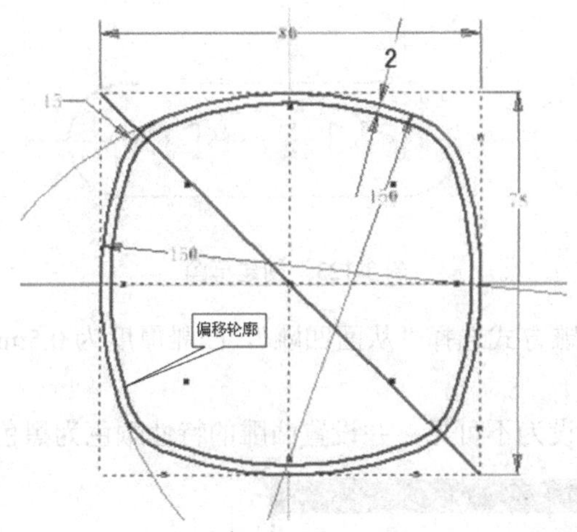

图 3-120　创建草图

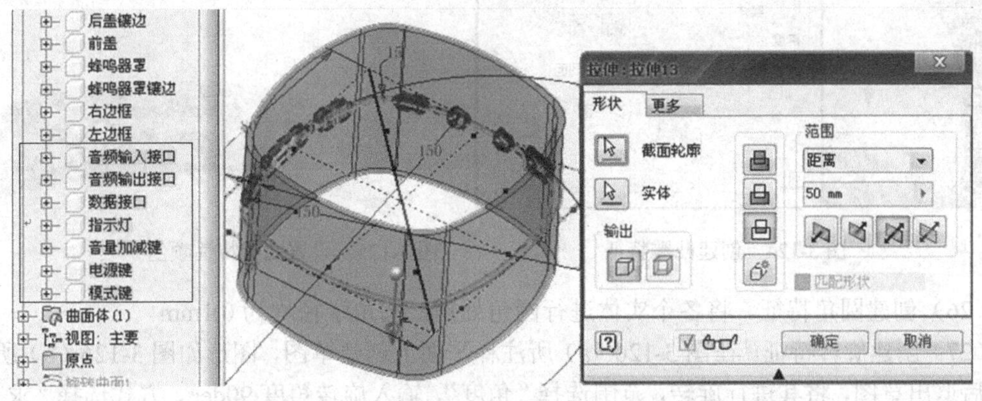

图 3-121　修剪实体

（24）加厚实体。将音量加减键按钮实体、电源键按钮实体、模式键按钮实体加厚 2mm，将边框实体设为可见，效果如图 3-122 所示。

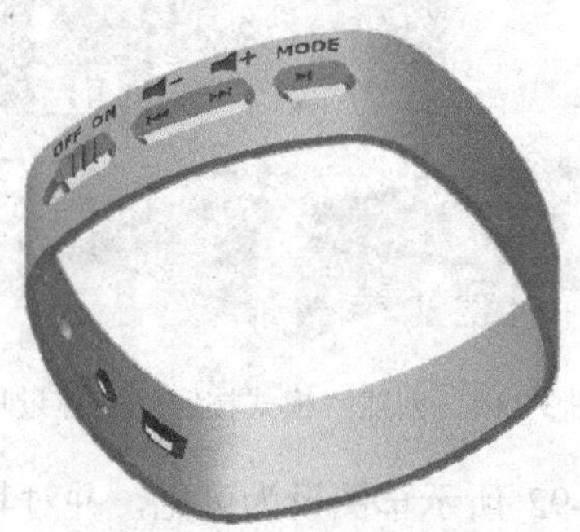

图 3-122　加厚实体

（25）创建凸雕特征。在 XY 平面上创建草图，投影如图 3-105 所示草图，绘制如图 3-123 所示图形，图形尺寸可以自定义，完成后退出草图。

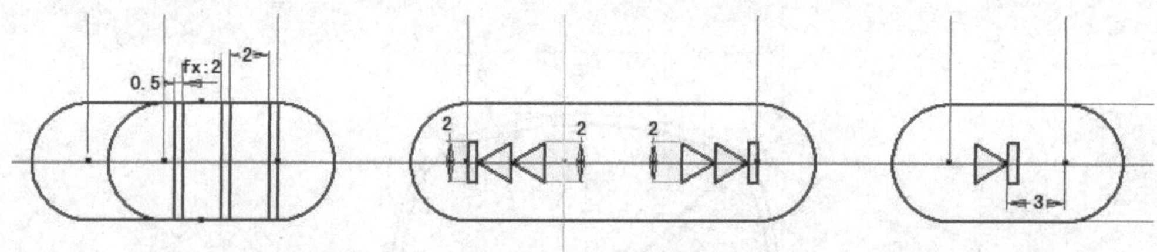

图 3-123　创建草图

将实体分别凸雕，凸雕方式选择“从面凹雕”，凸雕厚度为 0.5mm，勾选“折叠到面”复选框，如图 3-124 所示。

凸雕完成后，将草图设为不可见，并设置凸雕的特性颜色为黑色，如图 3-125 所示。

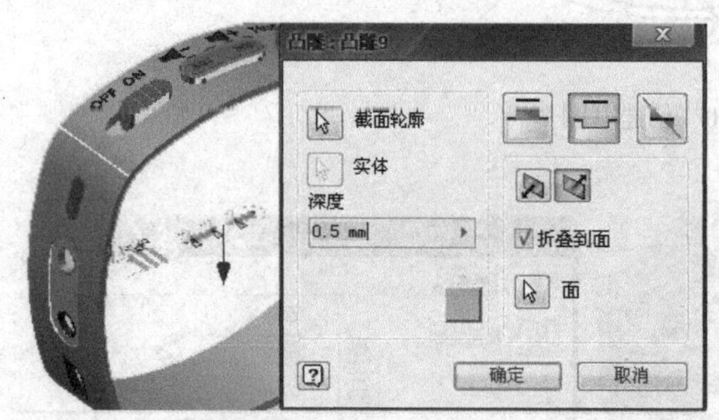

图 3-124　创建凸雕特征

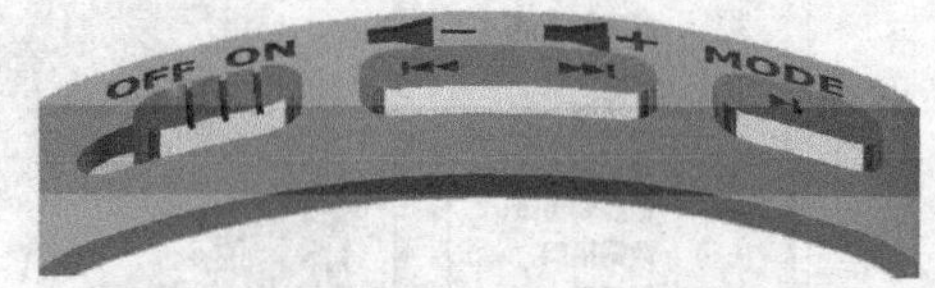

图 3-125　设置凸雕特性颜色

（26）创建圆角特征。将各个实体进行圆角处理，圆角半径均为 0.1mm。

（27）创建旋转特征。在图 3-126（a）所注释平面上创建草图，图形如图 3-126（b）所示。完成后退出草图，将其进行旋转，范围选择“角度”，输入旋转角度 90deg，方式选择“求差”。完成旋转后，将其特性颜色设置为“黑色”，效果如图 3-127 所示。

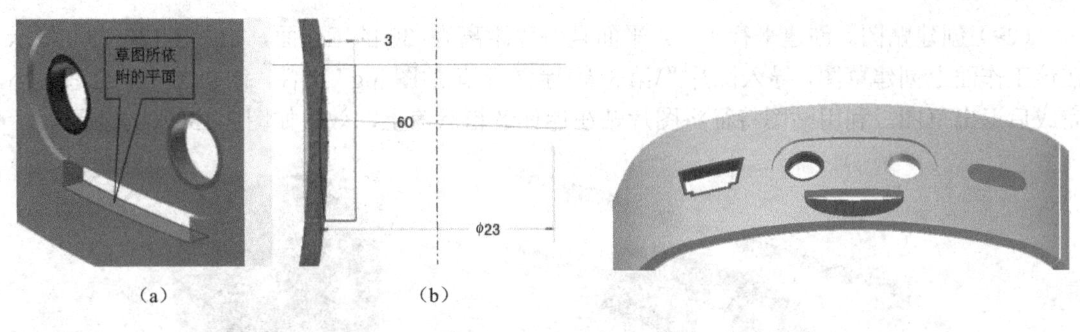

（a）　　（b）

图 3-126　创建草图　　　　图 3-127　创建旋转特征

（28）创建扫掠特征。在 XZ 平面上创建草图，绘制如图 3-128（a）所示图形，完成后退出草图。创建过曲线端点且垂直于曲线的工作面，如图 3-128（b）所示。

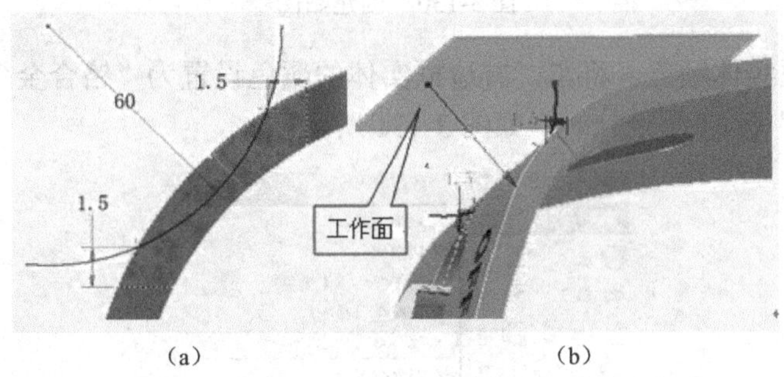

（a）　　（b）

图 3-128　创建扫掠路径

在创建的工作面上创建草图，投影如图 3-128 所示草图，并将其设置为构造线，在其投影线的端点处绘制直径为 1.5 的圆，如图 3-129（a）所示，完成后退出草图。

以如图 3-128 所示图形为扫掠路径，如图 3-129 所示图形为扫掠截面进行扫掠，在扫掠对话框中，单击“实体”按钮，选中两个边框实体，扫掠方式选择“求差”。完成扫掠后，将扫掠特征的特性颜色设为“黑色”。

对上一步创建的特征进行圆角处理，圆角半径为 0.1mm，最后将工作面隐藏，所有实体设为可见，效果如图 3-129（b）所示。

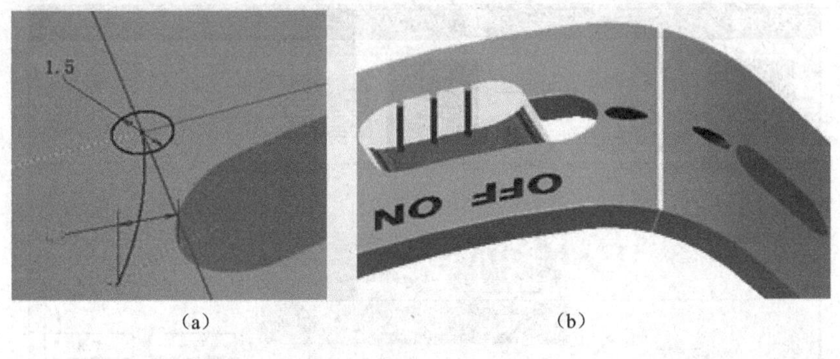

（a）　　（b）

图 3-129　创建扫掠特征

（29）创建贴图。创建平行于 XZ 平面且偏移距离为–30 的工作面，如图 3-130（a）所示。在该工作面上创建草图，导入图片“\第 3 章\迷你音箱\贴图.jpg”文件，调整图片至合适大小，完成后退出草图。利用贴图特征将图片贴在迷你音箱后盖上，效果如图 3-130（b）所示。

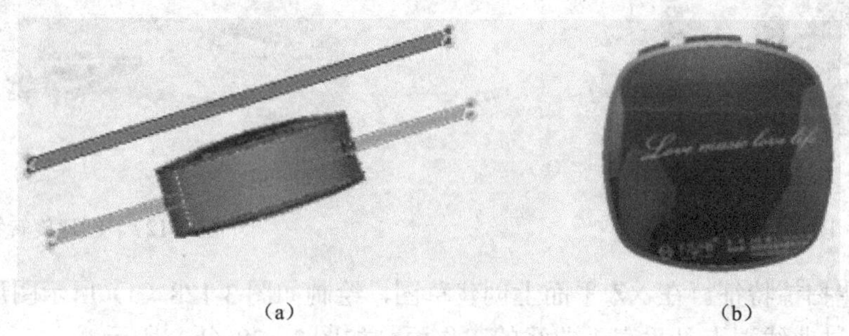

（a）　　　　（b）

图 3-130　创建贴图

（30）设置边框实体颜色。将左、右边框实体的颜色设置为“铬合金”，在“颜色”下拉菜单中找到“颜色”按钮 颜色…，如图 3-131 所示。

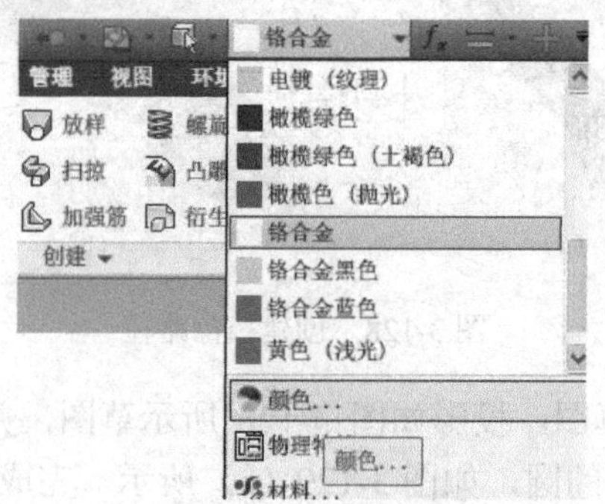

图 3-131　设置颜色性质

单击“颜色”按钮，弹出“样式和标准编辑器”对话框，在该对话框的“基本选项卡”、“纹理”选项卡均选择默认，在“凸纹贴图”选项卡，勾选“使用凸纹图像”复选框，单击“浏览”按钮，弹出“纹理选择器”对话框，选择如图 3-132 所示纹理。

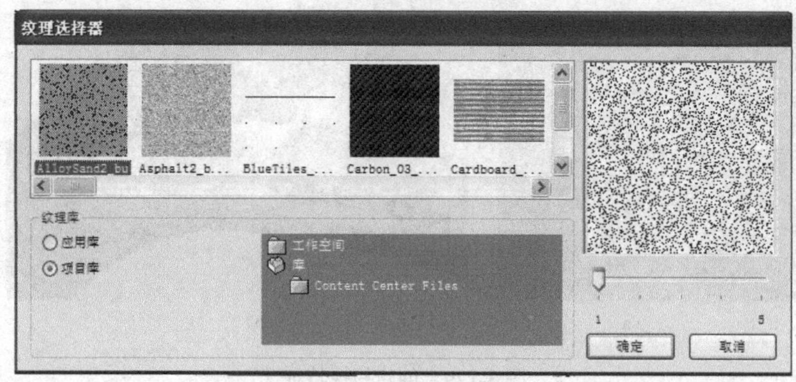

图 3-132　“纹理选择器”对话框

单击“确定”按钮，返回“样式和标准编辑器”对话框。将“缩放比例”设置为 15%，“数量”设置为 50%，勾选“真实外观”复选框，将其“缩放比例”设置为 15%，具体设置如图 3-133 所示。单击“完毕”按钮，完成颜色的设置，将“铬合金”设置为颗粒状。

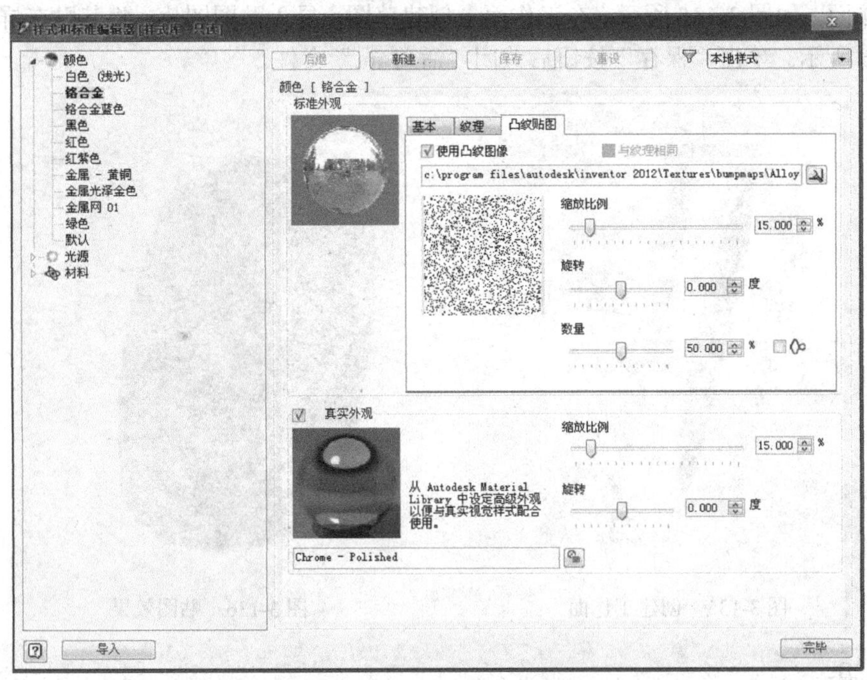

图 3-133 铬合金颜色凸纹贴图设置

3. 拆分多实体零件

（1）将实体重命名。命名后的效果如图 3-134 所示。

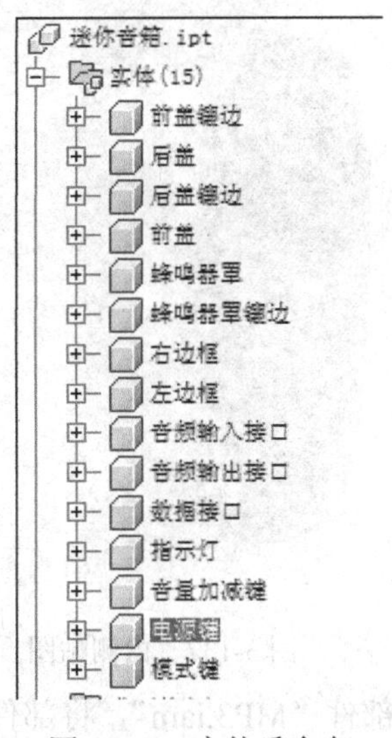

图 3-134 实体重命名

（2）生成零部件。在“管理”功能选项卡下，单击“布局”功能面板上的“生成零部件”按钮，将所有实体生成零件，并将自动生成部件进行保存。

（3）重新将后盖贴图。打开生成的零部件“后盖.ipt”，创建平行于 XZ 平面且偏移距离为–30 的工作面，如图 3-135 所示。在工作面上创建草图，导入贴图图片，将其贴在屏上，效果如图 3-136 所示。单击“保存”按钮后关闭“后盖.ipt”文件。

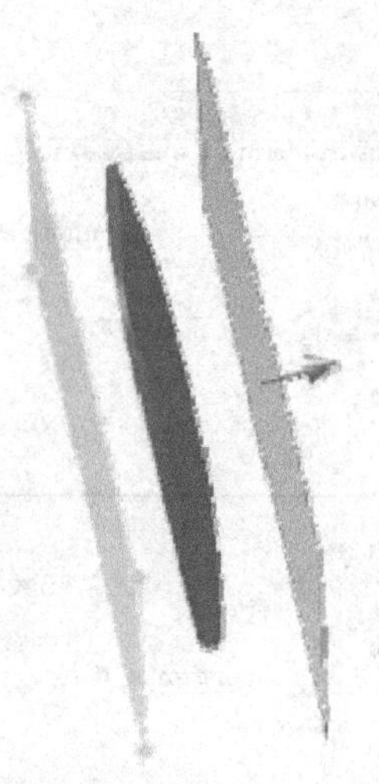

图 3-135 创建工作面

图 3-136 贴图效果

说明：

贴图过程中，如果没有将图贴在所需表面，而是贴在后盖内侧，如图 3-137 所示。出现这种情况后，可先将贴图特征撤销，然后在草图所依附的工作面上单击右键，选择“反转法向”命令，然后再进行贴图即可。

图 3-137 内侧贴图

（4）将部件更新并保存，打开部件“MP3.iam”，将部件更新，效果如图 3-90 所示。保存文件后退出，完成迷你音箱的设计。

思考与练习

1．根据下面提供的工程图，利用多实体方式创建实体模型。

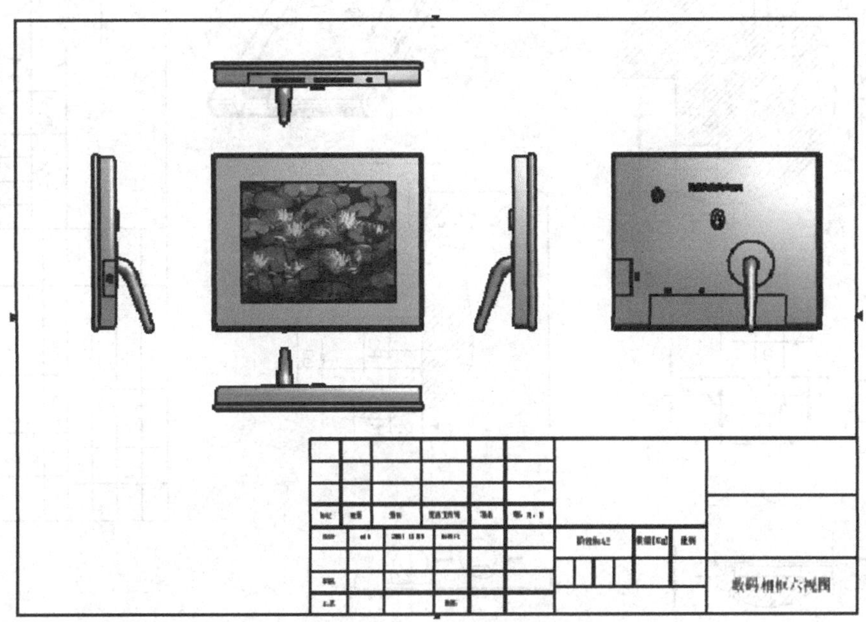

图 3-138　练习 1-1　数码相框六视图

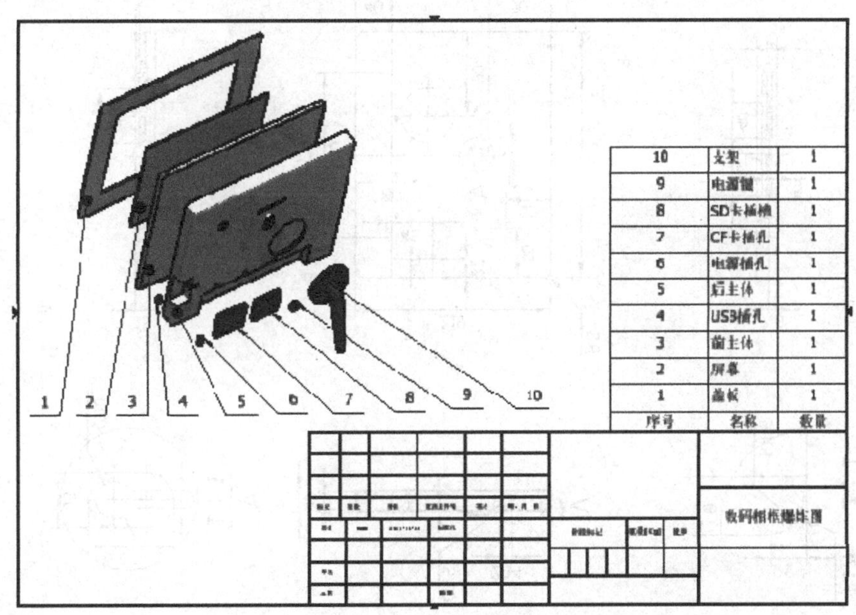

1
2
3
4
5
6
7
8
9
10
10 支架 1
9 电源键 1
8 SD卡插槽 1
7 CF卡插孔 1
6 电源插孔 1
5 后主体 1
4 USB插孔 1
3 前主体 1
2 屏幕 1
1 面板 1
序号 名称 数量
数码相框爆炸图

图 3-139　练习 1-2　数码相框爆炸图

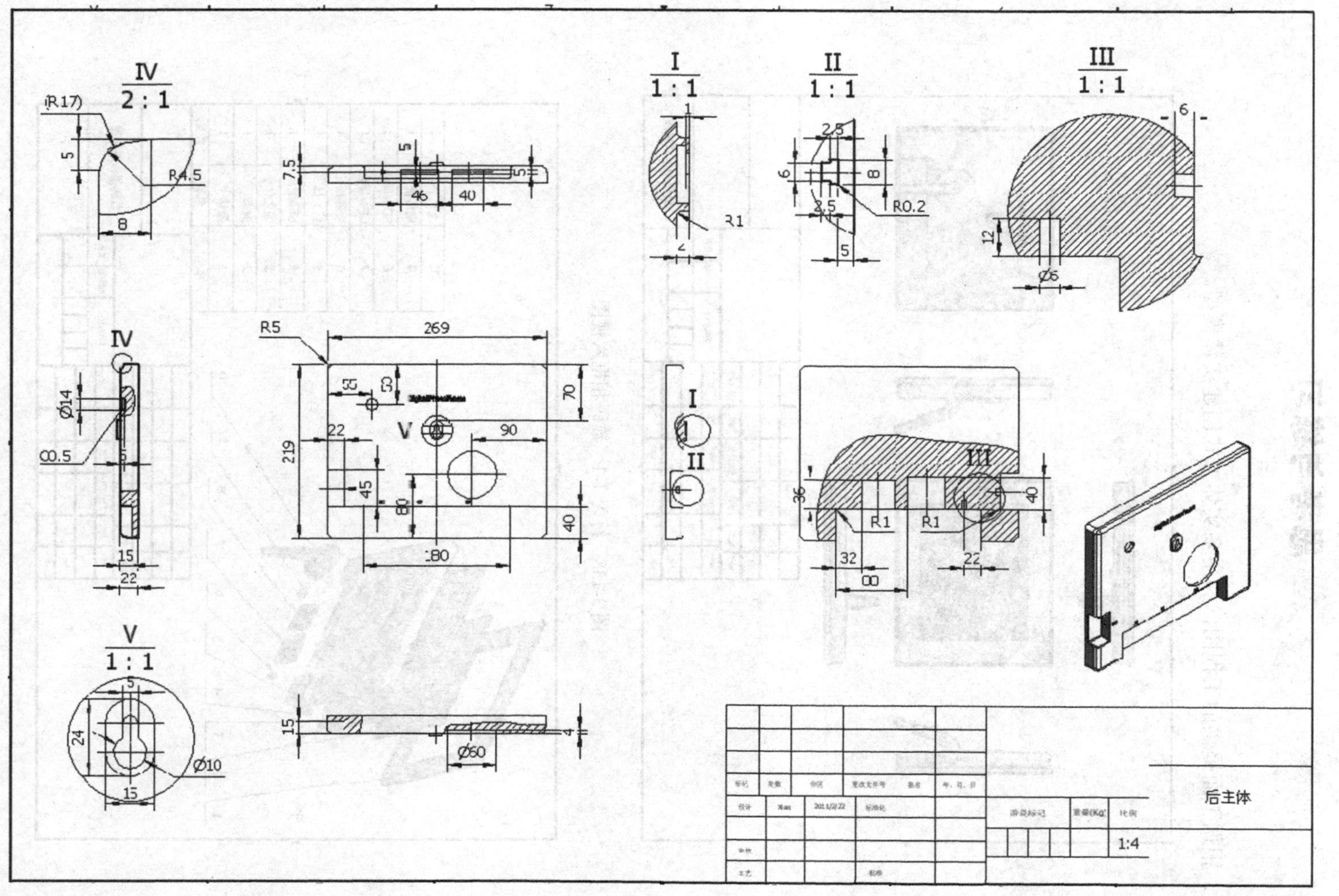

图 3-140　练习 1-3　数码相框后主体

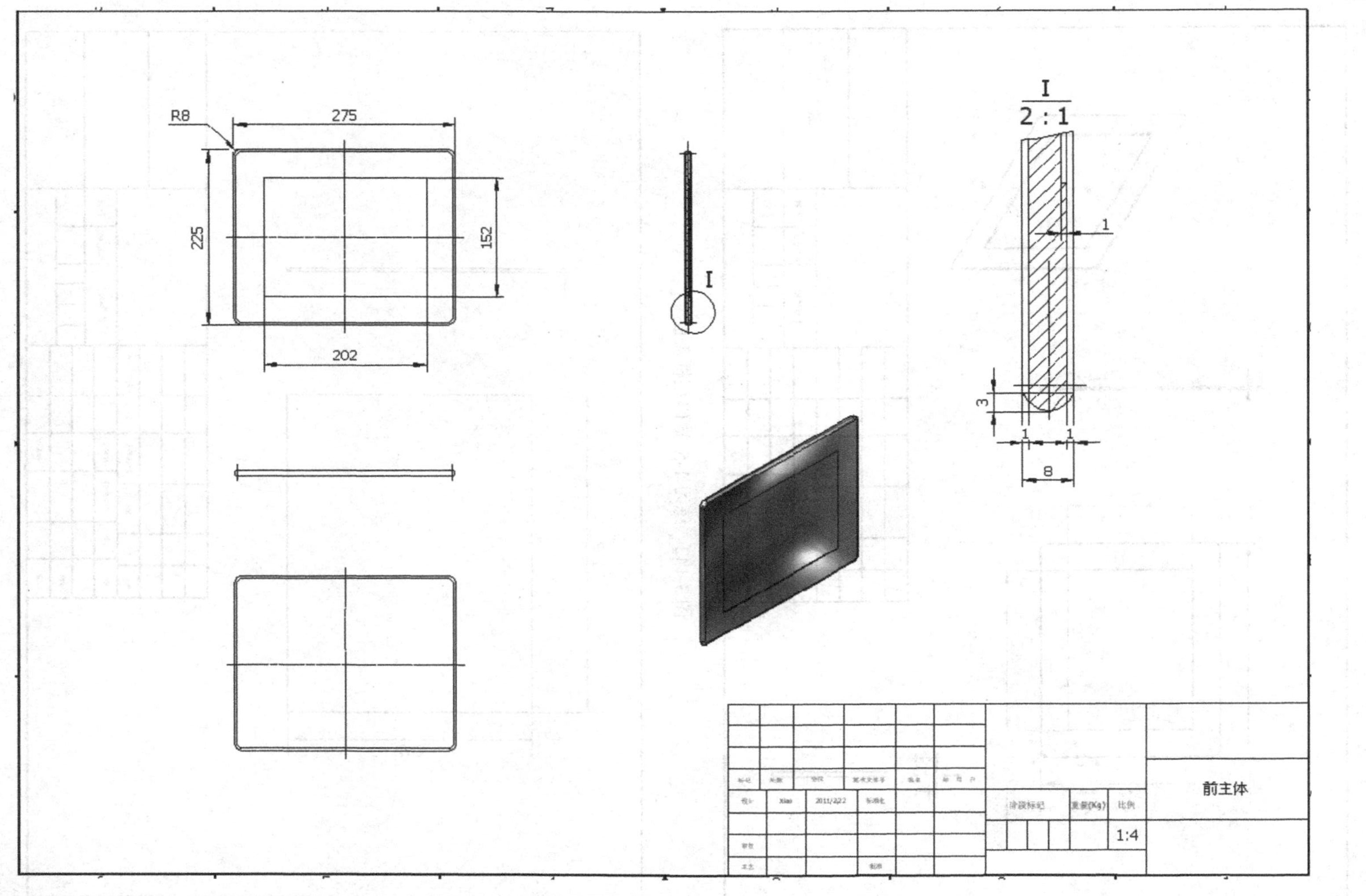

图 3-141　练习 1-4　数码相框前主体

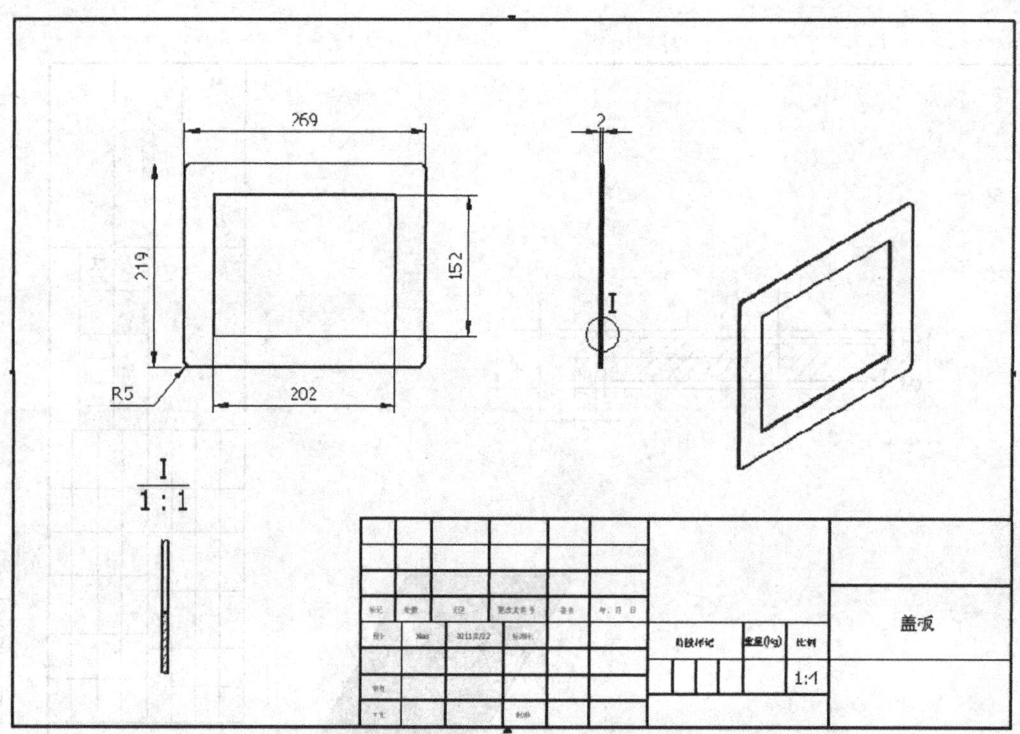

图 3-142　练习 1-5 数码相框盖板

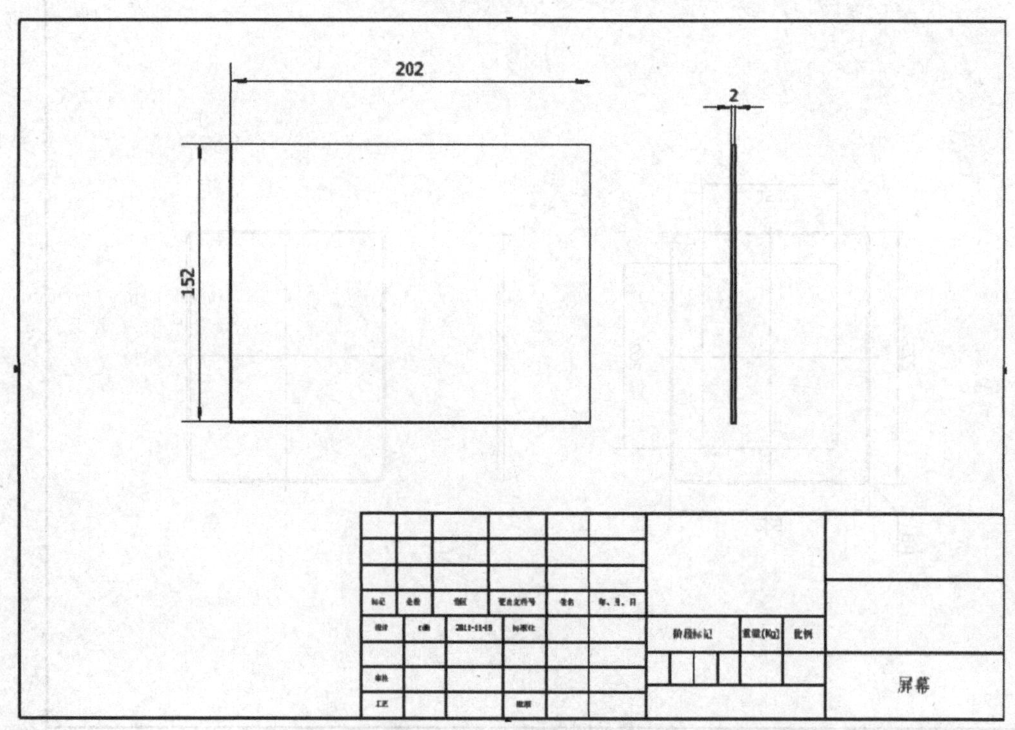

图 3-143　练习 1-6　数码相框屏幕

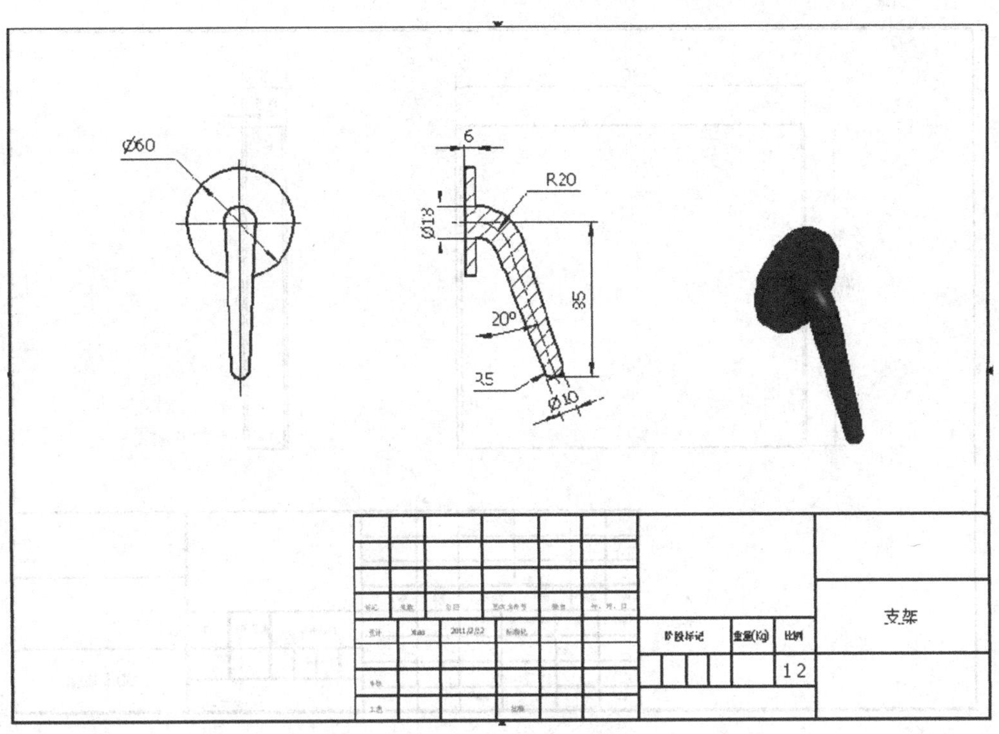

图 3-144　练习 1-7　数码相框支架

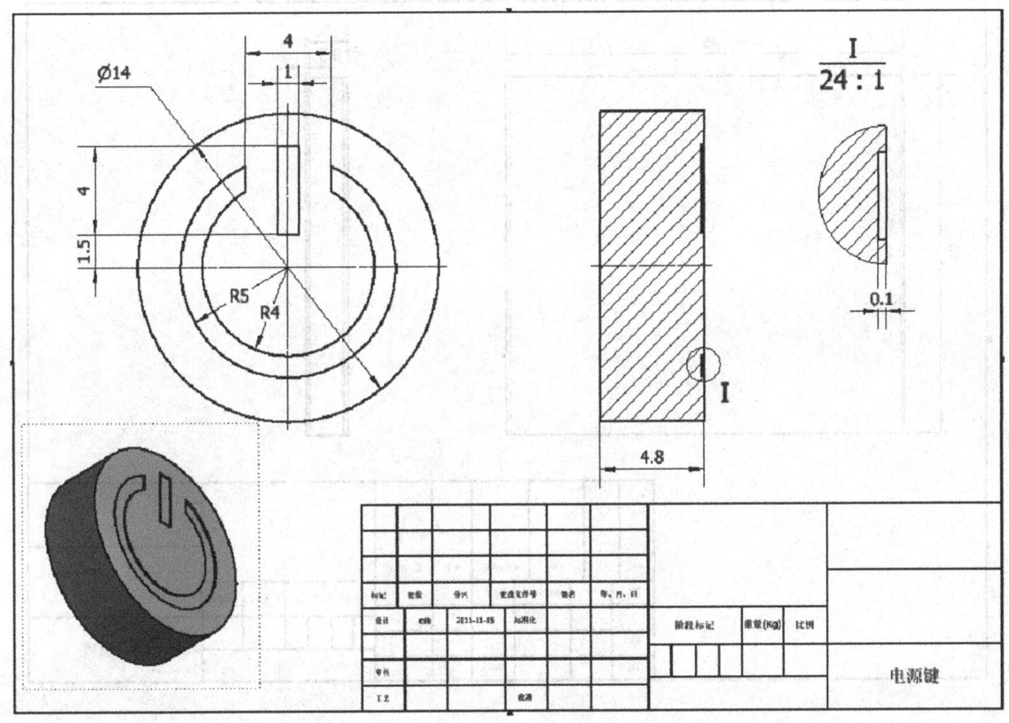

图 3-145　练习 1-8　数码相框电源键

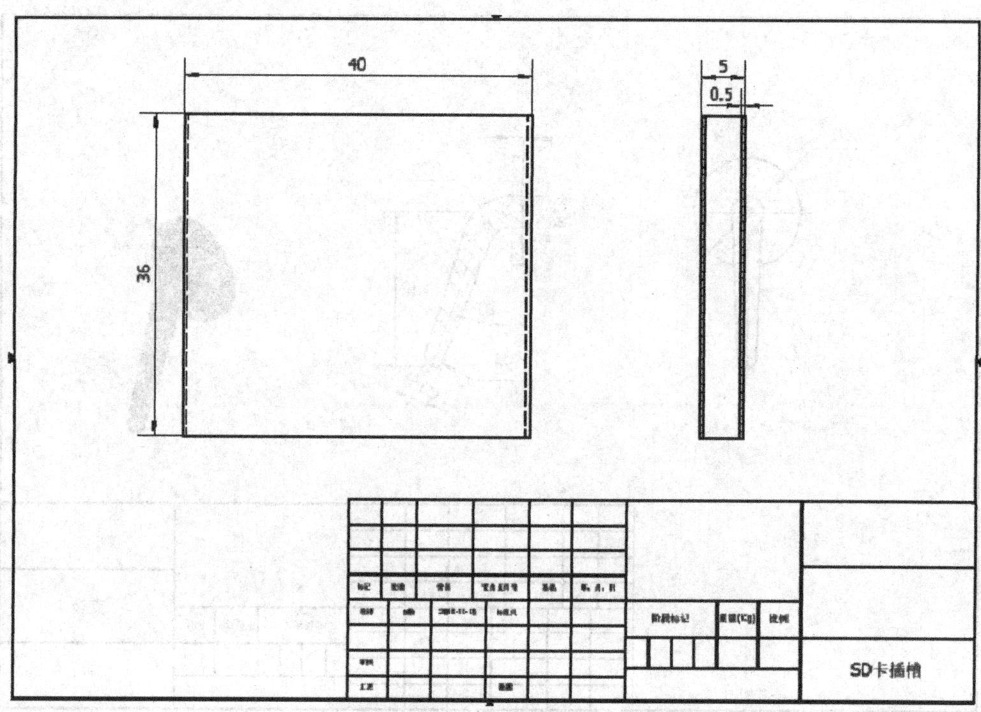

图 3-146 练习 1-9 数码相框 SD 卡插槽

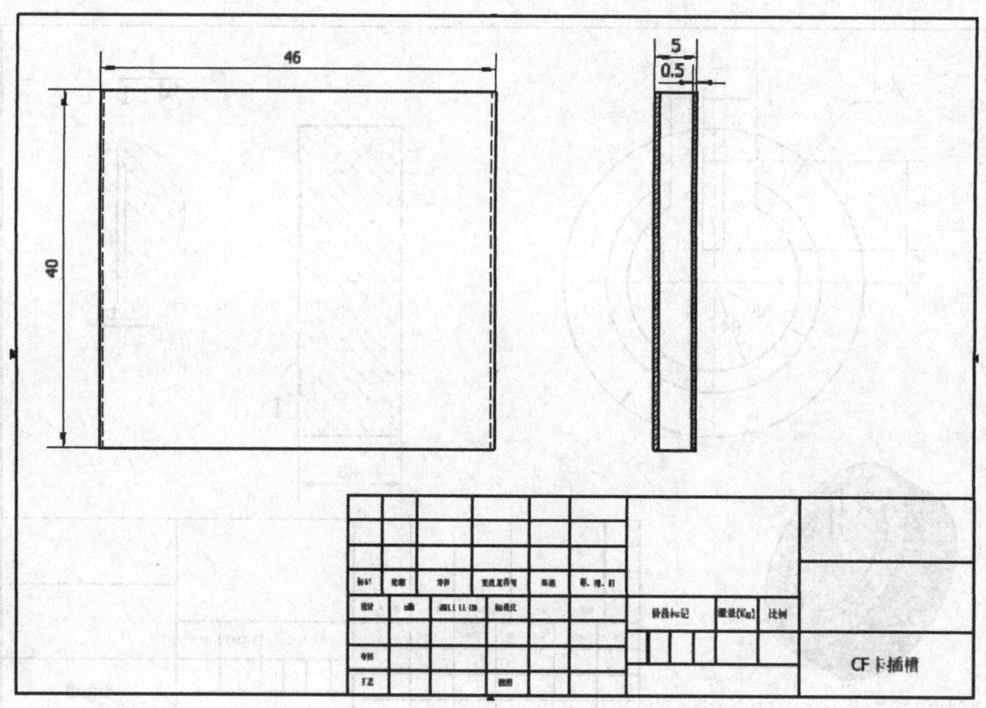

图 3-147 练习 1-10 数码相框 CF 卡插槽

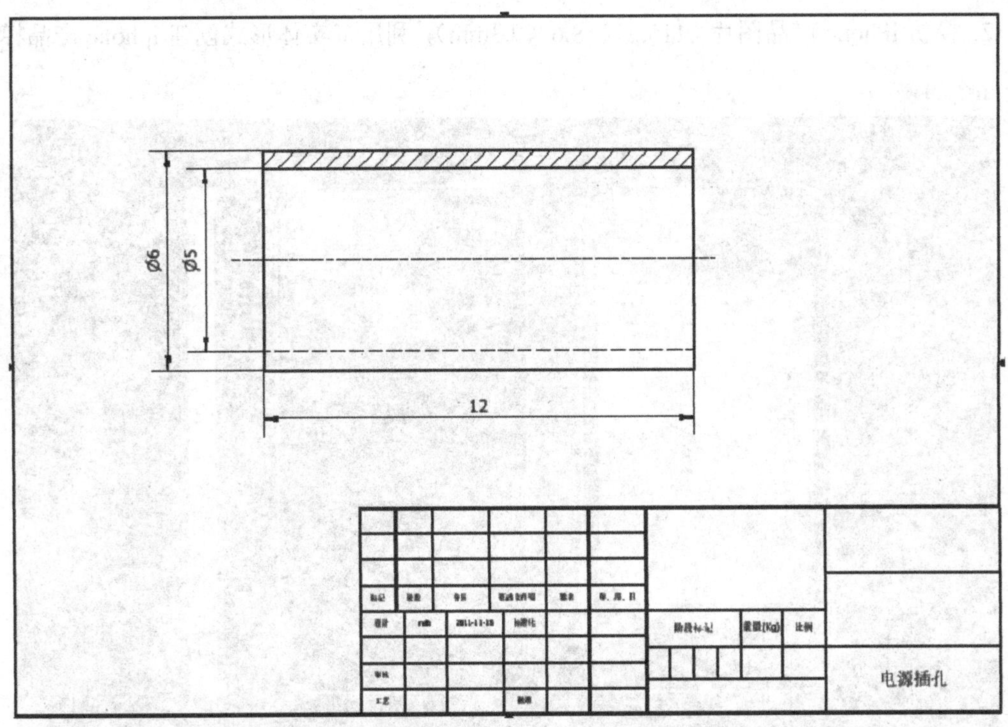

图3-148　练习1-11　数码相框前主体

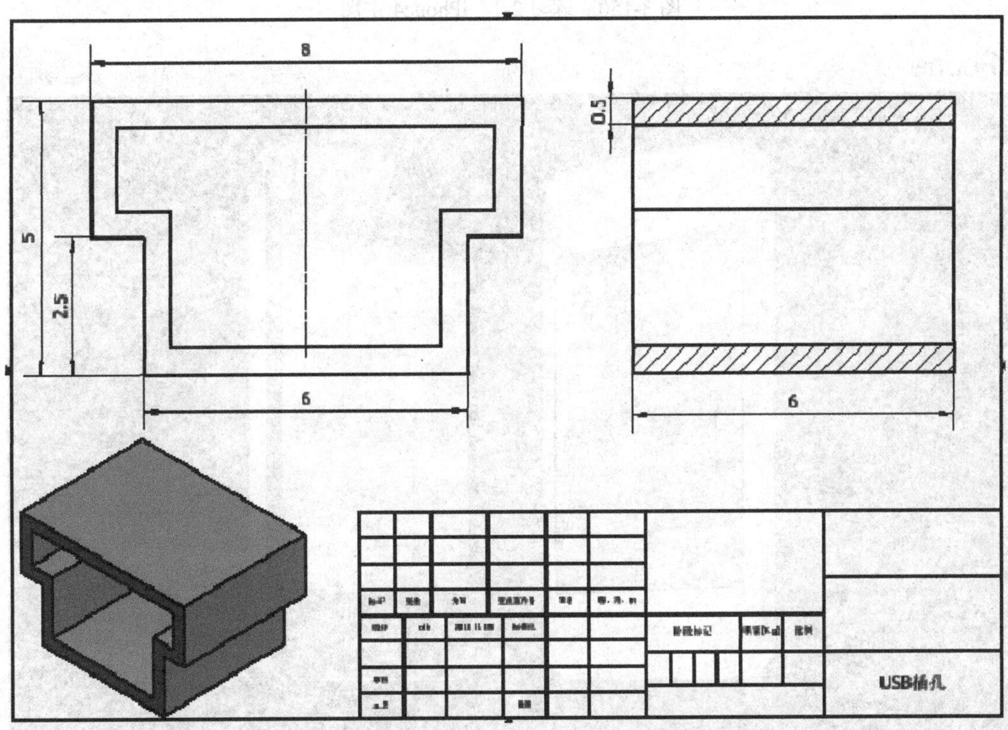

图3-149　练习1-12　数码相框USB插孔

2. 模仿 iPhone 产品图片（115.2×58.6×9.3mm），利用多实体形式创建 iphone 产品模型。

图 3-150　练习 2-1　iPhone4 主图

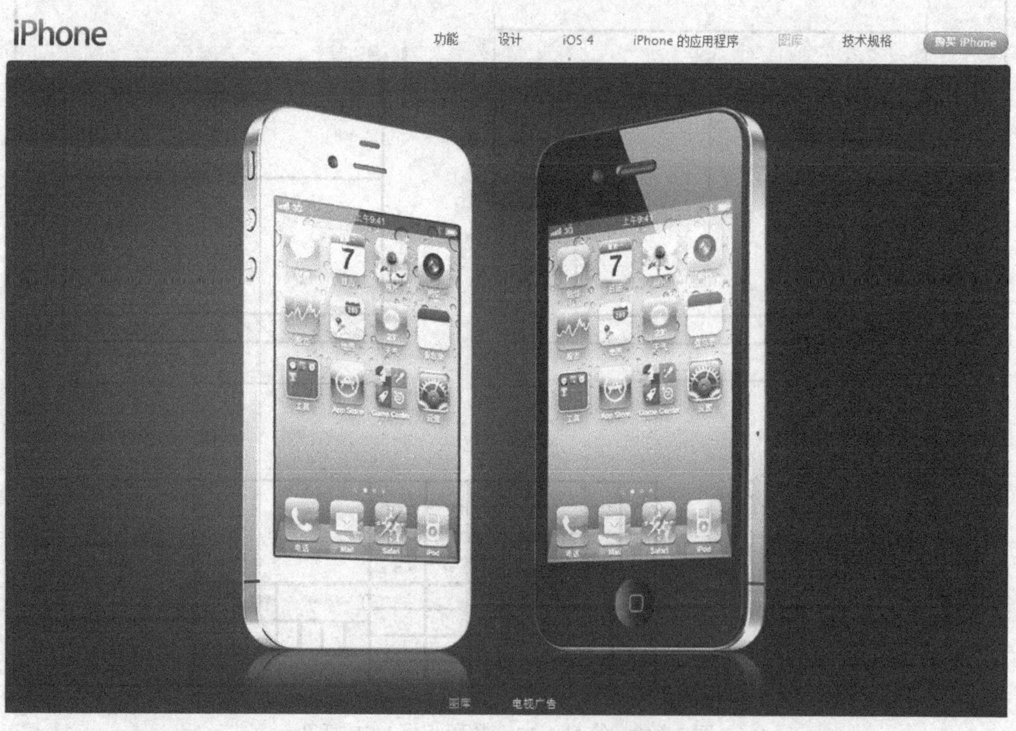

图 3-151　练习 2-2　iPhone4 侧面图

图 3-152　练习 2-3　iPhone4 局部图 1

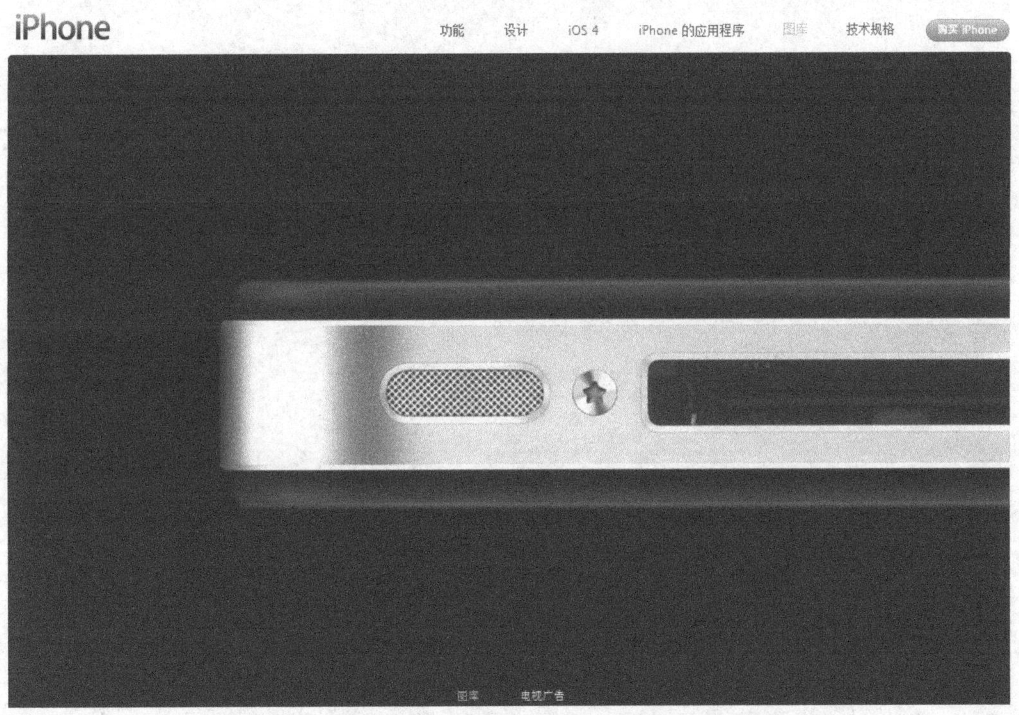

图 3-153　练习 2-4　iPhone4 局部图 2

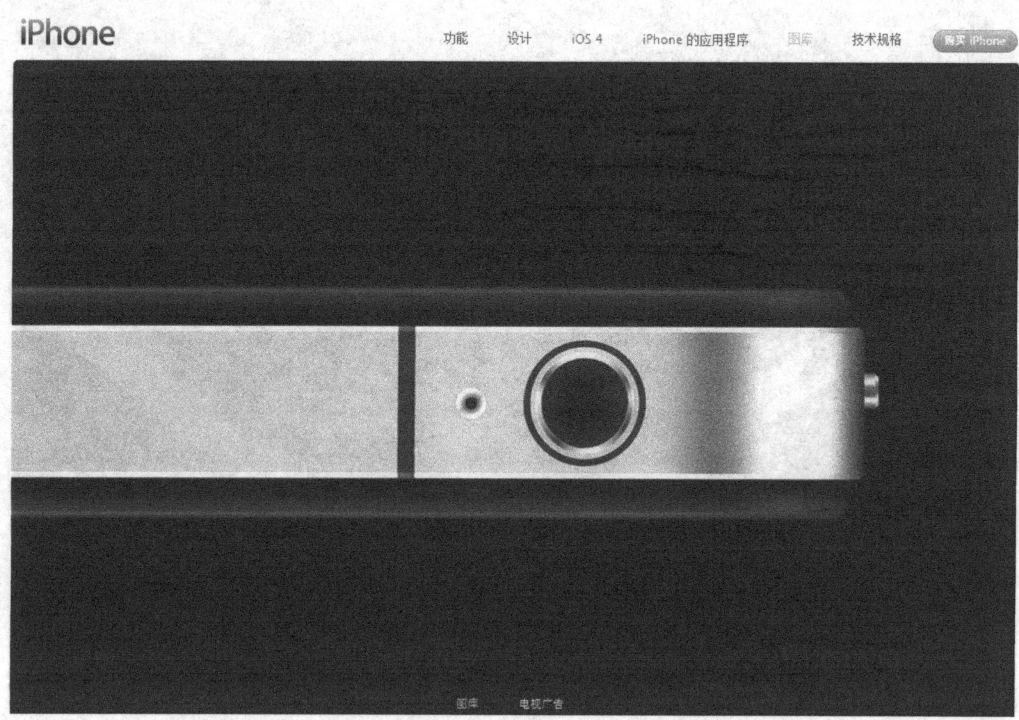

图 3-154　练习 2-5　iPhone4 局部图 3

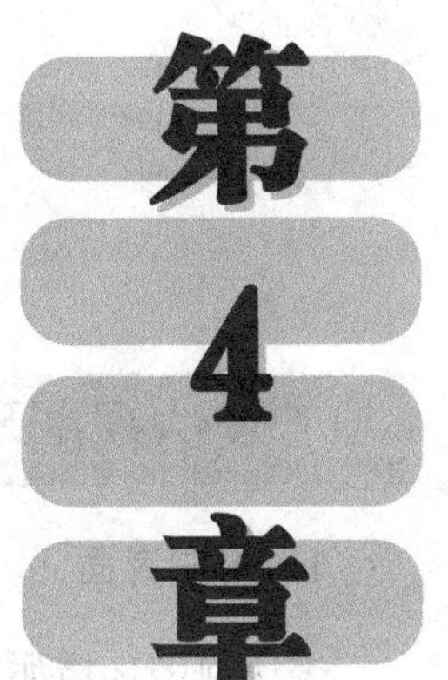

第4章 表达视图设计

Inventor 表达视图是用来表现部件中各个零件之间装配关系的。我们可以用表达视图文件创建部件的分解视图，利用分解视图可以创建带有引出序号和零件明细栏的工程视图，即平常我们说的爆炸图。也可以使用表达视图文件创建动画，动态演示部件中各零件的装配过程和装配位置，并可以将动画录制成标准 AVI/WMV 格式文件。另外表达视图是基于部件的，因此当部件发生改变时，表达视图也会自动更新。本章将通过两个实例来介绍表达视图的设计。

准备工作

表达视图环境

1. 用户界面

表达视图环境如图 4-1 所示。

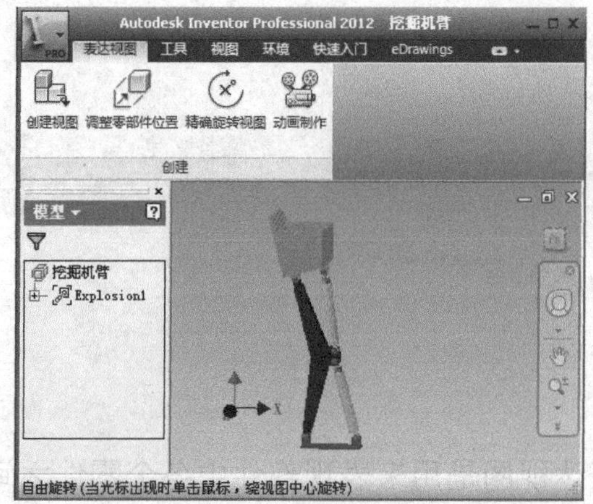

图 4-1 表达视图环境

2. 进入表达视图环境

进入表达视图环境有以下三种方法：

- 依次单击应用程序菜单图标 、“新建”右边的箭头、表达视图，如图 4-2 所示。
- 单击快速访问工具栏的“新建”按钮，选择“表达视图”，如图 4-3 所示。

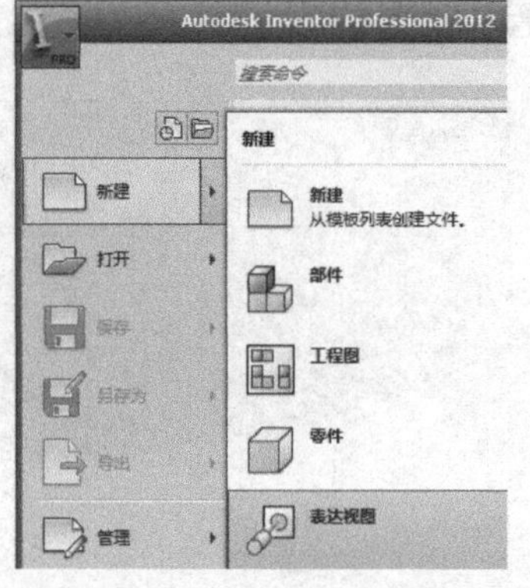

图 4-2 进入表达视图环境方法 1

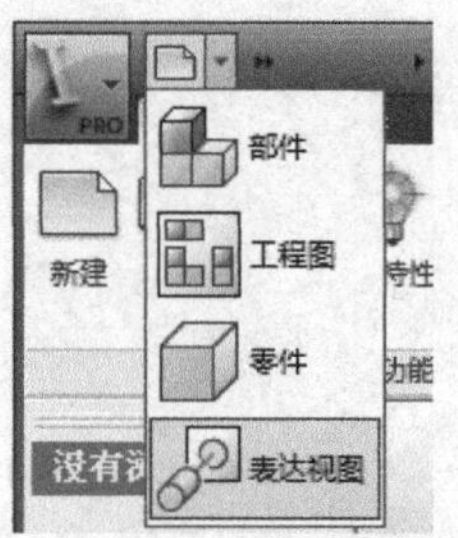

图 4-3 进入表达视图环境方法 2

● 单击“启动”工具面板上的“新建”按钮，在“新建文件”对话框中选择“Standard.ipn”，如图 4-4 所示。

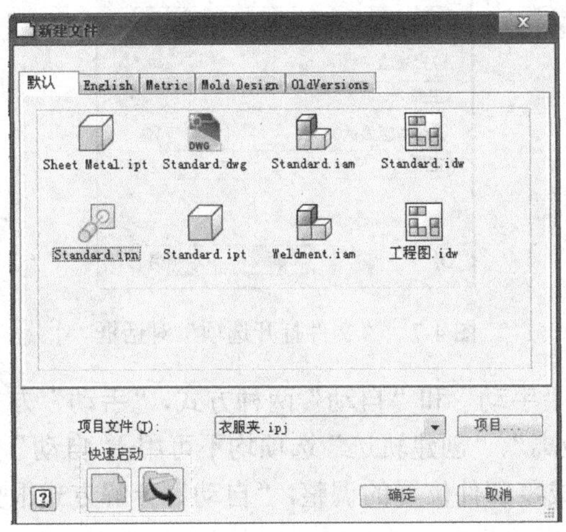

图 4-4　进入表达视图环境方法 3

表达视图功能面板介绍

1. 创建视图

进入表达视图环境后，表达视图的“创建”工具面板上只有“创建视图”按钮 可用，其他按钮均显示为灰色，如图 4-5 所示。单击该按钮，弹出“选择部件”对话框，如图 4-6 所示。

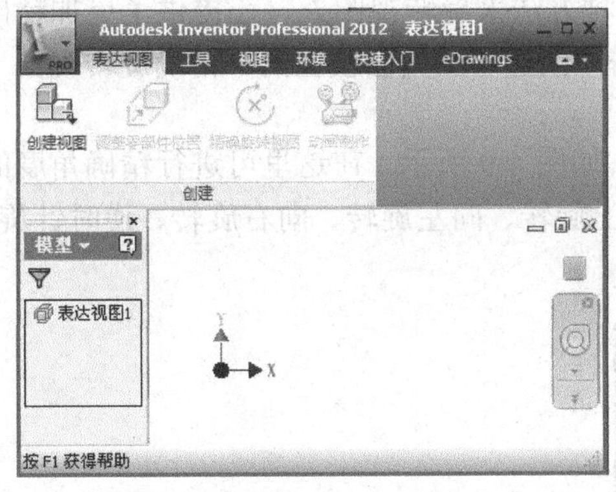

图 4-5　表达视图初始环境

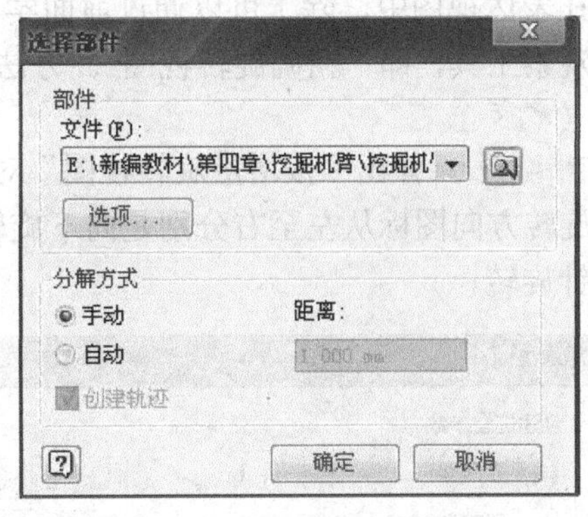

图 4-6　“选择部件”对话框

在对话框中：

● 单击“浏览”按钮，找到要创建表达视图的部件文件；

● 单击“选项”按钮，弹出“文件打开选项”对话框，如图 4-7 所示。在该对话框中，可对部件中位置表达、详细等级表达等选项进行选择，本章不作介绍；

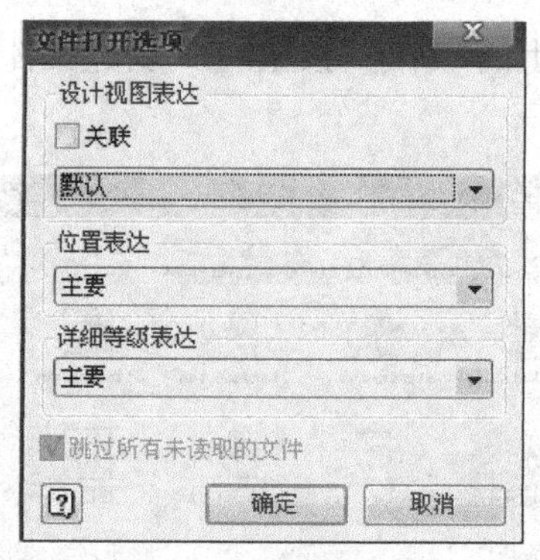

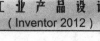

图 4-7 “文件打开选项”对话框

● “分解方式”有“手动”和“自动”两种方式，“手动”方式是用户自行调整零部件的位置，在该方式下，“距离”、“创建轨迹”选项均不可用；“自动”方式是用户通过设定“距离”，让 Inventor 自动完成零部件位置的调整，“自动”分解方式很少用，这里我们选择“手动”分解方式。

2. 调整零部件位置

单击“创建”工具面板上的“调整零部件位置”按钮 调整零部件位置 ，弹出“调整零部件位置”对话框，如图 4-8 所示。在该对话框的“创建位置参数”选项，包括方向、零部件、轨迹原点、是否显示轨迹；“变换”选项由平移、旋转、编辑现有轨迹组成。仅在选中“旋转”方式下，“仅空间坐标轴”选项方可使用。

3. 精确旋转视图

在表达视图中，除了可以通过前面学习的多种方法来旋转视图外，还提供了更加精确的旋转观察工具，即“精确旋转视图”。方法是单击“创建”工具面板上的“精确旋转视图”按钮 精确旋转视图 ，弹出“按增量旋转视图”对话框，如图 4-9 所示。在这里可进行精确角度的旋转，旋转方向图标从左至右分别是向下旋转、向上旋转、向左旋转、向右旋转、逆时针旋转、顺时针旋转。

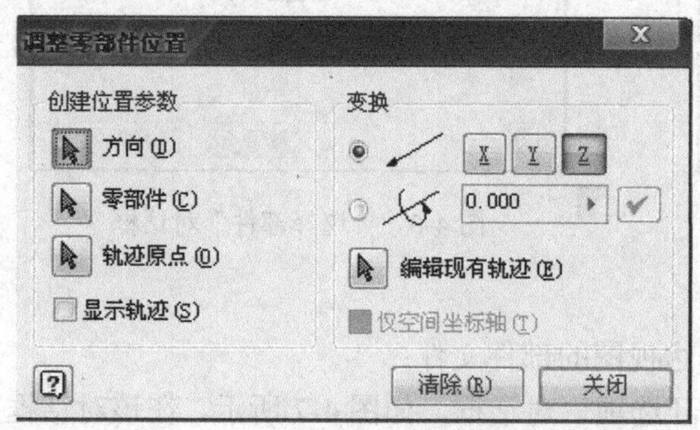

图 4-8 “调整零部件位置”对话框

图 4-9 “按增量旋转视图”对话框

4．动画制作

Inventor 的动画功能可以创建部件表达视图的装配动画，并可将动画录制为视频文件，以便在脱离 Inventor 环境下动态重现部件装配过程。方法是单击“创建”工具面板上的“动画制作”按钮 动画制作 ，弹出“动画”对话框，如图 4-10 所示。展开对话框后，在“动画顺序”栏，可对动画的顺序进行调整。

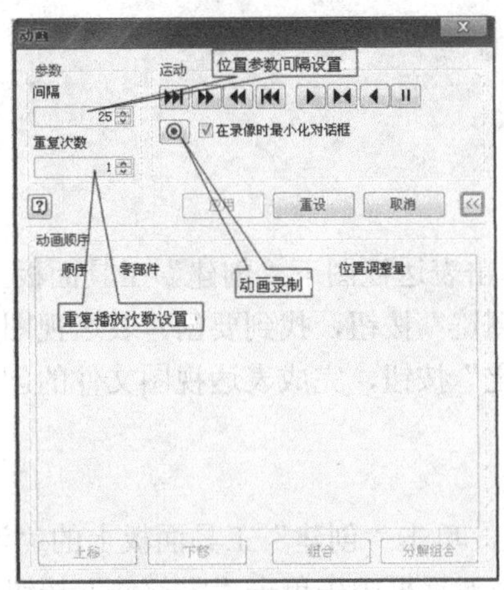

图 4-10　“动画”对话框

任务一　迷你音箱的表达视图设计 

任务说明

迷你音箱表达视图设计实例如图 4-11 所示。

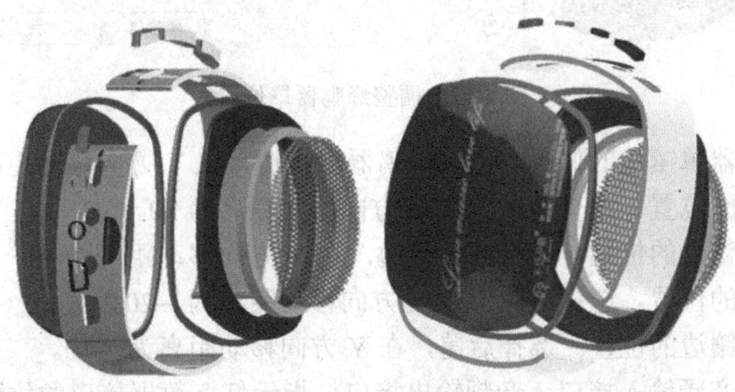

图 4-11　迷你音箱表达视图设计实例

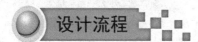

设计流程

1．创建表达视图文件
2．调整各零部件之间的位置关系
3．零部件位置关系的编辑
4．设置照相机
5．录制视频文件

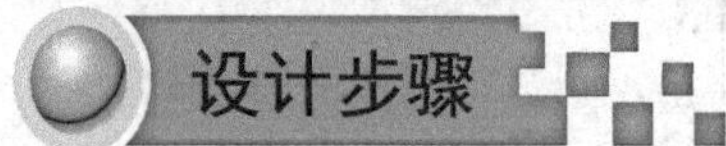

设计步骤

1．创建表达视图文件

新建表达视图文件后，单击表达视图下“创建”工具面板上的“创建视图”按钮，弹出“选择部件”对话框，单击“浏览”按钮，找到要创建表达视图的部件文件“\第 4 章\迷你音箱\迷你音箱.iam”。单击“确定”按钮，完成表达视图文件的创建。

2．调整零部件的位置

（1）调整蜂鸣器罩的位置。单击“创建”工具面板上的“调整零部件位置”按钮，弹出“调整零部件位置”对话框。在对话框中先单击“零部件”按钮，选择迷你音箱的蜂鸣器罩；再单击对话框中的“方向”按钮，在蜂鸣器罩上单击。根据蜂鸣器罩上的坐标轴方向，在对话框中的“变换”栏，单击 Y 轴按钮，输入 50，取消对“显示轨迹”复选框的选择，如图 4-12 所示。完成设置后，先单击“对号”按钮，再单击“清除”按钮，完成蜂鸣器罩的位置调整。

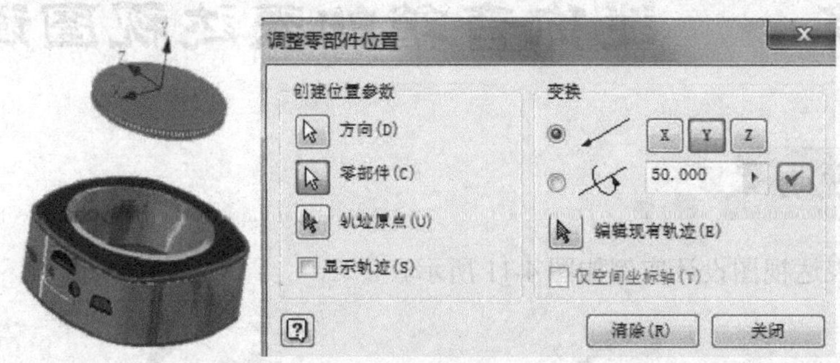

图 4-12　调整蜂鸣器罩位置

（2）调整蜂鸣器罩镶边的位置。选择蜂鸣器罩镶边，在 Y 方向移动距离为 30。

（3）调整前盖的位置。选择前盖，在 Y 方向移动距离为 20。

（4）调整前盖镶边的位置。选择前盖镶边，在 Y 方向移动距离为 10。

（5）调整后盖的位置。选择后盖，在 Y 方向移动距离为 –20。

（6）调整后盖镶边的位置。选择后盖，在 Y 方向移动距离为 –10。

（7）同时调整音频输入接口、音频输出接口、指示灯、数据接口的位置。在对话框中单击“零部件”按钮后，在部件中分别单击音频输入接口、音频输出接口、指示灯、数据接口四个零件，然后单击对话框中“方向”按钮，单击边框零部件的曲面，如图 4-13 所示。在对话框的“变换”栏选中 X 轴，输入距离–10，完成设置后，先单击“对号”按钮，再单击“清除”按钮，完成音频输入接口、音频输出接口、指示灯、数据接口的位置调整。

（8）同时调整电源键、模式键、音量加减键的位置。方向选择如图 4-14 所示，在 Y 方向上移动距离为 10。

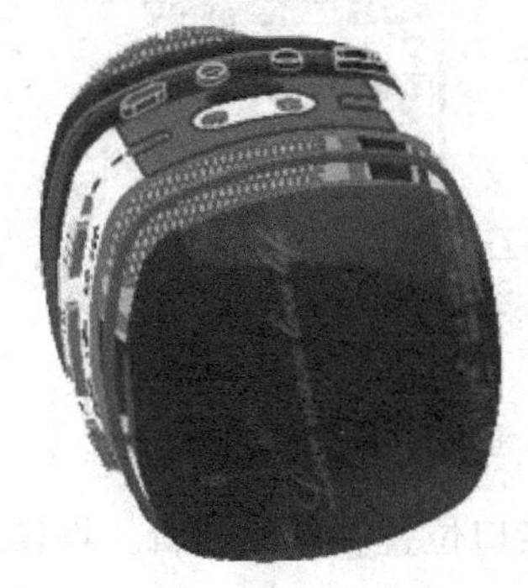

图 4-13　指示灯等多个零部件位置调整

图 4-14　电源键、模式键、音量加减键的位置调整

（9）调整左边框的位置。左边框的方向选择如图 4-15 所示，在 X 方向上移动距离–10，单击“对号”按钮，再在 Y 方向上移动距离为–10，单击“对号”按钮后，再单击“清除”按钮，完成位置设置。

单击“创建”工具面板上的“动画制作”按钮，弹出“动画”对话框，展开“动画顺序”栏，选中左边框的两个位置参数，单击下面的“组合”按钮，再单击上面的“应用”按钮，如图 4-16 所示，完成两个位置参数的组合。

图 4-15　调整左边框位置

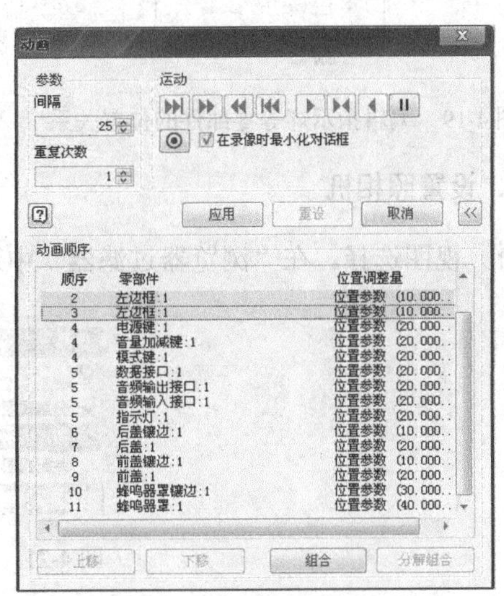

图 4-16　组合位置参数

（10）调整右边框的位置。按照上一步操作步骤，完成右边框的位置调整及其位置参数的组合。

3．零部件位置关系的编辑

（1）蜂鸣器罩位置关系的编辑。单击浏览器中的“浏览器过滤器”按钮 ，选择“分解视图”，如图 4-17 所示。在分解视图中选中蜂鸣器罩位置调整，在浏览器下面出现的编辑文本框中输入 40，如图 4-18 所示，按【Enter】键完成编辑。

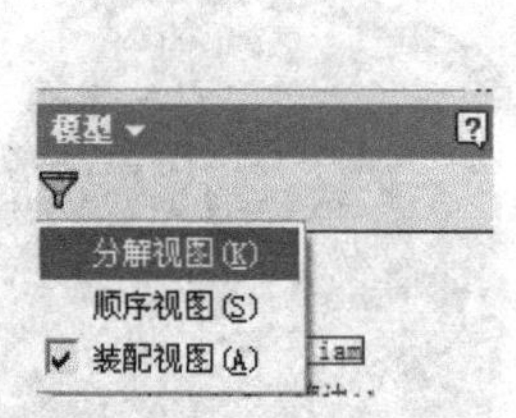

图 4-17　选择视图类型

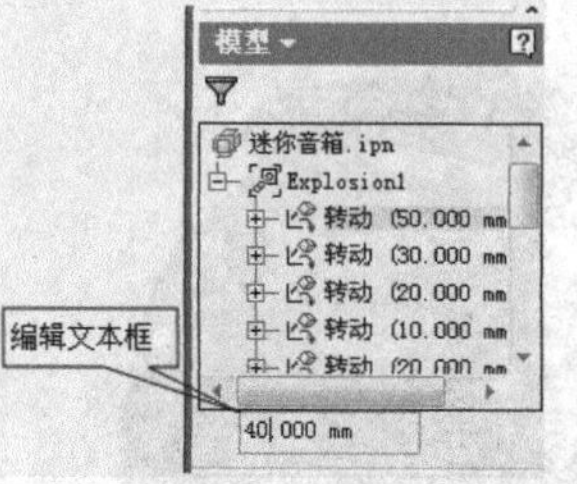

图 4-18　编辑位置关系

（2）音频输入接口、音频输出接口、指示灯、数据接口位置关系的编辑。将移动距离修改为 20，如图 4-19 所示。

（3）电源键、模式键、音量加减键位置关系的编辑，将移动距离修改为 20，如图 4-20 所示。

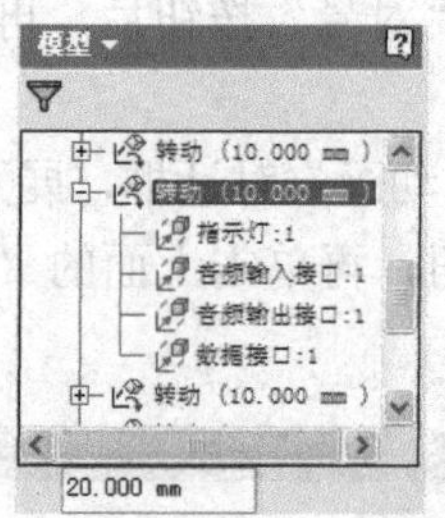

图 4-19　编辑指示灯等零部件的位置关系

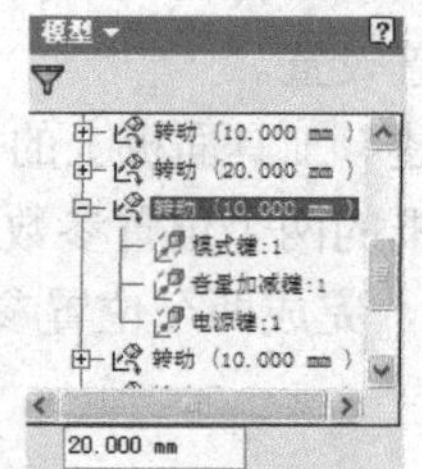

图 4-20　编辑电源键等零部件的位置关系

4．设置照相机

（1）视图选择。在“浏览器过滤器”中选择“顺序视图”，如图 4-21 所示。

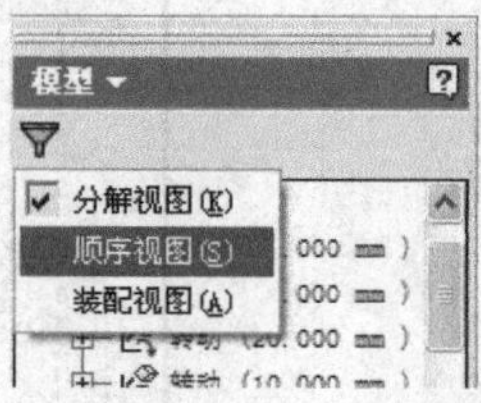

图 4-21　选择视图类型

（2）设置右边框的位置照相机。在浏览器的“序列 1”上单击鼠标右键，选择“编辑”，如图 4-22 所示。弹出“编辑任务及顺序”对话框，如图 4-23 所示。在该对话框中单击“设置照相机”按钮，调整视图视角位置，如图 4-24 所示。完成视角调整后单击“应用”按钮，完成照相机的设置。

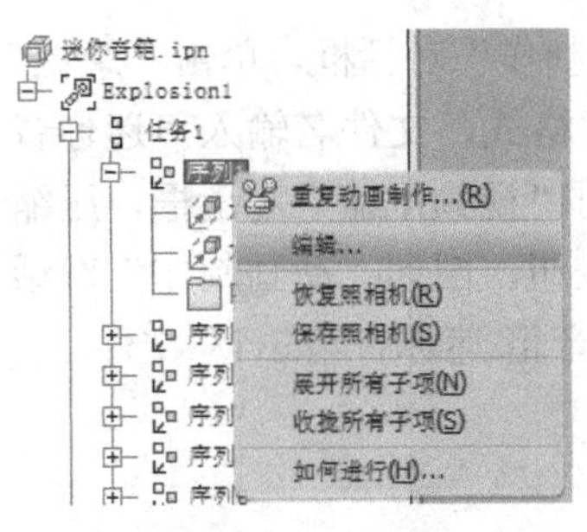

图 4-22　编辑序列

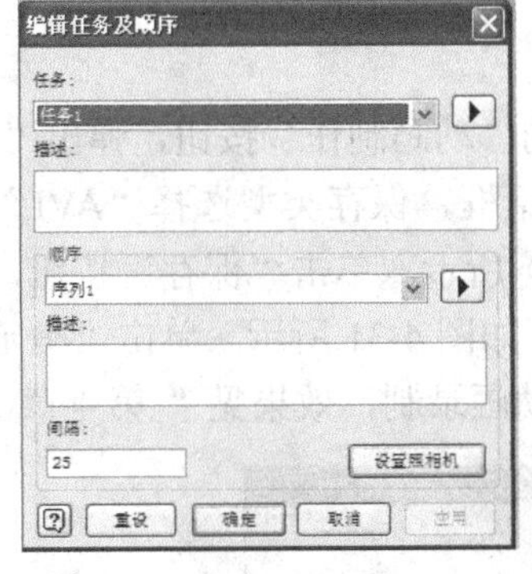

图 4-23　“编辑任务及顺序”对话框

图 4-24　调整视图视角

（3）设置左边框的位置照相机。重复上述步骤，完成左边框照相机的设置，视角位置如图 4-25 所示。

（4）设置电源键、模式键、音量加减键的位置照相机，视角位置如图 4-26 所示。

（5）设置音频输入接口、音频输出接口、指示灯、数据接口的位置照相机，视角位置如图 4-27 所示。

图4-25　设置左边框照相机

图4-26　设置电源键等零部件照相机

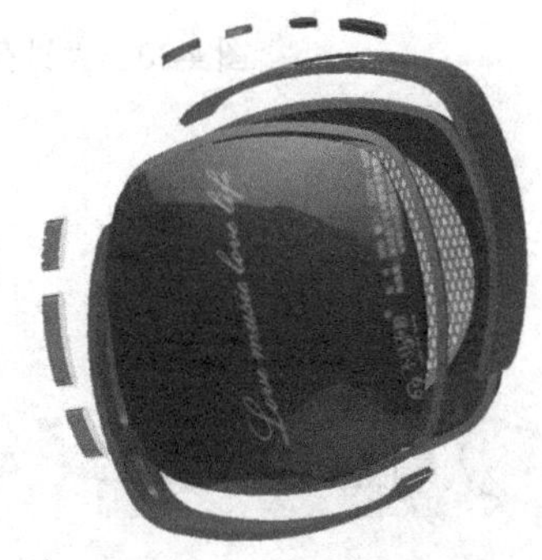

图4-27　设置指示灯等零部件照相机

（6）设置后盖的位置照相机，视角位置如图 4-28 所示。

（7）设置前盖的位置照相机，视角位置如图 4-29 所示。

图 4-28　设置后盖的位置照相机

图 4-29　设置前盖的位置照相机

5．录制视频文件

单击“创建”工具面板上的“动画制作”按钮，弹出“动画制作”对话框，单击“录像”按钮 ◉ ，弹出“另存为”对话框，保存类型选择“AVI”文件格式，文件名输入“迷你音箱”，选择保存路径，如图 4-30 所示。单击“保存”按钮，弹出“视频压缩”对话框，压缩程序选择“Microsoft Video 1”，如图 4-31 所示。单击“确定”按钮，回到“动画制作”对话框，单击播放按钮 ▶ ，完成动画录制，效果见“\第 4 章\迷你音箱\迷你音箱.avi”文件。

图 4-30 “另存为”对话框

图 4-31 “视频压缩”对话框

任务二 挖掘机臂的表达视图设计

任务说明

挖掘机臂表达视图设计实例如图 4-32 所示。

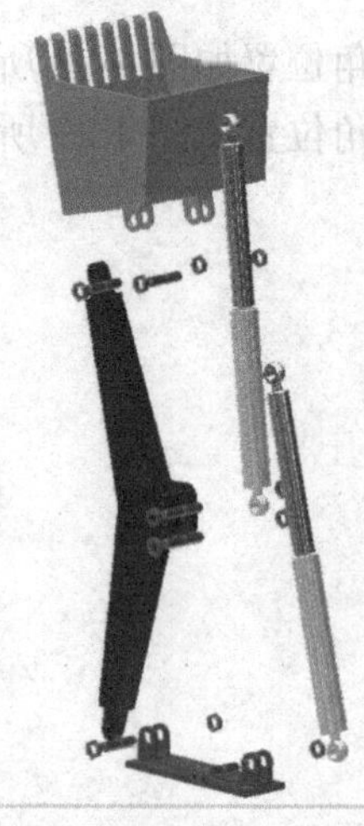

图 4-32 挖掘机臂表达视图设计实例

设计流程

1．创建表达视图文件
2．调整各零部件之间的位置关系
3．设置照相机
4．录制视频文件

设计步骤

1．创建表达视图文件

新建表达视图文件，单击 “创建” 工具面板上的“创建视图”按钮，弹出“选择部件”对话框，单击“浏览”按钮，找到要创建表达视图的部件文件“\第 4 章\挖掘机臂\挖掘机臂.iam”。单击“确定”按钮，完成表达视图文件的创建。

2．调整零部件的位置

（1）调整挖掘机臂一侧螺母的位置。

● 调整平移位置。单击“创建”工具面板上的“调整零部件位置”按钮，弹出“调整零部件位置”对话框。选择挖掘机臂一侧的所有螺母，如图 4-33 所示，方向选择如图 4-34 所示，在 Z 方向移动距离为 50 mm，完成位置调整。

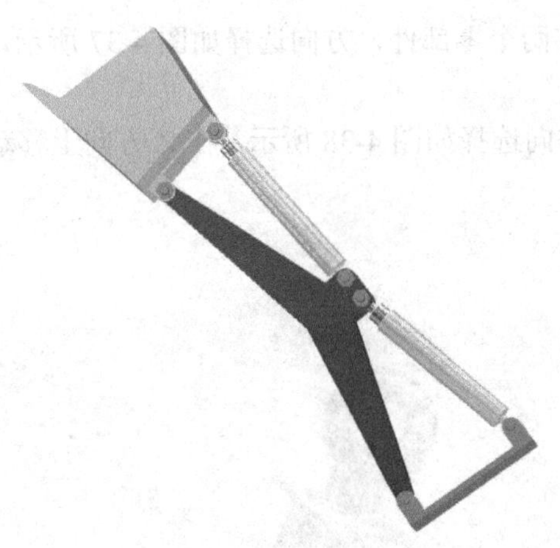

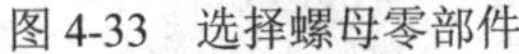

图 4-33　选择螺母零部件

图 4-34　选择移动方向

● 调整旋转位置。选择一个螺母，方向选择如图 4-35 所示。在对话框中的变换栏，选择“旋转”，旋转角度输入“1800”deg，完成该螺母的旋转位置调整。重复上述操作，完成挖掘机臂同一侧其他螺母的旋转位置调整。

● 组合位置调整。打开“动画”对话框，在动画顺序选项中选中所有位置参数，如图 4-36 所示。单击“组合”按钮后，再单击“应用”按钮，完成位置组合。

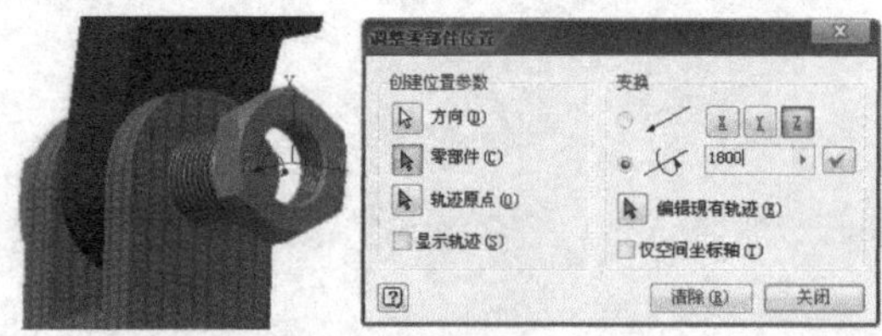

图 4-35　调整螺母的旋转位置

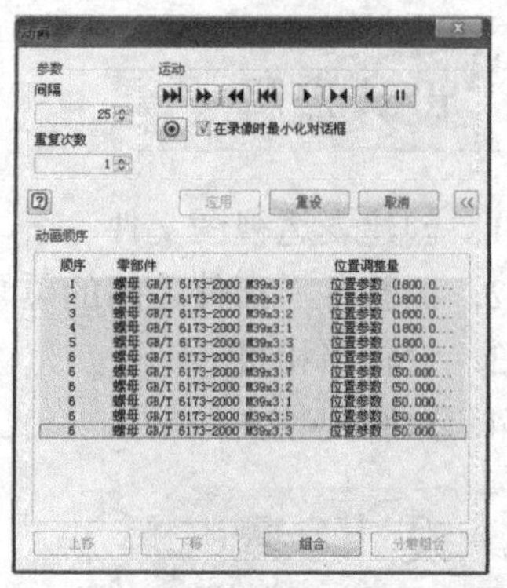

图 4-36　“动画”对话框

● 调整平移位置。再次选中挖掘机臂同一侧所有螺母，将其在 Z 方向移动距离设置为 200mm，完成位置调整。

（2）调整挖掘机臂另一侧螺母的位置。重复上述操作步骤，完成挖掘机臂另一侧所有螺母的位置调整。

（3）调整螺栓的位置。

● 调整平移位置。选中所有螺栓，将其在 Z 向平移 180mm。

● 调整旋转位置。选中一个螺栓，将其旋转角度输入“1800”deg，完成设置后，重复命令，完成其他螺栓的旋转位置调整。

● 组合位置调整。将螺栓的平移位置参数、旋转位置参数进行组合。

（4）调整油缸位置

● 调整上油缸子装配的位置。选中杆、油缸两个零部件，方向选择如图 4-37 所示，在 X 方向上移动距离为 200mm，完成位置调整。

● 调整上油缸杆的位置。选中杆零部件，方向选择如图 4-38 所示，在 Z 方向上移动距离为 500mm，完成位置调整。

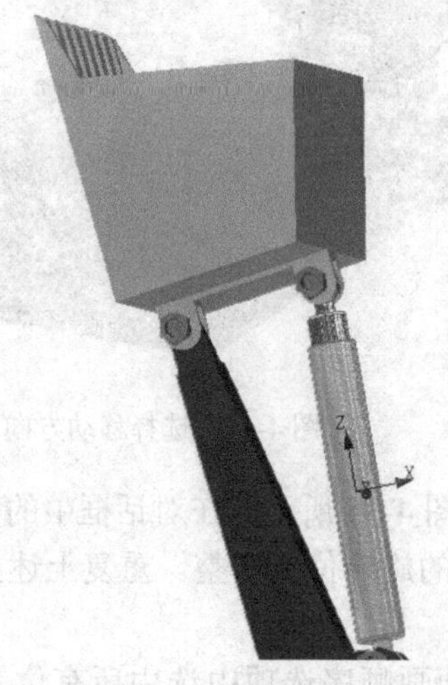

图 4-37　调整油缸子装配位置

图 4-38　调整杆的位置

● 调整下油缸及下油缸杆位置。重复上述调整步骤，完成下油缸子装配及下油缸杆的位置调整，下油缸平移位置调整时，在 X 方向上将移动距离设置为 400mm。

（5）调整爪的位置。选择爪，方向如图 4-39 所示，Z 方向平移 200mm，完成爪的位置调整。

（6）调整臂的位置。选择臂，方向如图 4-40 所示，Z 方向平移–200mm，完成臂的位置调整。

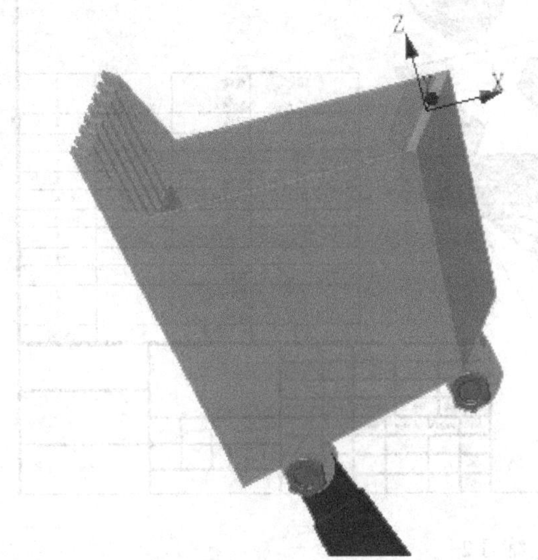

图 4-39　调整爪的位置

图 4-40　调整臂的位置

3．设置照相机

按照以前所学设置步骤，设置照相机效果。

4．录制视频

将装配过程动画录制成视频文件，录制步骤可参考迷你音箱的录制步骤。

5．最后保存文件，退出

思考与练习

1．将光盘中“\第 3 章\练习\1\”下的数码相框装配文件，按照如图 3-139 所示样式进行分解，创建表达视图。

2．将光盘中“\第 4 章\练习\1\”下的装配文件，按照如图 4-41 所示样式进行分解，创建表达视图。

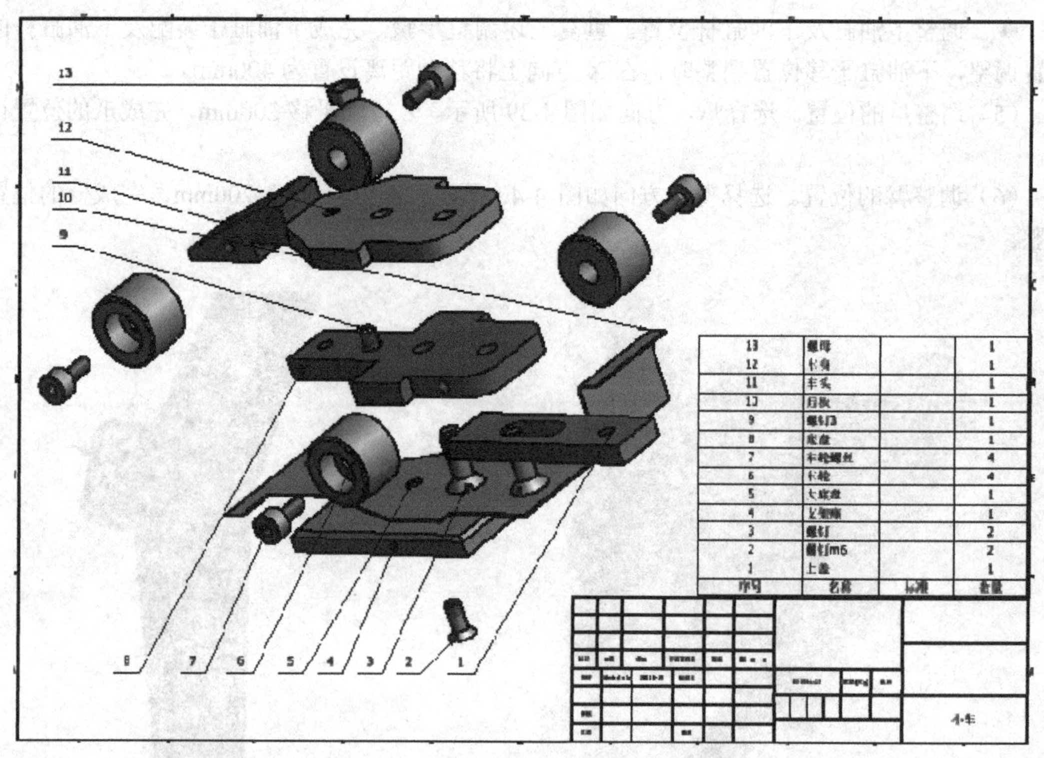
13
12
11
10
9
8
7
6
5
4
3
2
1
13 螺母 1
12 车身 1
11 车头 1
10 1
9 螺钉3 1
8 底盘 1
7 车轮螺丝 4
6 车轮 4
5 大底盘 1
4 1
3 螺钉 2
2 螺钉m6 2
1 上盖 1
序号 名称 标准 数量
小车

图 4-41　练习 2

第5章 工程图设计

目前国内的加工制造还不能够完全达到无图化生产加工的条件，因此工程图仍然是表达产品信息的主要媒介，是表达零部件信息的重要方式，是设计者与生产制造者交流的载体。绘制工程图是机械设计的最后一步，Inventor 为用户提供了比较成熟和完善的工程图处理功能，可以实现二维工程图与三维实体零件模型之间的关联更新，方便了设计过程的修改。本章将通过几个实例来介绍二维工程图的创建和编辑等相关知识。

准备工作

工程图环境设置

1. 用户界面

如图 5-1 所示，即为工程图环境下的“放置视图”功能选项卡环境和“标注”功能选项卡环境。

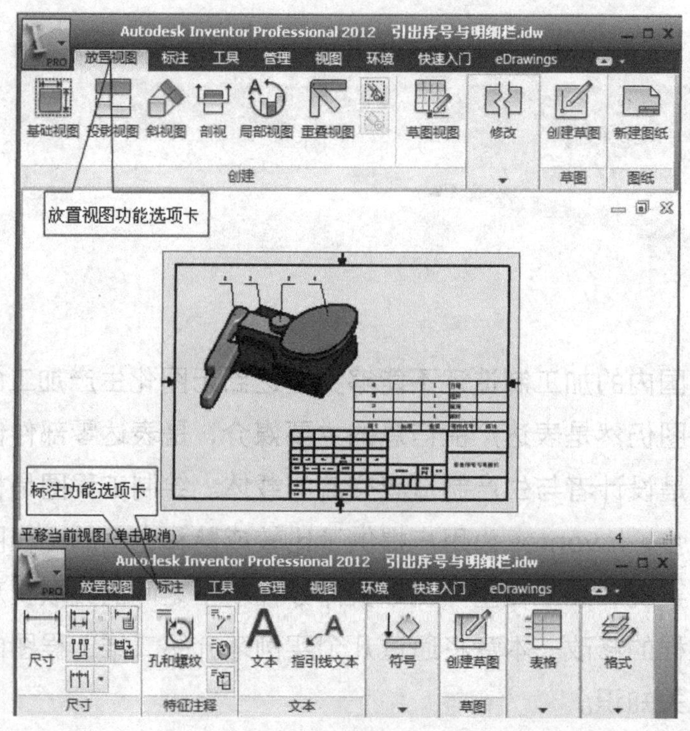

图 5-1 工程图环境

2. 进入工程图环境

进入工程图环境有三种方法：

- 依次单击应用程序菜单图标上的箭头、“新建”右边的箭头、工程图，如图 5-2 所示。
- 在快速访问工具栏上，单击“新建”按钮旁边的下拉箭头，选择“工程图”，如图 5-3 所示。
- 单击“启动”工具面板上的“新建”按钮，弹出“新建文件”对话框。选择“Standard.idw”，如图 5-4 所示。

图 5-2　进入工程图环境方法 1

图 5-3　进入工程图环境方法 2

图 5-4　进入工程图环境方法 3

说明：

在该方式下也可选择“Standard.dwg”格式文件，两种格式的文件均能与 Inventor 中的三维模型保持关联。区别是“.dwg”格式文件既能用 Inventor 打开，也能用 AutoCAD 打开，而“.idw”格式文件只能用 Inventor 打开。

3．工程图环境设置

为了更好地创建工程图，往往需要先对工程图环境进行设置。

（1）将样式库设置为“读写”方式。首先关闭所有文件，在 Inventor 环境下，单击“启动”工具面板上的“项目”按钮，如图 5-5 所示。弹出“项目”对话框，找到对话框“项目”栏内的“使用样式库=只读”选项，单击右键选择“读-写”，如图 5-6 所示。

图 5-5　项目图标

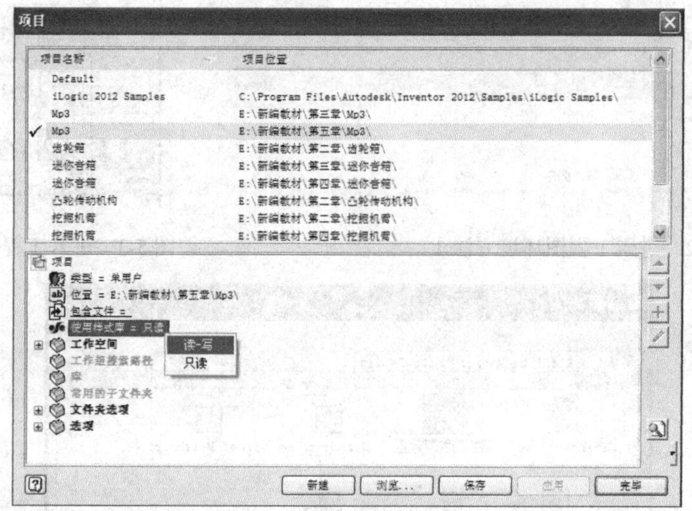

图 5-6　“项目”对话框

（2）尺寸样式设置。新建工程图文件，进入工程图环境，单击“管理”功能选项卡下的“样式编辑器”按钮，弹出“样式和标准编辑器”对话框。在该对话框的浏览器中，单击“尺寸”选项，选择“默认（GB）”，如图 5-7 所示。

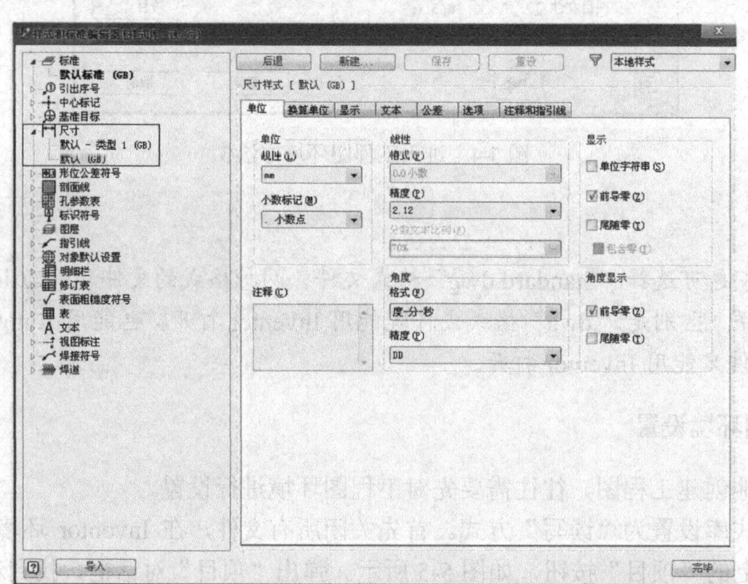

图 5-7　样式编辑器

● “单位”选项卡：将“线性”栏的“精度”选项设置为“0”，将“角度”栏的“精度”选项设置为“DD”，如图 5-8 所示。单击对话框上方的“保存”按钮，完成“单位”选项卡的设置。

● “显示”选项卡：将尺寸标注样式“A：延伸（E）”的值改为 2mm，如图 5-9 所示，单击“保存”按钮，完成“显示”选项卡的设置。

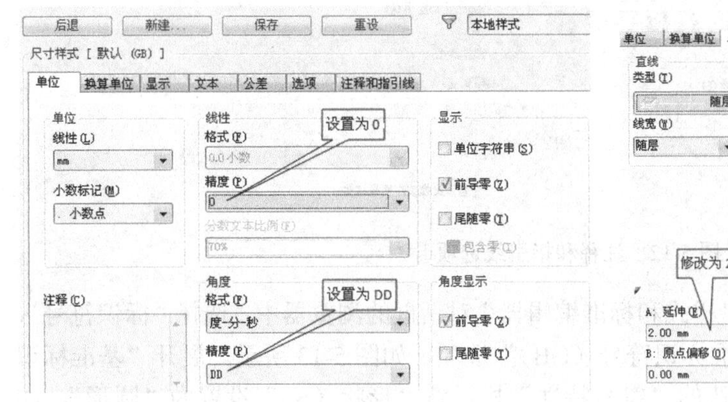

图 5-8　单位选项卡

图 5-9　显示选项卡

● “文本”选项卡：“基本文本样式”栏，选择“标签文本（ISO）”；“公差文本样式”栏，选择“注释文本（ISO）”；排列样式，选择“底端对齐”；“角度尺寸”栏，选择“平行水平”；“直径”样式选择“水平”；“半径”样式选择“水平”。如图 5-10 所示，单击“保存”按钮，完成“文本”选项的设置。

● “公差”选项卡：公差方式选择“偏差”；在“显示选项”栏，选择“无尾随零-无符号”；在“基本单位”栏的“线性精度”选项，选择“3.123”，如图 5-11 所示。单击“保存”按钮，完成“公差”选项卡的设置。

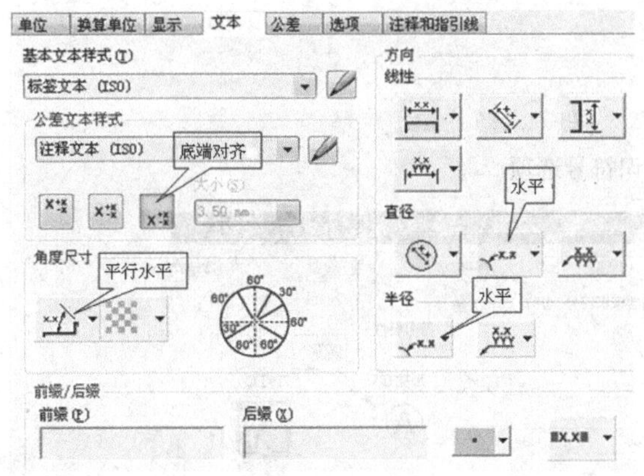

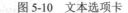

图 5-10　文本选项卡

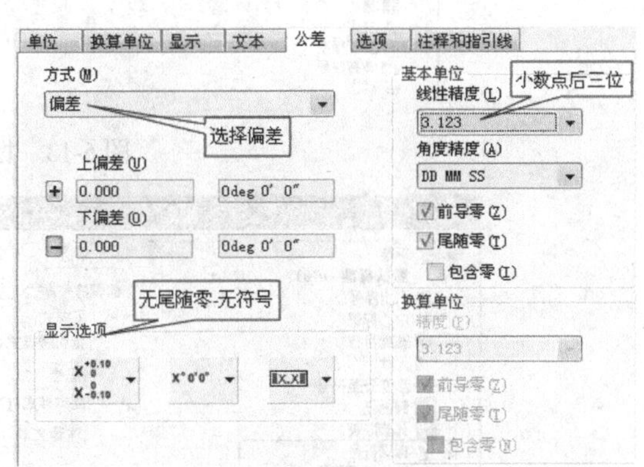

图 5-11　公差选项卡

● “注释和指引线”选项卡：指引线文本样式选择“水平”，如图 5-12 所示，单击“保存”按钮，完成“注释和指引线”选项卡的设置。

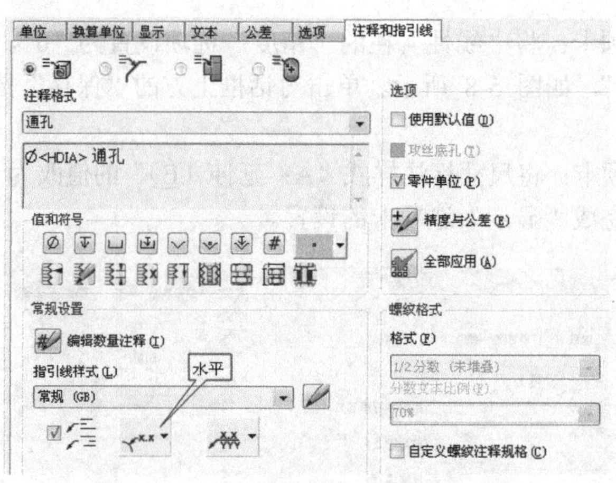

图 5-12　注释和指引线选项卡

（3）基本标识符号设置。在“样式和标准编辑器”对话框的浏览器中，选择“标识符号”，在右边的“名称”栏，双击“基准标识符号（GB）”选项，如图 5-13 所示。展开“基准标识符号（GB）”选项，在对话框右边的“符号特性”栏，将“形状（S）”设置为“圆形”，如图 5-14 所示。

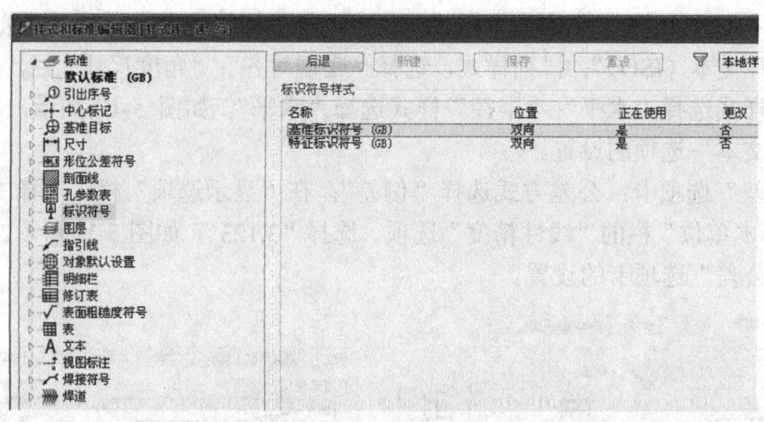

图 5-13　标识符号选项

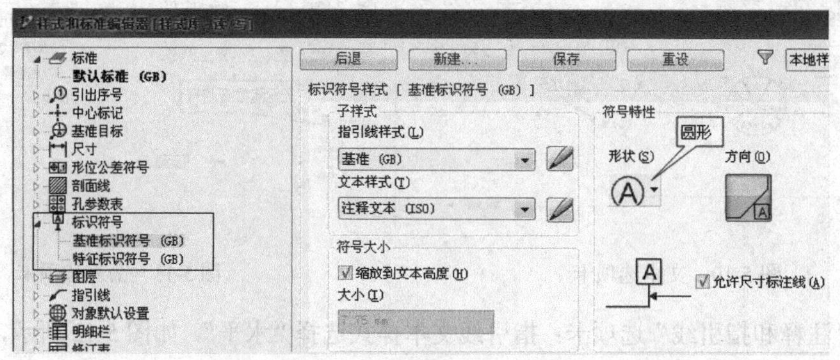

图 5-14　基准标识符号窗口

（4）剖视图边界线的设置。在“样式和标准编辑器”对话框的浏览器中，选择“图层”下的“折线（ISO）”，在对话框右边的“符号特性”栏，将“折线（ISO）”的线宽改为 0.25 mm，如图 5-15 所示。单击“保存”按钮，将折线图层进行保存。

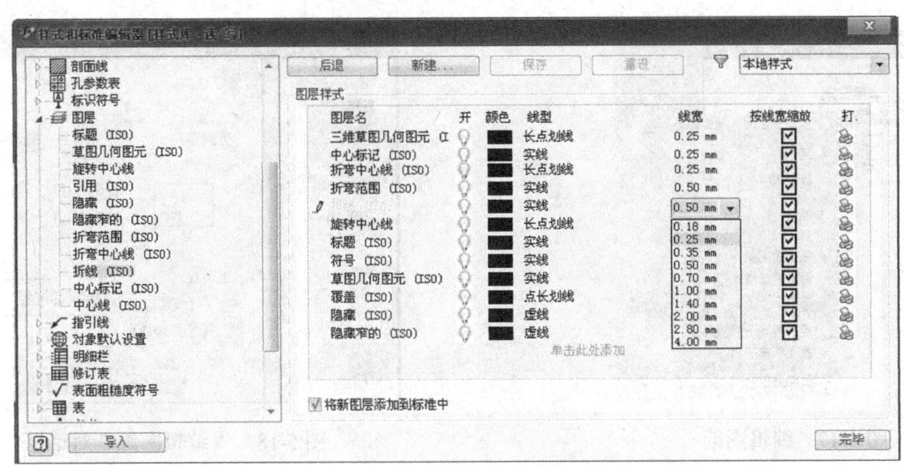

图 5-15　折线图层线宽设置

（5）在“样式和标准编辑器”对话框的浏览器中，选择“对象默认设置”下的“Unnamed Style”，在对话框右边的“对象类型”栏，选中“局部剖线”，将其图层由“可见（ISO）”改为“折线（ISO）”，如图 5-16 所示。

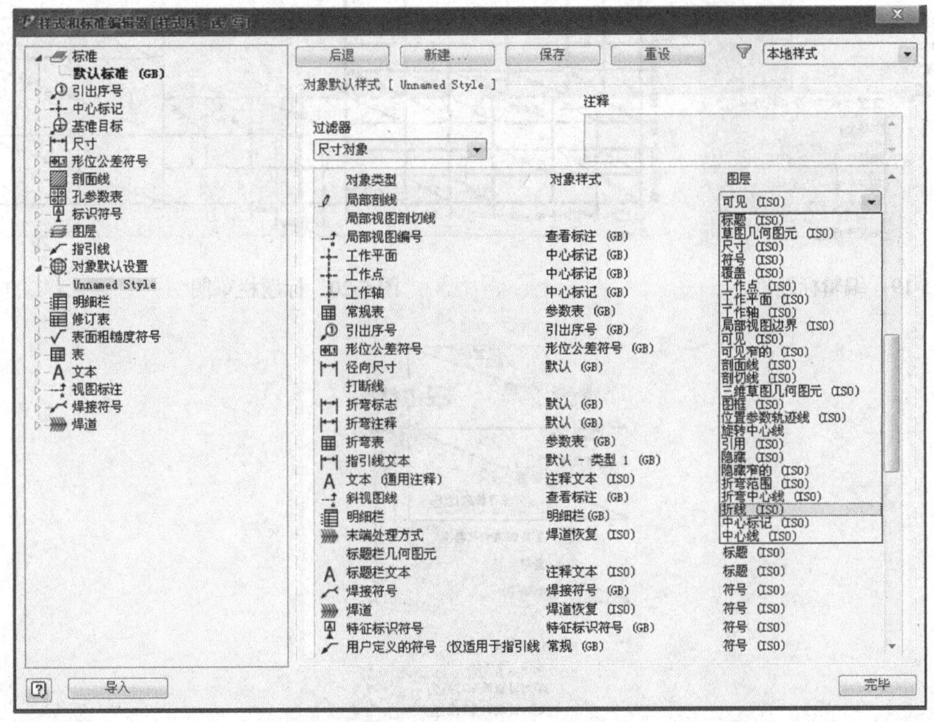

图 5-16　局部剖线图层设置

（6）图纸设置。在工程图环境下的浏览器中，在图纸上单击右键，选择“编辑图纸”命令，如图 5-17 所示。弹出“编辑图纸”对话框，在该对话框中可对图纸大小、图纸方向、标题栏位置等进行设置，如图 5-18 所示。

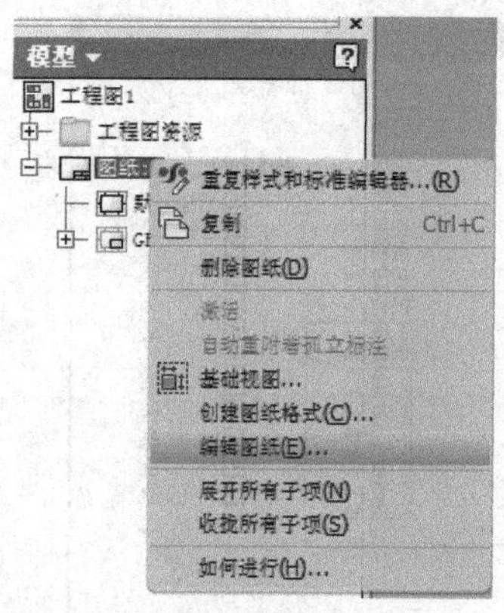

图 5-17　编辑图纸

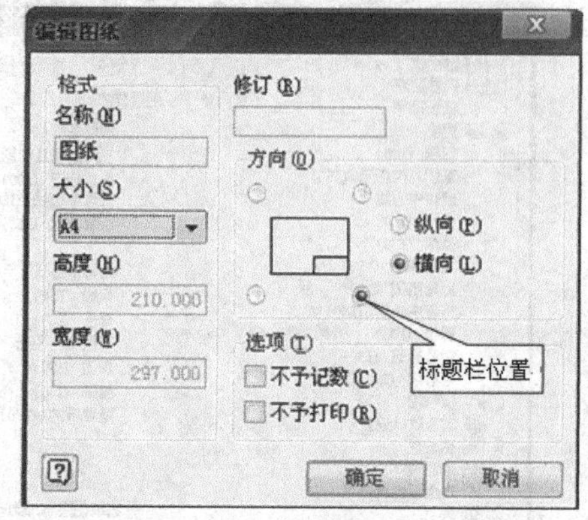

图 5-18　“编辑图纸”对话框

（7）标题栏设置。在工程图环境下的浏览器中，在“GB1”上单击右键，选择“编辑定义”命令，如图 5-19 所示，进入标题栏草图，如图 5-20 所示。在草图中将“零件代号”删除，在“名称”上单击右键，选择“编辑文本”命令，如图 5-21 所示。

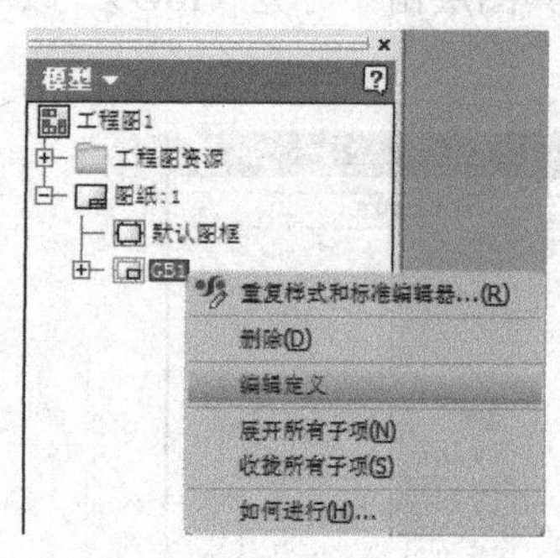

图 5-19　编辑标题栏

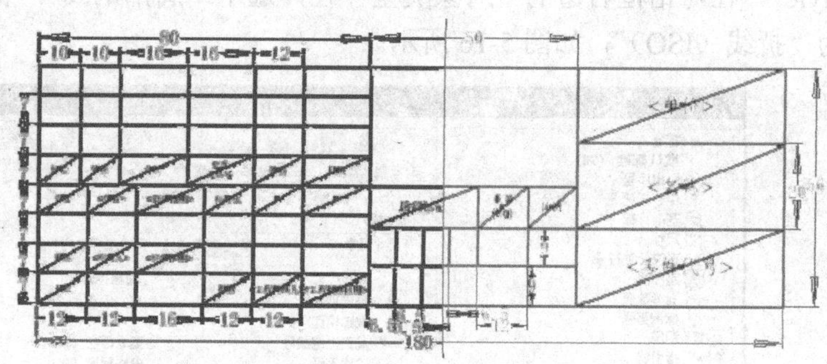

图 5-20　标题栏草图

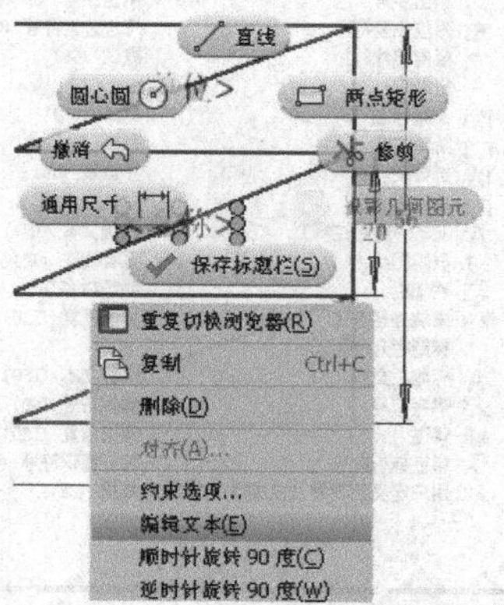

图 5-21　编辑文本

在弹出的“文本格式”对话框中。文本区选中“<名称>”将其删除，在“字体”栏，选择“仿宋_GB2312”； 字号“大小”设置为 5.00 mm ；在“类型”栏选择“特性 - 工程图”；在“特性”栏选择“零件代号”。然后单击“添加文本参数”按钮 ，将零件代号添加至文本区，如图 5-22 所示。单击“确定”按钮，完本文本格式设置，单击“退出”功能面板上的“完成草图”按钮，弹出“保存编辑”对话框，如图 5-23 所示。单击“是”按钮，完成标题栏的设置。

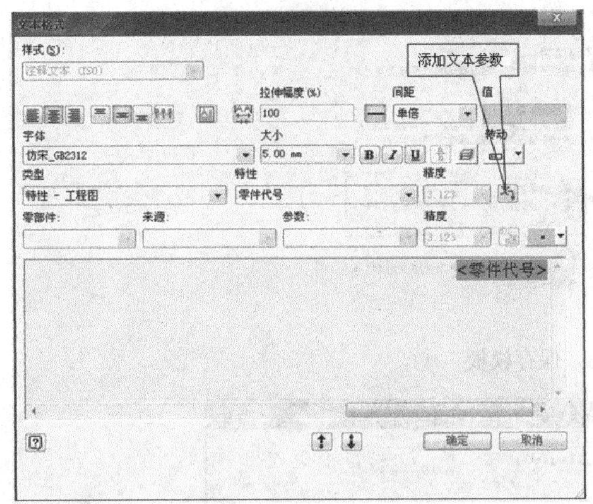

图 5-22 添加文本参数

图 5-23 “保存编辑”提示对话框

（8）创建工程图模板。完成前面设置后，在“管理”功能选项卡下，单击“样式和标准”功能面板上的“保存”按钮 ，如图 5-24 所示。弹出“将样式保存到样式库中”对话框，在该对话框中罗列出我们设置的选项，单击下面的 按钮，将“是否保存到库”栏，修改为“是”，单击“确定”按钮，弹出“是否要覆盖样式库信息？”对话框，如图 5-25 所示。在该对话框中单击“是”按钮，完成样式库的保存。

图 5-24 样式编辑保存图标

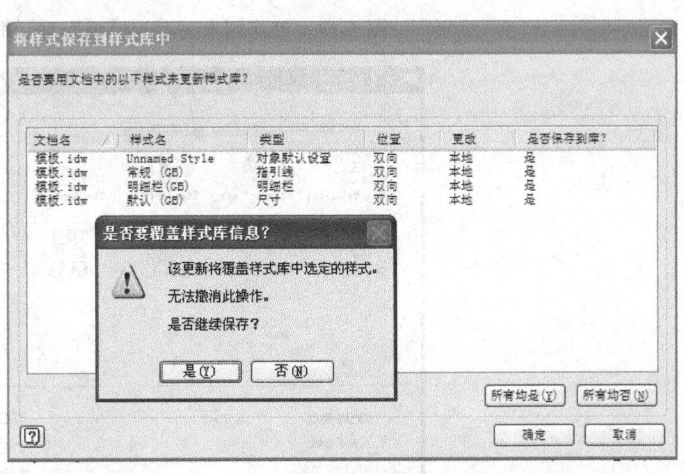

图 5-25 “是否要覆盖样式库信息”对话框

先后单击应用程序菜单、“另存为”右边的箭头，选择“保存副本为模板”，如图 5-26 所示。弹出“将副本另存为模板”对话框，文件名输入“模板.idw”，如图 5-27 所示，单击“保存”按钮，完成模板的创建。在“新建文件”对话框中增加了“模板.idw”文件，如图 5-28 所示。

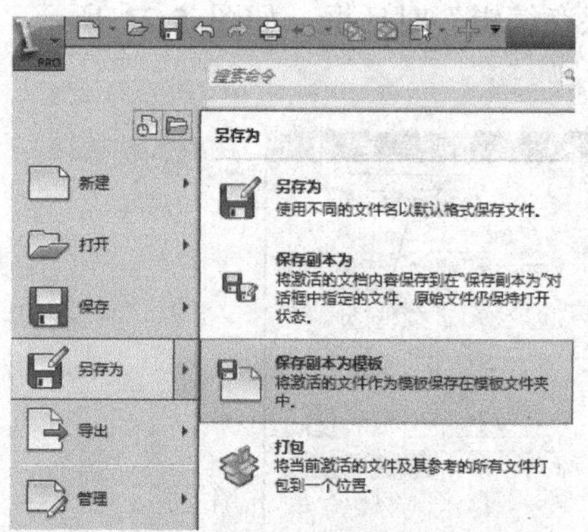

图 5-26　保存模板

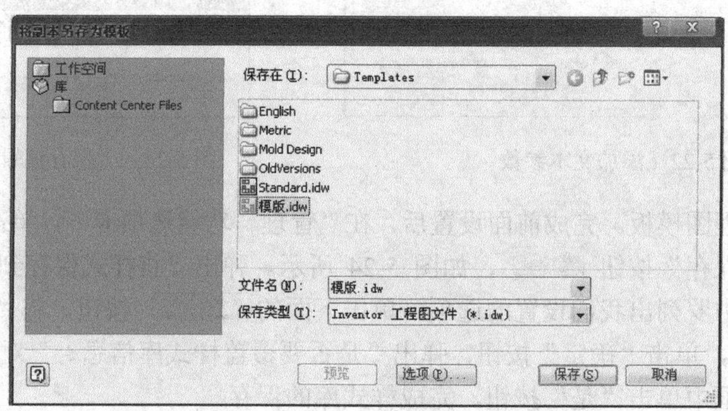

图 5-27　“将副本另存为模板”对话框

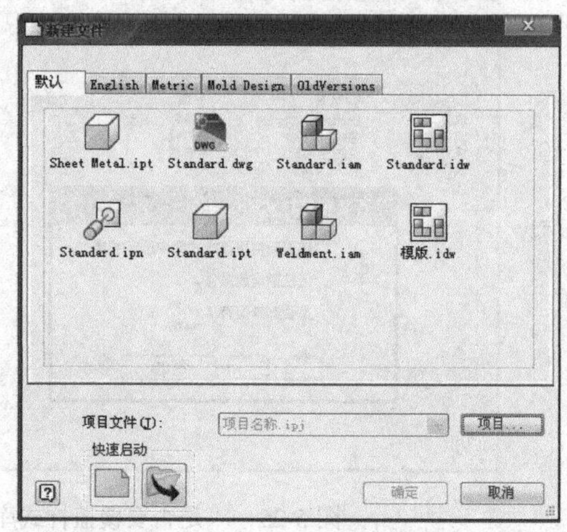

图 5-28　“新建文件”对话框

在 Inventor 2012 中创建的视图可分为两大类，一类是由三维实体零件或者已有的工程视图创建的新视图，例如，基础视图、投影视图、斜视图、剖视图等，另一类是在已有的工程视图上进行修改而得到的视图，例如，断裂视图、局部剖视图、断面图等。

1. 基础视图

基础视图是工程视图的第一个视图，是其他视图的基础，打开“\第 5 章\零件 1.ipt”文件，在零件文件中调整实体视角，如图 5-29 所示。利用前面创建的模板文件，新建工程图文件。

图 5-29　零件 1 模型

在工程视图中的“放置视图”选项卡下，单击“创建”工具面板上的“基础视图”按钮 基础视图，如图 5-30 所示，弹出“工程视图”对话框，如图 5-31 所示。在对话框中的“方向”栏选择“当前”，在“显示方式”栏选择“显示隐藏线方式”。在视图区将鼠标移动到合适位置单击，生成基础视图，此时移动鼠标会出现相应的投影视图，如果不需要投影，单击鼠标右键，选择“完成”命令，即可完成基础视图的创建，如图 5-32 所示。

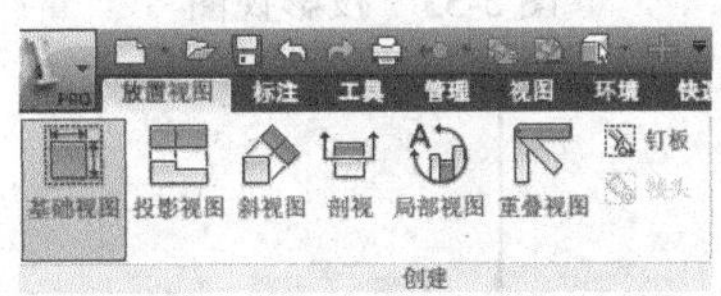

图 5-30　基础视图图标位置

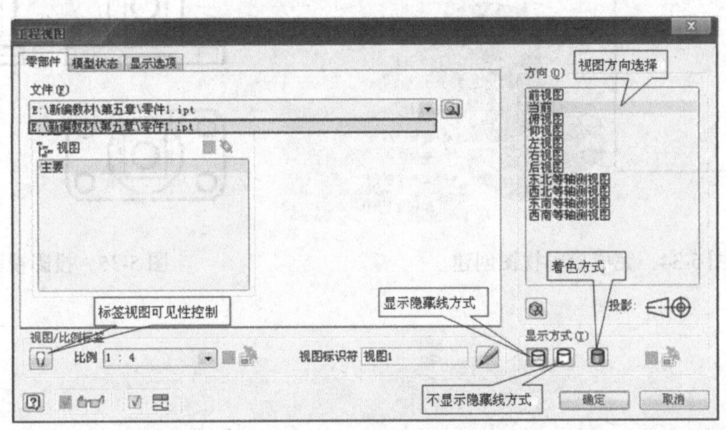

图 5-31　“工程视图”对话框

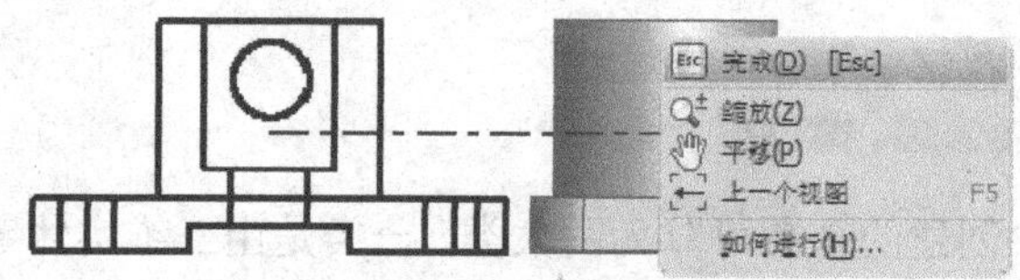

图 5-32　完成视图创建

2. 投影视图

利用投影视图可从已有视图中生成其他正交视图及轴测视图。单击“创建”工具面板上的“投影视图”按钮 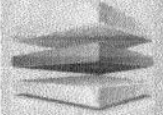，将鼠标移动到视图区，单击基础视图，移动鼠标即可在相应的方向上生成投影视图，如图 5-33 所示。最后单击鼠标右键选择“创建”命令，完成投影视图的创建，如图 5-34 所示，效果如图 5-35 所示。

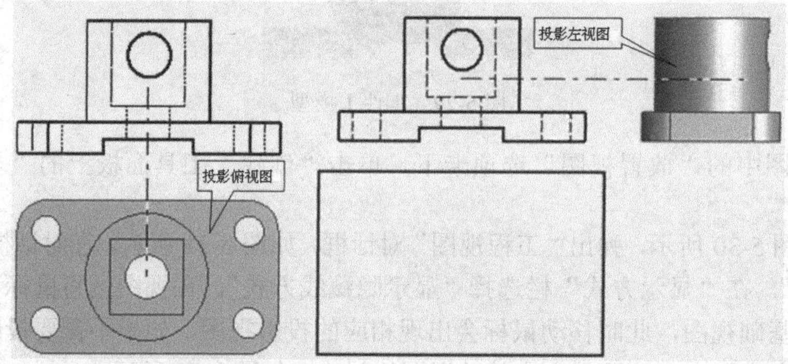

图 5-33　投影视图

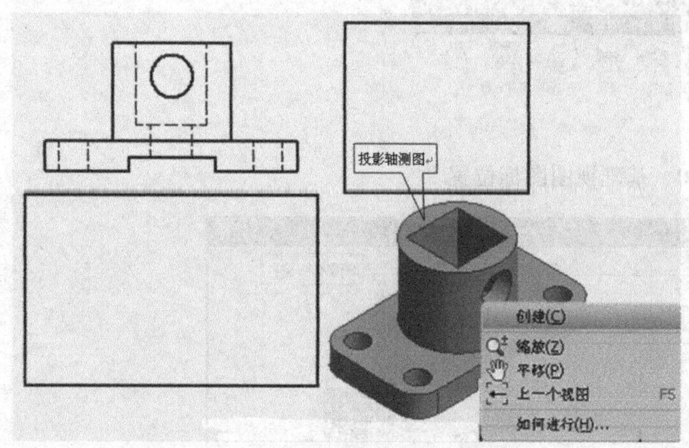

图 5-34　完成投影视图创建

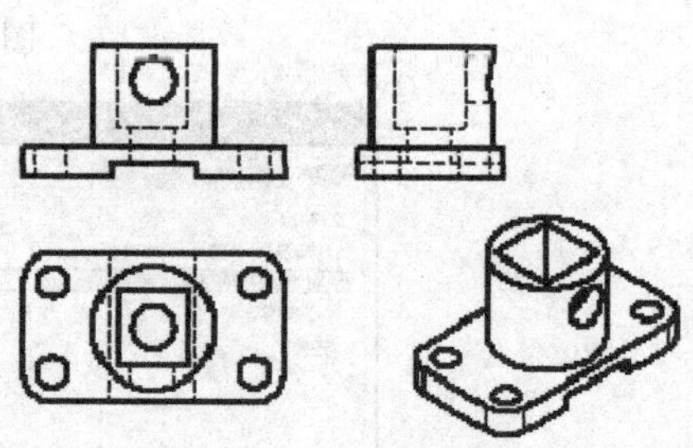

图 5-35　投影视图后的效果

说明：

在默认状态下，由投影得到的正交视图，其比例、显示方式跟父视图相同，并且与父视图对齐。如需更改，可在需更改的视图上单击鼠标右键，选择“编辑视图”，如图 5-36 所示，弹出“工程视图”对话框，将对话框中的两个勾选去掉即可，如图 5-37 所示。

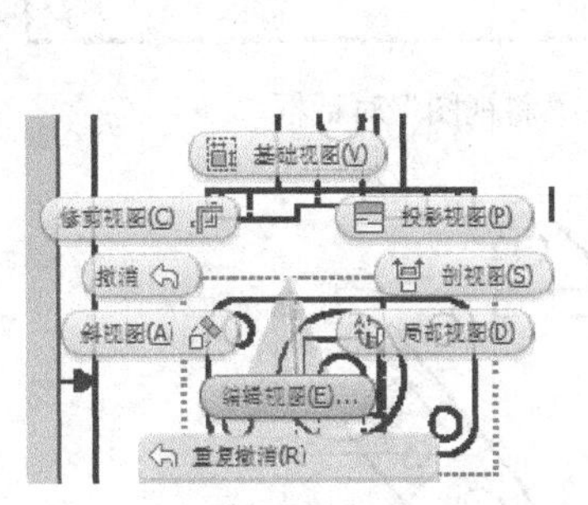

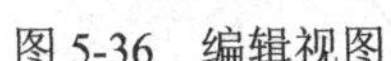
图 5-36 编辑视图

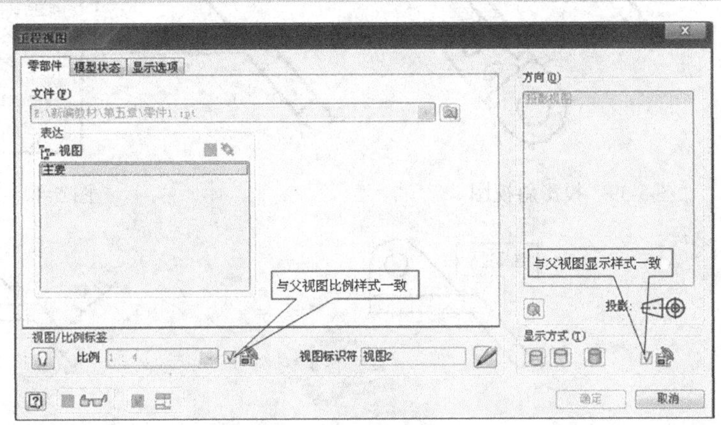

图 5-37 “工程视图”对话框

在图 5-35 所示的轴测图上单击鼠标右键，选择“编辑视图”命令，在弹出的“工程视图”对话框中，将“显示方式”设置为“着色”方式。单击“确定”按钮，完成轴测图的显示方式修改，效果如图 5-38 所示。

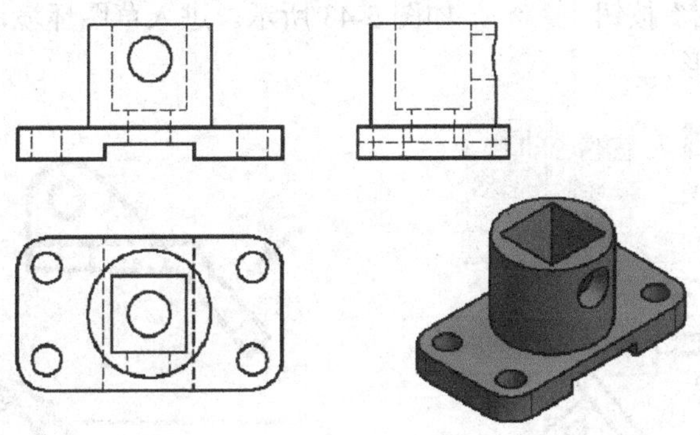

图 5-38 轴测图着色方式显示

3. **斜视图**

斜视图一般常用于表达零部件上不平行于基本投影面的结构，其适合于表达零部件上斜表面的实形，如图 5-39 所示。

- 斜视图的创建。打开“\第 5 章\零件 2.idw”文件，单击“创建”工具面板上的“斜视图”按钮 斜视图 ，在视图区单击视图，弹出“斜视图” 对话框，在对话框的“样式”栏，选择“不显示隐藏线”，如图 5-40 所示。先在视图上选择一条边作为斜视图的投影方向，然后在垂直于选择边或平行于选择边的方向上移动鼠标，来创建不同方向上的斜视图，如图 5-41 所示。移动鼠标至合适位置单击，完成斜视图的创建。父视图中的投影线以及斜视图中的标签，可用鼠标将其拖动到合适位置，效果如图 5-42 所示。

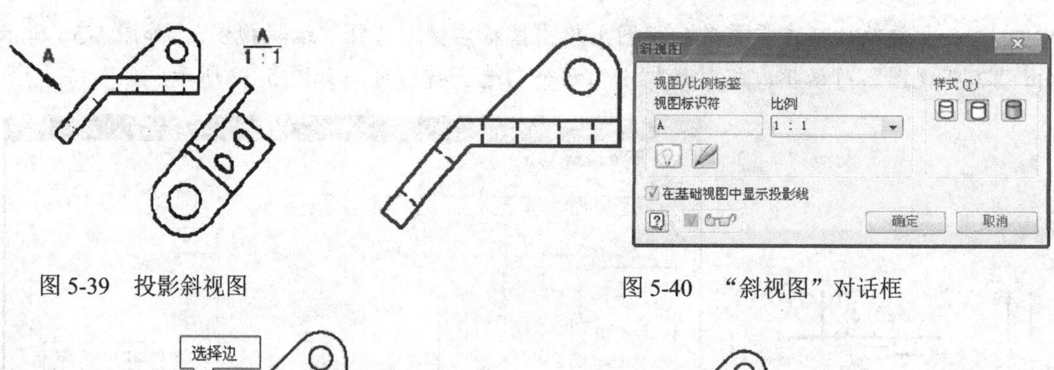

图 5-39　投影斜视图　　　　图 5-40　“斜视图”对话框

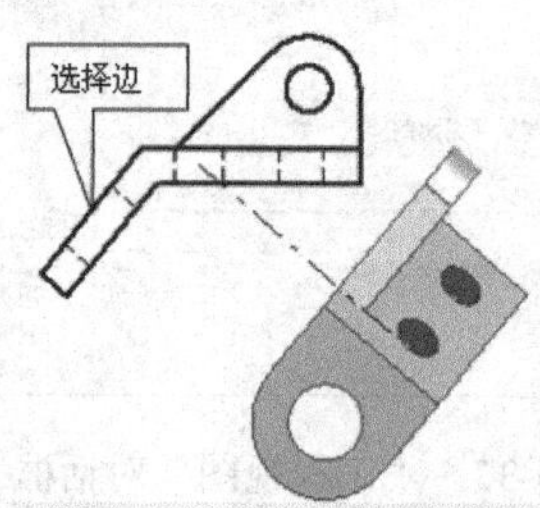

图 5-41　选择斜视图方向

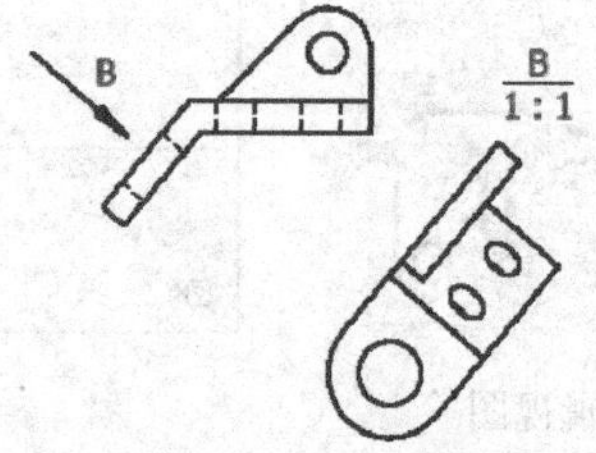

图 5-42　投影斜视图后的效果

- 斜视图的修剪。在“放置视图”选项卡下，在视图区选中斜视图，单击“草图”工具面板上的“创建草图”按钮 创建草图 ，如图 5-43 所示。进入草图环境，利用样条曲线绘制如图 5-44 所示的封闭图形。

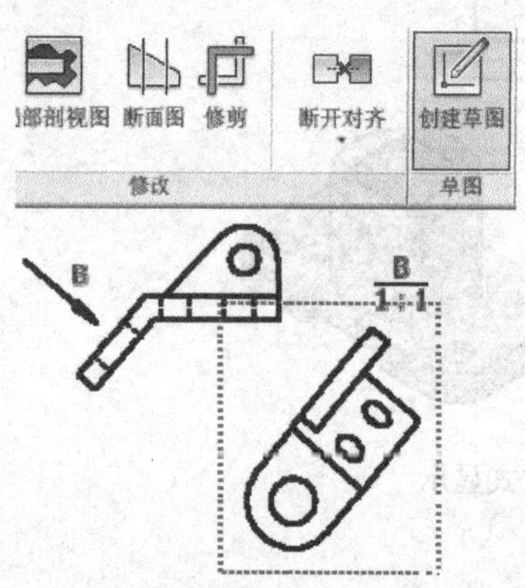

图 5-43　草图方式修剪视图

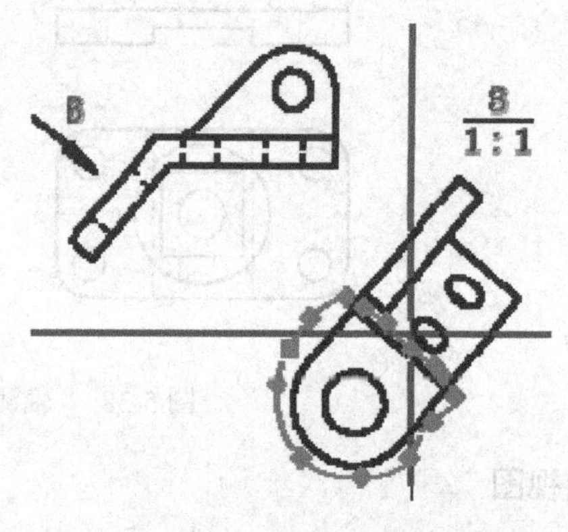

图 5-44　草图样式

单击“退出”工具面板上的“完成草图”按钮，完成草图的创建。单击“修改”工具面板上的“修剪”按钮 修剪 ，选择斜视图中的草图，草图变为红色后单击，完成斜视图的修剪，效果如图 5-45 所示。

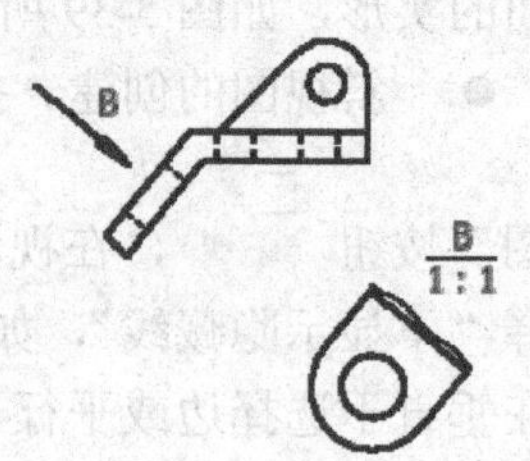

图 5-45　修剪斜视图后的效果

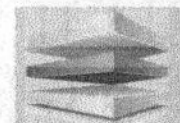

说明：

修剪视图的方法，除了前面提到的用草图修剪外，还可以不需要草图，直接单击“修剪”命令后，再单击需要修剪的视图，然后在视图上采用框选的方法指定修剪范围，如图 5-46 所示。另外视图的修剪也可通过视图图元的可见性来完成，方法是在需要修剪的视图上单击鼠标右键，在快捷菜单中，将“可见性”前面的勾去掉，如图 5-47 所示。

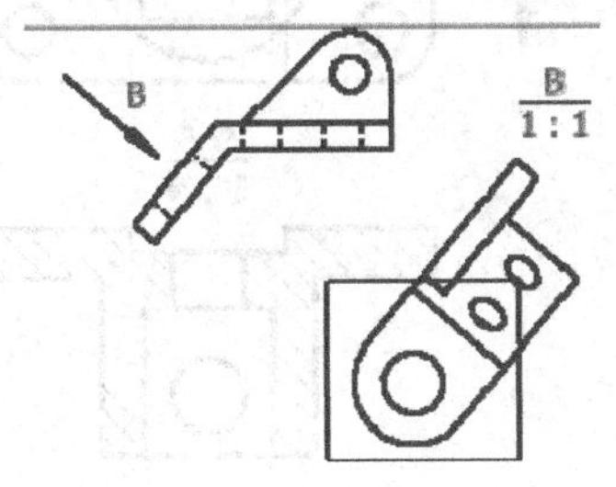

图 5-46 栏选方式修剪视图

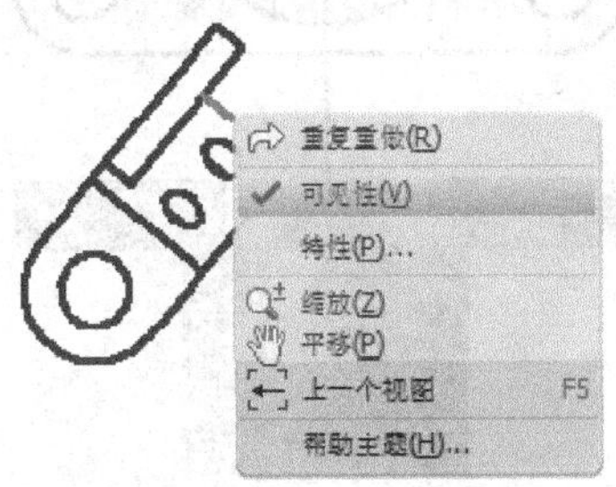

图 5-47 隐藏视图图元

4．剖视图

剖视图用来表达零部件的内部形状结构。

（1）全剖视图。打开“\第 5 章\剖视图.idw”文件，如图 5-48 所示。单击“创建”工具面板上的“剖视”按钮（剖视），在视图区单击视图，用鼠标感应如图 5-49 所示边线的中点，不要单击鼠标，将鼠标向右水平移动，出现一条过中点的虚线，移动鼠标到合适位置，单击，得到剖切面的第一个点，如图 5-50 所示。向右移动鼠标，出现剖切线，移动鼠标至合适位置，单击，得到剖切面的第二个点，向下引导光标至合适位置，单击鼠标右键并选择“继续”命令，如图 5-51 所示。弹出“剖视图”对话框，如图 5-52 所示，选择默认设置。在视图区，引导光标到合适位置，如图 5-53 所示，单击鼠标，完成剖视图的创建，效果如图 5-54 所示。

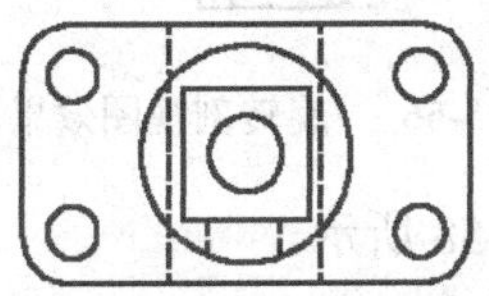

图 5-48 剖视图文件

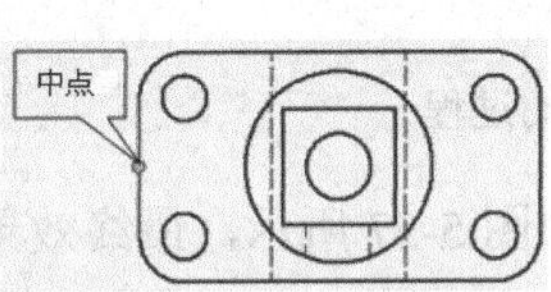

图 5-49 剖切面位置

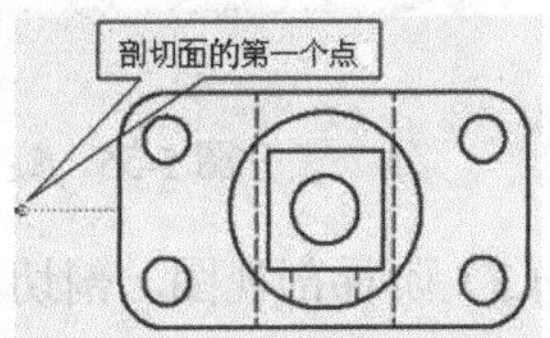

图 5-50 找到剖切面的第一个点

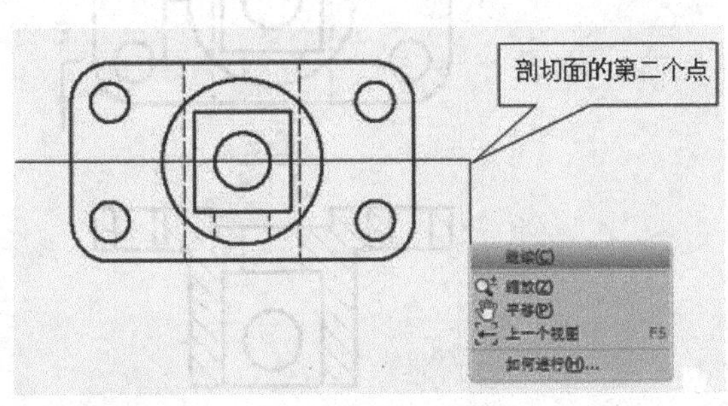

图 5-51 剖切面的第二个点

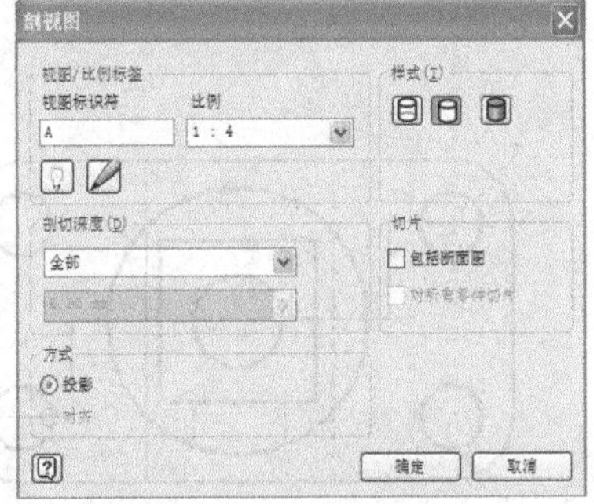

图 5-52 “剖视图”对话框

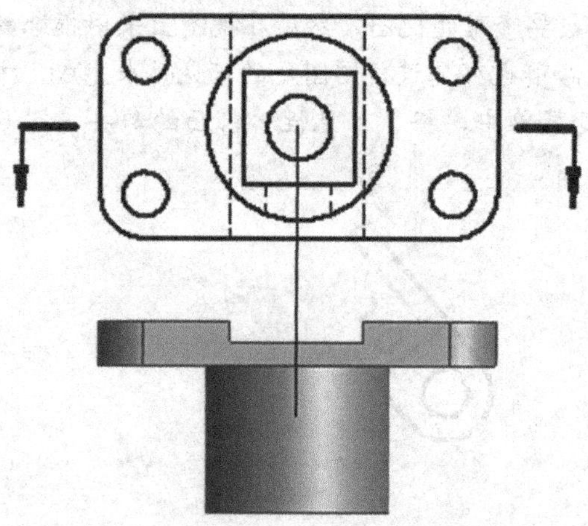

图 5-53　创建剖视图的过程

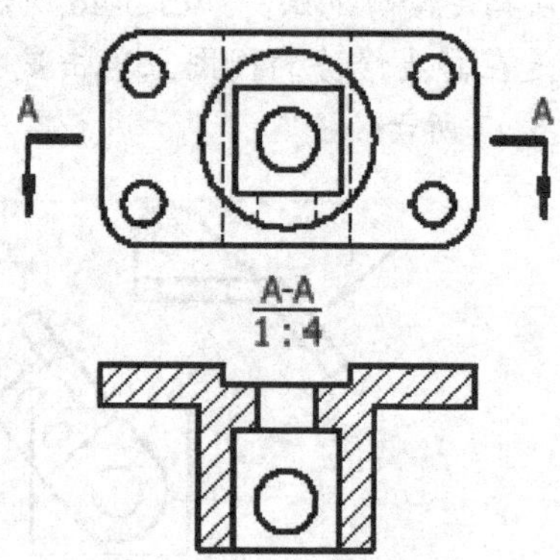

图 5-54　剖视效果

（2）旋转剖视图。步骤与全剖视图差不多，区别是剖切面的引导。旋转剖视图的剖切面引导如图 5-55 所示，效果如图 5-56 所示。

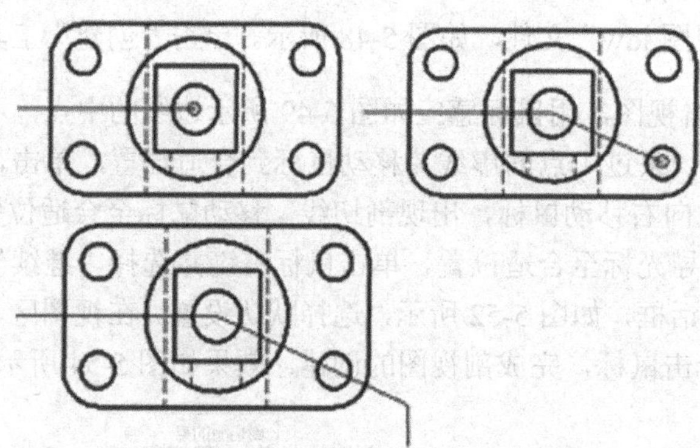

图 5-55　旋转剖视图的过程

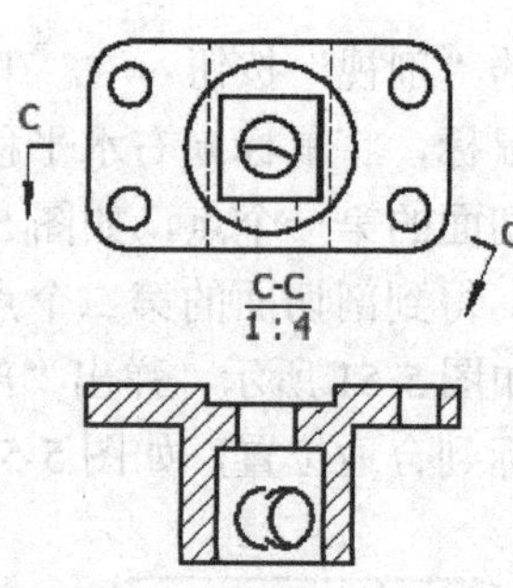

图 5-56　旋转剖视图效果

（3）阶梯剖视图。剖切面引导如图 5-57 所示，最终效果如图 5-58 所示。

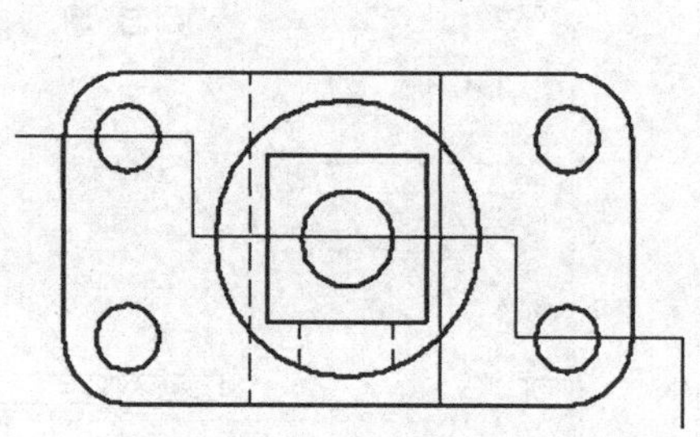

图 5-57　阶梯剖切面线

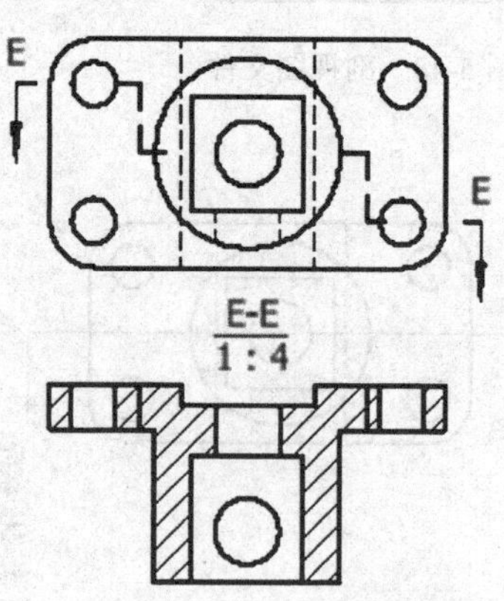

图 5-58　阶梯剖视图效果

5. 局部视图

打开“\第 5 章\螺丝刀.idw”文件，如图 5-59 所示。单击“创建”工具面板上的“局部视图”按钮 ，在视图区单击需要局部放大的视图，弹出“局部视图”对话框，在该对话框中，将“视图标识符”设为“I”；“比例”设为“4:1”；轮廓形状选择“圆形”；切断形状选择“平滑过渡”，如图 5-60 所示。在视图上需要放大区域单击，拖动鼠标至合适位置，如图 5-61（a）所示。单击鼠标，将放大视图移动到合适位置，如图 5-61（b）所示。单击鼠标，完成局部放大视图的创建，结果如图 5-61（c）所示。

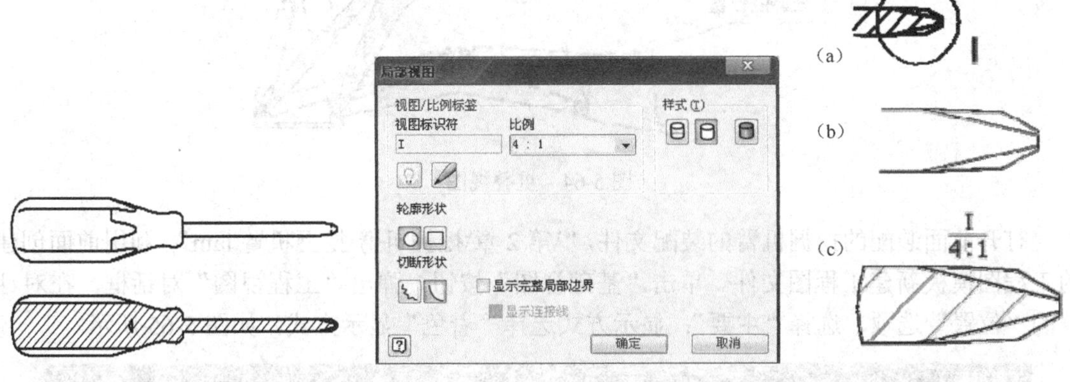

图 5-59　螺丝刀文件　　图 5-60　“局部视图”对话框　　图 5-61　创建局部视图过程

修改局部放大视图的剖面线密度，在剖面线上单击鼠标右键，选择“编辑”命令，如图 5-62 所示。弹出“编辑剖面线图案”对话框，在对话框中将剖面线的比列修改为 0.25，如图 5-63 所示，单击“确定”按钮，完成局部视图剖面线的编辑。

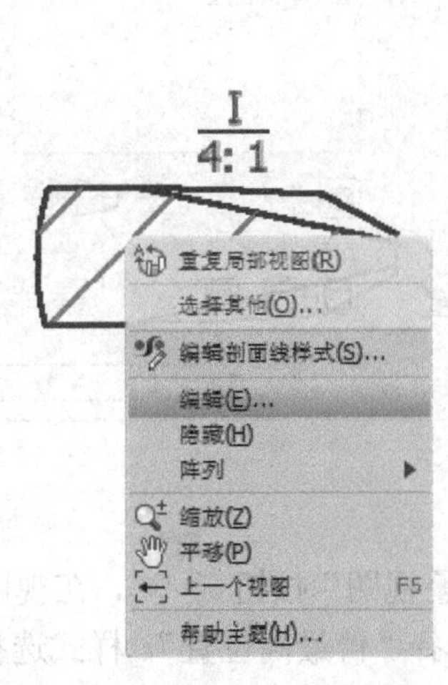

图 5-62　编辑剖面线

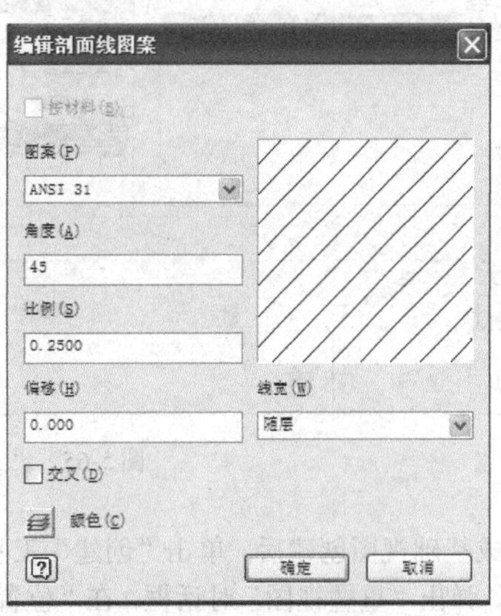

图 5-63　“编辑剖面线图案”对话框

6. 重叠视图

重叠视图用于将同一部件的不同位置在同一视图中表达。如图 5-64 所示的挖掘机臂，就是表达了挖掘机臂的三个位置状态。操作步骤如下：

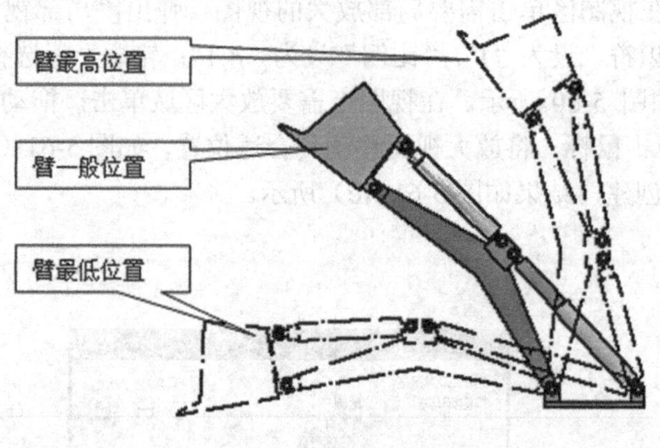

图 5-64 重叠视图

打开前面装配的挖掘机臂的装配文件，"\第 2 章\挖掘机臂\挖掘机臂.iam"，利用前面创建的工程图模板新建工程图文件。单击"基础视图"按钮，弹出"工程视图"对话框，在对话框的"位置"选项，选择"主要"；显示方式选择"着色"显示方式，如图 5-65 所示。

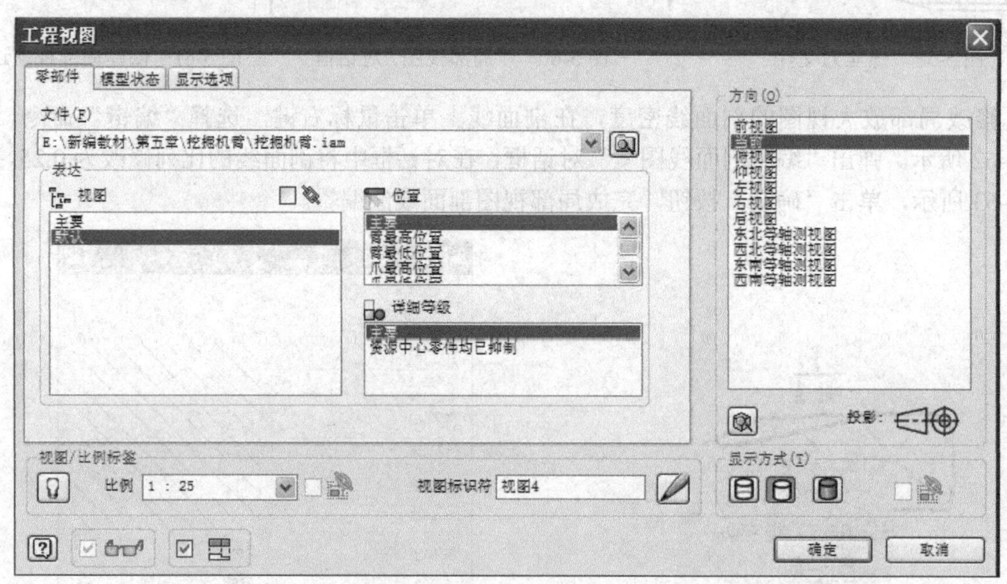

图 5-65 "工程视图"对话框

完成基础视图创建后，单击"创建"工具面板上的"重叠视图"按钮 ，在视图区单击视图，弹出"重叠视图"对话框，在"位置表达"选项，选择"臂最高位置"，样式选择"不显示隐藏线"，如图 5-66 所示。单击"确定"按钮，完成臂最高位置状态表达。重复前面操作，再将"臂最低位置"在工程图中表达出来，最终效果如图 5-64 所示。

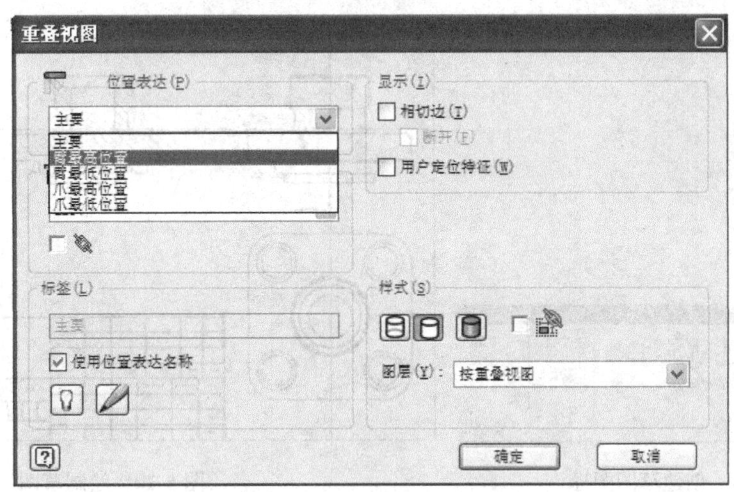

图 5-66　“重叠视图”对话框

7. 断裂画法

断裂画法可通过删除较长零部件中结构相同部分的一段，使其符合工程图大小。打开“\第 5 章\长轴.idw”文件，单击“创建”工具面板上的“断裂画法”按钮 断裂画法 ，在视图区单击需要断裂画法的视图，弹出“断开视图”对话框，选择默认设置，如图 5-67 所示。在视图区的视图上合适位置单击，然后移动鼠标，如图 5-68（a）所示。将鼠标移动到合适位置再次单击，完成断裂视图的创建，最终效果如图 5-68（b）所示。

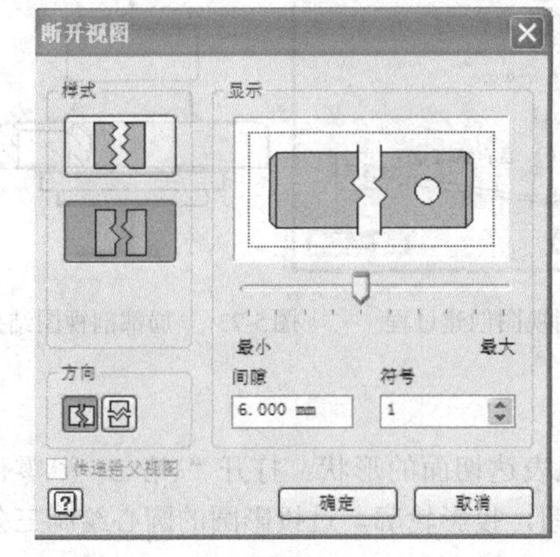

图 5-67　“断开视图”对话框

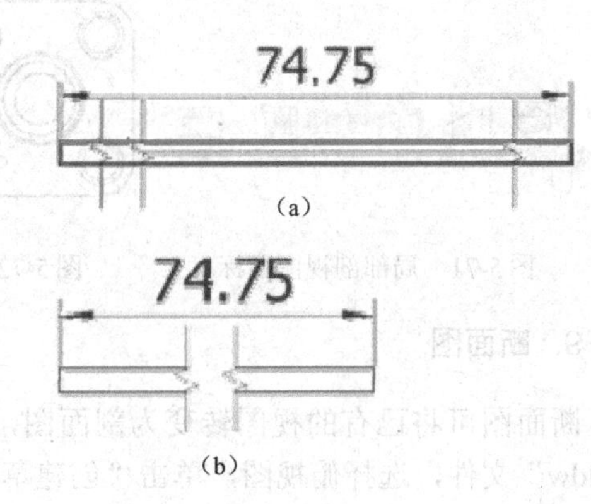

图 5-68　断开视图效果

8. 局部剖视图

局部剖视图是指用剖切面局部的剖开零部件所得到的视图，用来表达指定区域的内部结构。打开“\第 5 章\零件 5.idw”文件，先单击视图中的主视图，再单击“草图”工具面板上的“创建草图”按钮，如图 5-69 所示。用样条曲线绘制如图 5-70 所示草图。

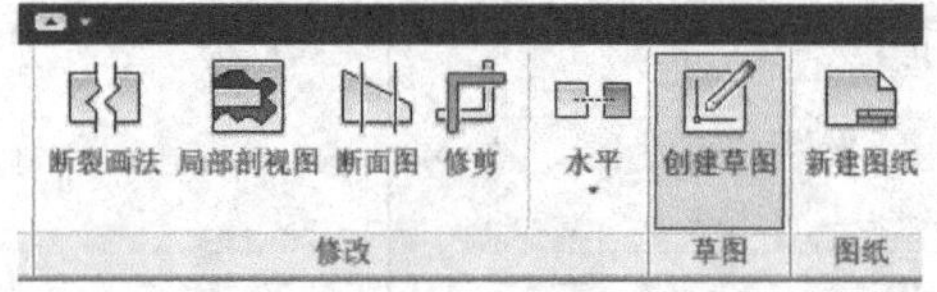

图 5-69　创建草图图标

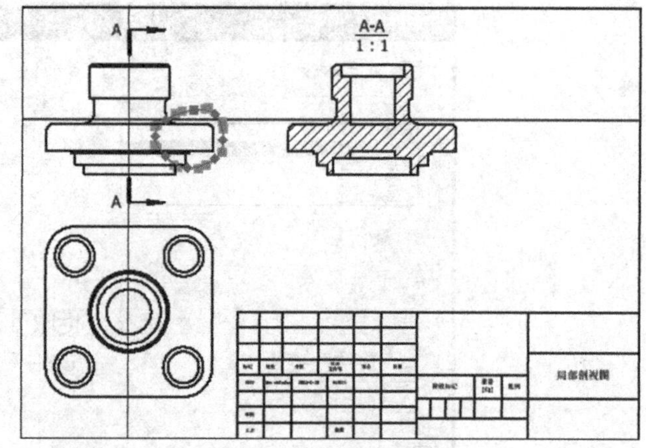

图 5-70　绘制草图

完成草图后退出草图环境。单击“修改”工具面板上的“局部剖视图”按钮 ，如图 5-71 所示。单击主视图，绘制的草图亮显，同时弹出“局部剖视图”对话框，在对话框中，“深度”选择“自点”，在俯视图中找到如图 5-72 所示点并单击，最后单击对话框的“确定”按钮，完成局部剖视图的创建，效果如图 5-73 所示。

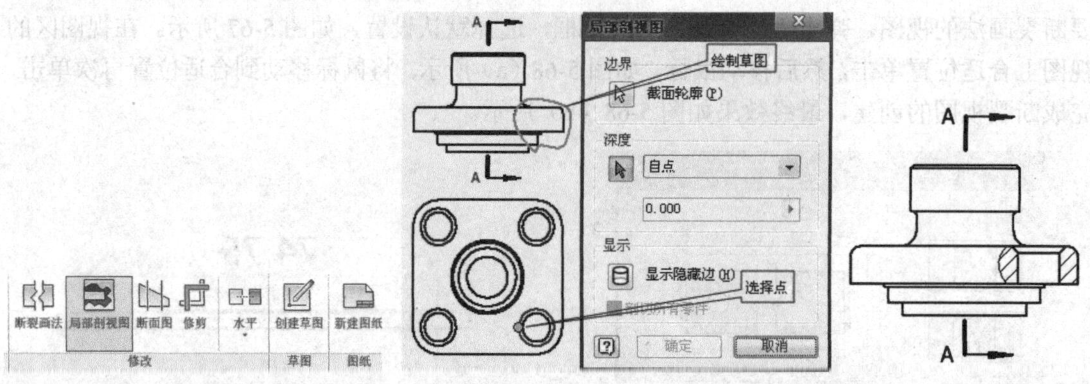

图 5-71　局部剖视图图标　　　图 5-72　局部剖视图创建过程　　　图 5-73　局部剖视图结果

9. 断面图

断面图可将已有的视图转变为剖面图，更好地表达切面的形状。打开“\第 5 章\零件 5-1.idw”文件，选择俯视图，单击“创建草图”按钮，投影轮廓，过投影圆的圆心绘制三条直线，如图 5-74 所示，完成草图后退出草图环境。

单击“修改”工具面板上的“断面图”按钮 ，如图 5-75 所示，弹出“切片”按钮，先单击需要断面显示的视图（左视图），再单击绘制的草图，如图 5-76 所示。最后单击“确定”按钮，完成断面图的创建，效果如图 5-77 所示。

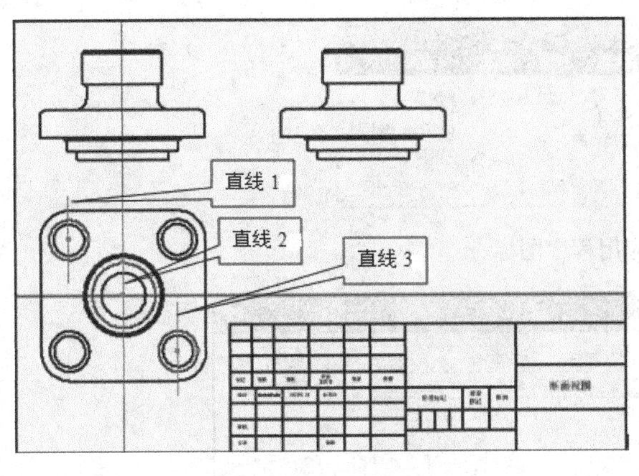

图 5-74　断面图草图

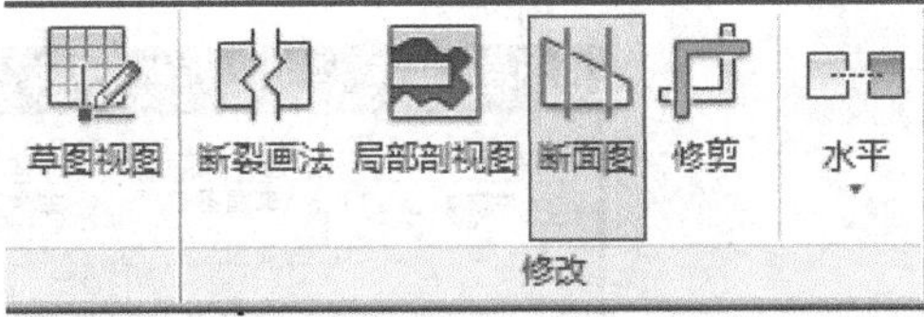

图 5-75　断面图图标

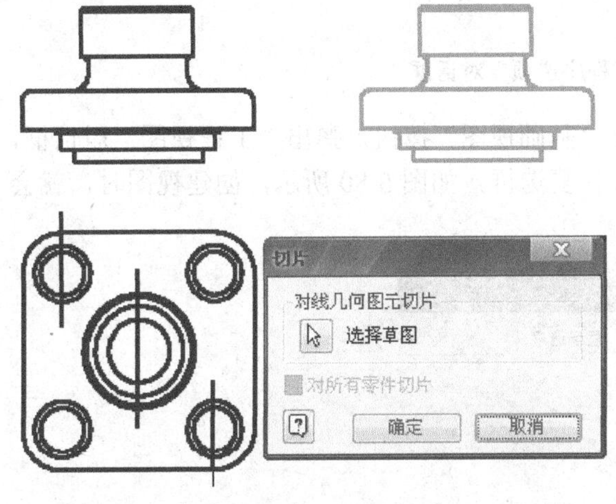

图 5-76　断面图创建过程

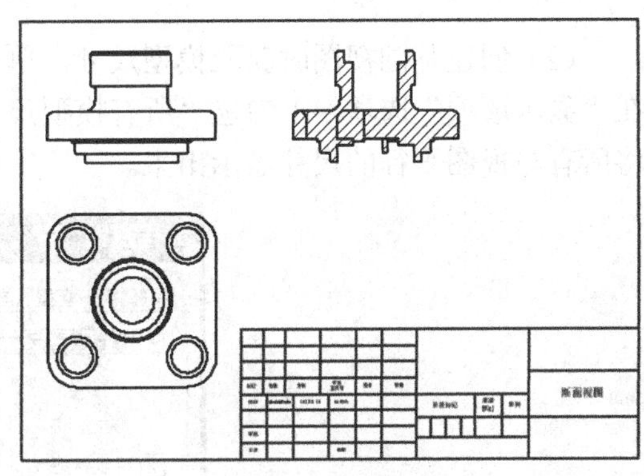

图 5-77　断面图

工程图尺寸标注

在 Inventor 2012 中工程图的尺寸标注有两种类型，分别是模型尺寸和工程图尺寸。

1. 模型尺寸

该尺寸是与模型紧密相联系的，其与零件模型双向关联，即更改工程图中的模型尺寸，零件模型相应发生更改；更改模型，工程图中的模型尺寸也相应发生改变。在每个视图中，只有与视图平面平行的模型尺寸才在该视图中可用。获得模型尺寸的方法有以下三种：

（1）通过更改“应用程序选项”中的设置，获得模型尺寸。在“工具”功能选项卡下，单击“选项”工具面板上的“应用程序选项”按钮 应用程序选项，如图 5-78 所示。打开“应用程序选项”对话框，在对话框的“工程图”选项中，勾选“放置视图时检索所有模型尺寸”复选框，如图 5-79 所示。

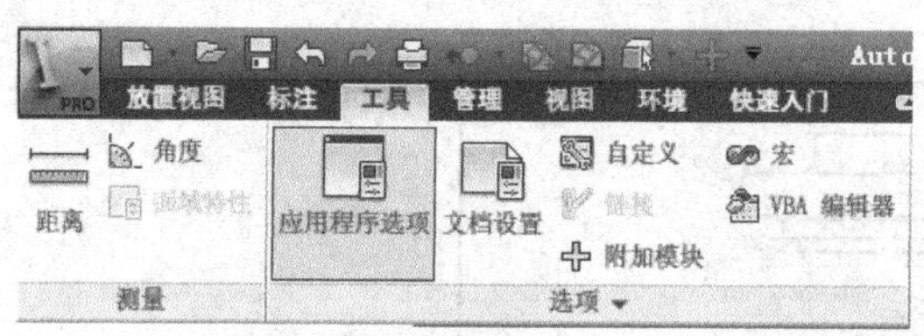

图 5-78　应用程序图标

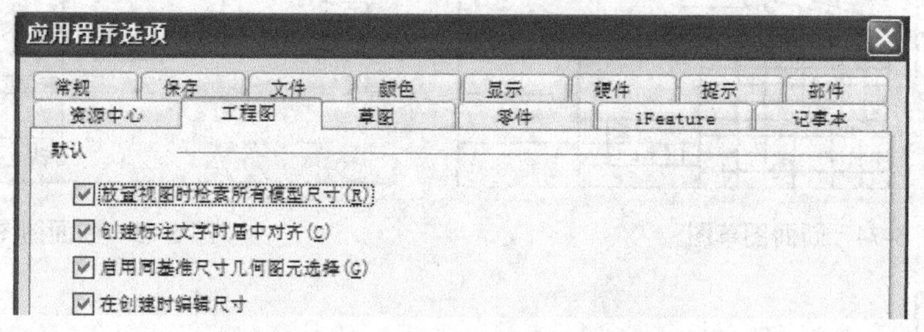

图 5-79　“应用程序选项”对话框

（2）创建基础视图时获取模型尺寸。单击“基础视图”按钮，弹出“工程视图”对话框，在“显示选项”选项卡下勾选“所有模型尺寸”复选框，如图 5-80 所示，创建视图时，就会将所有与视图平行的尺寸显示出来。

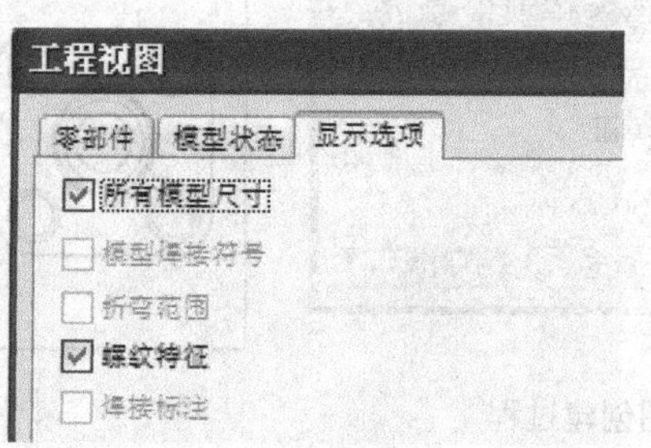

图 5-80　“工程视图”对话框

（3）检索已有视图的模型尺寸。在“标注”功能选项卡下，单击“尺寸”工具面板上的“检索”按钮［检索］，如图 5-81 所示。弹出“检索尺寸”对话框，在对话框中，单击“选择视图”按钮，在视图区选择视图，如图 5-82 所示。

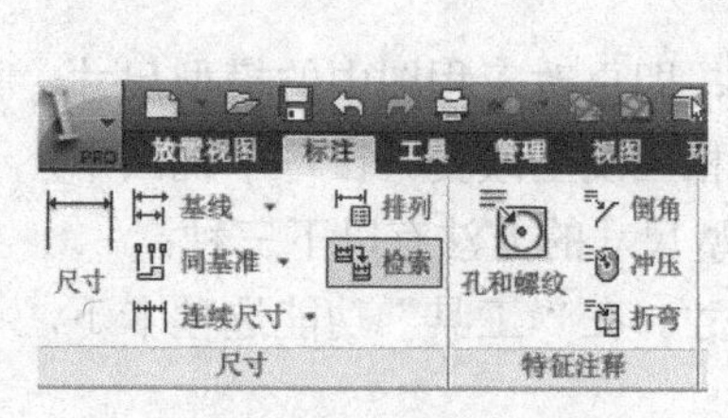

图 5-81　检索图标

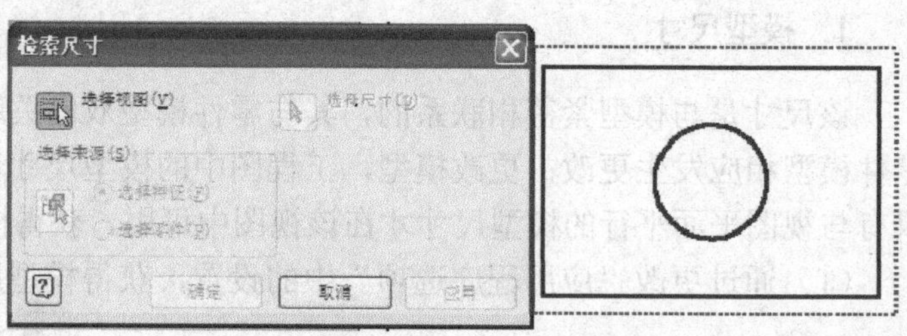

图 5-82　“检索尺寸”对话框

选择视图后，对话框中的“选择来源”选项可用，勾选“选择零件”选项，再次在视图区单击视图，视图显示平行尺寸，如图 5-83 所示。单击对话框中的“选择尺寸”按钮，在视图区选择所需尺寸，如图 5-84 所示。单击对话框中“确定”按钮，完成模型尺寸的检索。

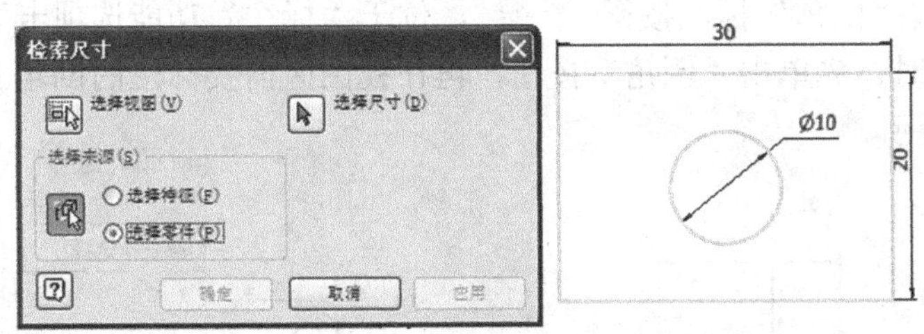

图 5-83 选择零件

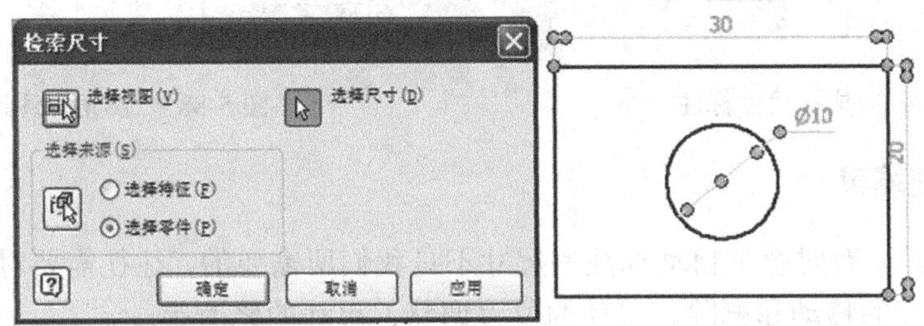

图 5-84 选择尺寸

2. 工程图尺寸

其和模型尺寸的区别是，前者与模型单向关联，即更改零件模型中的尺寸，工程图尺寸会发生变化，但是更改工程图尺寸，零件模型不会发生变化。因此工程图尺寸只是用来标注零件模型，而不能用来控制零件模型。添加工程图尺寸的工具有“通用尺寸”、“孔/螺纹注释”、“倒角注释”等。

（1）通用尺寸。“通用尺寸”按钮 尺寸 位于“标注”功能选项卡下的“尺寸”工具面板上，如图 5-85 所示，其可用来进行线性尺寸标注、圆弧标注、角度标注等。图 5-86 中所标注部分尺寸即是通过“通用尺寸”来进行标注的，其标注方法与草图中标注方法相同，这里不再详细介绍。

图 5-85 通用尺寸图标

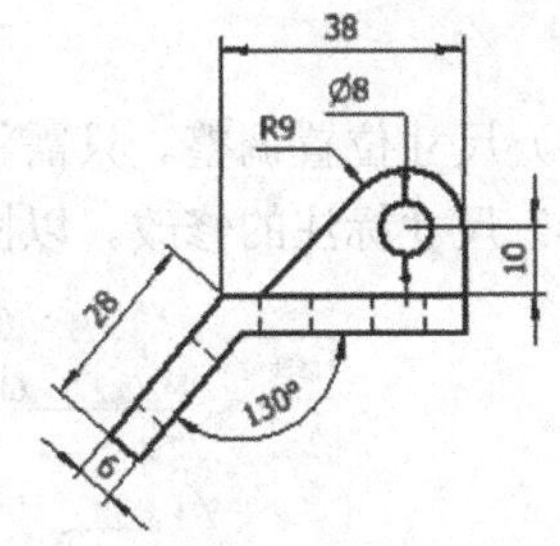

图 5-86 尺寸标注

（2）孔和螺纹标注。“孔和螺纹”标注按钮 孔和螺纹 位于“标注”功能选项卡下的“特征注释”工具面板上。应用时，先单击“孔和螺纹”按钮，再在视图区需要标注的孔或者螺纹的位置单击鼠标，将鼠标引导到合适位置后单击，即可完成孔和螺纹的注释，如图 5-87 所示。

（3）倒角标注。“倒角”标注按钮 倒角 ，位于“标注”功能选项卡下的“特征注释”工具面板上。应用时，先单击“倒角”按钮，再在视图区需要标注的倒角上，分两次拾取倒角边，如图 5-88 所示。

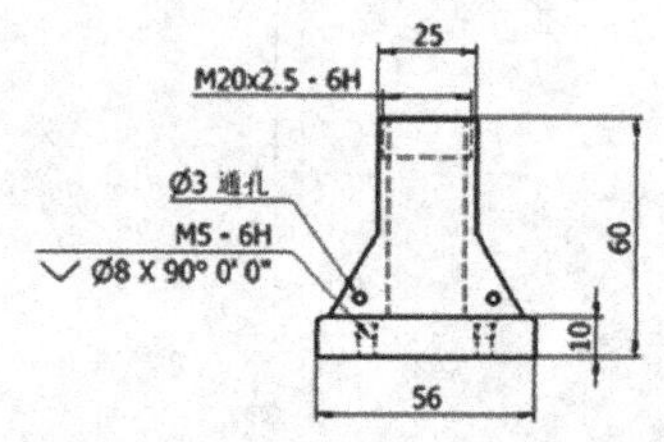

图 5-87　完成孔尺寸标注

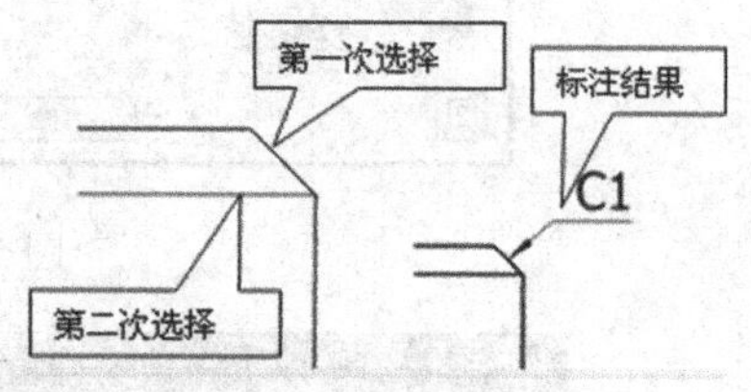

图 5-88　倒角标注过程

3. 尺寸标注编辑

尺寸标注以后，有时感觉自动标注的尺寸不是我们所需要的，往往需要对尺寸进行编辑，尺寸的编辑有尺寸的移动和删除、尺寸的位置调整、尺寸的修改等。

（1）尺寸标注的删除。先单击需要删除的尺寸，然后在键盘上按下【Delete】键或者在需要删除的尺寸上单击鼠标右键，选择“删除”命令即可。

（2）尺寸标注的移动。在需要移动的尺寸上单击鼠标右键，选择“移动尺寸”命令，如图 5-89（a）所示。然后单击目的视图，完成尺寸移动，效果如图 5-89（b）所示。

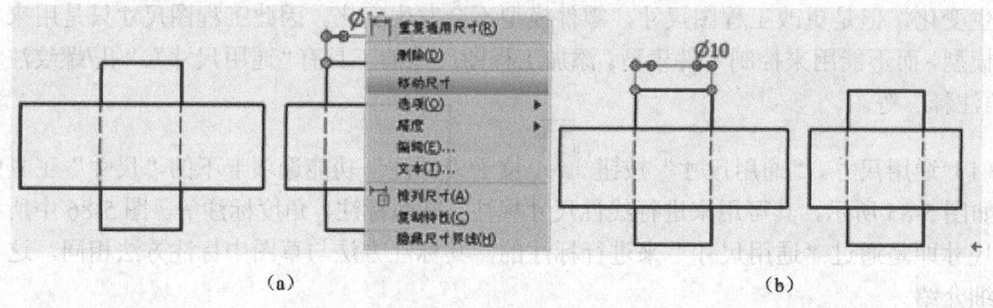

图 5-89　移动尺寸

（3）尺寸位置调整。只需将需要调整的尺寸用鼠标拖动到合适位置松开左键即可。

（4）尺寸标注的修改。以图 5-90 为例介绍尺寸修改的步骤。

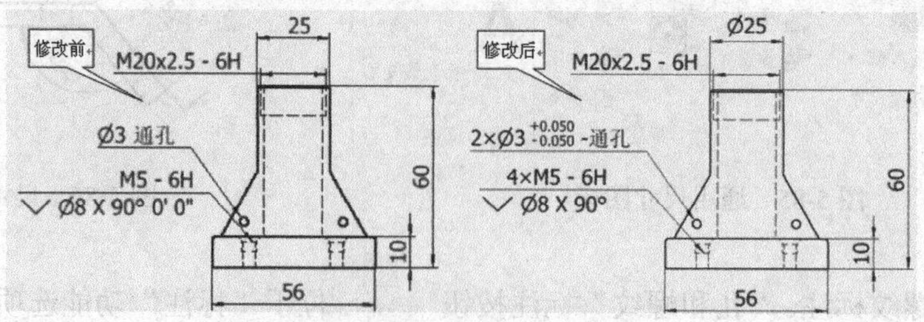

图 5-90　尺寸标注修改前、后比较

● 直径$\phi 25$ 的修改。在需要修改的尺寸上单击鼠标右键，选择“文本”或者“编辑”命令均可，这里以选择“文本”为例，如图 5-91 所示。弹出“文本格式”对话框，在对话框的文本栏，移动光标至标注尺寸的前面，单击“插入符号按钮”上的箭头，展开符号列表，单击直径符号ϕ，如图 5-92 所示。最后单击对话框的“确定”按钮，完成尺寸的修改。

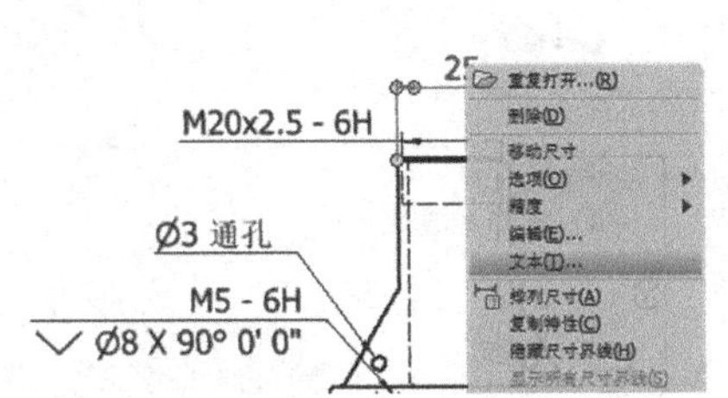

图 5-91　右键菜单选择编辑尺寸

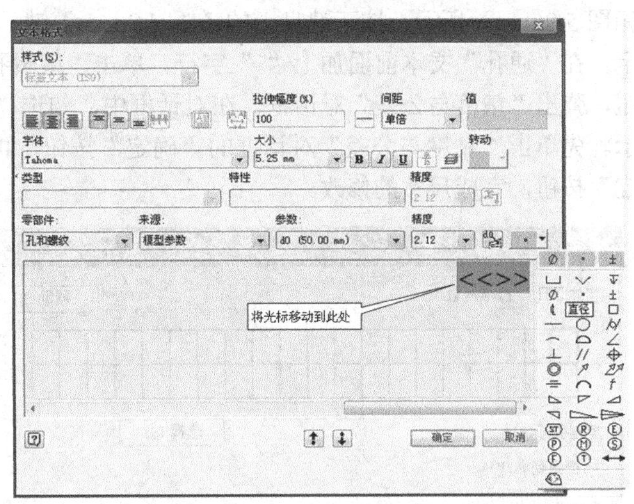

图 5-92　文本格式下插入符号

● $\phi 3$ 通孔的修改。在需要修改的尺寸上单击鼠标右键，选择“编辑孔尺寸”命令，如图 5-93 所示。弹出“编辑孔注释”对话框，将光标移动到文本前面，输入 2，然后单击“插入符号”按钮，在展开的符号按钮列表中，单击下面的“字符映射表”，如图 5-94 所示，弹出“字符映射表”对话框。

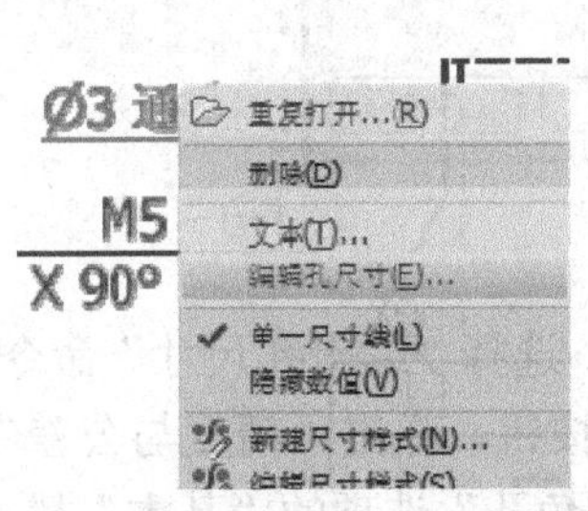

图 5-93　编辑孔尺寸

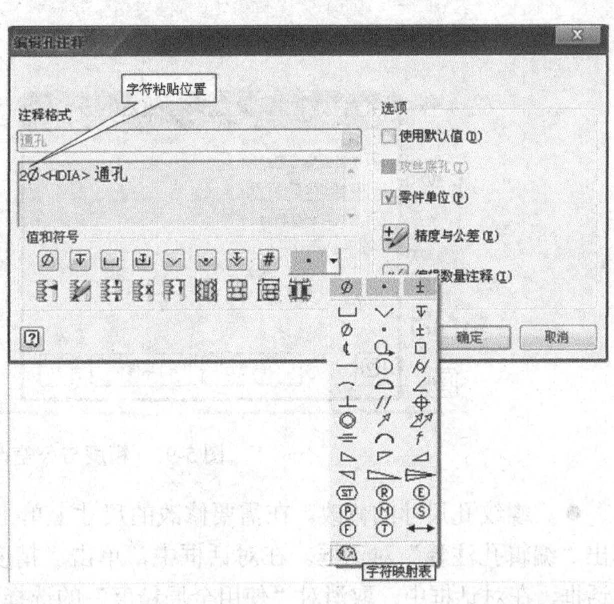

图 5-94　字符映射表

在该对话框中，勾选“高级查看”复选框，将对话框展开，在下面的“搜索”文本框中输入“乘号”，单击“搜索”按钮，找到我们需要的乘号，这时“搜索”按钮变成“复位”按钮，如图 5-95 所示。先后单击“选择”按钮、“复制”按钮，完成字符的复制，将“字符映射表”对话框关闭，在“编辑孔注释”对话框的文本框内进行粘贴，粘贴后文本会自动换行，如图 5-96（a）所示。按下键盘上的【BackSpace】键，将其移动到上一行，如图 5-96（b）所示。在“通孔”文本前面加上“-”字符。单击“编辑孔注释”对话框上的“精度与公差”按钮，弹出“精度与公差”对话框，在对话框中，勾选“使用零件公差”复选框，如图 5-97 所示。先单击“精度与公差”对话框的“确定”按钮，再单击“编辑孔注释”对话框上的“确定”按钮，完成尺寸的修改。

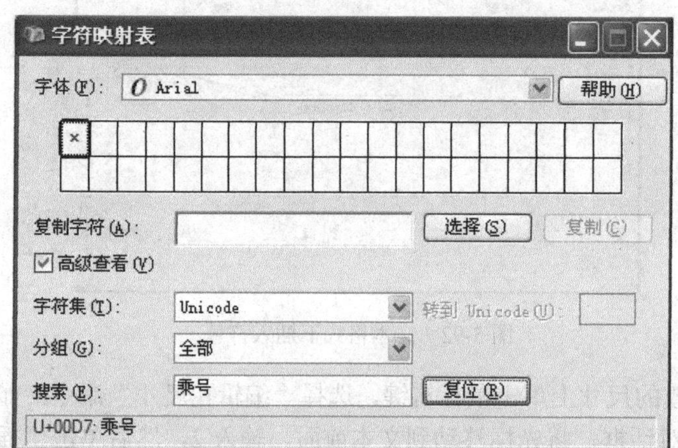

图 5-95　搜索符号

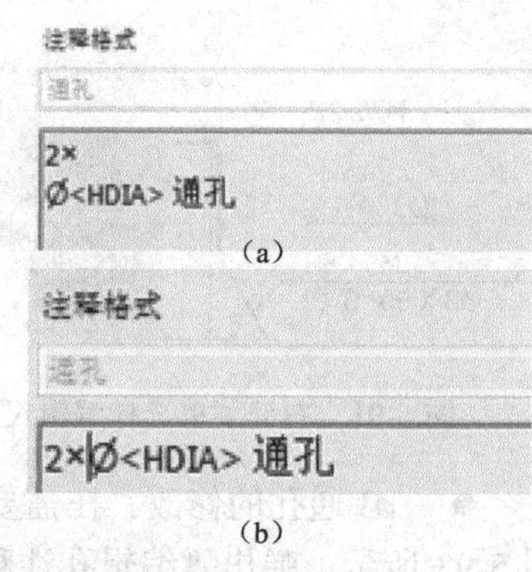

图 5-96　复制搜索符号

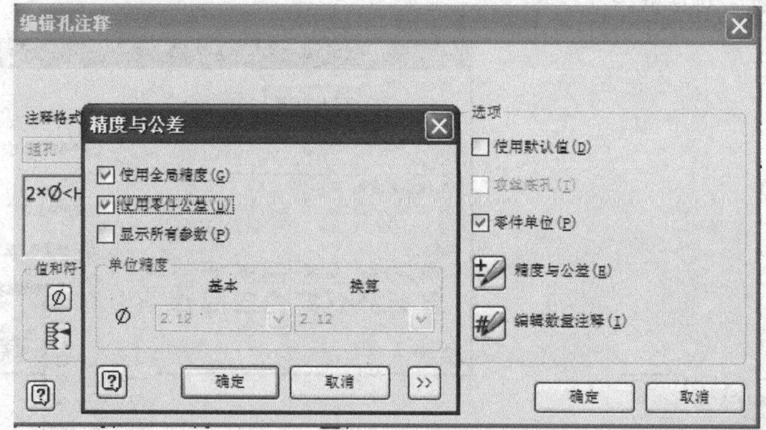

图 5-97　精度与公差设置

● 螺纹孔尺寸的修改。在需要修改的尺寸上单击鼠标右键，选择“编辑孔尺寸”命令，弹出“编辑孔注释”对话框。在对话框中，单击“精度与公差”按钮，弹出“精度与公差”对话框，在对话框中，取消对“使用全局精度”的选择，找到“倒角孔”选项的“基本”栏，将其精度设置为整数，即选择“0”项，如图 5-98 所示。单击“确定”按钮，完成尺寸的修改。

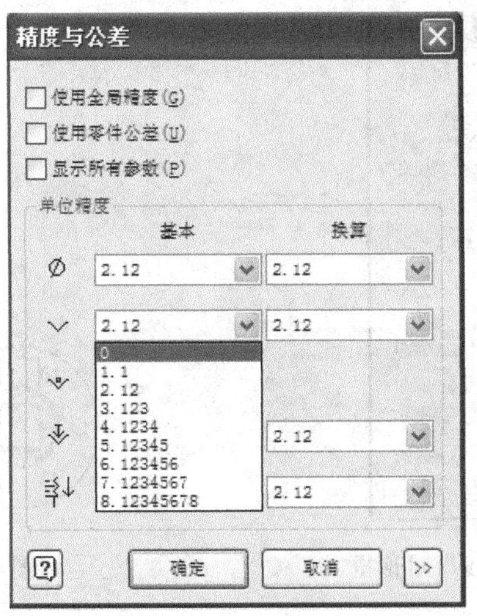

图 5-98　“精度与公差”对话框

4．工程图注释

工程图注释包括工程图的中心线注释、文本注释、指引线注释、常用符号注释等，我们以图 5-99 为例介绍工程图注释的操作步骤。

（1）中心线注释。Inventor 提供自动和手动两种中心线注释方式。

● 自动中心线。在需要标注中心线的视图上单击鼠标右键，选择“自动中心线”命令，如图 5-100 所示。弹出“自动中心线”对话框，如图 5-101 所示，在该对话框中，可以对需要自动中心线标记的对象进行选择；也可对需要自动注释中心线的半径大小范围进行设置；以及投影方向的设置。完成设置后，单击“确定”按钮，完成中心线的自动注释，如图 5-102 所示，即为应用自动中心线注释前后的对比。

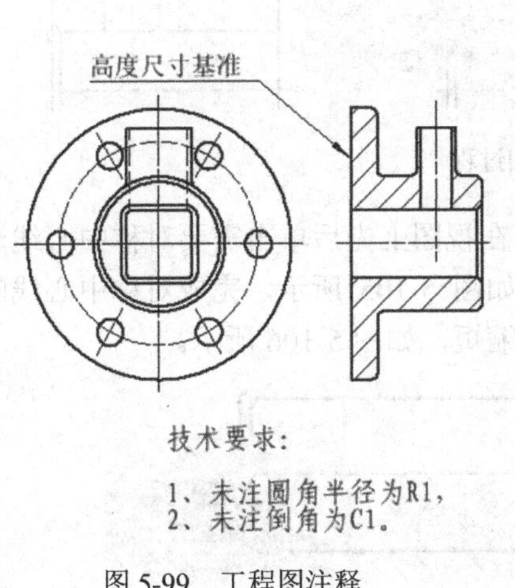

图 5-99　工程图注释

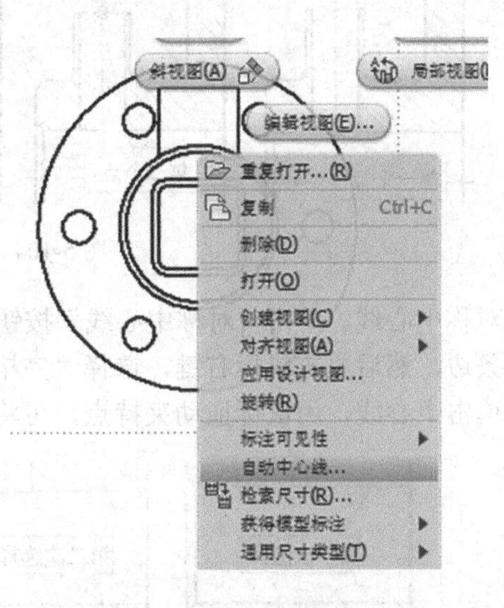

图 5-100　自动中心线选择

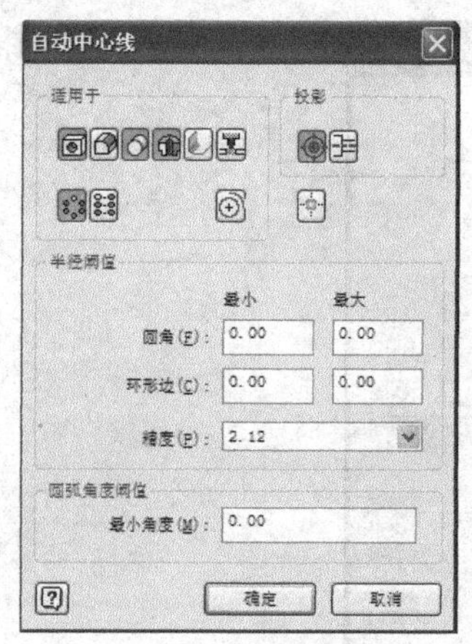

图 5-101 “自动中心线”对话框

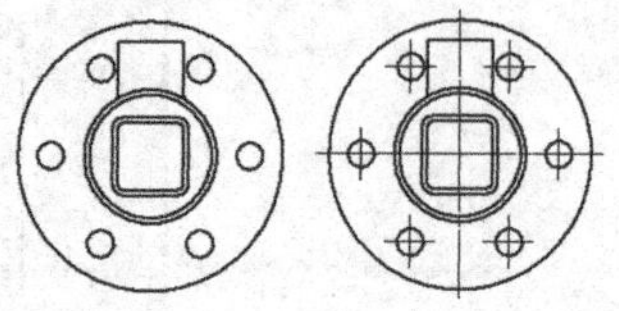

图 5-102 添加中心线

● 手动中心线。手动中心线在“符号”工具面板上的右侧，如图 5-103 所示，其包括：中心线、对称中心线、中心标记、中心阵列标记四种。

图 5-103 手动中心线图标

中心线。单击“中心线”按钮 后，在需要注释中心线的位置，用鼠标感应中心线的第一个点（绿色）后单击，然后再感应第二个点后单击，将鼠标引导到合适位置，单击鼠标右键选择“创建”命令，完成中心线的绘制，如图 5-104 所示。

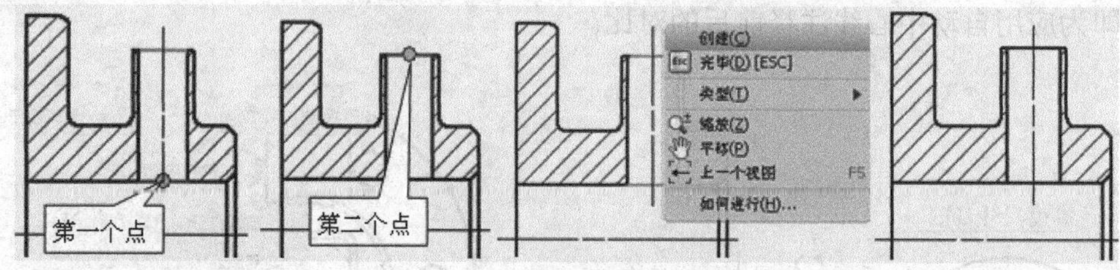

图 5-104 中心线添加过程

对称中心线。单击“对称中心线”按钮 后，在视图上先后单击需要对称中心线注释的两条边，然后单击鼠标右键，选择“完毕”命令，如图 5-105 所示，完成对称中心线的注释。单击中心线，用鼠标拖动夹持点，可将其拉长或缩短，如图 5-106 所示。

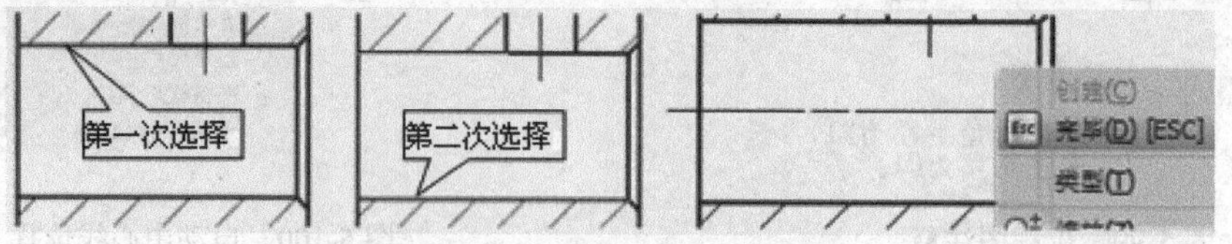

图 5-105 对称中心线添加过程

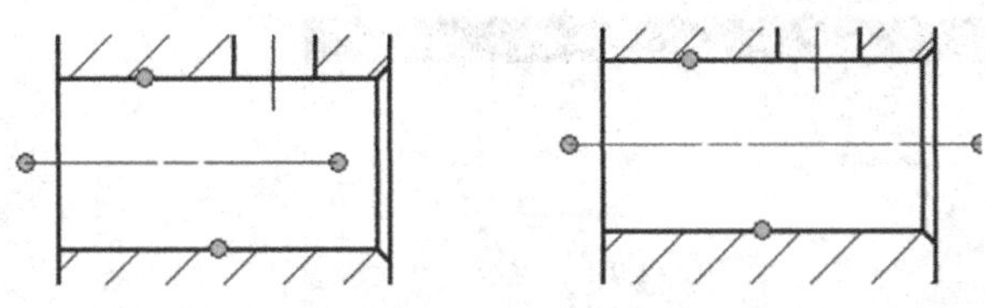

图 5-106 调整中心线

中心标记。单击“中心标记”按钮后，在视图上单击需要注释中心标记的圆或者圆弧，如图 5-107 所示。

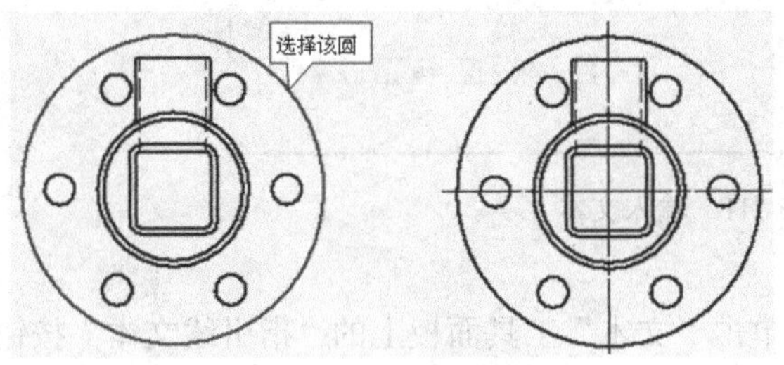

图 5-107 添加中心标记过程

中心阵列标记。单击“中心阵列标记”按钮后，先单击阵列中心圆，再依次单击阵列对象，最后单击鼠标右键，选择“创建”命令，完成中心阵列标记的注释，如图 5-108 所示。

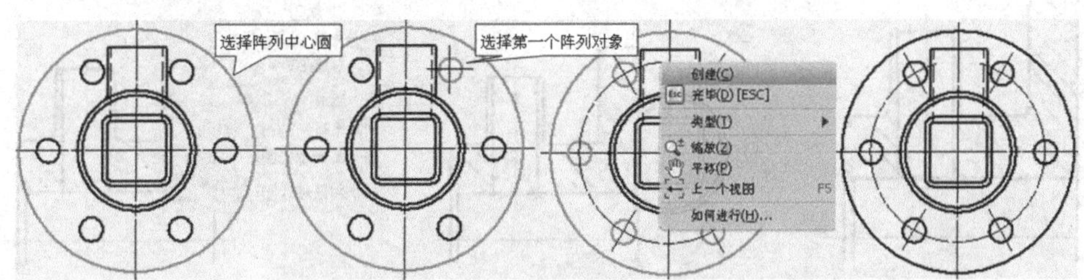

图 5-108 中心阵列标记添加过程

（2）文本注释。单击“文本”工具面板上的“文本”按钮，如图 5-109 所示。在视图区适当位置单击，并拉一个方框，如图 5-110 所示。释放左键后，弹出“文本格式”对话框，在对话框中，“字体”选择“仿宋_GB2312”，输入如图 5-111 所示文本，单击“确定”按钮，完成文本的创建。要编辑文本，只需在文本上单击鼠标右键，选择“编辑文本”即可，也可对文本进行旋转操作，如图 5-112 所示。

图 5-109 文本图标位置

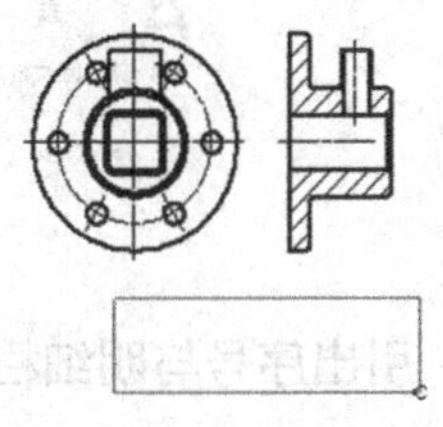

图 5-110 放置文本位置

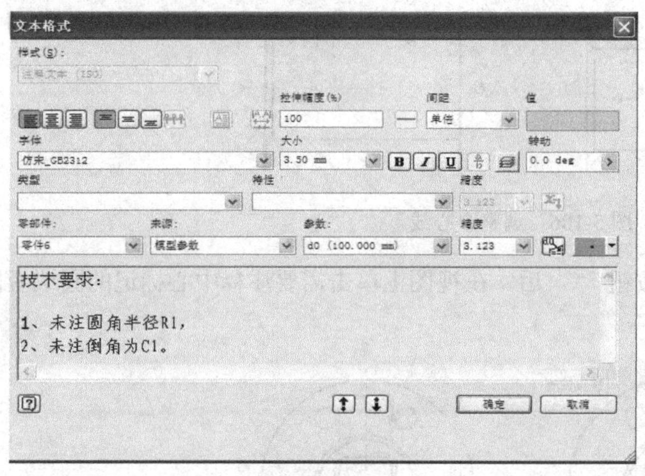

图 5-111　输入文本

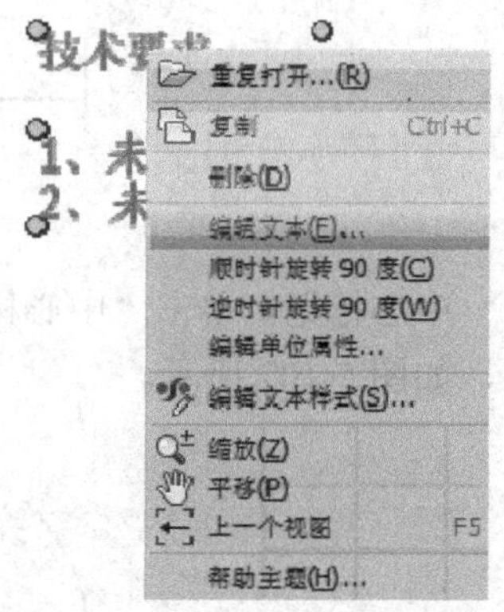

图 5-112　编辑文本

（3）指引线文本。单击“文本”工具面板上的“指引线文本”按钮 ，在视图中需要添加注释文本的地方单击，斜向上引导光标至合适位置，单击再向右引导光标至合适位置，单击鼠标右键，选择“继续”命令，如图 5-113 所示。弹出如图 5-111 所示的“文本格式”对话框，输入文本，单击“确定”按钮，即可完成指引线文本的创建。

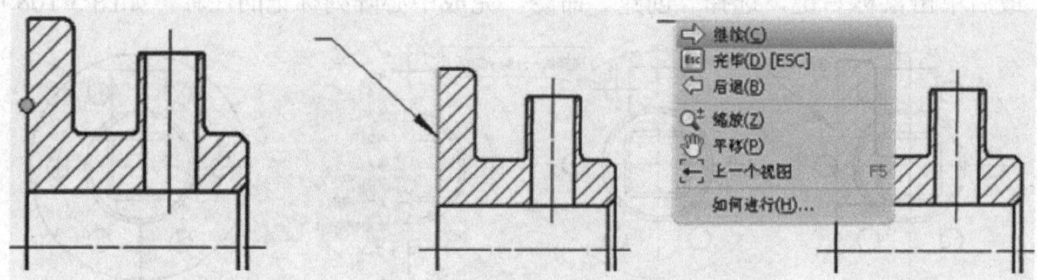

图 5-113　指引线文本创建过程

（4）常用符号注释。单击“符号”工具面板上的箭头，展开常用符号按钮，如图 5-114 所示。常用符号的使用在本教材中不进行详细介绍。

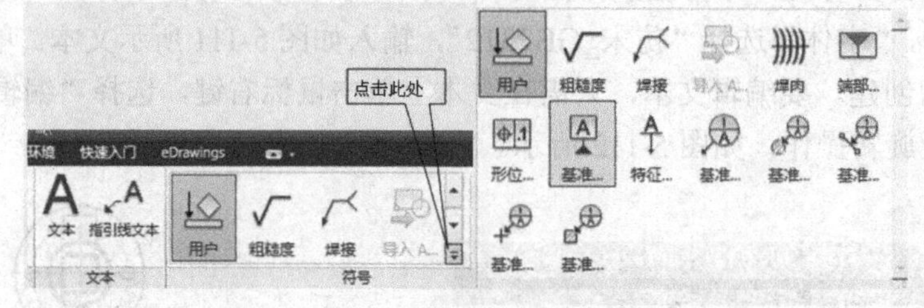

图 5-114　常用符号注释

5．引出序号与明细栏

创建部件的工程图后，需要向该视图中的零部件添加引出序号和明细栏。明细栏在部件记录过程中具有非常重要的作用，它显示构成部件的零部件及它们的数量、材料和其他一些需要传达的特性。引出序号就是一个标注标记，用来标示明细栏中列出的一个项目，引出序号的编号对应于明细栏中的部件序号，如图 5-115 所示。

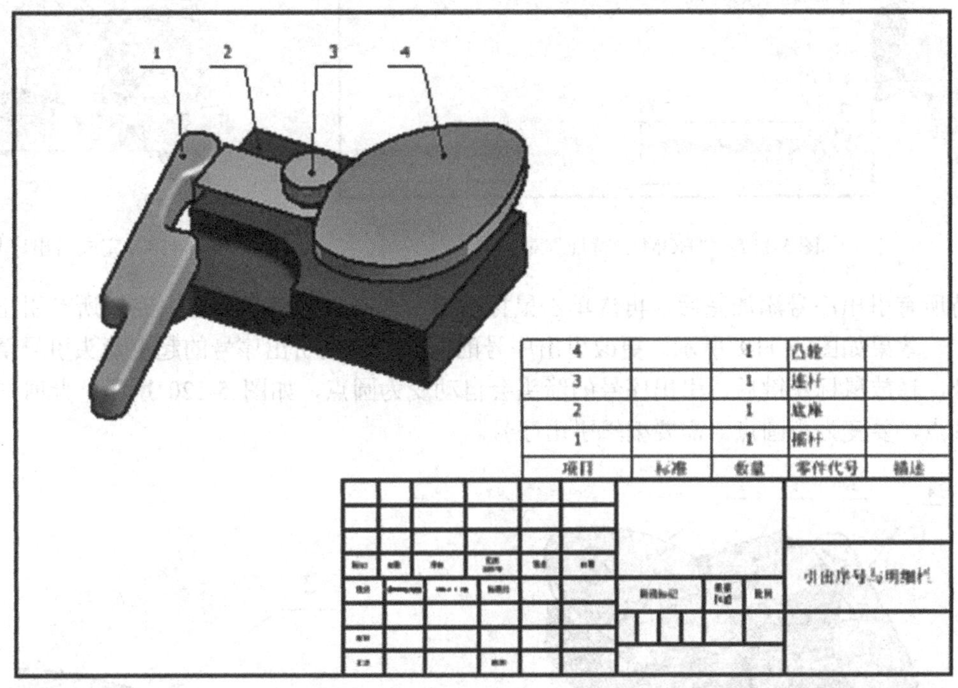

图 5-115　引出序号与明细栏

（1）添加引出序号。引出序号的添加有“手动方式”和“自动方式”两种，如图 5-116 所示。

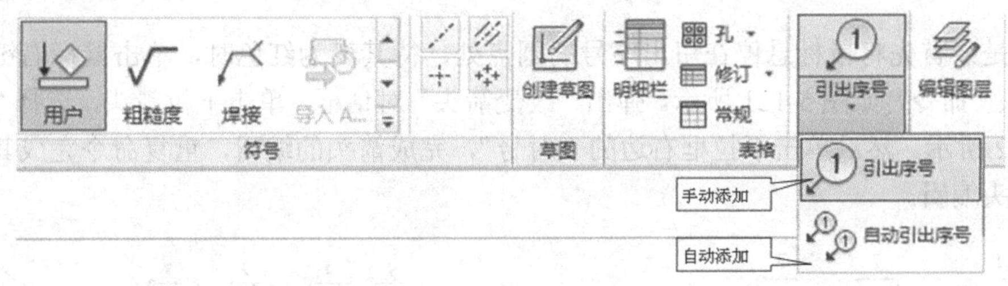

图 5-116　引出序号图标

手动添加引出序号，采用该方法，一次只能给一个零部件添加引出序号。

- 添加引出序号。单击“引出序号”按钮 引出序号，在视图区，当鼠标指向零部件时，其轮廓以红色亮显，单击后弹出“BOM 表特性”对话框，如图 5-117 所示。保持默认设置，单击“确定”按钮，引出序号的箭头便在零部件上刚才单击的位置出现，引导光标至合适位置后单击，完成引出序号控制点的添加。然后单击鼠标右键，选择“继续”命令，如图 5-118 所示，完成该零部件引导序号的创建。

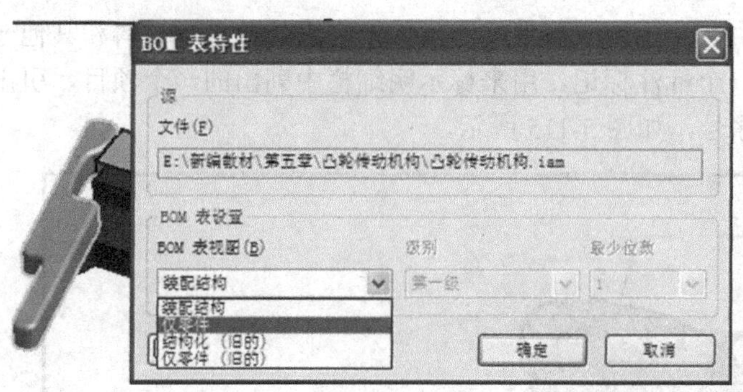

图 5-117　“BOM 表特性”对话框

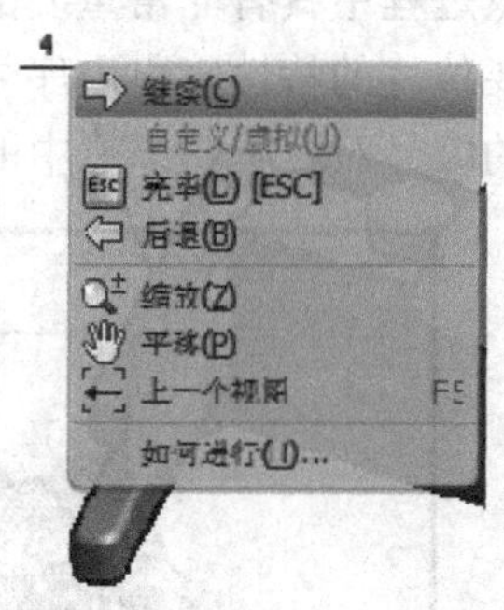

图 5-118　完成引出序号创建

待所有引出序号添加完后，再次单击鼠标右键，选择“完毕”命令，完成所有引出序号的添加，效果如图 5-119 所示。更改引出序号的箭头　拖动引出序号的起点箭头引导至零部件内部，释放鼠标左键后，引出序号的箭头会自动变为圆点，如图 5-120 所示。此时的圆点为大圆点，要变为小圆点，需要编辑引出序号。

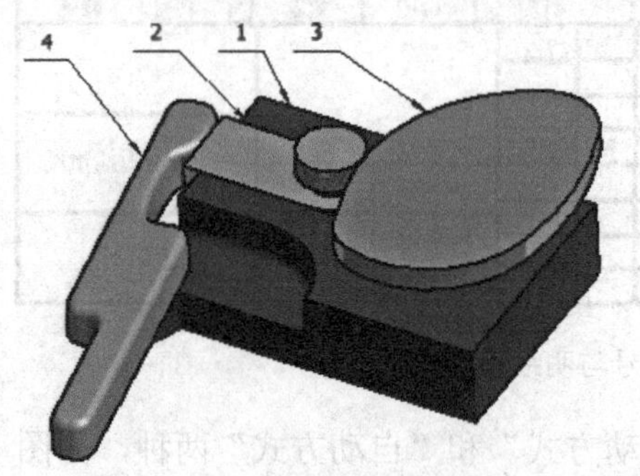

图 5-119　添加引出序号后的效果

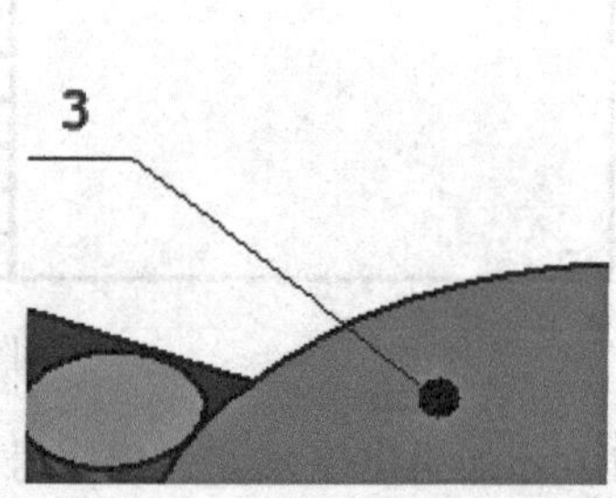

图 5-120　引出序号箭头大点显示

方法是：首先将鼠标悬停在引出序号的圆点处，待其变为红色时，单击鼠标右键，选择“编辑箭头”命令，如图 5-121 所示。弹出“改变箭头”对话框，单击下拉箭头，选择“小点”，如图 5-122 所示。然后单击下拉框右边的“对号”，完成箭头的编辑，重复命令完成其他引出序号的箭头编辑。

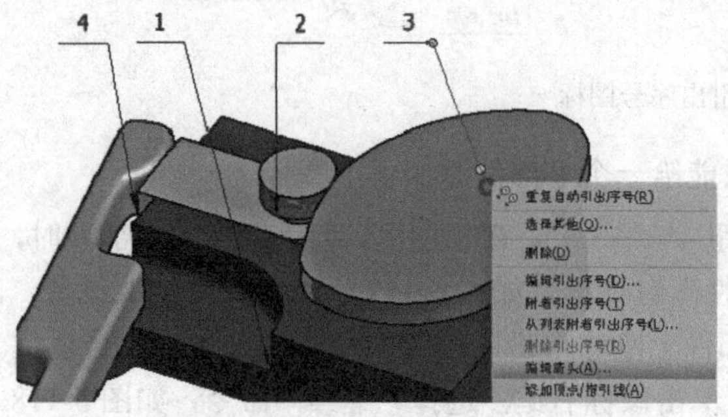

图 5-121　编辑箭头

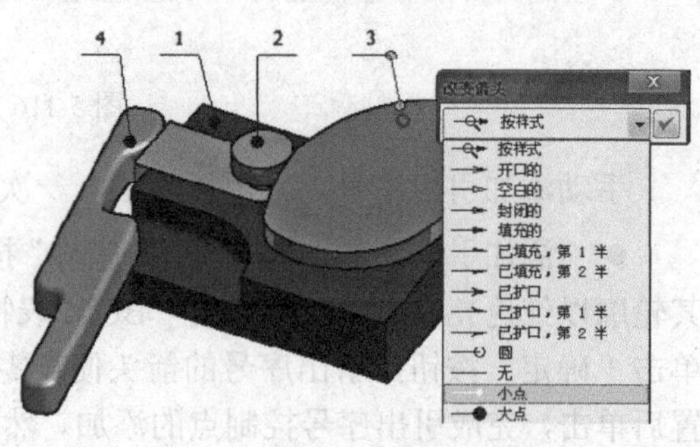

图 5-122　选择小点

● 自左至右按顺序排列引出序号。在需要编辑的引出序号上单击鼠标右键，选择“编辑引出序号”命令，弹出“编辑引出序号”对话框，在“引出序号值”项的“项目”栏将原来的数值“4”改为“1”，如图 5-123 所示。单击“确定”按钮，完成引出序号的编辑，重复操作，完成其他引出序号的编辑，效果如图 5-123 所示。

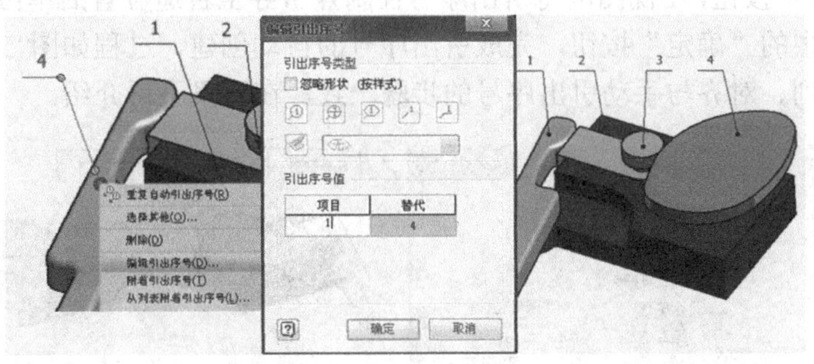

图 5-123　编辑引出序号

● 将引出序号对齐。自右下至左上栏选引出序号，注意不要选择视图，如图 5-124（a）所示为视图、引出序号同时选中的情况，图 5-124（b）为只选中引出序号的情况。在选中的引出序号上单击鼠标右键，选择“对齐-水平”命令，如图 5-125（a）所示，最后结果如图 5-125（b）所示。

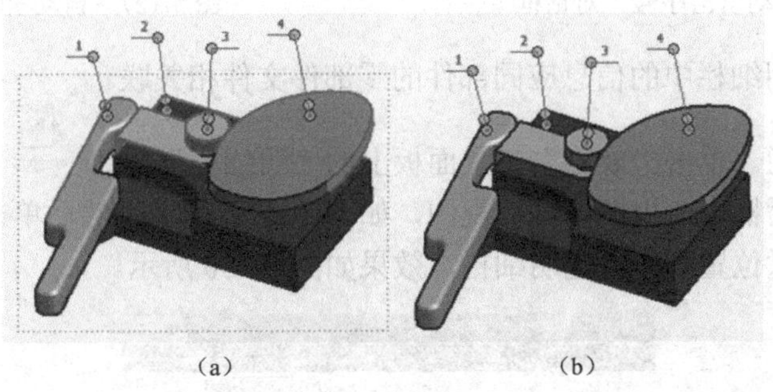

（a）　　（b）

图 5-124　引出序号选择

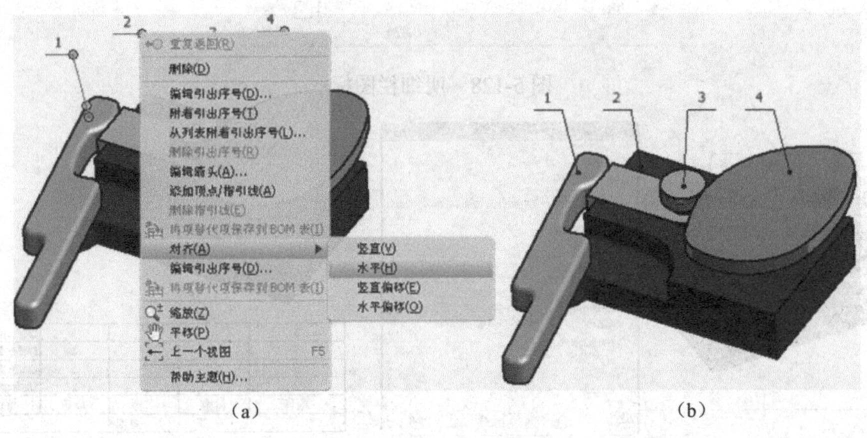

（a）　　（b）

图 5-125　对齐引出序号

自动添加引出序号。采用该方法，可以一次将所有零部件一起添加引出序号。单击“自动引出序号”按钮 ，弹出“自动引出序号”对话框，如图 5-126 所示。先选择视图，再框选已选视图中所有零部件，在对话框中的“放置尺寸”选项，选择“水平”放置，单击 按钮，在视图区将引出序号控制点引导至合适位置后单击，释放引出序号，最后单击对话框中的“确定”按钮，完成引出序号的自动创建，过程如图 5-127 所示。引出序号的编辑、排列、对齐与手动引出序号的步骤一致，在这里不再介绍。

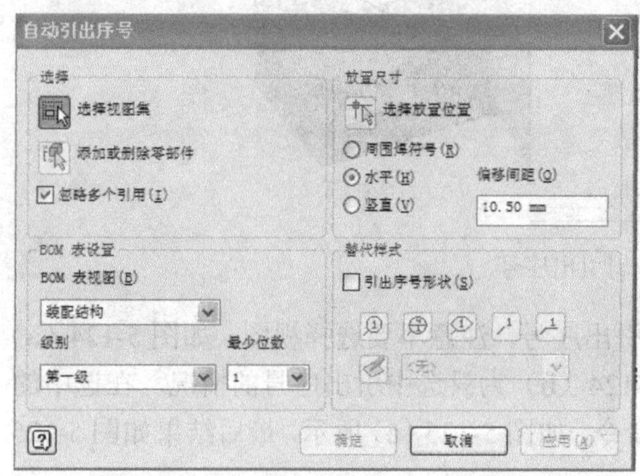

图 5-126 “自动引出序号”对话框

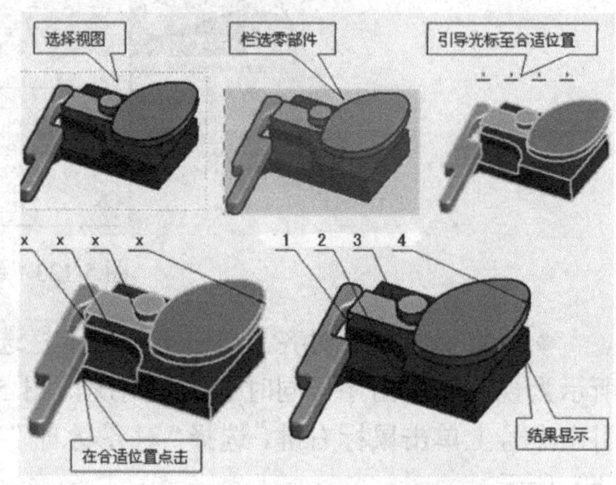

图 5-127 自动引出序号创建过程

添加明细栏。明细栏中的信息应同部件的零部件文件相关联。

● 创建明细栏。单击“表格”工具面板上的“明细栏”按钮 ，如图 5-128 所示。弹出“明细栏”对话框，在视图区选择视图，如图 5-129 所示。然后单击对话框的“确定”按钮，在视图区合适位置单击创建明细栏，效果如图 5-130 所示。

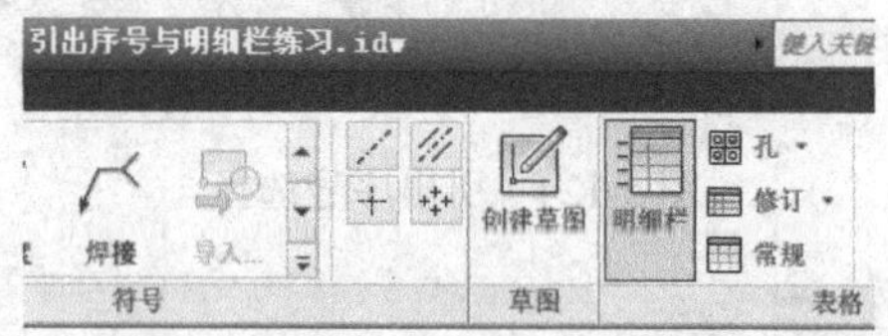

图 5-128 明细栏图标

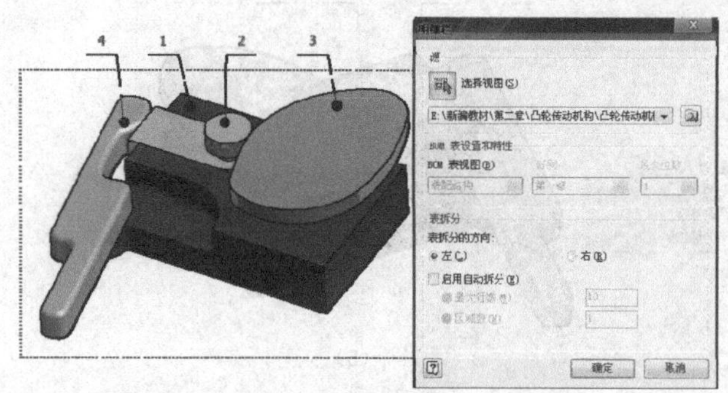

图 5-129 选择创建明细栏的视图

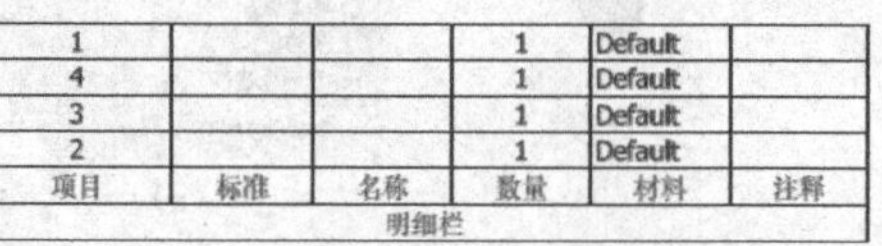

1			1	Default	
4			1	Default	
3			1	Default	
2			1	Default	
项目	标准	名称	数量	材料	注释
明细栏					

图 5-130 明细栏

● 编辑明细栏。在明细栏上单击鼠标右键，选择“编辑明细栏”命令，如图 5-131 所示。弹出“明细栏：凸轮传动机构.iam”对话框，如图 5-132 所示。在对话框中，单击“列选择”按钮 ，弹出“明细栏列选择器”对话框，如图 5-133 所示。

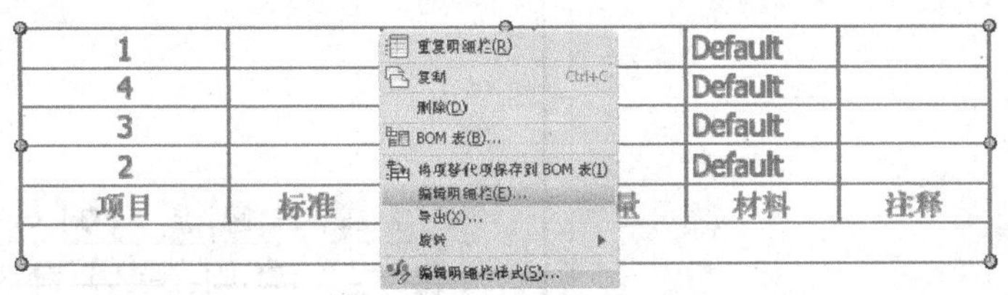

图 5-131　编辑明细栏

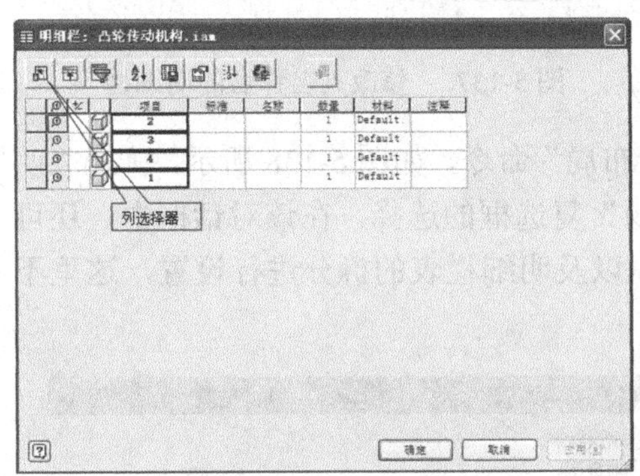

图 5-132　“明细栏：凸轮传动机构.iam”对话框

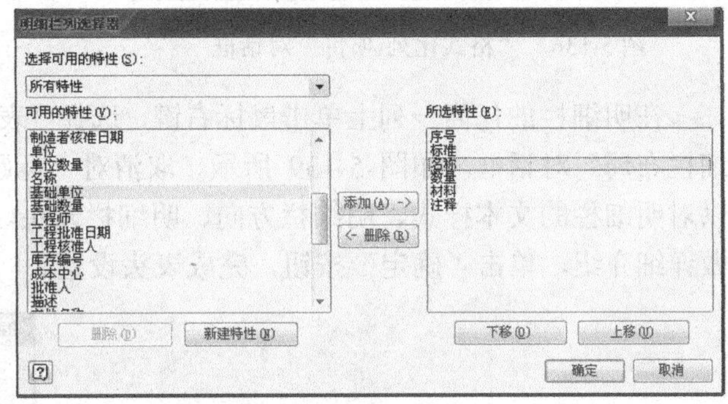

图 5-133　“明细栏列选择器”对话框

在对话框的“所选特性”栏，选中“名称”，单击中间的 按钮，将“名称”列删除。在“可用的特性”栏，选择“零件代号”，单击中间的 按钮，将其添加到“所选特性”栏，添加“零件代号”列。多次单击下面的 按钮，将“零件代号”向上移动到第二行，即“项目”的下面，如图 5-134 所示，单击“确定”按钮，完成“明细栏列选择器”的设置。

在“明细栏：凸轮传动机构.iam”对话框中的“项目”列表上单击鼠标右键，选择“格式化列”命令，如图 5-135 所示。弹出“格式化列：项目”对话框，在对话框中将“表头”由原来的“项目”修改为“序号”，如图 5-136 所示。单击“确定”按钮，完成列名称的修改，重复操作，将“零件代号”列的名称修改为“名称”。完成修改后，如图 5-137 所示。

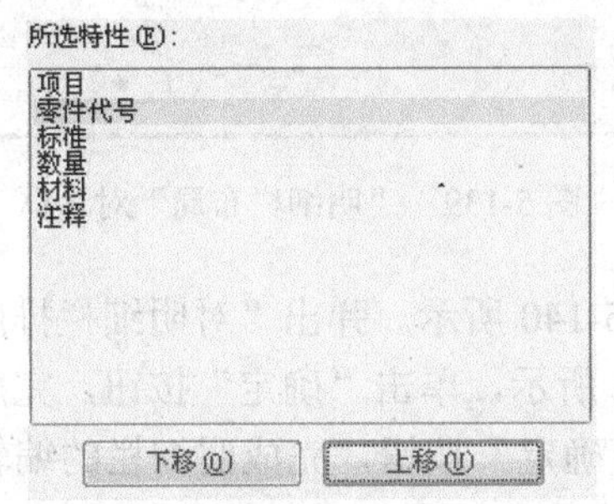

图 5-134　列选择器所选特性

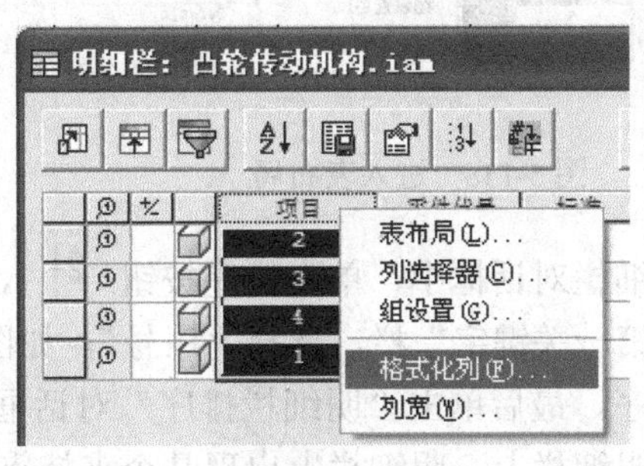

图 5-135　格式化列

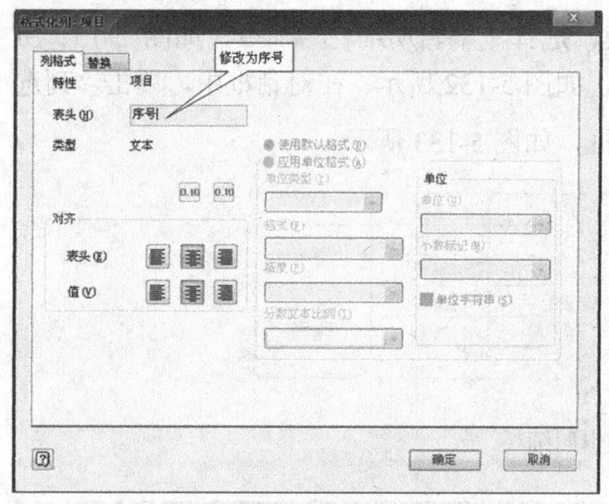

图 5-136 “格式化列:项目”对话框

			序号	名称	标准	数量	材料	注释
			2	底座		1	Default	
			3	连杆		1	Default	
			4	凸轮		1	Default	
			1	摇杆		1	Default	

图 5-137 修改列名称后的明细栏

在明细栏的任何一列上单击鼠标右键，选择“表布局”命令，如图 5-138 所示，弹出“明细栏布局”对话框，如图 5-139 所示。取消对“标题”复选框的选择，在该对话框中，还可以对明细栏的文本样式、明细栏方向、明细栏表头，以及明细栏表的拆分进行设置，这里不做详细介绍，单击“确定”按钮，完成表头设置。

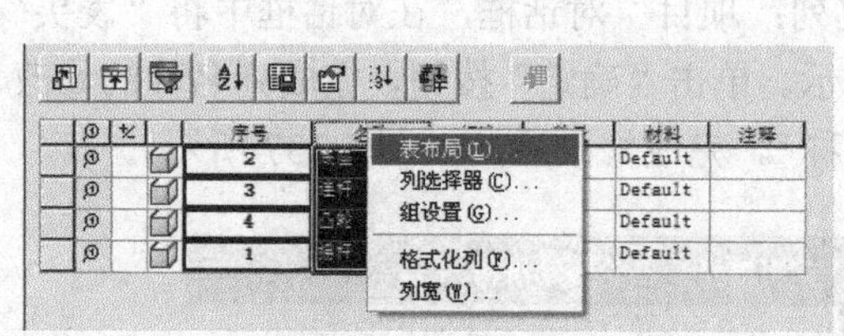

图 5-138 进入表布局

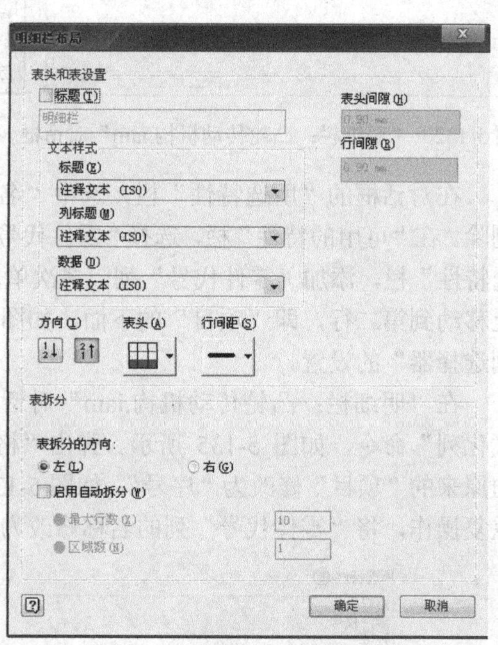

图 5-139 “明细栏布局”对话框

在明细栏对话框中，单击排序按钮 ，如图 5-140 所示。弹出“对明细栏排序”对话框，在“第一关键字”栏，选择“序号”，如图 5-141 所示，单击“确定”按钮，完成对“序号”的排序。最后单击“明细栏排序”对话框中的“确定”按钮，完成明细栏的编辑。将鼠标移动到明细栏上，明细栏上出现几个夹持点，如图 5-142 所示。单击右下角一个夹持点，拖动明细栏至合适位置，效果如图 5-143 所示。

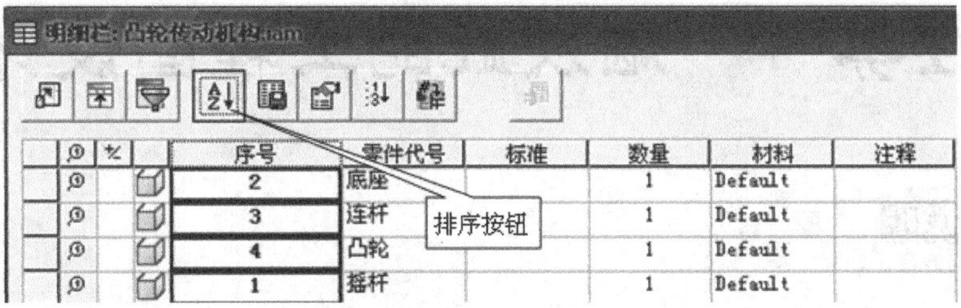

明细栏: 凸轮传动机构.iam

			序号	零件代号	标准	数量	材料	注释
			2	底座		1	Default	
			3	连杆		1	Default	
			4	凸轮		1	Default	
			1	摇杆		1	Default	

排序按钮

图 5-140　进行排序

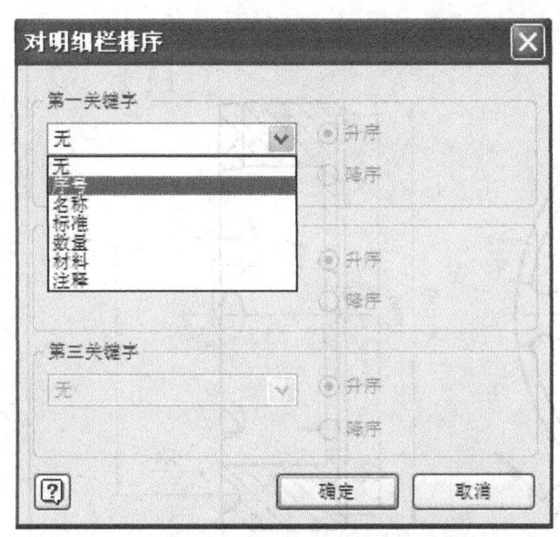

图 5-141　“对明细栏排序”对话框

4	凸轮		1	Default	
3	连杆		1	Default	
2	底座		1	Default	
1	摇杆		1	Default	
序号	名称	标准	数量	材料	注释

图 5-142　排序后效果

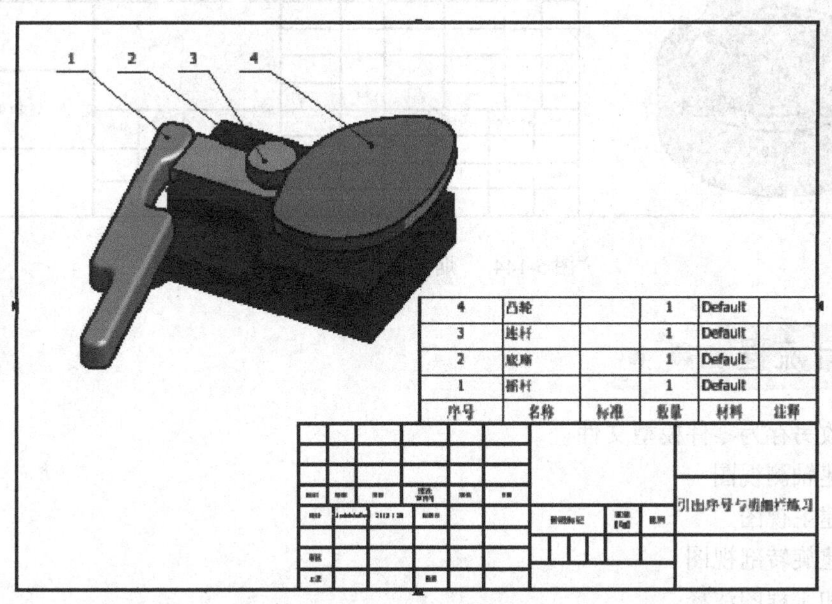

图 5-143　引出序号、明细栏编辑后的效果

任务一 烟灰缸的工程图设计

任务说明

烟灰缸工程图实例如图 5-144 所示。

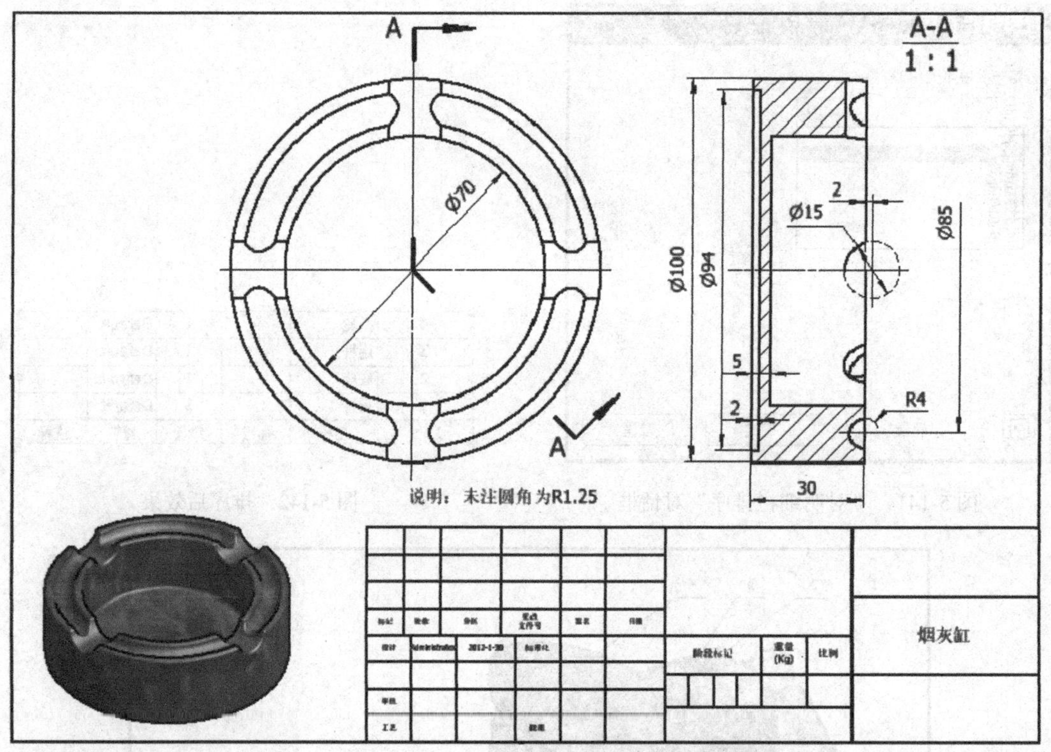

图 5-144 烟灰缸工程图实例

设计流程

1. 修改另存为零件模型文件
2. 创建轴测视图
3. 创建主视图
4. 创建旋转剖视图
5. 添加工程图注释
6. 标注工程图尺寸

设计步骤

1. 修改另存为零件模型文件

有时为了在工程视图中更好地表达零件模型，需要将零件的圆角特征暂时隐藏掉。首先打开“\第 5 章\烟灰缸.ipt”文件，在浏览器中，用鼠标单击并拖动浏览器底端的“造型终止”图标 ，将其向上拖动至“圆角 1”上面，“造型终止”后面的特征均以灰色显示，如图 5-145（a）所示。释放左键后，效果如图 5-145（b）所示，将文件另存为“烟灰缸未圆角.ipt”。

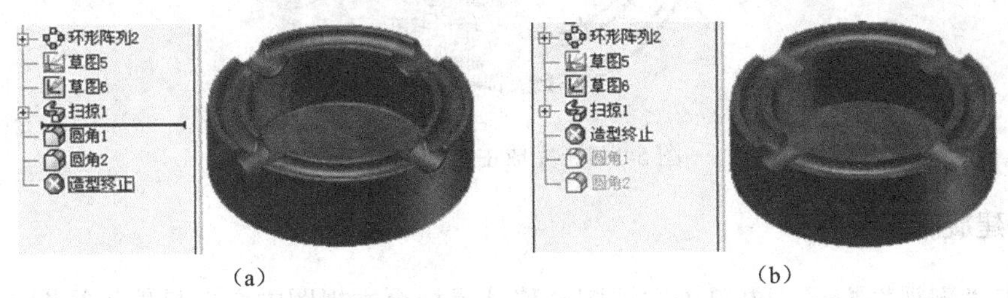

图 5-145 调整造型终止图标位置

2. 创建轴测视图

打开烟灰缸源文件“烟灰缸.ipt”，并将零件模型视角调整至图 5-144 中轴测图所示位置。利用前面创建的模板新建工程图文件，在工程视图中创建零件模型的基础视图。在弹出的“工程视图”对话框中，将视图方向选择“当前”；视图显示方式选择“不显示隐藏线”、“着色”；比例输入 1:1，如图 5-146 所示。在工程图中左下角位置单击，然后按下【Esc】键，完成轴测视图的创建。

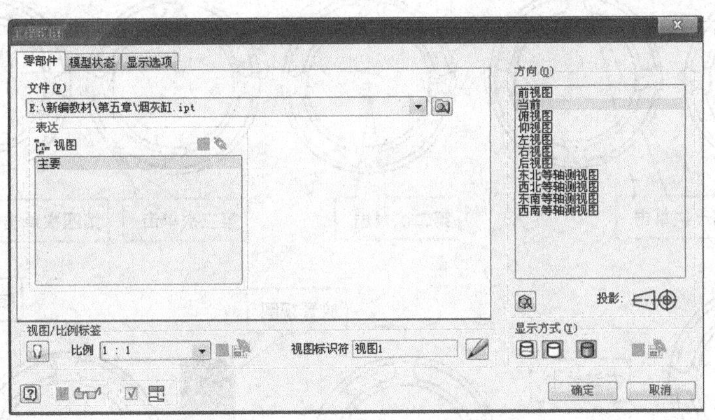

图 5-146 “工程视图”对话框

3. 创建主视图

打开第一步另存的文件“烟灰缸未圆角.ipt”。回到工程图文件，单击“基础视图”按钮，在弹出的“工程视图”对话框中，文件选择“烟灰缸未圆角.ipt”；方向选择“前视图”；比例输入 1:1；显示方式选择“不显示隐藏线”。在工程图合适位置单击，然后在视图上单击鼠标右键，选择“完成”命令，如图 5-147 所示，完成主视图的创建。

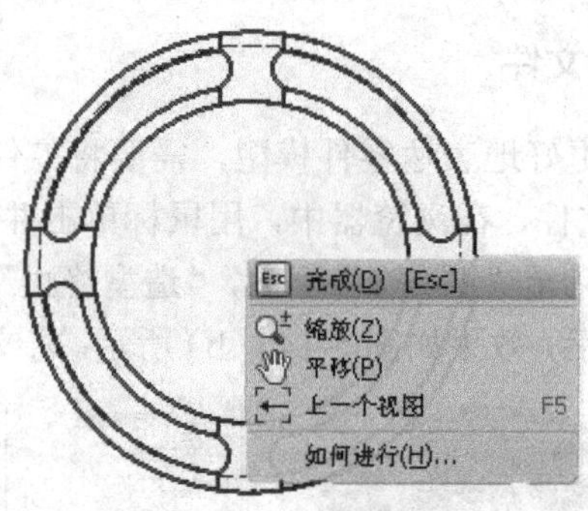

图 5-147 完成主视图的创建

4. 创建旋转剖视图

先单击“剖视”按钮，再单击主视图，移动鼠标至主视图中心，悬停后视图中心点变为绿色，这时不要单击鼠标，向上移动光标至合适位置再单击，得到剖面线第一个点；向下引导光标至视图中心后单击，得到剖面线第二个点；向右下引导光标找到圆弧中点后单击；继续向右下引导光标至合适位置单击，得到剖面线第三个点；水平向右引导光标至合适位置，单击鼠标右键，选择“继续”命令，弹出“剖视图”对话框。在对话框中保持默认设置，在视图中向右引导光标至合适位置单击，完成旋转剖视图的创建，过程如图 5-148 所示。最后将视图、剖切符号、视图标签拖曳至合适位置。

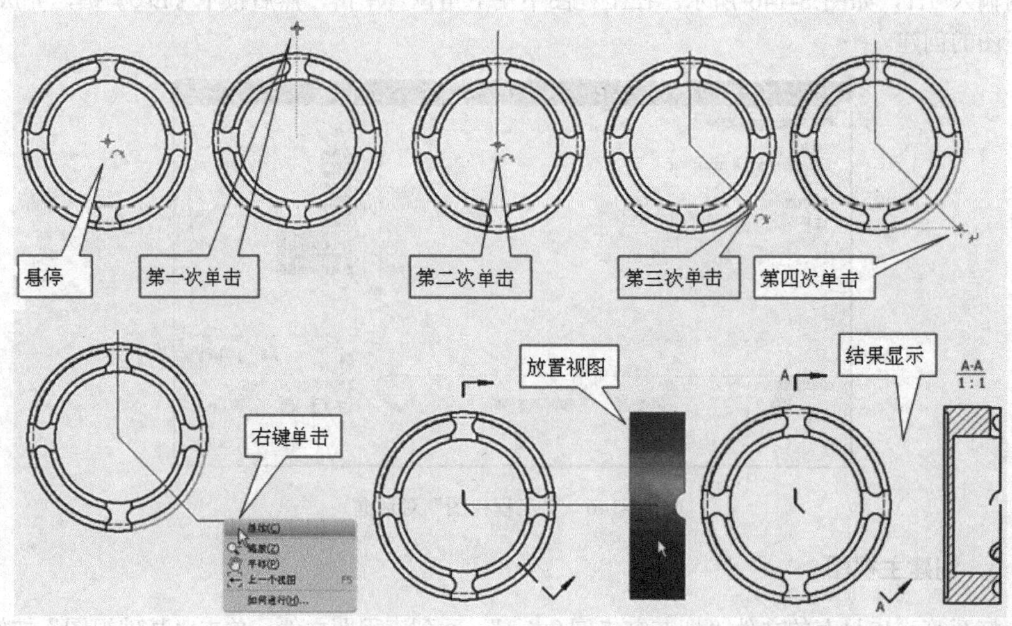

图 5-148 创建旋转剖视图过程

5. 添加工程图注释

（1）添加主视图中心标记。在“标注”功能选项卡下，先单击“中心标记”按钮，再单击主视图的外圆轮廓，完成主视图的中心标记注释。由于中心标记比较小，需要将其拉伸，将鼠标移动到中心线上悬停。这时中心线上出现 5 个夹持点（绿色），如图 5-149 所示。拖动夹持点，将中心标记的端点拖动到合适位置，如图 5-150 所示。

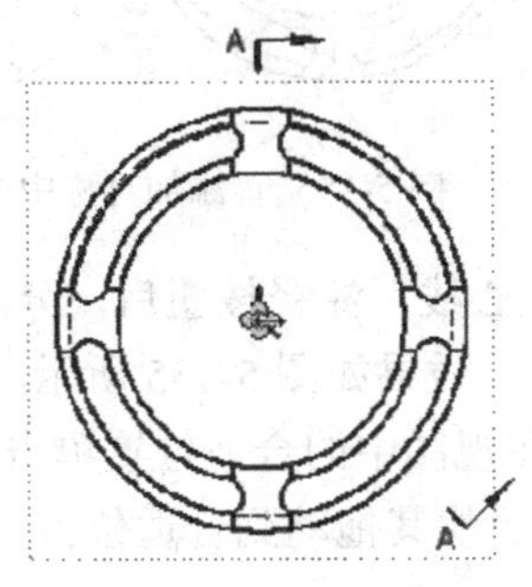

图 5-149　选择中心线

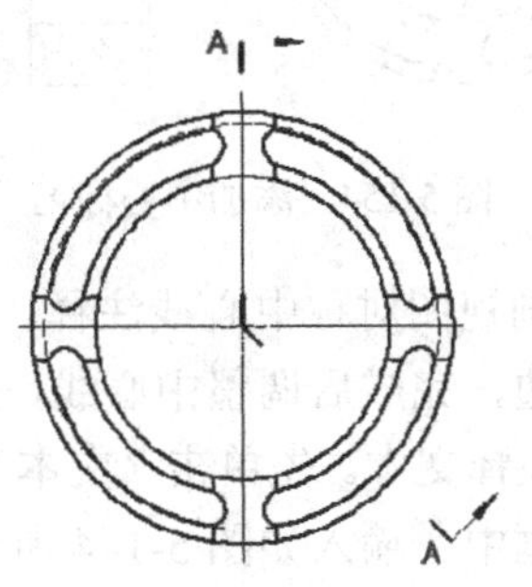

图 5-150　拖动中心线

（2）添加剖视图中心标记。选中剖视图，单击“创建草图”按钮，投影剖视图的几何图元，绘制一个直径为 15 的圆，将圆心与投影线的端点水平约束，并距投影线距离为 2 mm，如图 5-151 所示。选中该圆，单击“格式”工具面板上的下拉箭头，如图 5-152 所示。展开该工具面板，单击“线型”右边的下拉箭头，将其由“随层”修改为“虚线”，操作过程如图 5-153 所示。完成后退出草图，给该圆添加中心标记注释，然后再给剖视图下面的半圆添加中心标记注释，效果如图 5-154 所示。

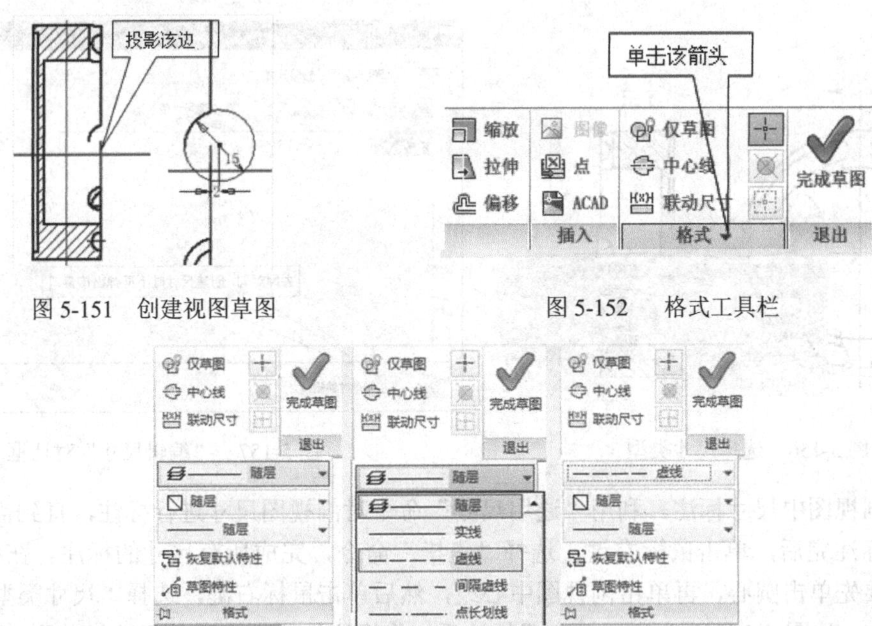

图 5-151　创建视图草图

图 5-152　格式工具栏

图 5-153　修改图层属性

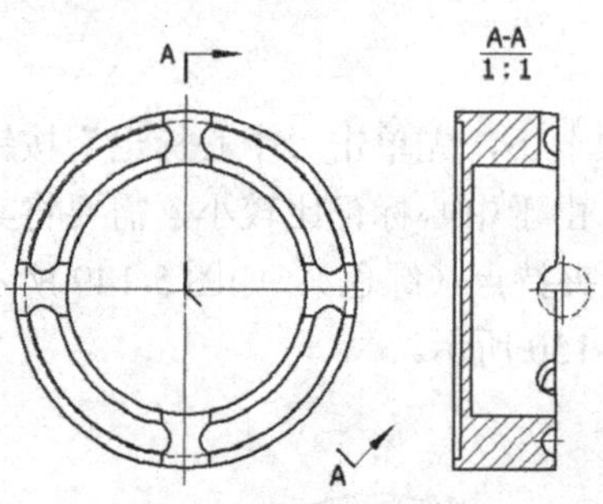

图 5-154　添加中心标记

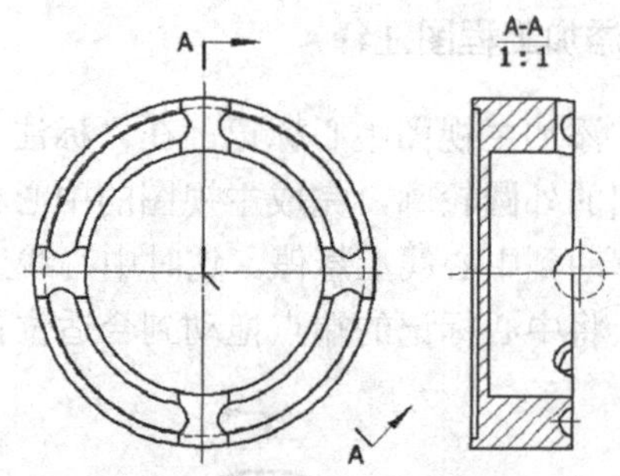

图 5-155　添加对称中心线

（3）添加剖视图对称中心线注释。单击“对称中心线”注释按钮后，分别单击对称中心线两边的对称边，完成后调整中心线，使其长短合适，效果如图 5-155 所示。

（4）添加注释文本。先单击“文本”按钮，然后在视图中的合适位置单击，在弹出的“文本格式”对话框中，输入如图 5-144 所示的文本，最后将其拖动到合适位置。

6. 标注工程图尺寸

（1）标注主视图的ϕ70。首先单击“通用尺寸”按钮，然后单击视图中需要标注尺寸的圆，移动鼠标，尺寸以半径样式标注（非整圆弧标注尺寸时默认半径样式），然后单击鼠标右键，选择“尺寸类型→直径”命令，如图 5-156 所示。然后引导光标至合适位置，单击完成ϕ70 尺寸的标注。在完成尺寸标注的同时会弹出“编辑尺寸”对话框，让用户对该尺寸进行编辑，如果不需要编辑，直接单击“确定”按钮即可。若不需要标注尺寸时弹出该对话框，只需取消对对话框中“在创建时编辑尺寸”的选择即可，如图 5-157 所示。

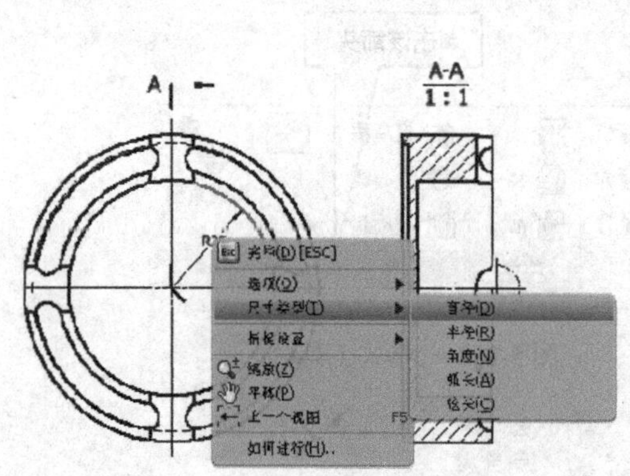

图 5-156　选择尺寸类型

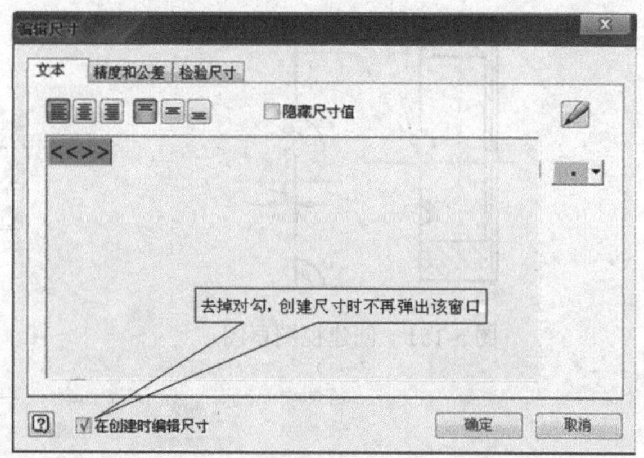

图 5-157　“编辑尺寸”对话框

（2）剖视图中尺寸标注。利用“通用尺寸”命令对剖视图尺寸进行标注，直到需要标注的尺寸都标注完后，单击鼠标右键，选择“完毕”命令，完成所有尺寸的标注。在标注ϕ85 尺寸时，要先单击圆心，再单击剖视图中心线，然后单击鼠标右键，选择“尺寸类型→线性直径”命令，如图 5-158（a）所示，完成标注后，将标注位置不合适的尺寸拖动到合适位置，如图 5-158（b）所示。

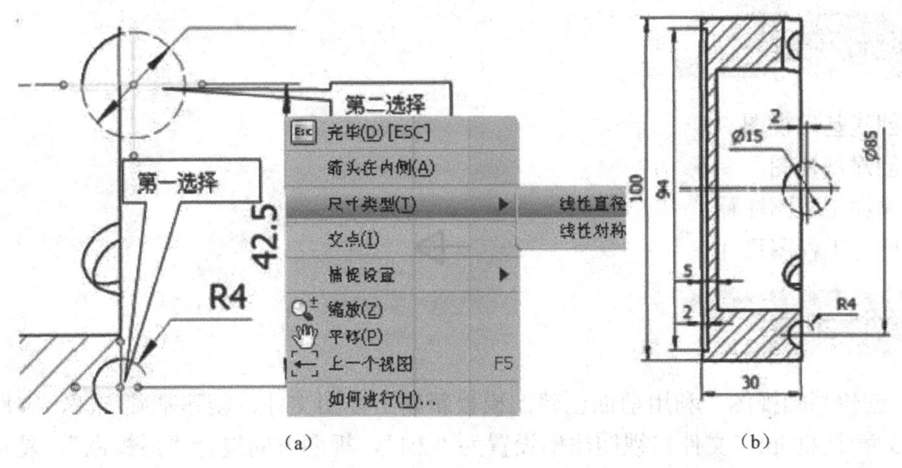

（a）　　（b）

图 5-158　标注线性对称尺寸

尺寸修改。将标注为 100、94 的尺寸修改为ϕ100、ϕ94，最终效果如图 5-144 所示，将文件保存后退出。

任务二　边框的工程图设计

任务说明

边框工程图设计实例如图 5-159 所示。

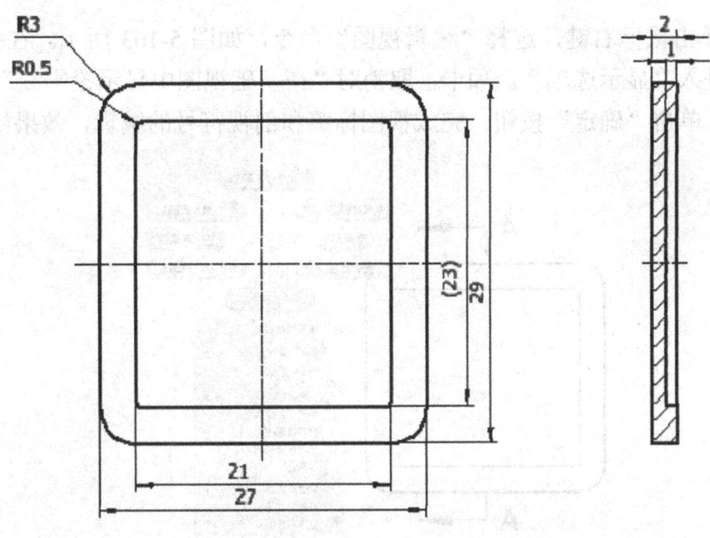

图 5-159　边框工程图设计实例

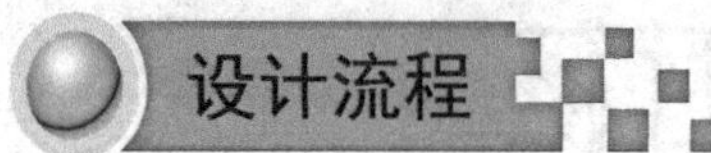

设计流程

1．创建基础视图
2．创建剖视图
3．添加工程图注释
4．标注工程图尺寸

设计步骤

（1）创建基础视图。利用前面创建的模板新建工程图文件，创建基础视图，零件文件选择“\第 5 章\边框.ipt”文件，视图比例设置为“2:1”，视图方向选择“后视图”，显示方式选择“不显示隐藏线”，效果如图 5-160 所示。

（2）创建剖视图。单击“剖视”按钮，创建剖视图，在弹出的“剖视图”对话框中将“切换标签的可见性”按钮 关掉，如图 5-161 所示，创建完成后如图 5-162 所示。

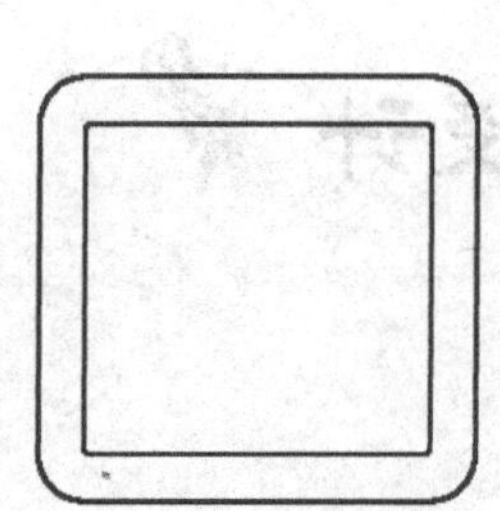

图 5-160　创建基础视图

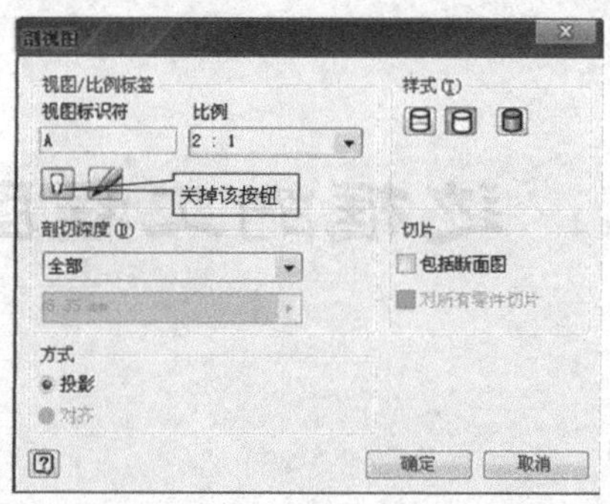

图 5-161　“剖视图”对话框

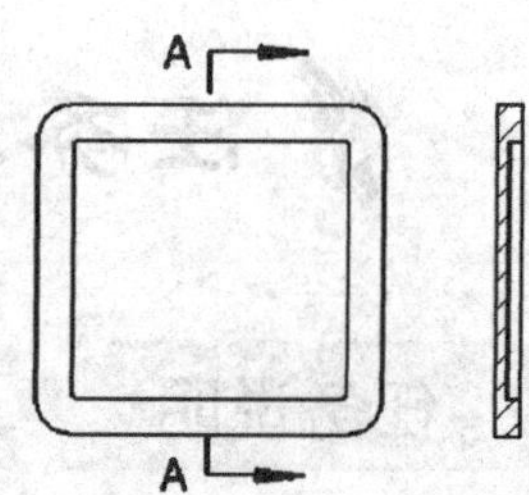

图 5-162　创建剖视图

在剖视图上单击鼠标右键，选择“编辑视图”命令，如图 5-163 所示。在弹出的“工程视图”对话框中，进入“显示选项”选项卡，取消对“在基础视图中显示投影线”复选框的选择，如图 5-164 所示。单击“确定”按钮，完成视图标签和剖视符号的编辑，效果如图 5-165 所示。

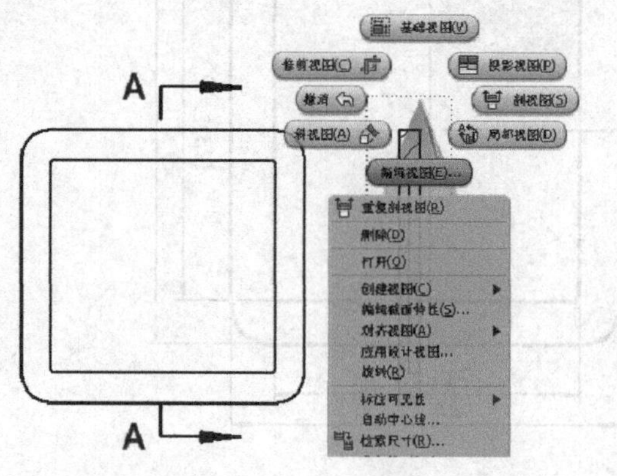

图 5-163　编辑视图

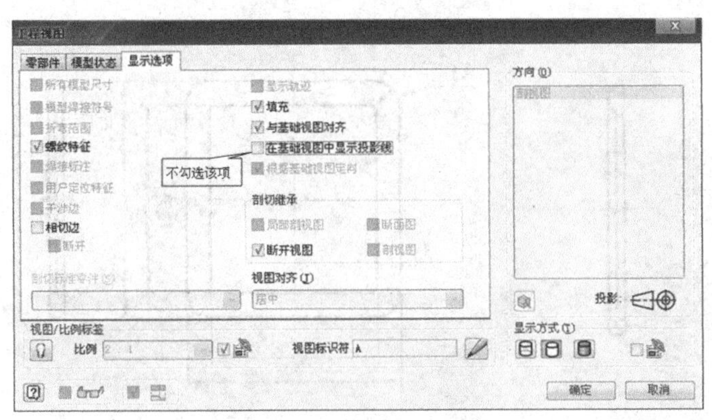

图 5-164　隐藏视图投影线　　　　图 5-165　隐藏视图标签和剖切符号后的效果

（3）添加工程图注释。在主视图、剖视图上添加“对称中心线”，如图 5-166 所示。

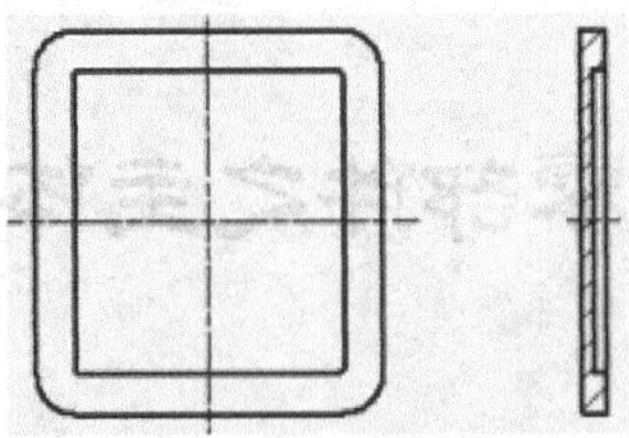

图 5-166　添加工程图注释

（4）标注工程图尺寸。单击“尺寸”工具面板上“检索”按钮 [检索]，如图 5-167 所示，弹出“检索尺寸”对话框。在对话框中，单击“选择视图”按钮，选择主视图；再单击“选择尺寸”按钮，框选主视图上所有尺寸，如图 5-168 所示。最后单击“确定”按钮，完成尺寸的检索，效果如图 5-169 所示。再次框选所有尺寸后，单击“尺寸”工具面板上的“排列”按钮 [排列]，将尺寸排列。并将其拖动到合适位置，如图 5-170 所示。

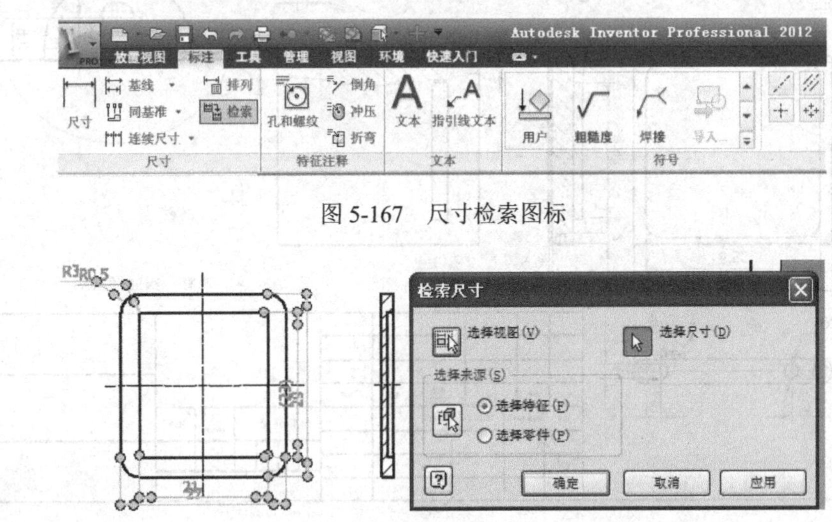

图 5-167　尺寸检索图标

图 5-168　“检索尺寸”对话框

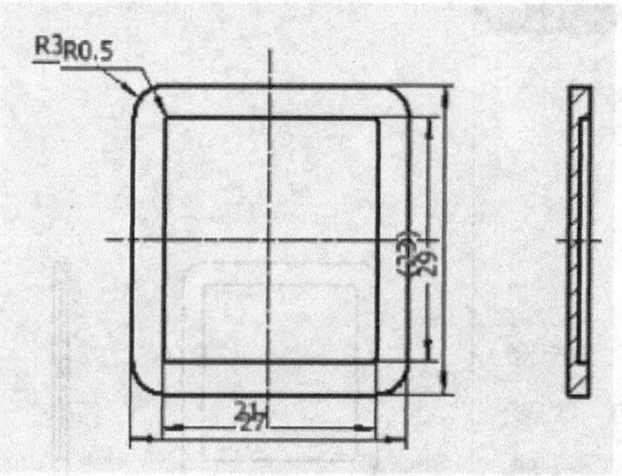

图 5-169　检索尺寸

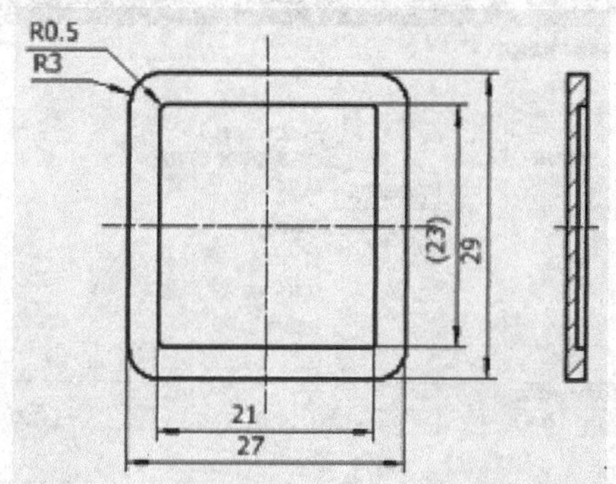

图 5-170　排列尺寸

重复命令在剖视图上检索、排列其他尺寸，最终效果如图 5-159 所示，保存文件后退出。

任务三　MP3 零部件之主体的工程图设计

任务说明

MP3 主体的工程图设计实例如图 5-171 所示。

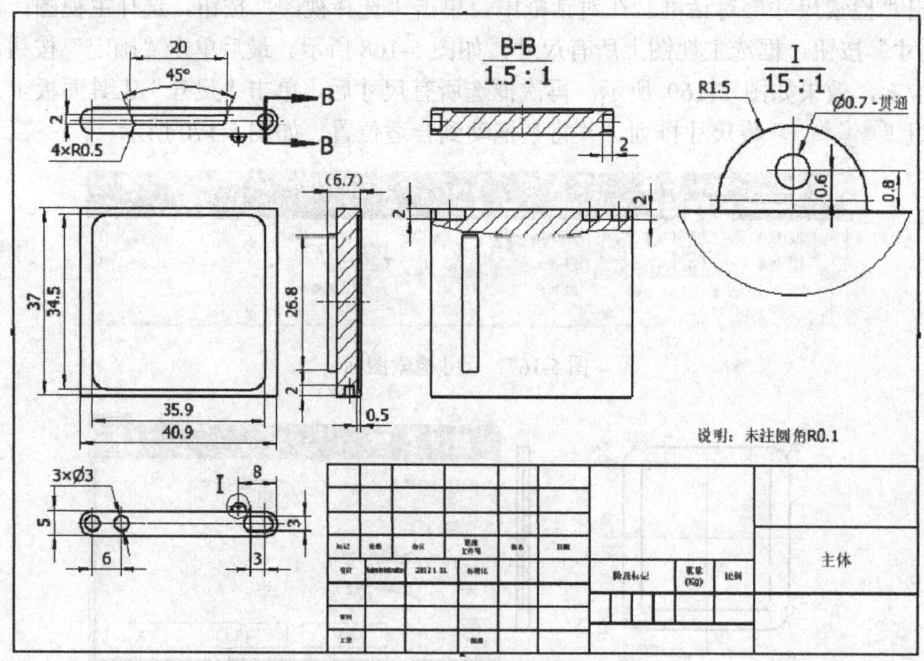

图 5-171　MP3 主体的工程图设计实例

设计流程

（1）创建基础视图、投影视图
（2）创建剖视图
（3）创建局部剖视图
（4）创建局部放大视图
（5）添加工程图注释
（6）标注工程图尺寸

设计步骤

（1）创建基础视图、投影视图。利用模板创建工程图文件，在工程图中创建基础视图。零件模型选择“\第 5 章\MP3\主体.ipt”文件；显示方式选择“不显示隐藏线”；方向选择“仰视图”；比例选择“1.5:1”，如图 5-172 所示。在视图区适当位置单击，放置基础视图；然后向下引导鼠标至合适位置单击，放置俯视图；向上引导鼠标至合适位置单击，放置仰视图。最后单击鼠标右键，选择“创建”命令，如图 5-173 所示，完成基础视图、投影视图的创建。

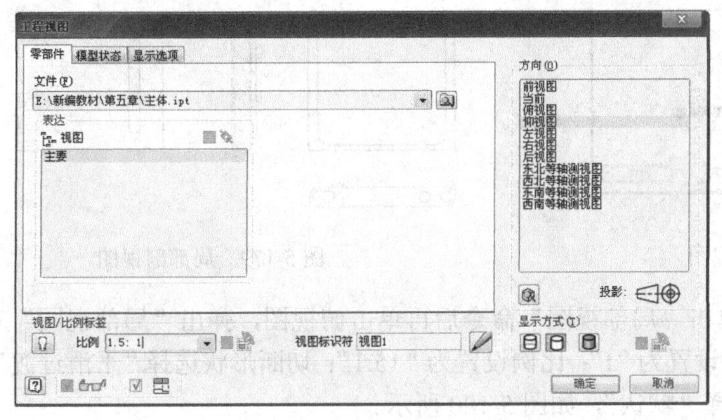

图 5-172 “工程视图”对话框

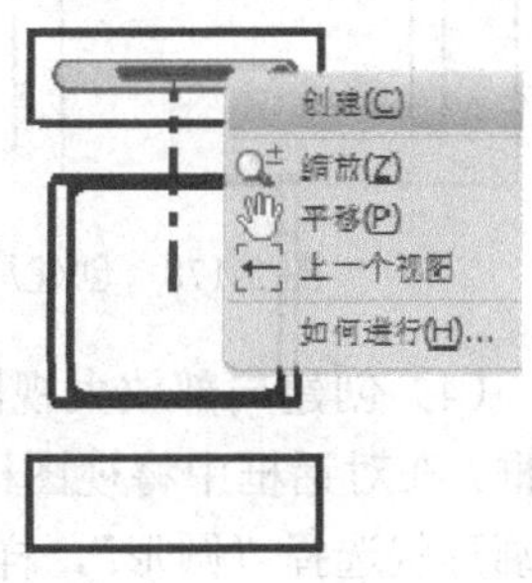

图 5-173 完成视图的创建

（2）创建剖视图。创建主视图的剖视图，并隐藏视图标签和剖切符号，如图 5-174 所示。重复命令，创建仰视图的剖视图，显示视图标签和剖切符号，如图 5-175 所示。

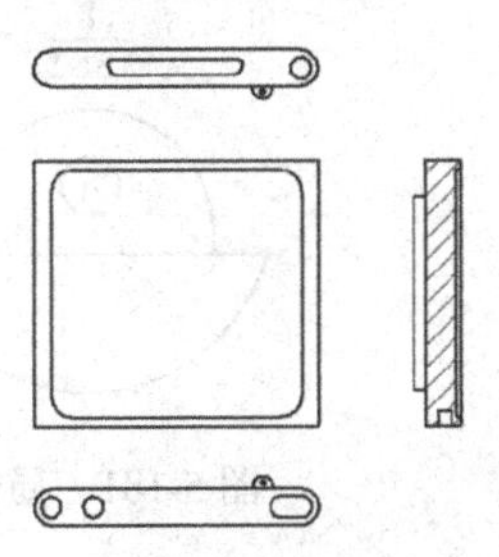

图 5-174 创建主视图剖视图

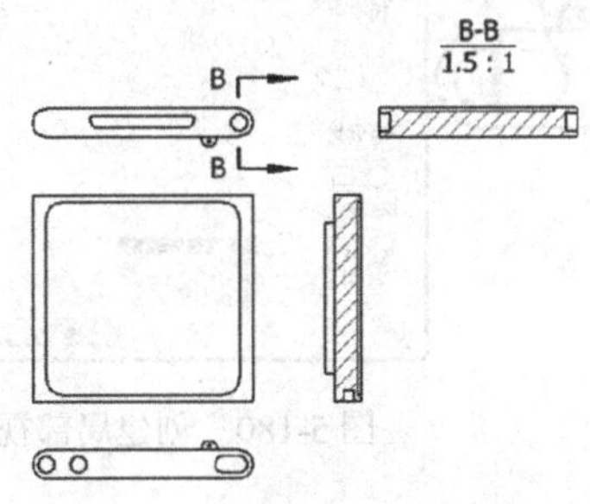

图 5-175 创建仰视图的剖视图

（3）创建局部剖视图。首先投影剖视图的左投影视图，如图 5-176 所示。在新创建的投影视图上创建草图，绘制如图 5-177 所示图形，完成后退出草图。

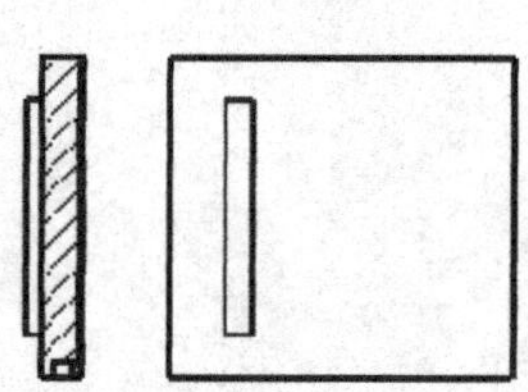

图 5-176　创建剖视图的投影视图

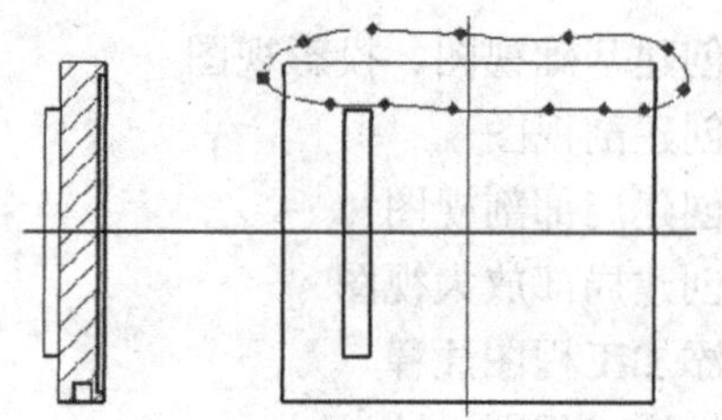

图 5-177　绘制视图草图

单击“局部剖视图”命令，选择视图后自动选中视图中的封闭草图，在弹出的“局部剖视图”对话框中，深度选择“自点”，在仰视图的剖视图中，单击孔底端中心点，如图 5-178 所示。单击“确定”按钮，完成局部剖视图的创建，效果如图 5-179 所示。

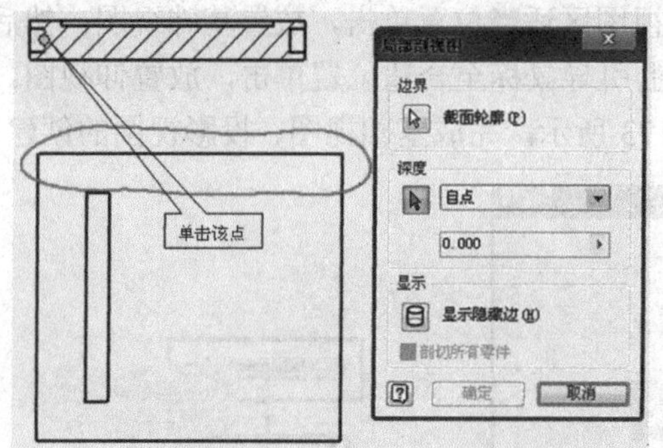

图 5-178　创建局部剖视图

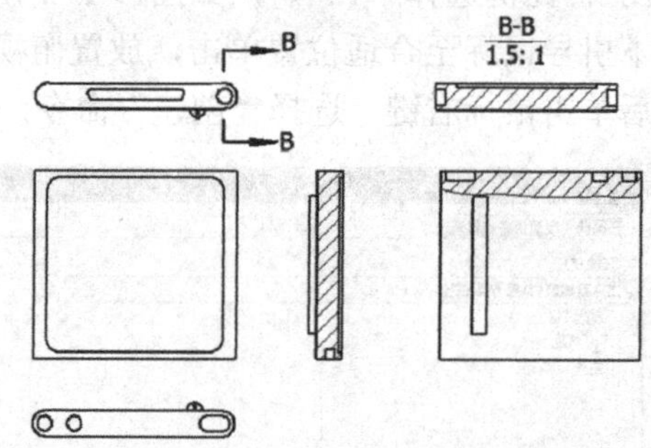

图 5-179　局部剖视图

（4）创建局部放大视图。单击“局部视图”命令后再单击俯视图，弹出“局部视图”对话框，在对话框中将视图标识符设置为“I”；比例设置为“15:1”；切断形状选择“平滑过渡”；轮廓形状选择“圆形”，样式选择“默认”，如图 5-180 所示。

在视图中需要局部放大的地方单击，拖动鼠标至合适位置，调整局部视图轮廓的大小，再次单击，在视图中的合适位置单击鼠标，创建局部放大视图，效果如图 5-181 所示。

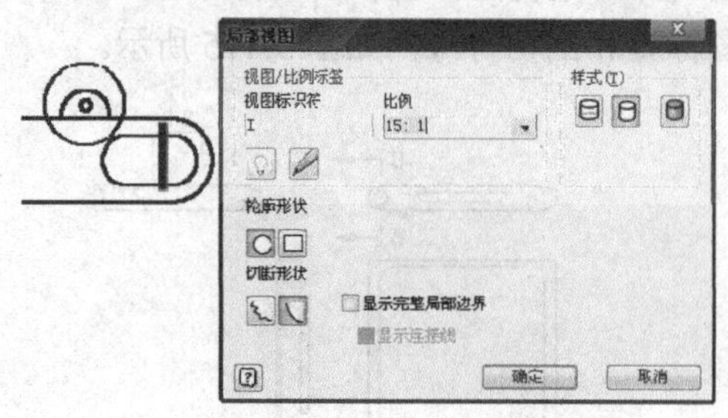

图 5-180　创建局部视图

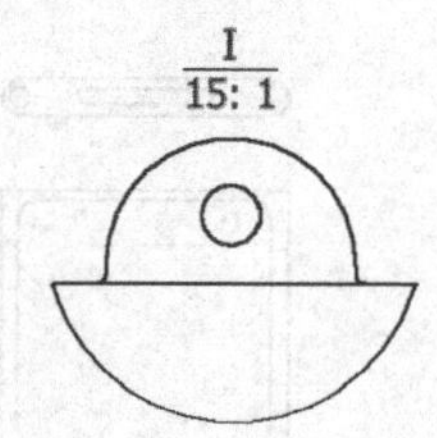

图 5-181　局部视图

（5）添加工程图注释。将各个视图添加中心标记，中心线注释，并添加文字注释，如

图 5-182 所示。

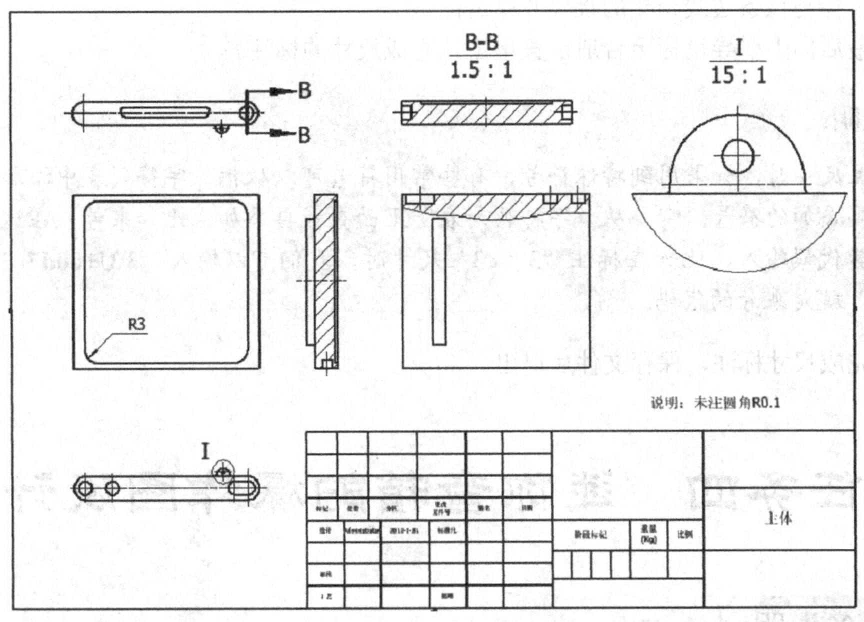

图 5-182　添加工程图注释

（6）标注工程图尺寸。利用通用尺寸命令手动标注各视图尺寸，这里重点介绍数据接口尺寸的标注，操作过程如图 5-183 所示。详细步骤如下：

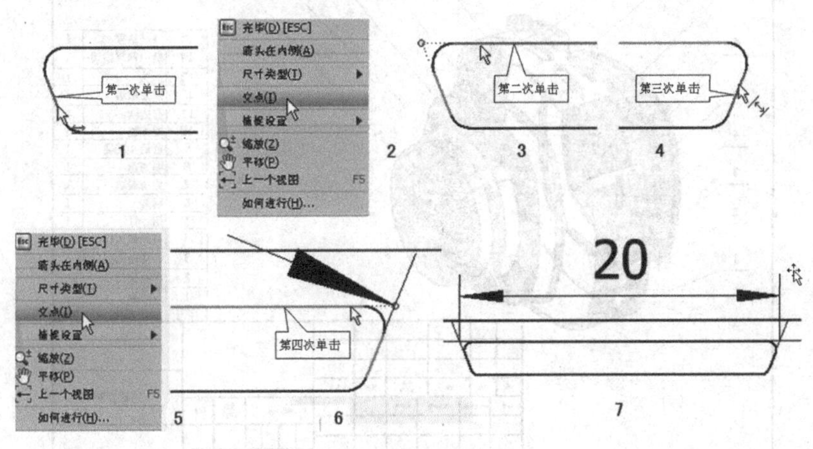

图 5-183　创建尺寸标注的过程

- 单击通用尺寸按钮；
- 选择需要标注尺寸的边线并单击；
- 单击鼠标右键，选择“交点”命令；
- 选择与边线相交的直线并单击；
- 选择需要标注尺寸的另一条边线并单击；

- 再次单击鼠标右键，选择“交点”；
- 选择与该条边线相交的直线并单击；
- 最后向上引导鼠标至合适位置单击，完成尺寸的标注。

说明：

在标注尺寸时，如果用到特殊符号，有些常用符号可以从插入字符列表中添加，对于一些不能直接添加的符号。需要从“字符映射表”里面查找再添加，比如乘号。在这里乘号我们可以用其代码输入，比如在标注“3 × ϕ3”尺寸时，我们可以输入“**3\U+00d7**ϕ3”在这里“**\U+00d7**”就是乘号的代码。

（7）完成尺寸标注，保存文件后退出。

任务四　迷你音箱的爆炸图设计

任务说明

迷你音箱爆炸图设计实例如图 5-184 所示。

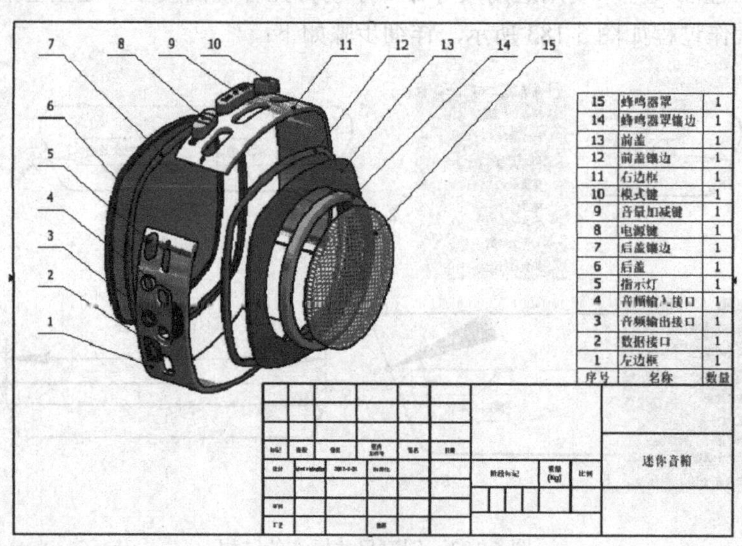

图 5-184　迷你音箱爆炸图设计实例

设计流程

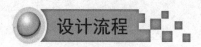

1. 创建基础视图
2. 添加爆炸图的引出序号

3．编辑引出序号

4．创建爆炸图的明细栏

5．编辑爆炸图的明细栏

（1）创建基础视图。打开“\第 4 章\迷你音箱\迷你音箱.ipn”文件，并将视图调整至如图 5-184 所示视角。利用创建的模板新建工程图文件，创建基础视图，在工程视图对话框中将比例选择“1:1”；显示方式选择“着色”和“不显示隐藏线”；方向选择“当前”。完成基础视图的创建，如图 5-185 所示。

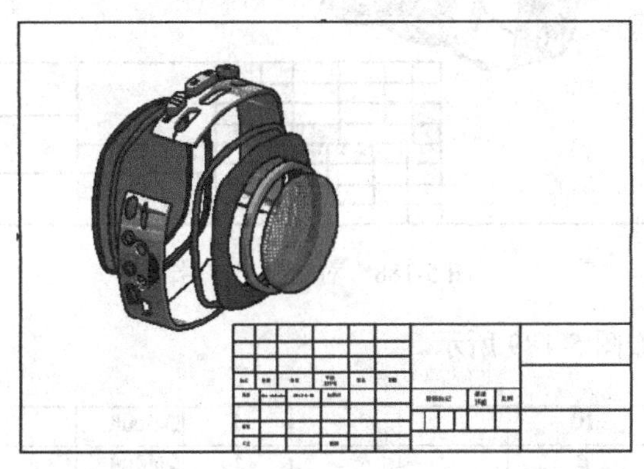

图 5-185　创建基础视图

（2）添加爆炸视图的引出序号。在“标注”功能选项卡下，单击“表格”工具面板上的“自动引出序号”按钮，弹出“自动引出序号”对话框，选择视图并框选所有零部件，在“放置尺寸”栏，选择“水平”放置方式，单击“选择放置位置”按钮 选择放置位置 ，然后在视图中合适位置单击，如图 5-186 所示。单击“自动引出序号”对话框的“确定”按钮，弹出“BOM 表视图已禁用”对话框，如图 5-187 所示，单击“确定”按钮，启用 BOM 表视图，完成引出序号的创建。

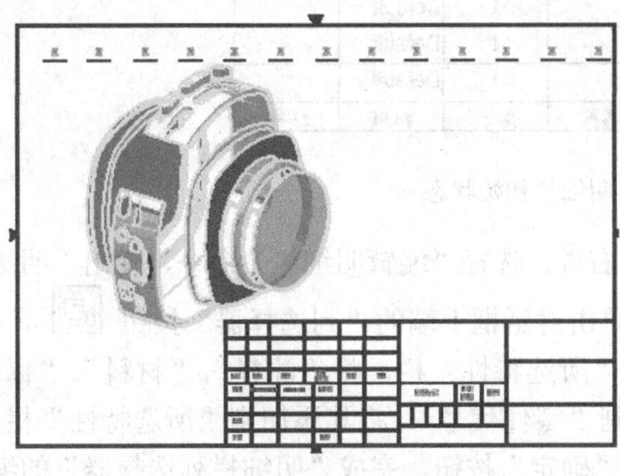

图 5-186　放置引出序号

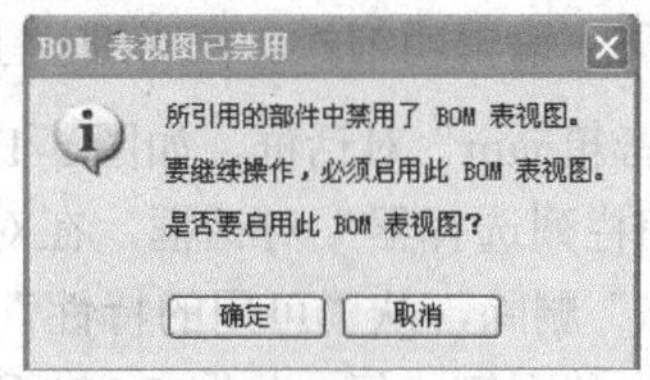

图 5-187　启用 BOM 表确定窗口

（3）编辑引出序号。调整引出序号的位置，将引出序号的箭头全部设置为“小点”形式。引出序号按如图 5-188 所示形式排列。序号“1-7”按照竖直方式对齐，“7-15”按照水平方式对齐。

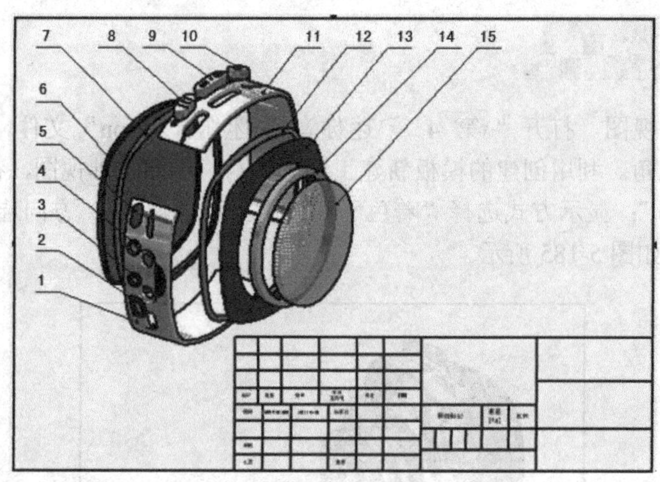

图 5-188　对齐引出序号

（4）创建明细栏。如图 5-189 所示。

项目	标准	名称	数量	材料	注释
10			1	Default	
8			1	Default	
9			1	Default	
5			1	Default	
2			1	Default	
3			1	Default	
4			1	Default	
1			1	Default	
11			1	Default	
14			1	Default	
15			1	Default	
13			1	Default	
7			1	Default	
6			1	Default	
12			1	Default	

图 5-189　明细栏初始状态

（5）编辑明细栏。在明细栏上单击鼠标右键，选择“编辑明细栏”命令，弹出“明细栏：迷你音箱.iam”对话框，如图 5-190 所示。单击对话框上端的“列选择器”按钮 ，弹出“明细栏列选择器”对话框，在对话框中的“所选特性”栏，将“注释”、“材料”、“标准”、“名称”删除，从“可用的特性”栏里面找到“零件代号”，将其添加到“所选特性”栏，并将其上移至第二行，如图 5-191 所示。单击“确定”按钮，完成“明细栏列选择器”的编辑，此时“明细栏：迷你音箱.iam”显示如图 5-192 所示。

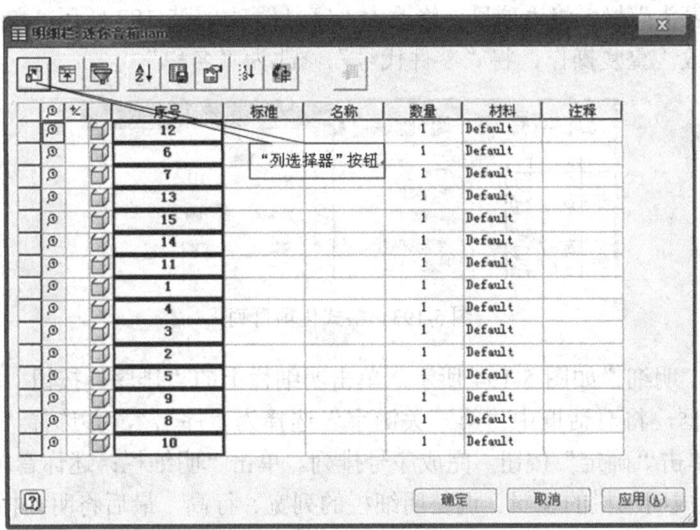

图 5-190　编辑明细栏

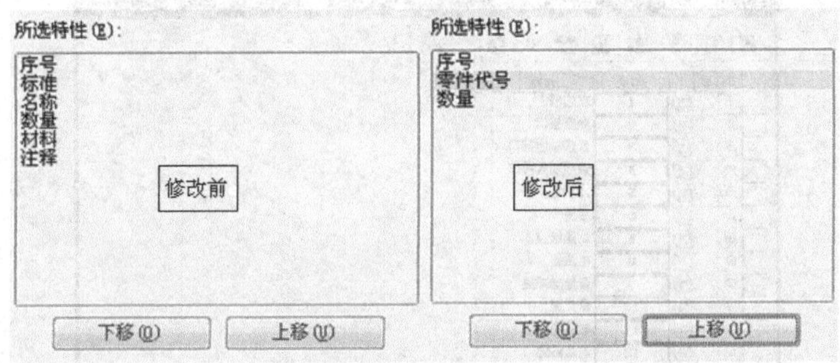

图 5-191　明细栏列选择器

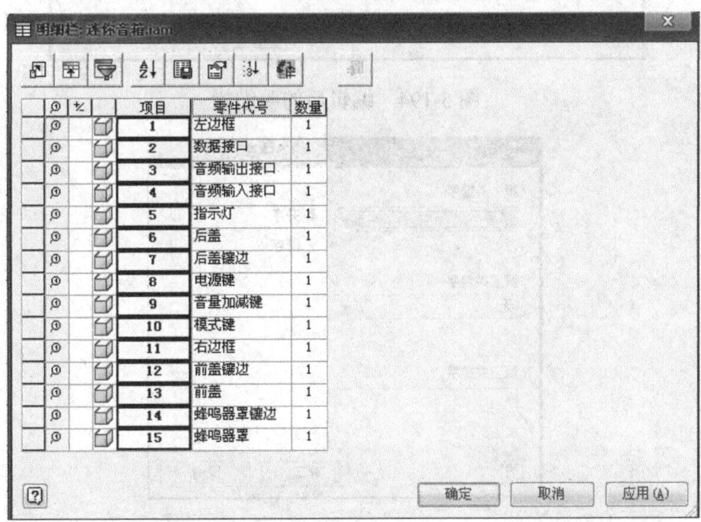

项目	零件代号	数量
1	左边框	1
2	数据接口	1
3	音频输出接口	1
4	音频输入接口	1
5	指示灯	1
6	后盖	1
7	后盖镶边	1
8	电源键	1
9	音量加减键	1
10	模式键	1
11	右边框	1
12	前盖镶边	1
13	前盖	1
14	蜂鸣器罩镶边	1
15	蜂鸣器罩	1

图 5-192　修改列后的明细栏

在明细栏的“项目”列上单击右键选择“格式化列”，弹出“格式化列：项目”对话框，在该对话框的“表头”栏，将“项目”修改为“序号”，如图 5-193 所示。单击“确定”按钮，完成列名称的修改，重复操作，将“零件代号”修改为“名称”。

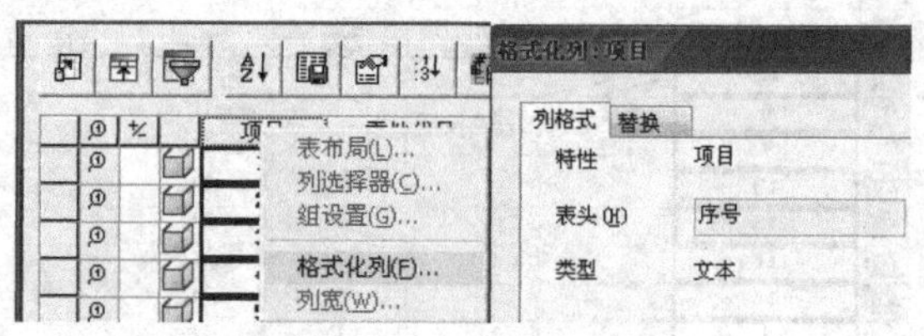

图 5-193　格式化项目列

完成修改后，明细栏如图 5-194 所示。单击明细栏上的“排序”按钮 ，弹出“对明细栏排序”对话框，将对话框中“第一关键字”选择为“序号”，并选择“升序”排列，如图 5-195 所示。单击“确定”按钮，完成序号排列。单击“明细栏：迷你音箱.iam”对话框的“确定”按钮，完成明细栏的编辑。调整明细栏的列宽、行高，最后将明细栏底端跟标题栏对齐，右边跟图纸边框对齐，最后结果如图 5-184 所示。

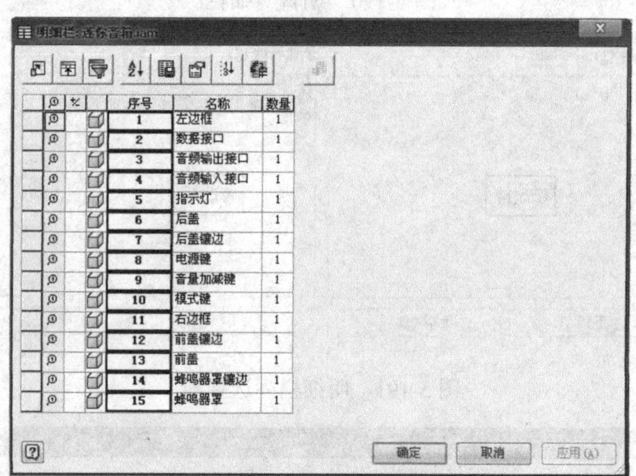

图 5-194　编辑后的明细栏

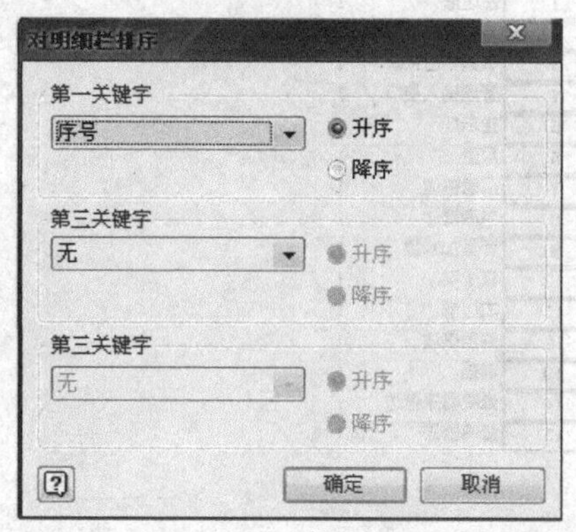

图 5-195　将序号按照升序方式排序

（6）保存文件后退出。

思考与练习

1．将光盘中“\第 1 章\练习\1\”下的 10 个零件，按照图 1-332 至图 1-341 所示样式创建工程图。

2．将光盘中“\第 3 章\练习\1\”下的数码相框的各个零部件，按照图 3-140 至图 3-149 所示样式创建工程图。

3．将光盘中“\第 3 章\练习\1\”下的数码相框的表达视图文件，按照图 3-139 所示样式创建爆炸图。

4．将光盘中“\第 3 章\练习\1\”下的数码相框的装配文件按照图 3-138 所示样式创建六视图。

5．将光盘中“\第 4 章\练习\2\”下的表达视图文件，按照如图 4-41 所示样式创建爆炸图。

6．将光盘中“\第 4 章\练习\3\”下的表达视图文件，按照如图 4-42 所示样式创建爆炸图。

第6章 Inventor Studio 渲染

Inventor Studio 是 Inventor 的一个附加模块，具有独特的环境。它能够对 Inventor 创建的零件及装配进行渲染和动画制作，生成具有真实效果的渲染图片，以及装配动画效果的多媒体文件。也就是说通过 Inventor Studio 能直接在设计环境中生成较为真实的图像和动画，让客户看到最终的效果。本章我们将通过实例分别从静态渲染、动画制作两方面进行详细介绍。

准备工作

Studio 环境

初次进入 Studio 环境时，它将处于模型状态，这是渲染或动画场景的起始状态。在模型状态下不能执行动画，但是可以编辑照相机、光源和其他渲染特性。进入 Inventor Studio 环境的方法是：首先打开一个模型或者部件文件，在“环境”功能选项卡下，单击“开始”工具面板上的“Inventor Studio”图标 Inventor Studio ，如图 6-1 所示，从而进入 Inventor Studio 环境。

图 6-1　Inventor Studio 按钮图标

进入 Inventor Studio 环境后，直接进入“渲染”选项卡，“渲染”选项卡包含“渲染”、“场景”、“动画制作”、“管理”和“退出”功能面板。图形区左侧是 Inventor Studio 浏览器，提供了访问对象，以及动画渲染的一些操作，如图 6-2 所示。

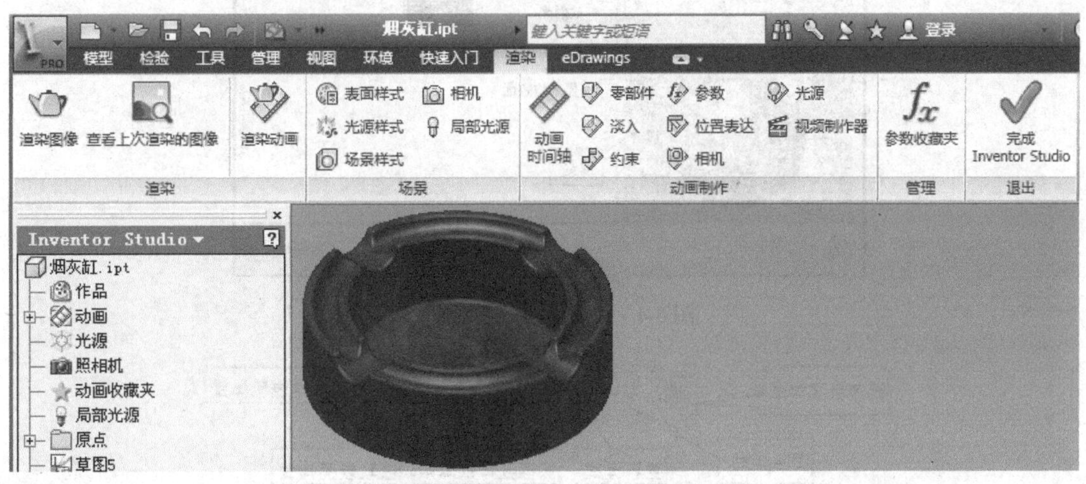

图 6-2　Inventor Studio 渲染环境

静态渲染

通过表面材质、灯光、场景及视角的设置对模型进行渲染处理，得到具有真实效果的图片，渲染特征包含3种样式，分别是："表面样式"、"光源样式"和"场景样式"。

1. 表面样式

在"渲染"选项卡下，单击"场景"工具面板上的"表面样式"按钮 表面样式，如图6-3所示，弹出"表面样式"对话框，如图6-4所示。在对话框的初始状态下，只有"新建表面样式"按钮可用，工具栏上各按钮名称如图6-5所示。

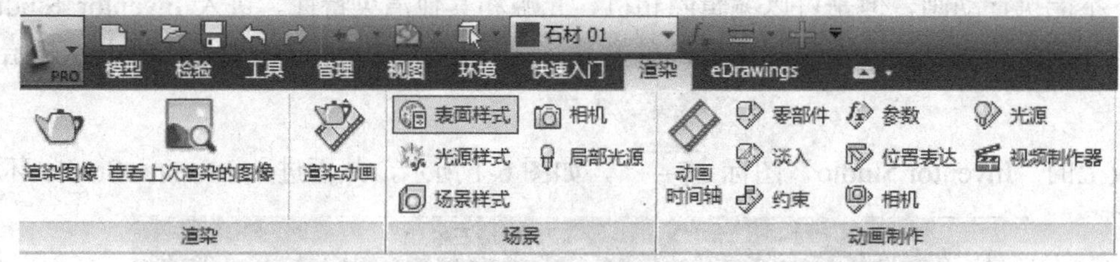

图6-3　表面样式按钮图标

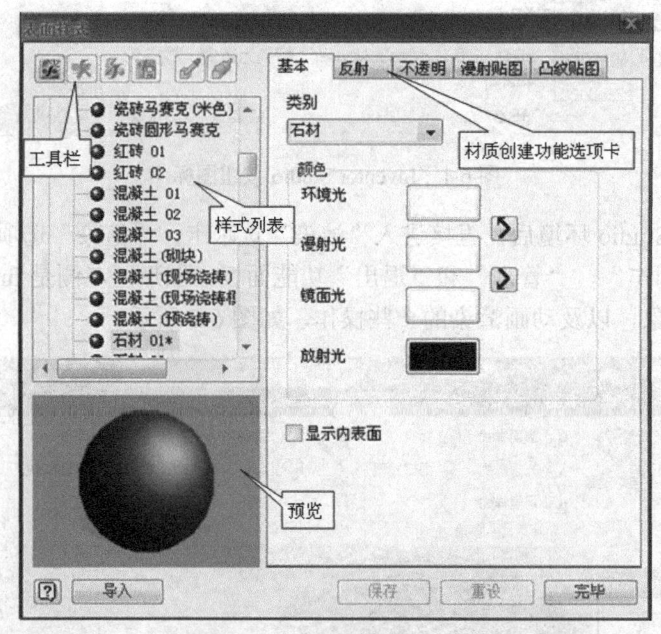

图6-4　"表面样式"对话框

图6-5　表面样式工具栏

给模型添加材质。首先选中需要添加材质的零件表面或者零件（对于零件环境，只能选择零件的一个或者多个表面，对于部件环境，可以选择一个或者多个零件），然后在“材质列表”中选取所需要的材质，接着单击工具栏上的“指定表面样式”按钮，完成材质的添加，如图 6-6 所示。单击“完毕”按钮后，效果如图 6-7 所示。

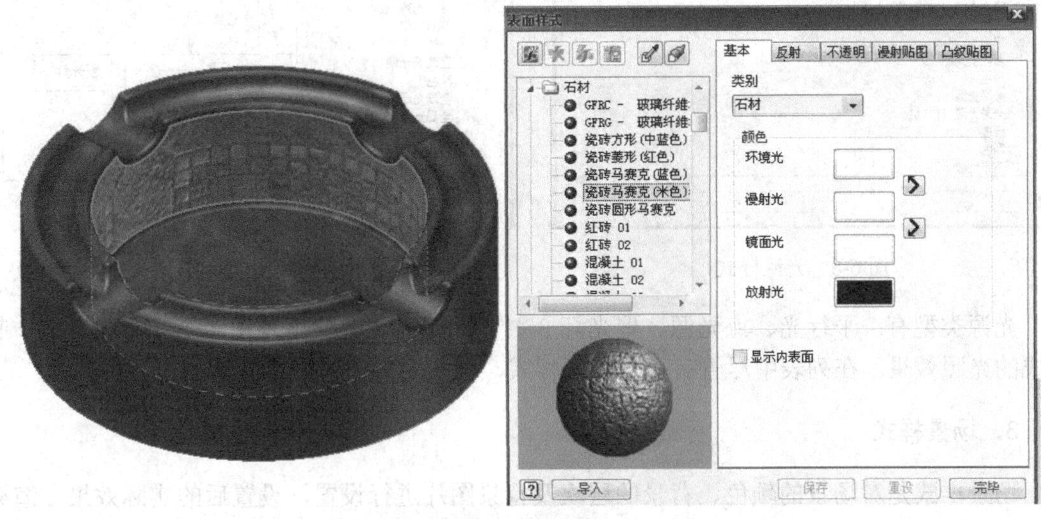

图 6-6　添加材质

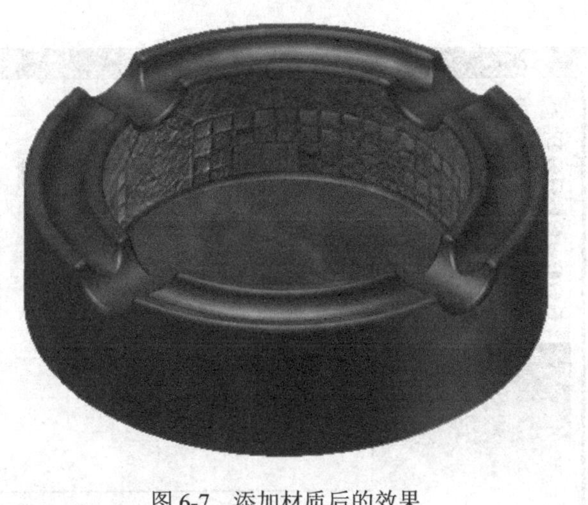

图 6-7　添加材质后的效果

2. 光源样式

光源样式即我们所说的光照样式，指对象在渲染时灯光的完全效果。单击“场景”工具面板上的“光源样式”按钮 光源样式 ，弹出“光源样式”对话框，如图 6-8 所示。在对话框左侧是 Inventor 预设的光源样式，每种光源样式下都有不同的光源。在列表中选中光源后，对话框右侧的选项卡会发生改变。如图 6-9 所示，即是在选中“安全光源-北光源”时的选项卡。

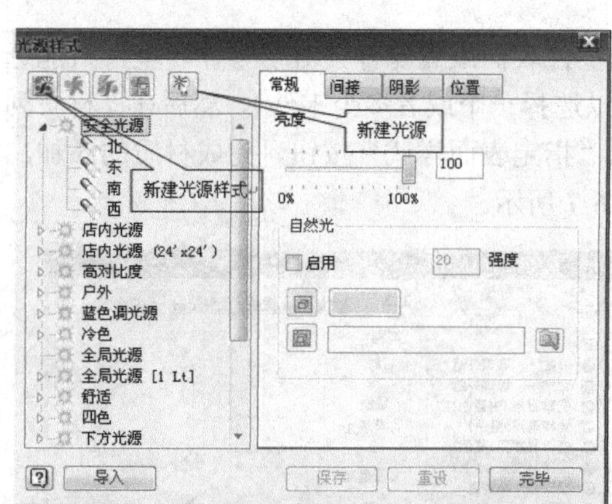

图 6-8 光源样式

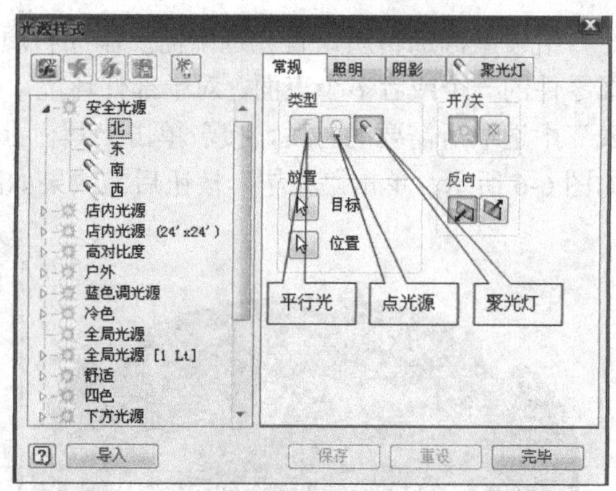

图 6-9 光源类型

光源类型有：平行光、点光源、聚光灯 3 种，一个光源样式就是由多个光源组合在一起形成的光照效果。在列表中尽管有多个光源样式，但一次只能有一个激活的光源样式。

3．场景样式

场景样式是对场景的颜色、背景的层次及背景图片进行设置，设置后的实际效果在渲染后方可表现。单击“场景”工具面板上的“场景样式”按钮 场景样式，打开“场景样式”对话框，如图 6-10 所示。

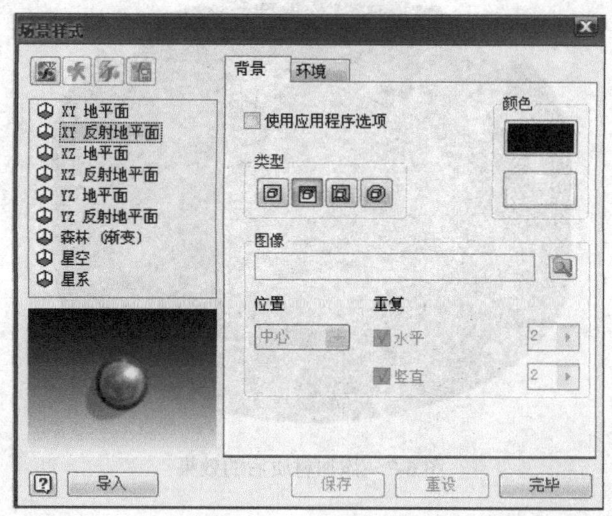

图 6-10 场景样式

4．照相机

创建照相机实际上就是创建一个观察视角。若新建照相机，只需单击“场景”工具面板上的“相机”按钮 相机，即打开“照相机”对话框。然后在模型上单击鼠标，确定观察视角目标，然后引导光标至合适位置单击，以确定照相机的位置，如图 6-11 所示。

另外创建照相机还有一种更简单的方法，就是在视图区，调整模型视角，然后在空白处单击右键，选择“从视图创建照相机”选项，即可快速创建照相机，如图 6-12 所示。

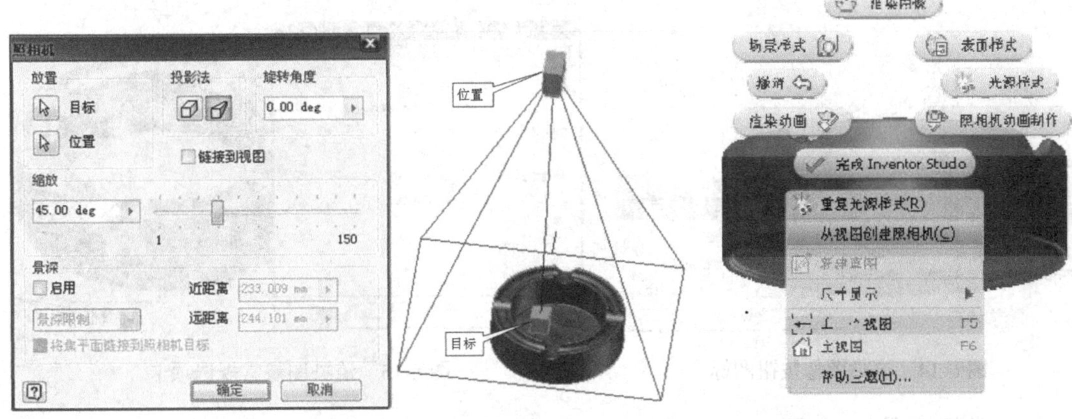

图 6-11　照相机窗口　　　　图 6-12　快捷菜单

要编辑或删除照相机，只需在浏览器中的照相机名称上单击鼠标右键，选择相应的选项即可。

5. 局部光源

局部光源相当于光源样式中的单个光源，不过光源样式中的平行光源在这里不起作用。建立“局部光源”的方法，就是在“场景”工具面板上，单击“局部光源”按钮 局部光源，即打开“局部光源”对话框，如图 6-13 所示，在对话框中，“平行光源”按钮以灰色显示。

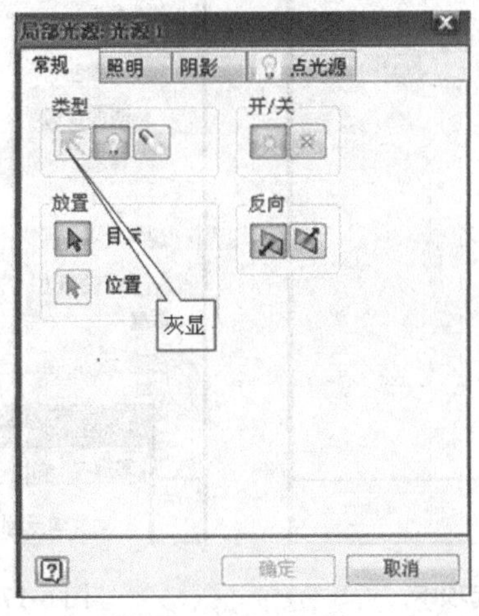

图 6-13　局部光源

6. 渲染图像

通过对视角、光照、场景的设定，对一个零件或部件进行渲染，得到一个逼真的图像。

在“渲染”工具面板上单击“渲染图像”按钮 渲染图像 ，如图 6-14 所示，即打开“渲染图像”对话框，同时图形区出现一个红色线框，表示渲染范围只能在红色线框内，如图 6-15 所示。

图 6-14　渲染图像按钮图标

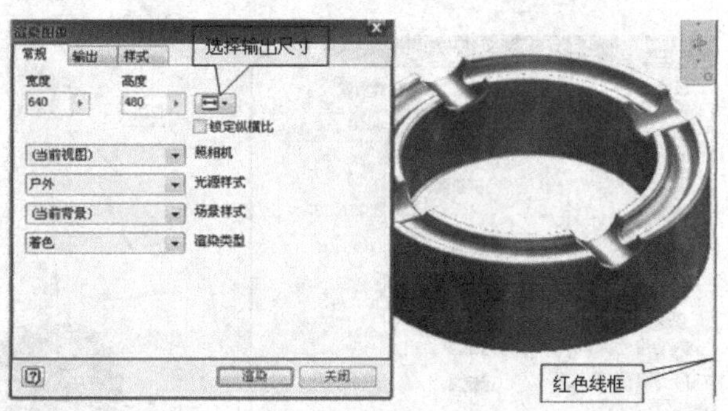

图 6-15　渲染图像常规选项卡

（1）常规选项卡，如图 6-15 所示，在该选项卡下，对渲染图像的尺寸大小可进行自定义，也可以按照列表进行选择，另外照相机、光源样式、场景样式、渲染类型均可在该选项卡下进行设置。

（2）输出选项卡，如图 6-16 所示，若勾选“保存渲染的图像”，会弹出“保存”对话框，在对话框中可对保存图像的路径、类型、文件名进行设置。“反走样”选项表示渲染图像质量的高低，从左至右渲染质量依次提高。

（3）样式选项卡，如图 6-17 所示，选择不同的渲染类型，该选项卡是有所不同的。

图 6-16　渲染图像输出选项卡

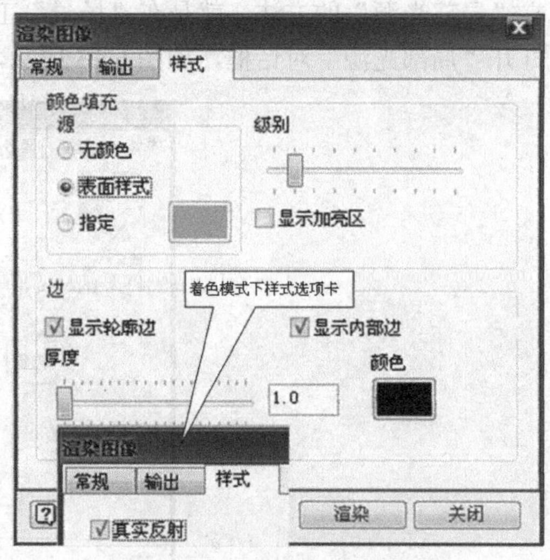

图 6-17　渲染图像样式选项卡

- 在“着色”渲染类型下，“样式”选项卡只有“真实反射”一项，勾选该项，将反射场景中的对象；不勾选该项，将使用在“表面样式”或“场景样式”中指定的图像映射，而且渲染时间也少。
- 在“插图”渲染类型下，样式选项卡可对插图的颜色填充、边进行设置。

完成设置后，单击“渲染”按钮，即可对图像进行渲染，如图 6-18 所示。

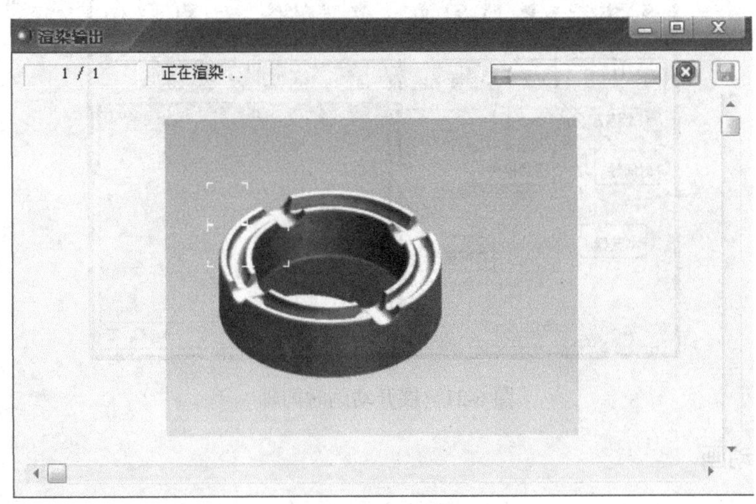

图 6-18　渲染过程

说明：

渲染时在图形区将模型调整到合适大小，渲染测试时，请选择低质量的反走样设置，尽可能节省时间，对于最终渲染，请使用最高质量的反走样设置，以提高渲染质量。

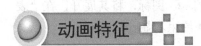

动画特征

在 Inventor 中的动画特征由零部件动画、淡显动画、约束动画、参数动画、位置表达动画，以及照相机动画组成。为了真实模拟出物体的运动效果，通过与渲染特征的结合，将动画渲染成一组连续的图像或者动画文件。

1．动画时间轴

在 Inventor Studio 环境下，单击“动画制作”工具面板上的“动画时间轴”按钮 动画时间轴，如图 6-19 所示。在屏幕下方会弹出“动画时间轴”界面，如图 6-20 所示。单击“展开操作编辑器”按钮，可将整个动画时间轴展开，如图 6-21 所示。整个动画时间轴可分为四个部分：回放控件、时间轴、时间栅格和浏览器。

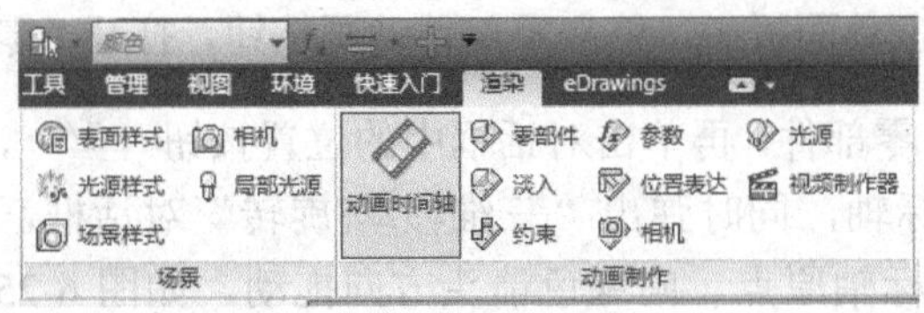

图 6-19　动画时间轴图标

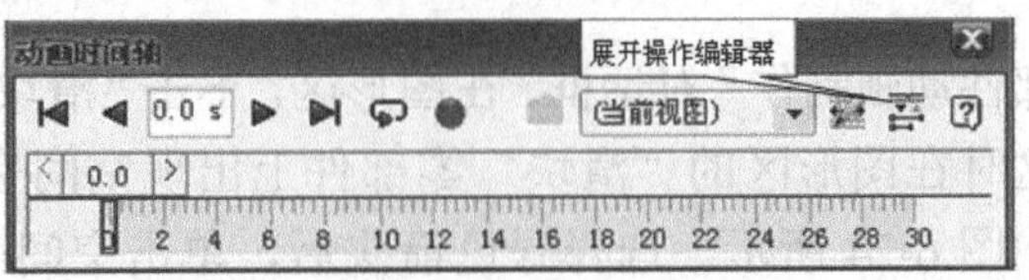

图 6-20　动画时间轴未展开状态

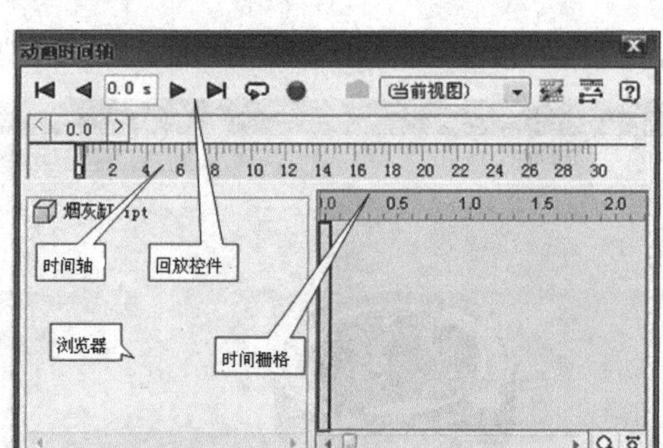

图 6-21　展开动画时间轴

2. 零部件动画

为一个或多个零部件的位置和旋转制作动画，在动画制作过程中，装配环境中添加的约束，可能会与零部件动画造成冲突，因此需要对冲突的约束进行抑制。在“动画制作”工具面板中，单击零部件动画制作按钮 零部件 ，即打开“零部件动画制作”对话框，如图 6-22 所示。下面我们举例说明零部件动画制作的步骤。

（1）打开文件。打开文件“\第 6 章\动画.iam”文件，进入 Inventor Studio 环境，打开零部件动画制作对话框。

（2）抑制约束。在浏览器中，单击“滑块”零部件前面的 ⊞ 图标，将其展开，在“表面平齐:2”上单击右键，选择抑制，如图 6-23 所示，抑制后该约束灰显。

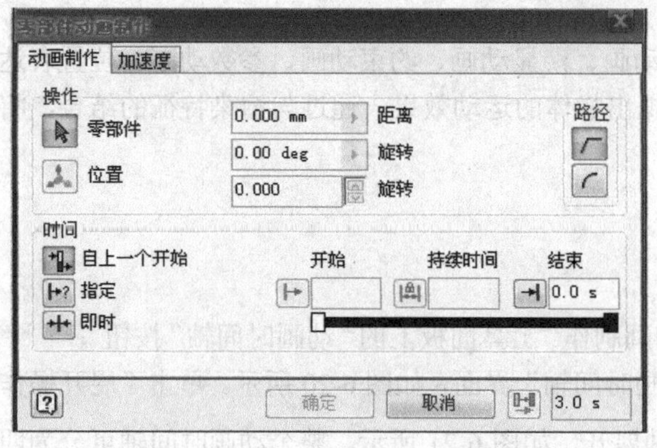

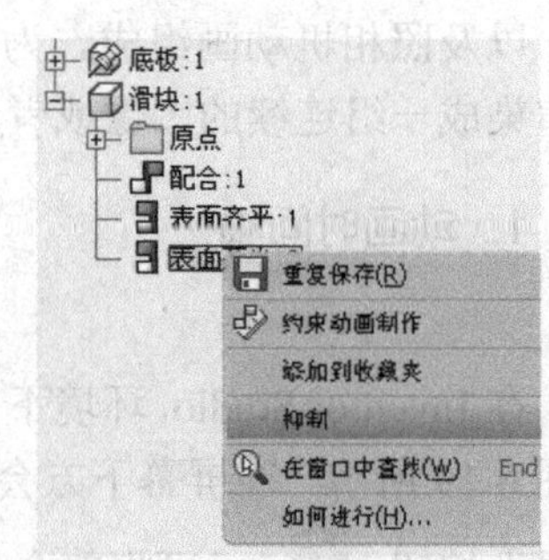

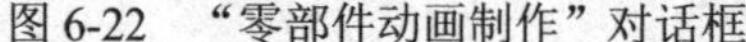
图 6-22　“零部件动画制作”对话框　　　　图 6-23　抑制约束

（3）零部件动画制作设置。在“动画制作”工具面板中，单击零部件动画按钮，打开“零部件动画制作”对话框。在图形区，单击“滑块”零部件，再单击对话框中的位置按钮 ，这时在图形区的“滑块”零部件上出现空间坐标轴，同时弹出“三维移动/旋转”对话框，如图 6-24 所示。选择绿色箭头后，单击空间坐标轴原点，向绿色箭头方向拖动，如图 6-25 所示。

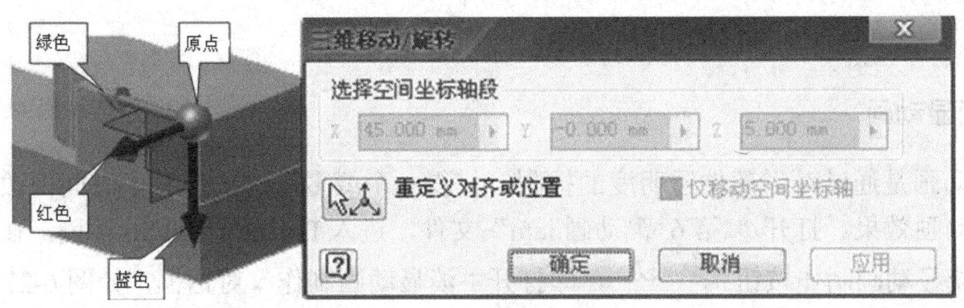

图 6-24　移动或旋转零部件

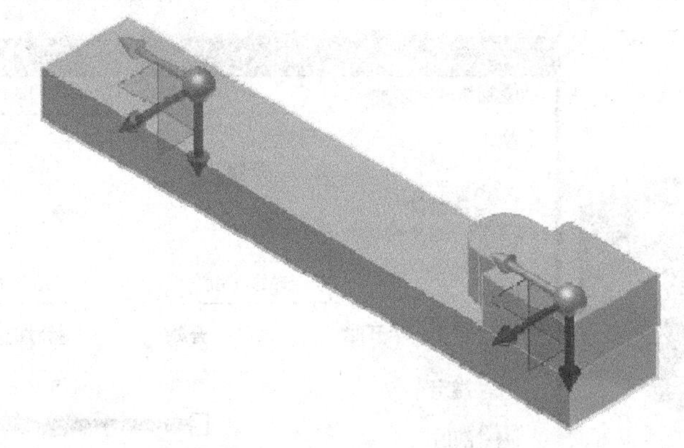

图 6-25　移动零部件后的效果

前面操作也可直接在图 6-22 所示的“零部件动画制作”对话框中设置，即在“距离”栏输入相应数值。在对话框中将结束时间设置为 5s，时间方式选择“自上一个开始”，单击“确定”按钮，完成设置。

（4）动画时间轴调整。完成动画制作设置后，动画时间轴显示如图 6-26 所示，拖动时间轴上的滑块可调整动画播放时间。

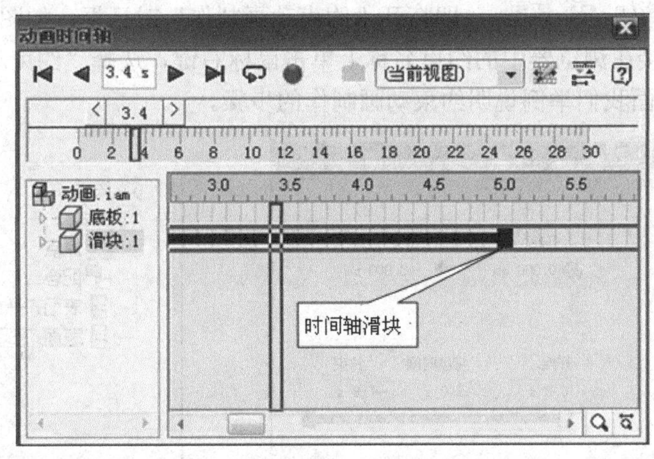

图 6-26　动画时间轴滑块

（5）播放动画。单击动画时间轴上的播放按钮 ▶ ，即可对零部件动画进行播放，效果参见“\第 6 章\零部件动画.avi”文件。

3. 淡显动画

淡显动画是通过对零部件透明度的控制，使得一个或多个对象在一段时间内改变其本身透明度的动画效果。打开“\第 6 章\动画.iam”文件，进入 Inventor Studio 环境，在工具面板上，单击淡显动画制作按钮 淡入 ，即打开“淡显动画制作”对话框，如图 6-27 所示。在该对话框中将动画结束时的透明度设置为 50%，动画播放时间从 0 s 开始至 5 s 结束。单击“确定”按钮后，在时间轴上即可进行播放，效果参见“\第 6 章\淡显动画.avi”文件。

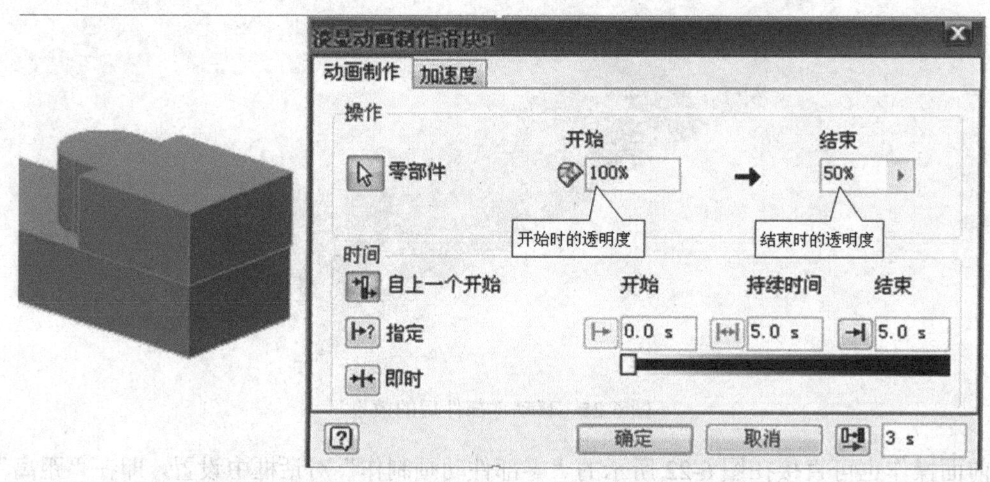

图 6-27 “淡显动画制作”对话框

4. 约束动画

该方法是通过改变约束的值或者约束状态来制作动画的。在“动画制作”工具面板中，单击约束动画制作按钮 约束 ，即打开“约束动画制作”对话框，如图 6-28 所示。建立约束动画，也可直接在浏览器中的约束名称上单击鼠标右键，选择“约束动画制作”命令，如图 6-29 所示。下面我们举例说明约束动画制作的步骤。

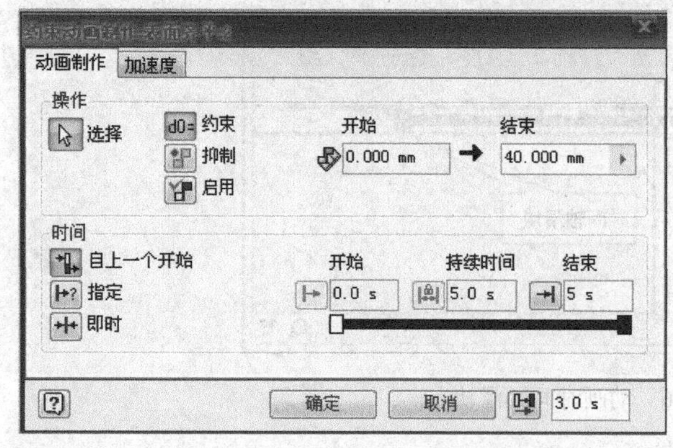

图 6-28 约束动画制作加速度选项卡

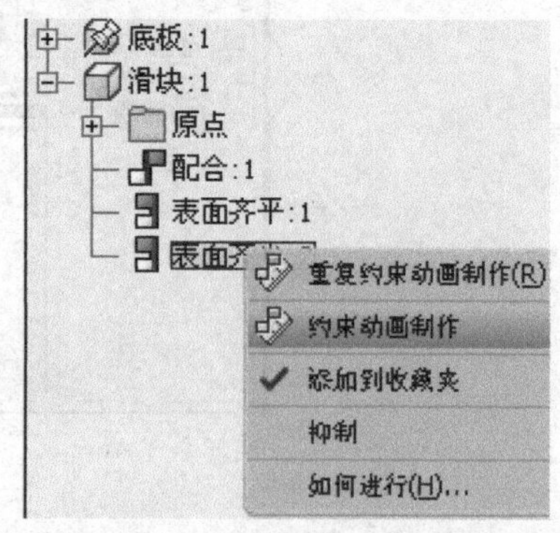

图 6-29 浏览器中创建约束动画

（1）打开文件。打开“\第六章\动画.iam”文件，进入 Inventor Studio 环境，打开约束动画制作对话框。

（2）对话框设置。在对话框中单击“选择”按钮后，在浏览器中选择并单击“表面平齐约束:2”，在对话框中的结束栏输入 40.00mm，在时间结束栏输入 5s，时间方式选择“自上一个开始”，如图 6-28 所示，单击“确定”按钮，完成设置，动画时间轴如图 6-30 所示。

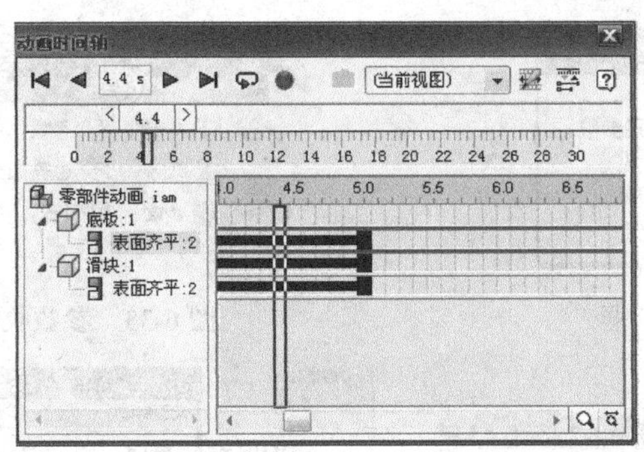

图 6-30　添加动画后的时间轴

（3）播放动画。在动画时间轴上，单击“播放”按钮，即可播放约束动画，效果参见“\第 6 章\约束动画.avi”文件。

5．参数动画

参数动画是通过改变零件或者装配参数的数值，使模型受参数影响的部分发生变化而产生的动画效果。用于制作动画的参数既可以是模型参数也可以是用户参数，区别是：如果是模型参数，必须将其设置为输出状态，用户参数则不需要。输出模型参数的方法是在 f_x 参数表中，在需输出参数的“导出参数”栏勾选即可，如图 6-31 所示。

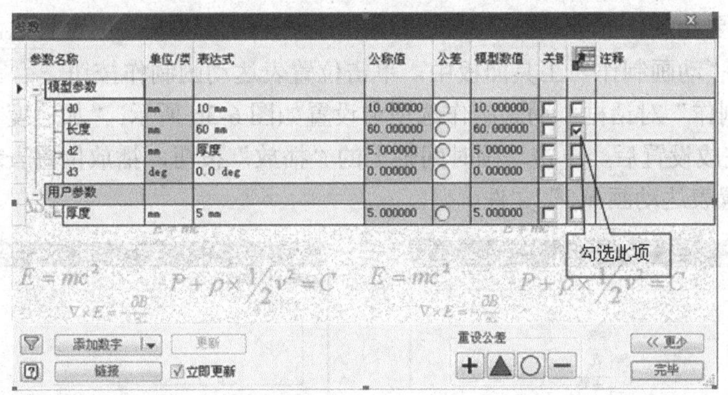

图 6-31　f_x 参数表

在“动画制作”工具面板中，单击参数动画制作按钮 参数，弹出警告对话框，如图 6-32 所示，说明我们在制作参数动画之前没有将参数添加到参数收藏夹。将参数添加到收藏夹的方法是：单击“管理”功能面板上的参数收藏夹按钮 f_x 参数收藏夹 ，如图 6-33 所示，弹出“参数收藏夹”对话框，在对话框中，将需要添加到收藏夹的参数，在其“收藏夹”项进行勾选即可。如图 6-34 所示，单击“确定”按钮，完成参数添加。

再次单击参数动画制作按钮，弹出“参数动画制作”对话框，首先在浏览器中选择参与动画制作的参数，然后在对话框中进行设置，如图 6-35 所示。单击“确定”按钮后，在动画时间轴上单击播放，效果参见“\第 6 章\参数动画.avi”文件。

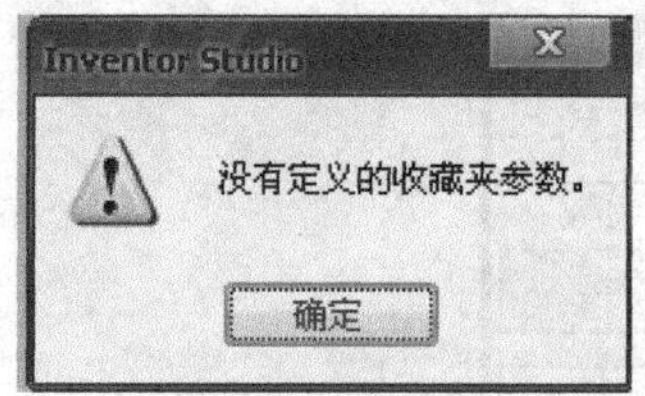

图 6-32 警告对话框

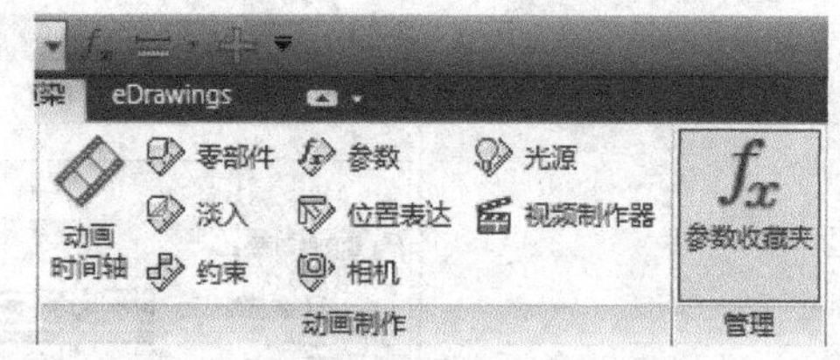

图 6-33 参数收藏夹图标位置

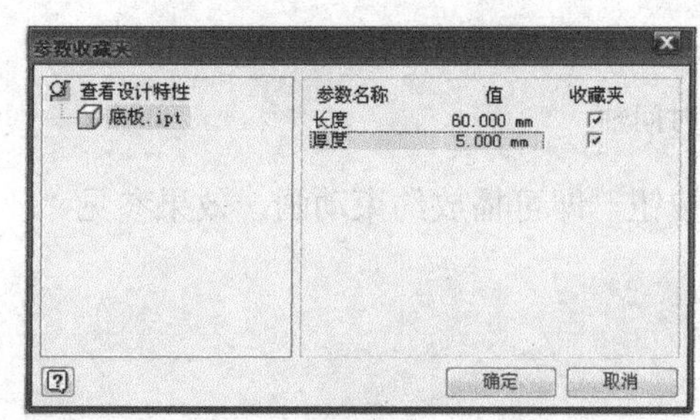

图 6-34 “参数收藏夹”对话框

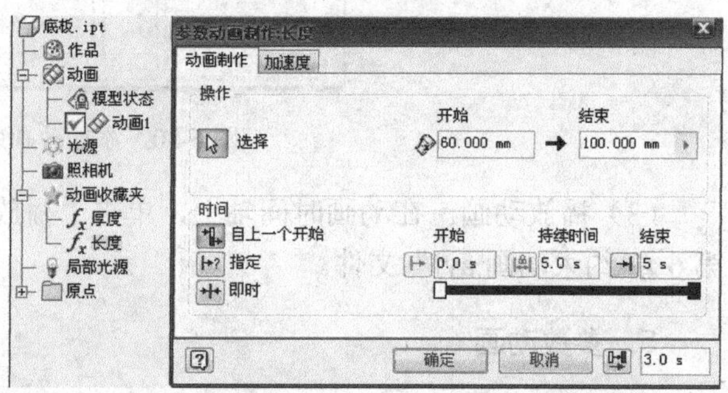

图 6-35 “动画制作”选项卡

6．位置表达动画

该动画是指将装配环境下创建的两个不同的位置表达，作为动画开始与结束的关键帧来制作动画。因此要想制作此类动画，装配环境中必须有两个以上的位置表达，否则也会弹出警告对话框。在“动画制作”工具面板中，单击位置表达动画制作按钮 位置表达 ，即打开“位置表达动画制作”对话框，动画制作选项卡设置如图 6-36 所示。“加速度”选项卡设置如图 6-37 所示。完成设置后，单击动画时间轴上的“播放”按钮，播放位置表达动画，效果参见“\第 6 章\位置表达动画.avi”文件。

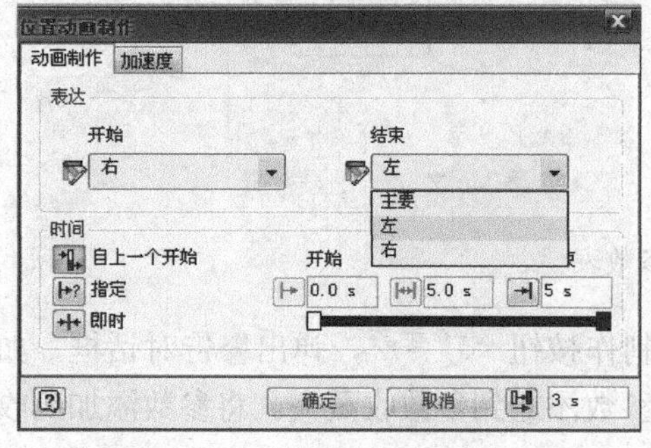

图 6-36 “动画制作”选项卡设置

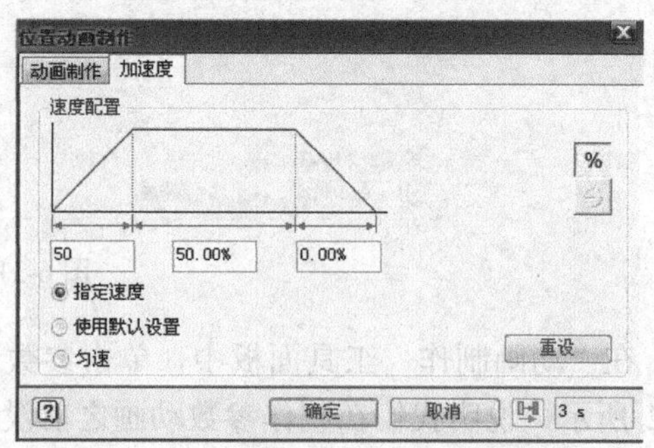

图 6-37 “加速度”选项卡设置

7. 照相机动画

照相机动画其实就是我们平常所说的视角动画，是通过视角变换的控制来进行动画设置的，从而生成视角变换的动画效果。要制作该动画必须先创建一个或者多个照相机，否则会弹出如图 6-38 所示的警告对话框。

图 6-38　警告对话框

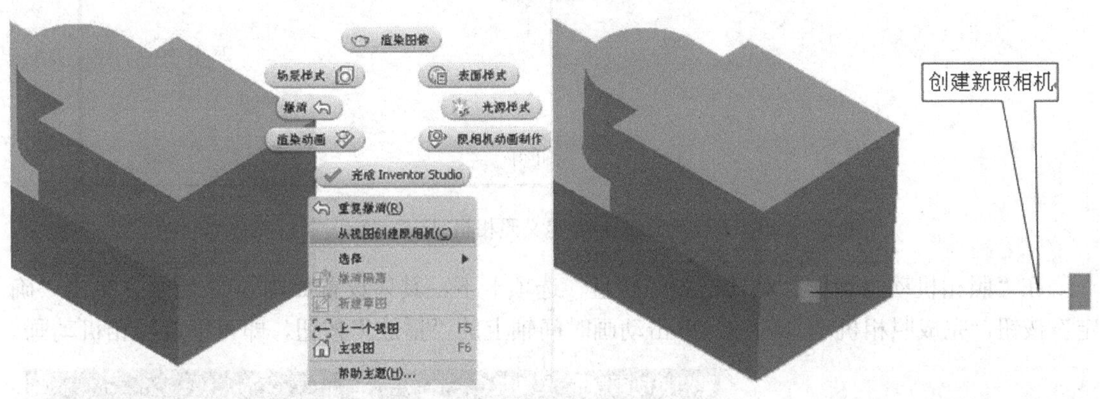

图 6-39　从视图创建照相机

新建照相机的方法是：在视图中的空白位置，单击鼠标右键，选择“从视图创建照相机”命令，即可新建一个照相机，如图 6-39 所示。单击照相机动画制作按钮 [相机] ，即打开“照相机动画制作”对话框，如图 6-40 所示。

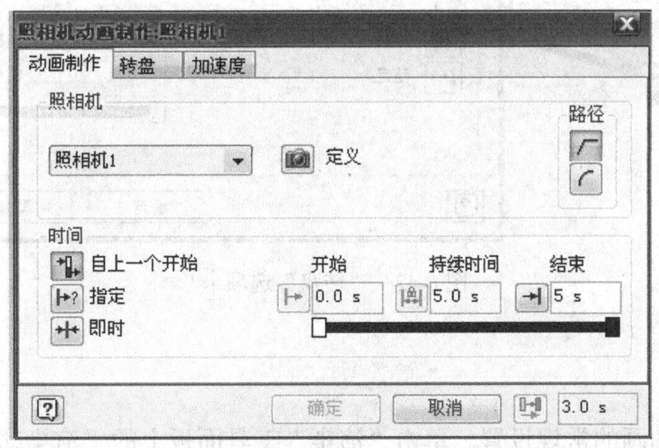

图 6-40 “动画制作”选项卡

在对话框的“动画制作”选项卡下，单击“定义”按钮 ，弹出“照相机”定义对话框，同时在视图中可对照相机的位置、旋转角及焦距进行设置，如图 6-41 所示，单击“确定”按钮，完成照相机设置。

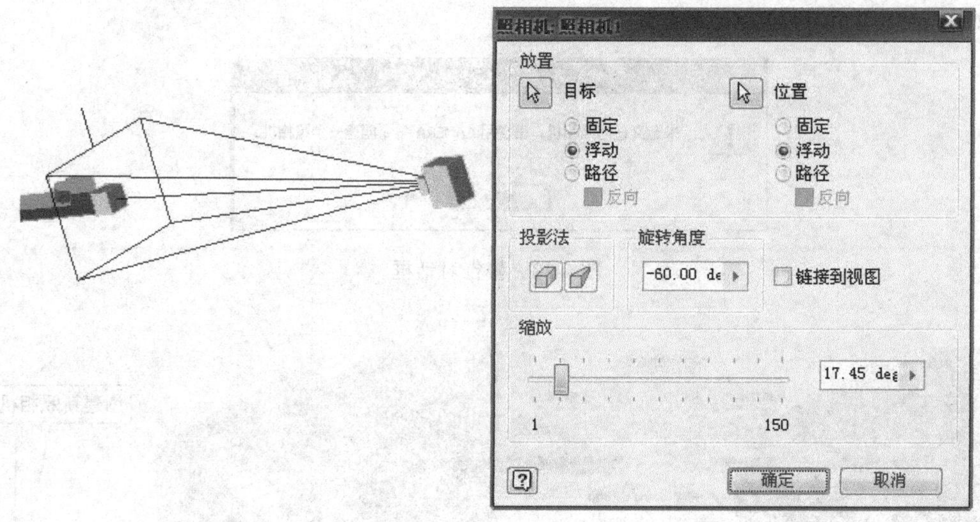

图 6-41　定义照相机

在“照相机动画制作”对话框的“转盘”选项卡下，具体设置如图 6-42 所示，单击“确定”按钮，完成照相机动画创建。单击动画时间轴上的“播放”按钮，即可播放照相机动画。

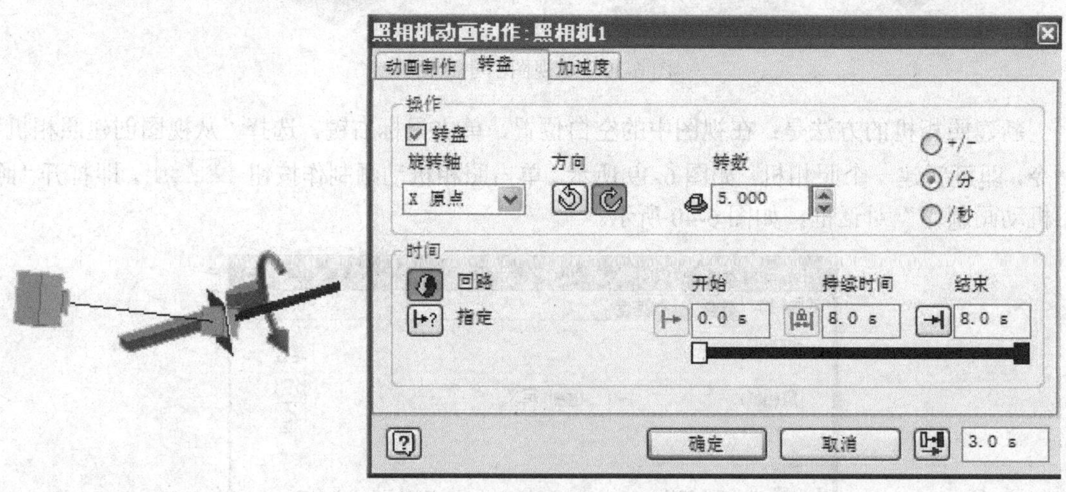

图 6-42　“转盘”选项卡

8. 渲染动画

指定用于渲染动画的常规设置。单击“渲染”工具面板上的“渲染动画”按钮 ，弹出“渲染动画”对话框，对话框的“常规”选项卡、“输出”选项卡设置如图 6-43 所示。

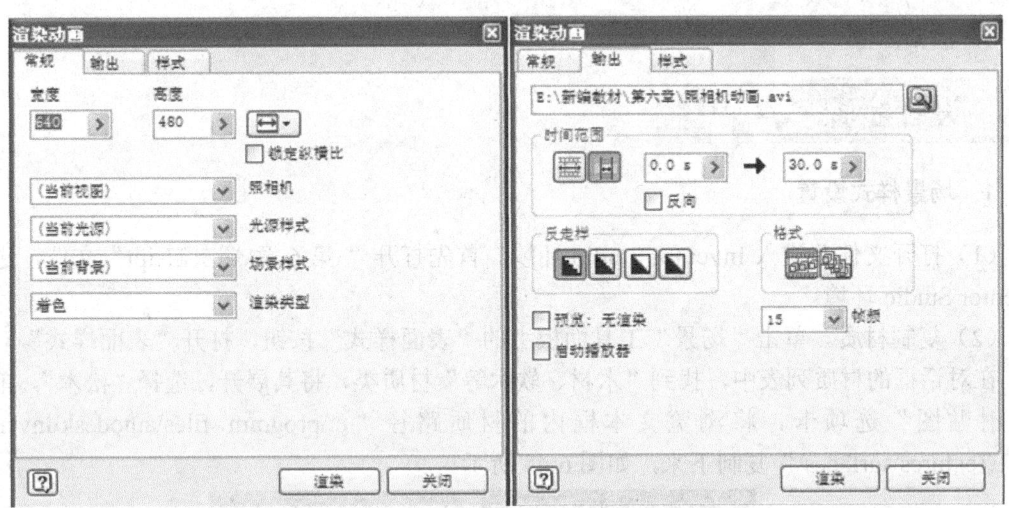

图 6-43 渲染动画的常规、输出选项卡设置

任务一 烟灰缸的静态渲染

任务说明

烟灰缸渲染实例如图 6-44 所示。

图 6-44 烟灰缸渲染实例

设计流程

1．场景样式设置

2．表面样式设置

3．渲染图像

1．场景样式设置

（1）打开文件并进入 Inventor Studio 环境。首先打开“\第 6 章\烟灰缸.ipt”文件，进入 Inventor Studio 环境。

（2）复制材质。单击“场景”工具面板上的“表面样式”按钮，打开“表面样式”对话框，在对话框的材质列表中，找到“木材、软木等”材质类，将其展开，选择“松木”。单击“漫射贴图”选项卡，将浏览文本框内的材质路径“c:\program files\autodesk\inventor 2012\Textures\surfaces\”复制下来，如图 6-45 所示。

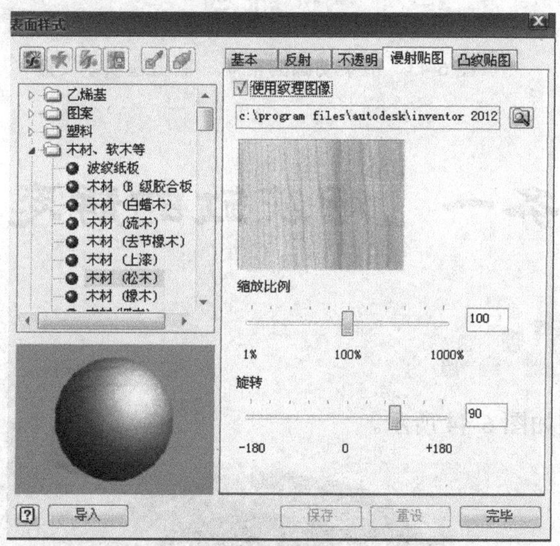

图 6-45　查找表面样式材质

关闭“表面样式”对话框，打开我的电脑，在地址栏粘贴刚才复制的地址并按【Enter】键，进入材质库文件夹，如图 6-46 所示。将“Wood_2.bmp”文件进行复制，然后关闭资源管理器窗口。

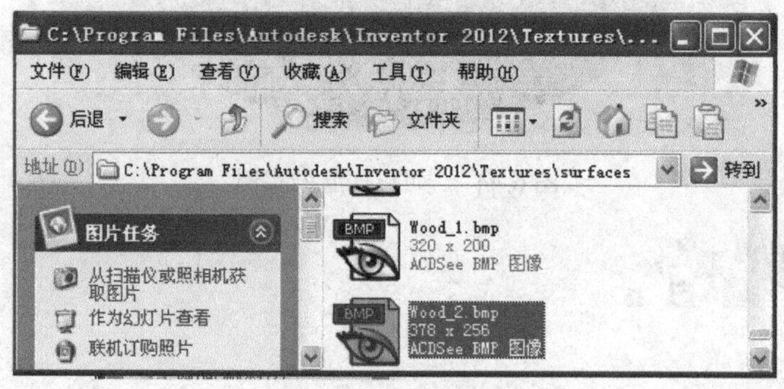

图 6-46　复制材质

再单击“场景样式”按钮，打开“场景样式”对话框，在列表中选中“XY 地平面”，在“类型”选项，选择“图像” ，如图 6-47 所示。单击图像的浏览按钮 ，弹出“打开”对话框，在文件列表中，粘贴刚才复制的图片，并选中该图片文件，如图 6-48 所示。单击“打开”按钮，关闭该对话框。单击“场景样式”对话框的“完毕”按钮，关闭“场景样式”对话框。

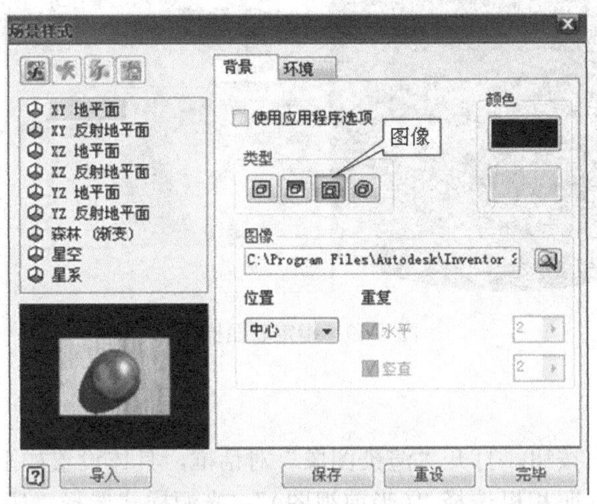

图 6-47　场景样式设置

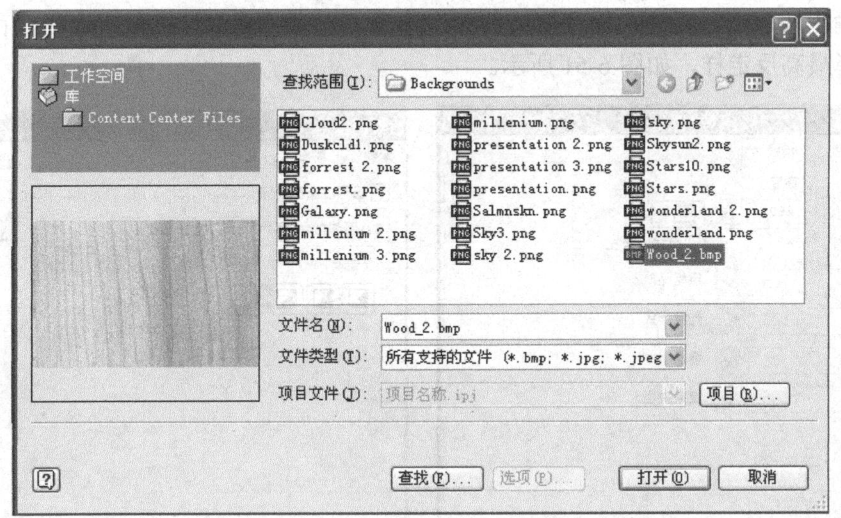

图 6-48　场景样式选择

2. 表面样式设置

单击“表面样式”按钮，打开“表面样式”对话框，在对话框的材质列表中，找到“液体”材质类，将其展开，选择“水”，先后单击烟灰缸的底面、指定表面样式按钮，如图 6-49 所示。单击“完毕”按钮，完成表面样式的设置。

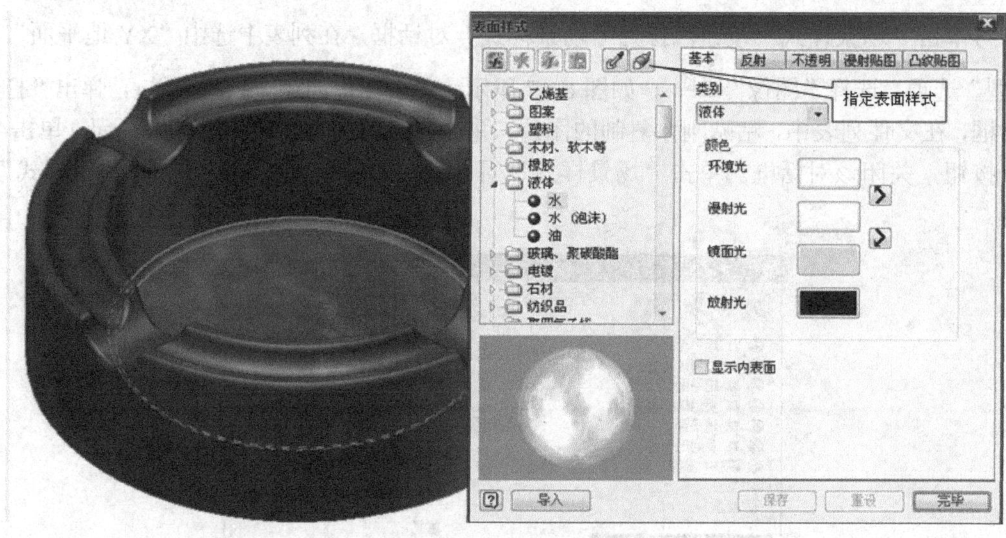

图 6-49　指定表面样式

3. 渲染图像

单击“渲染图像”按钮，打开“渲染图像”对话框，具体设置如下：

（1）常规选项卡。照相机选择“(当前视图)”；光源样式选择“店内光源”；场景样式选择“XY 地平面”；渲染类型选择“着色”，如图 6-50 所示。

（2）输出选项卡。勾选“保存渲染图像”选项，单击“浏览”按钮，选择保存路径与文件名，选择最高反走样，如图 6-51 所示。

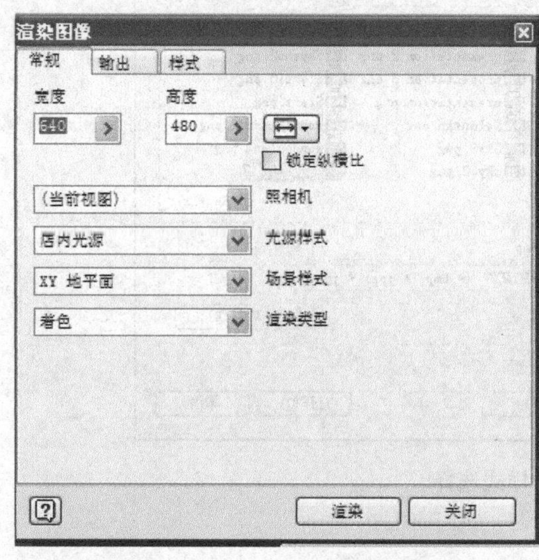

图 6-50　“常规”选项卡

图 6-51　“输出”选项卡

（3）样式选项卡。勾选“真实反射”选项。

设置完成后，单击“渲染”按钮，开始渲染图像并保存，最终效果如图 6-44 所示。

任务二 滑块的运动动画渲染 

任务说明

滑块运动动画渲染实例如图 6-52 所示。

图 6-52 滑块运动动画渲染实例

滑块的具体动作过程参见“\第 6 章\滑块运动.avi”文件。

设计流程

1. 驱动约束动画制作
2. 淡显动画制作
3. 场景样式设置
4. 隐藏零部件
5. 动画渲染

设计步骤

1. 驱动约束动画设置

（1）打开文件并进入 Inventor Studio 环境。首先打开“\第 6 章\动画.iam”文件，进入 Inventor Studio 环境。

(2) 加速段动画制作。在浏览器中,单击"滑块"零部件前面的 ⊞ 图标,将其展开,在"表面平齐:2"上单击鼠标右键,选择"约束动画制作",如图 6-53 所示,弹出动画时间轴与约束动画制作对话框。

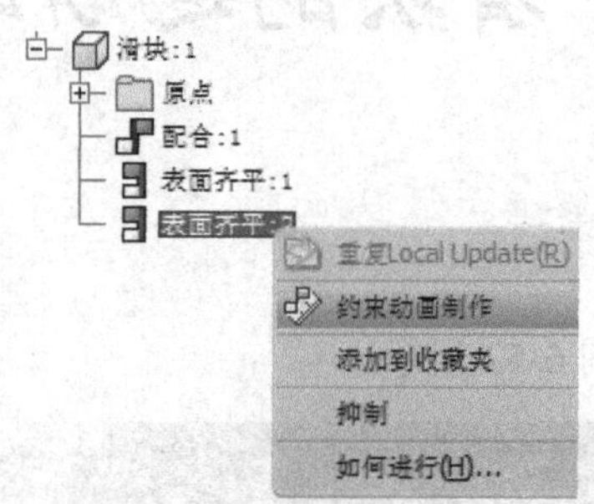

图 6-53 约束动画制作

在对话框的动画制作选项卡下,将"结束"位置设置为 30mm,结束时间设置为 2s,时间方式选择"自上一个开始",如图 6-54 所示;在"加速度"选项卡下,选择"指定速度",在速度配置选项下分别设置为 50%、50%、0,如图 6-55 所示。单击"确定"按钮,完成加速段动画制作。

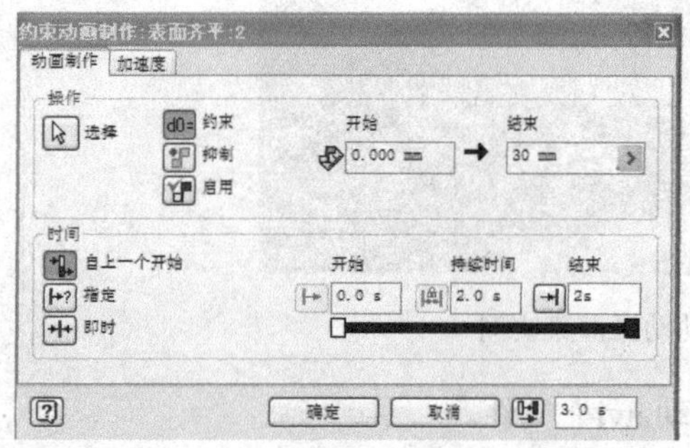

图 6-54 "动画制作"选项卡设置 1

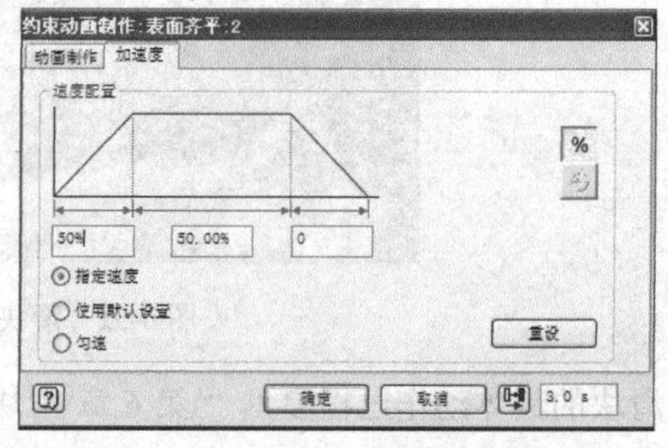

图 6-55 "加速度"选项卡设置 1

(3) 匀速段动画制作。再次在"表面平齐:2"上单击鼠标右键,选择"约束动画制作"命令,动画制作选项设置如图 6-56 所示,加速度选项卡的设置如图 6-57 所示。单击"确定"按钮,完成匀速段动画制作。

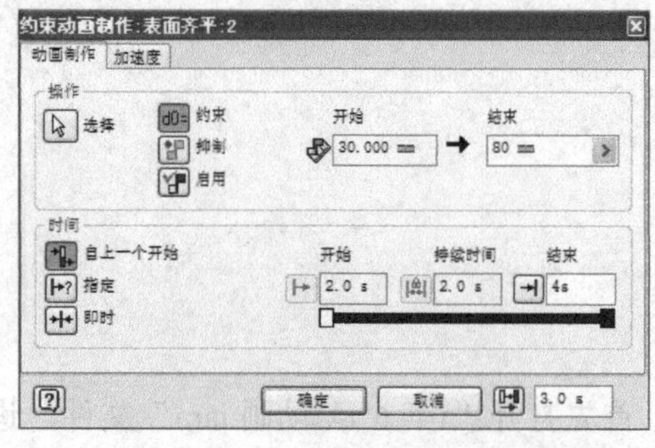

图 6-56 "动画制作"选项卡设置 2

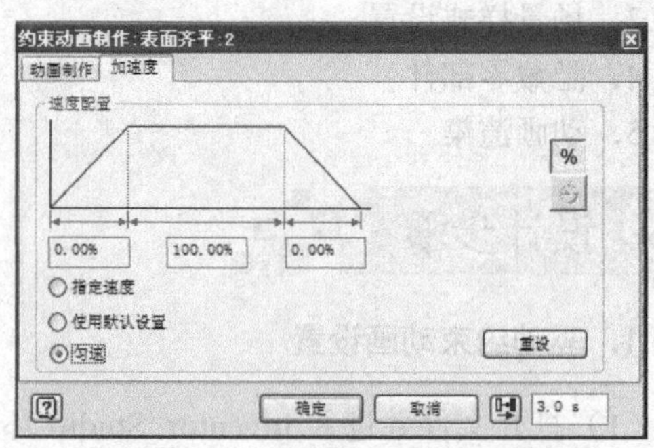

图 6-57 "加速度"选项卡设置 2

（4）上升段动画制作。再次在“表面平齐:2”上单击鼠标右键，选择“约束动画制作”，在对话框的“动画制作”选项卡，具体设置如图 6-58 所示，加速度选项卡设置与图 6-55 所示一样。单击“确定”按钮，完成动画设置。

在“表面平齐:1”上单击鼠标右键，选择“约束动画制作”，在“动画制作”选项卡，具体设置如图 6-59 所示，加速度选项卡的设置与如图 6-55 所示设置一样。单击“确定”按钮，完成动画设置。

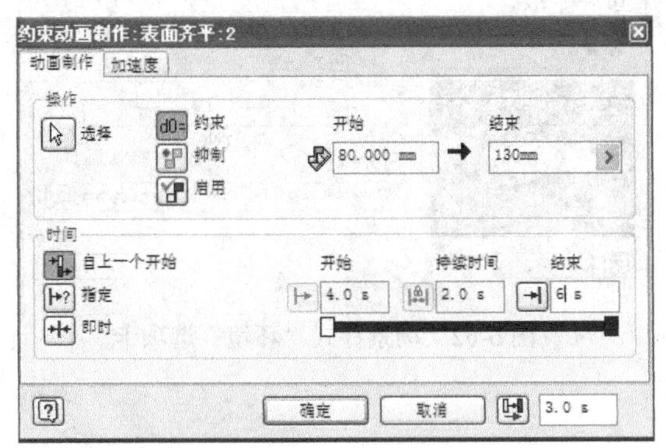

图 6-58　“动画制作”选项卡设置 3

图 6-59　“动画制作”选项卡设置 4

2. 淡显动画制作

单击“动画制作”工具面板上的 淡入 按钮，打开“淡显动画制作”对话框，在对话框的“动画制作”选项卡下，零部件选择滑块，其他设置如图 6-60 所示。“加速度”选项卡选择默认。单击“确定”按钮，完成淡显动画设置。

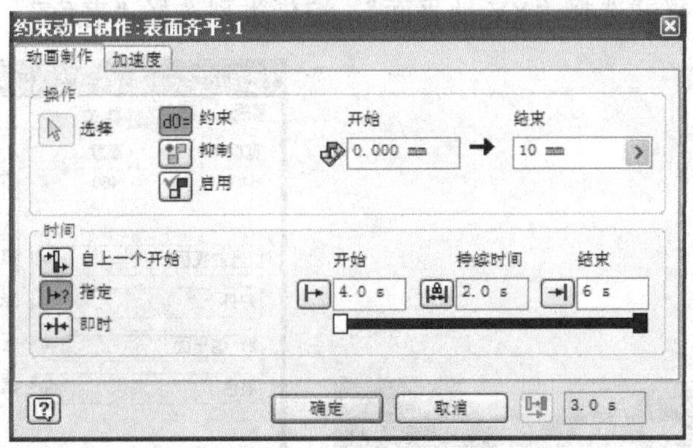

图 6-60　淡显“动画制作”选项卡设置

3. 场景样式设置

单击场景工具面板上的 场景样式 按钮，打开场景样式对话框。在对话框的列表选项下，选择“XY 地平面”，在“背景”选项卡下，选择“图像”类型，单击浏览按钮 ，选择“sky3.png”图像，如图 6-61 所示。在“环境”选项卡下，勾选“显示阴影”、“显示反射”、“使用反射图像”，反射图像选择“Millennium.bmp”文件，将反射强度滑块拖动到 50 的位置，如图 6-62

所示。先后单击“保存”、“完毕”按钮，完成场景样式的设置并关闭对话框。

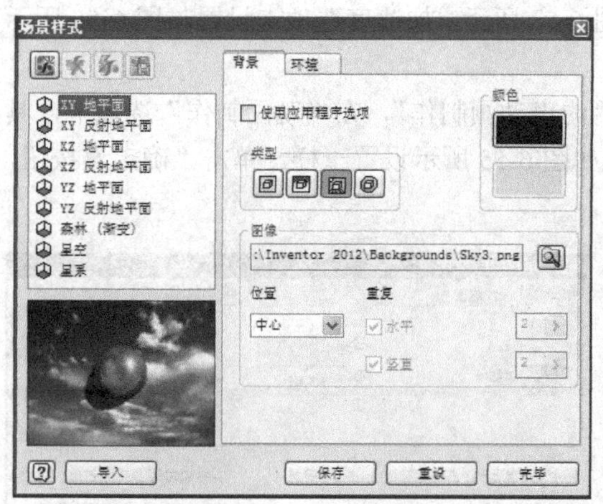

图 6-61　场景样式“背景”选项卡

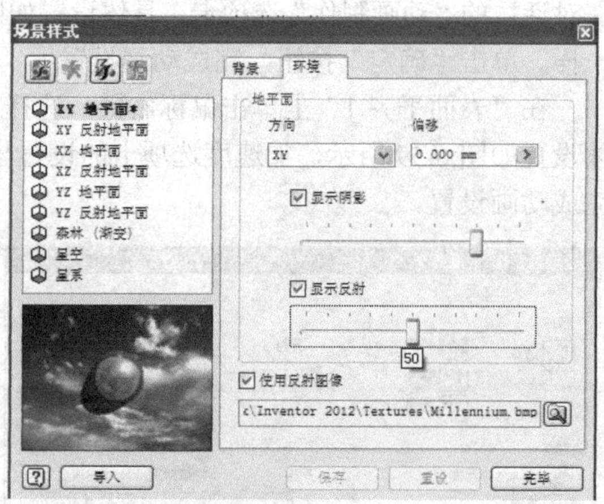

图 6-62　场景样式“环境”选项卡

4. 隐藏零部件

在浏览器中将底板零部件隐藏。

5. 动画渲染

在“渲染”工具面板上，单击“渲染动画”按钮，如图 6-63 所示。打开“渲染动画”对话框。

（1）“常规”选项卡。图像输出大小选择“640*480”；照相机选择“当前视图”；光源样式选择“户外”；场景样式选择“XY 地平面”；渲染类型选择“着色”，如图 6-64 所示。

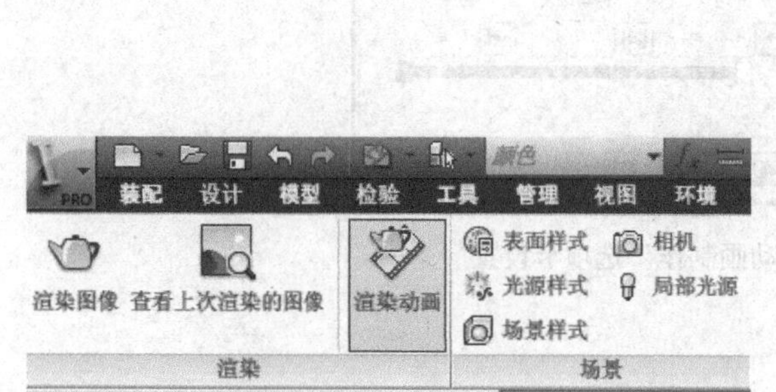

图 6-63　渲染动画图标

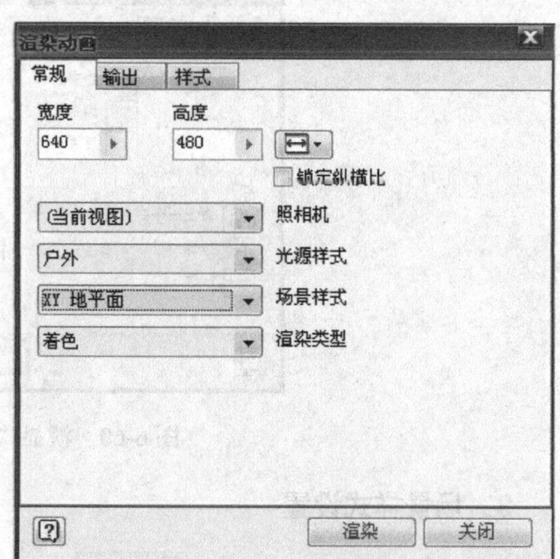

图 6-64　渲染动画“常规”选项卡设置

（2）“输出”选项卡。时间范围选择“整个动画”，反走样选择“最高反走样”样式，格式选择“视频格式”，如图 6-65 所示。

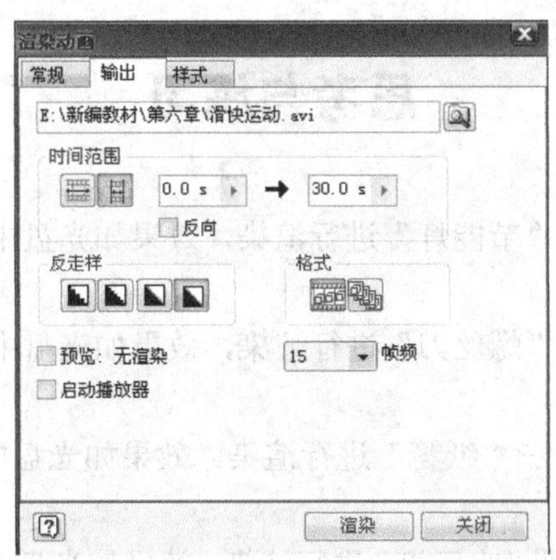

图 6-65　渲染动画“输出”选项卡设置

（3）“样式”选项卡。勾选“真实反射”复选框。

设置完成后，单击“渲染”按钮，弹出“视频压缩”对话框，选择“Microsoft Video 1”格式，如图 6-66 所示，单击“确定”按钮，完成渲染格式选择。开始渲染动画，渲染过程如图 6-67 所示。

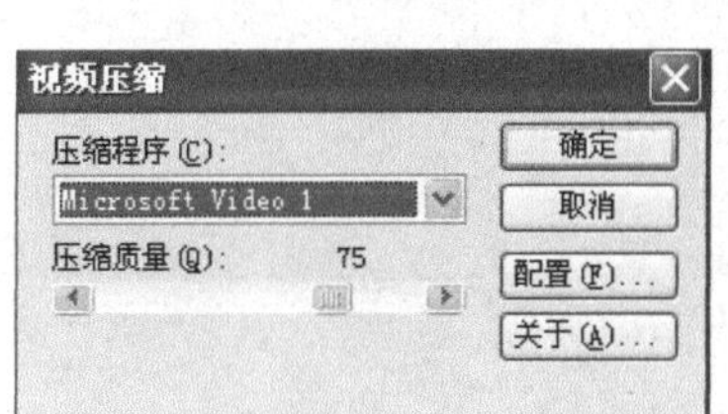

图 6-66　“视频压缩”对话框

图 6-67　动画渲染过程

6．完成渲染

完成渲染后，单击“退出”工具面板上的“完成 inventor Studio”按钮，如图 6-68 所示，退出 inventor Studio 环境，保存文件后退出。

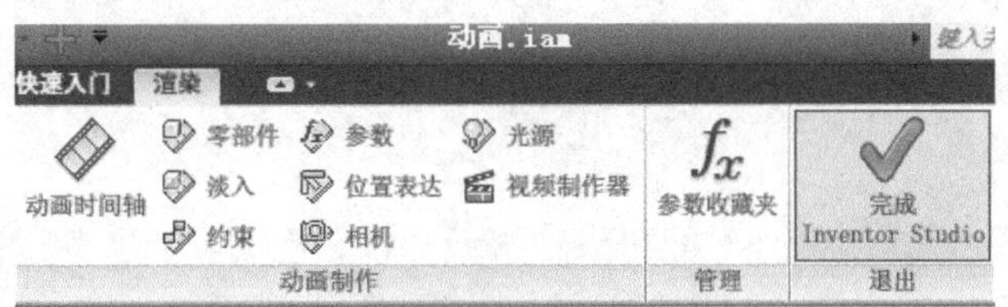

图 6-68　退出 Inventor Studio

思考与练习

1．将第 1 章中的任务四“节能灯”进行渲染，效果如光盘中“\第 6 章\练习\节能灯.jpg”所示。

2．将第 1 章中的任务六“螺丝刀”进行渲染，效果如光盘中“\第 6 章\练习\螺丝刀.jpg”所示。

3．将第 1 章中的任务十三“纸篓”进行渲染，效果如光盘中“\第 6 章\练习\纸篓.jpg”所示。

4．将第 1 章中的任务十四“吹风机”进行渲染，效果如光盘中“\第 6 章\练习\吹风机.jpg”所示。

5．将第 2 章中的任务二“挖掘机臂”的装配文件，创建驱动约束、位置表达动画，并进行渲染，效果如光盘中“\第 6 章\练习\挖掘机臂.avi”所示。

6．将第 2 章中的任务五“衣服夹”的装配文件，创建驱动约束动画，并进行渲染，效果如光盘中“\第 6 章\练习\衣服夹.avi”所示。

附录A

附件 1：

《工业产品设计》项目模拟测试题一

一、比赛时间

240min　早晨 8：00—12：00

二、注意事项

参赛者注意比赛题目要求，**将自己的作品按照指定的文件名保存在指定的文件夹中**。比赛过程中选手要注意及时保存文件，避免因系统或者软件故障丢失你的文件。

三、比赛题目

1．现有产品（抄图）

根据给定的零件工程图创建零件模型，并按照给定的工程图样进行抄绘。**未提供工程图的零件在“D:\素材\摄像头\”下，装配时考生可直接使用，勿需再为其出图**。标准零件，考生可直接从资源中心库调用。需提交的文件如表一所示。

表一

项　目		要提供的文件	文件命名方式	分 值
项目文件		项目文件	摄像头.ipj	2
部件	镜头	零件模型及工程图	镜头.ipt	2
			镜头.idw	2
	镜筒	零件模型及工程图	镜筒.ipt	3
			镜筒.idw	3
	镜筒盒	零件模型及工程图	镜筒盒.ipt	5
			镜筒盒.idw	5
	盖板	零件模型及工程图	盖板.ipt	5
			盖板.idw	5
	轴	零件模型及工程图	轴.ipt	2
			轴.idw	2
	护板	零件模型及工程图	护板.ipt	5
			护板.idw	5
	下夹板	零件模型及工程图	下夹板.ipt	4
			下夹板.idw	4
	下夹板底部衬垫	零件模型及工程图	下夹板底部衬垫.ipt	2
			下夹板底部衬垫.idw	2
	下夹板衬垫	零件模型及工程图	下夹板衬垫.ipt	2
			下夹板衬垫.idw	2

续表

项目		要提供的文件	文件命名方式	分值
部件	弹簧	零件模型及工程图	弹簧.ipt	3
			弹簧.idw	3
	轴钉	零件模型及工程图	轴钉.ipt	2
			轴钉.idw	2
	上夹板衬垫	零件模型及工程图	上夹板衬垫.ipt	2
			上夹板衬垫.idw	2
	上夹板	零件模型及工程图	上夹板.ipt	6
			上夹板.idw	6
装配		摄像头的装配图、六视图、表达视图、爆炸图及明细栏	摄像头.iam	8
			摄像头六视图.idw	4
			摄像头表达视图.ipn	6
			摄像头爆炸图.idw	8
效果图		摄像头的多角度渲染效果图	摄像头 1.ipg	2
			摄像头 2.ipg	2
			摄像头 3.ipg	2
※ 请务必将所有文件保存在"D:\ 考生编号\摄像头\"下 **※ 请不要再为不同类型文件单独建立文件夹** **※ 未提供工程图的零部件在"D:\素材\摄像头\"下**			总分	120

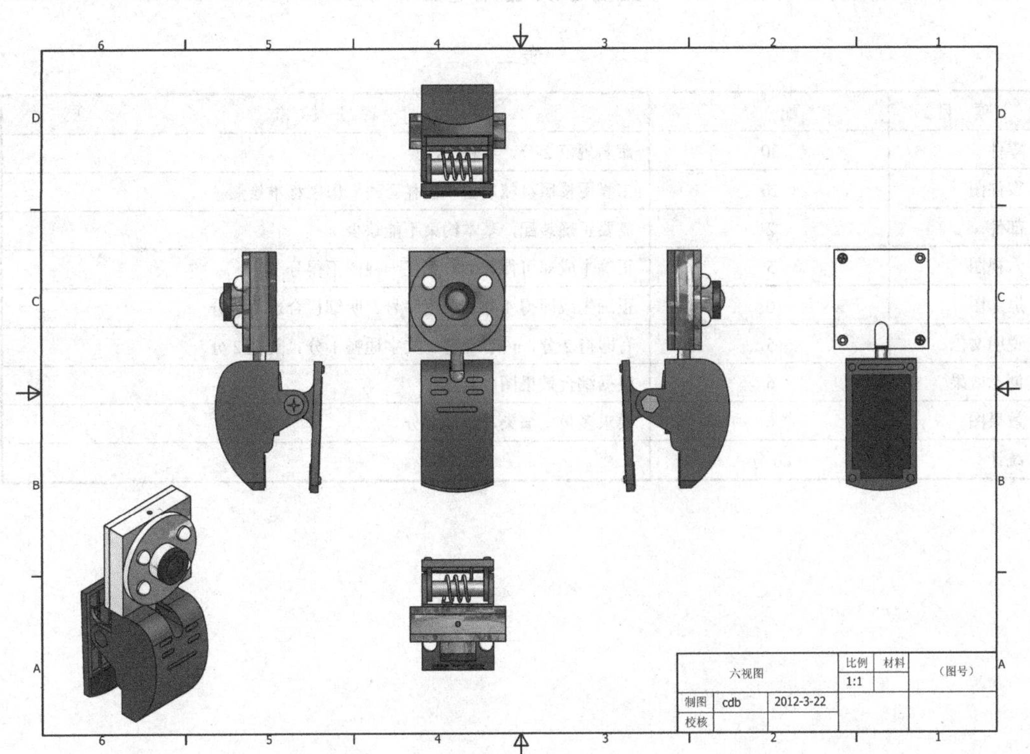

2．创意作品（万能充电器）

本题目将为考生提供某产品的核心部件，请考生在核心部件的基础上对产品的外观进行创意设计，产品内部结构无需设计。**核心部件在 “D:\素材\万能充电器\”**下。

功能要求：

◆ 安装电池后，绿灯亮，表示等待充电，接入电源后，红灯亮显、绿灯闪烁，表示开始充电；

◆ 充电完成后，绿灯停止闪烁，变为亮显，并且声音响起提示充电完成；

◆ 接入电源后，计时器开始计时，充满电后。计时器停止计时，用来计时充电时间。断电后，计时器清零；

◆ 充电器携带方便，适合于三孔、两孔插座；

◆ 充电器有照明指示灯，并具有控制照明指示灯的开关；

◆ 在没有可供电源的地方，充电器既可利用太阳能充电，也可采用手握式进行充电，两者共用效果更佳。

需要提交文件：（详细如表二所示）

◆ 零件的三维数字模型与所有零部件工程图；

◆ 产品的装配模型（*.iam）、爆炸图（*ipn）、有爆炸图生成的装配关系工程图及明细栏（*.idw）；

◆ 产品不同角度的效果图 3 张（*.ipg）、以及说明文档（*.doc 或者*.docx）；

◆ 考生将文件保存在**“D\ 考生编号\万能充电器\”**下。

表二

项　目	配　分	评 分 标 准
零件	30	命名规范 2 分，零件 28 分
零件图	20	工程图按照机械制图“图样画法”国家标准绘制
部件	2	需要正确装配，基本约束不能缺少
六视图	5	正确生成即可得分，缺少任一视图不得分
爆炸图	6	正确生成即得 4 分、引山序号、明细栏合理得 2 分
说明文档	5	有即得 2 分，内容合理、文字通畅 1 分、美观 2 分
创意效果	6	根据综合效果图以及部件
效果图	6	要求多角度渲染，每个 2 分
统计	80 分	

附件 2：

《工业产品设计》项目模拟测试题二

一、比赛时间

240min　早晨 8：00～12：00

二、注意事项

参赛者注意比赛题目要求，**将自己的作品按照指定的文件名保存在指定的文件夹中**。比赛过程中选手要注意及时保存文件，避免因系统或者软件故障丢失你的文件。

三、比赛题目

1．现有产品（抄图）

根据给定的零件工程图创建零件模型，并按照给定的工程图样进行抄绘。需提交的文件如表一所示。

表一

项　目		要提供的文件	文件命名方式	分　值
项目文件		项目文件	Iphone.ipj	1
零部件	照相机按钮	零件模型及工程图	照相机按钮.ipt	1
			照相机按钮.idw	1
	右边框	零件模型及工程图	右边框.ipt	3
			右边框.idw	3
	左边框	零件模型及工程图	左边框.ipt	3
			左边框.idw	3
	按键	零件模型及工程图	按键.ipt	1
			按键.idw	1
	扬声器罩	零件模型及工程图	扬声器罩.ipt	3
			扬声器罩.idw	3
	耳机孔	零件模型及工程图	耳机孔.ipt	1
			耳机孔.idw	1
	扬声器	零件模型及工程图	扬声器.ipt	1
			扬声器.idw	1
	方向键	零件模型及工程图	方向键.ipt	1
			方向键.idw	1
	核心部件	零件模型及工程图	核心部件.ipt	3
			核心部件.idw	3
	下框	零件模型及工程图	下框.ipt	3
			下框.idw	3

续表

项目		要提供的文件	文件命名方式	分值
零部件	电池	零件模型及工程图	电池.ipt	1
			电池.idw	1
	数据接口	零件模型及工程图	数据接口.ipt	1
			数据接口.idw	1
	上夹板	零件模型及工程图	上夹板.ipt	4
			上夹板.idw	4
	后盖	零件模型及工程图	后盖.ipt	3
			后盖.idw	3
	闪光灯罩	零件模型及工程图	闪光灯罩.ipt	1
			闪光灯罩.idw	1
	后摄像头	零件模型及工程图	后摄像头.ipt	1
			后摄像头.idw	1
	闪光灯	零件模型及工程图	闪光灯.ipt	1
			闪光灯.idw	1
	后摄像头罩	零件模型及工程图	后摄像头罩.ipt	1
			后摄像头罩.idw	1
	加音键	零件模型及工程图	加音键.ipt	1
			加音键.idw	1
	前摄像头罩	零件模型及工程图	前摄像头罩.ipt	1
			前摄像头罩.idw	1
	螺栓	零件模型及工程图	螺栓.ipt	2
			螺栓.idw	2
	减音键	零件模型及工程图	减音键.ipt	1
			减音键.idw	1
	麦克风	零件模型及工程图	麦克风.ipt	2
			麦克风.idw	2
	前摄像头	零件模型及工程图	前摄像头.ipt	1
			前摄像头.idw	1
	屏幕	零件模型及丁程图	屏幕.ipt	1
			屏幕.idw	1
	屏保	零件模型及工程图	屏保.ipt	1
			屏保.idw	1
装配		Iphone 的装配图、六视图、表达视图、爆炸图及明细栏	Iphone.iam	6
			Iphone 六视图.idw	5
			Iphone 表达视图.ipn	6
			Iphone 爆炸图.idw	10
效果图		摄像头的多角度渲染效果图	Iphone1.ipg	2
			Iphone2.ipg	2
			Iphone3.ipg	2
※ 请务必将所有文件保存在“D\ 考生编号\Iphone\”下 **※ 请不要再为不同类型文件单独建立文件夹** **※ 贴图图片在“D\素材\Iphone\”下**			总分	120

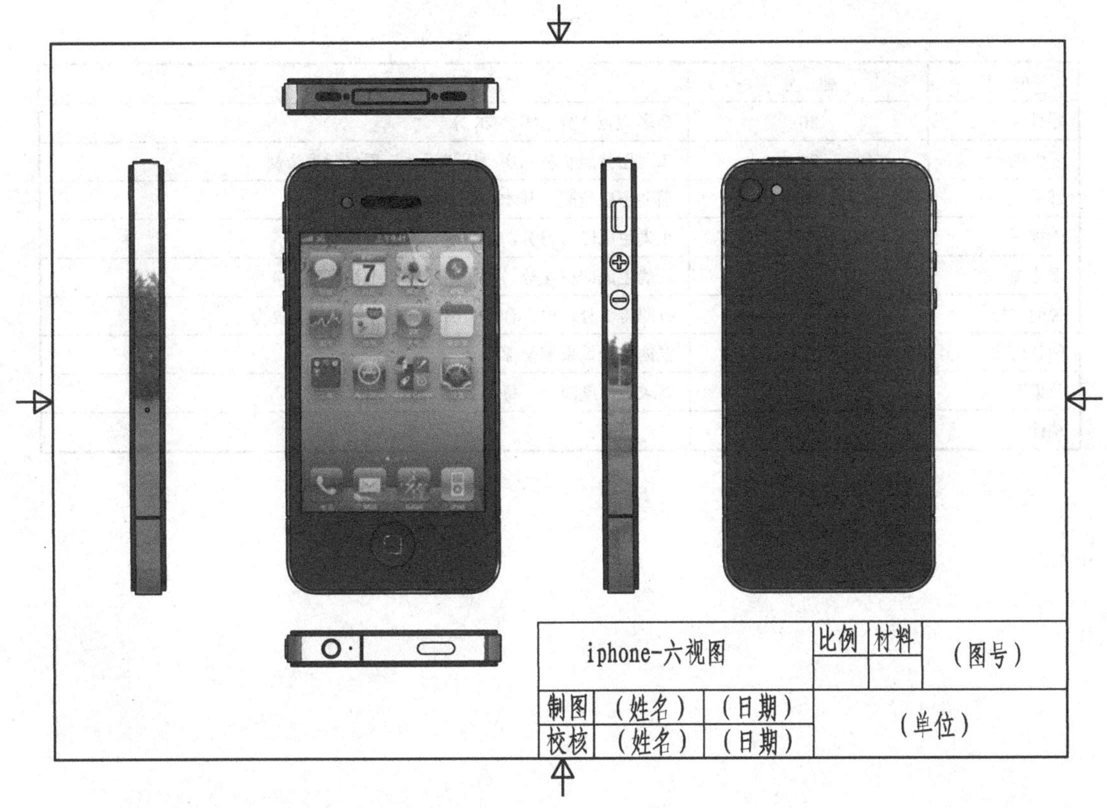

iphone-六视图
比例
材料
（图号）
制图
（姓名）
（日期）
校核
（姓名）
（日期）
（单位）

2．创意作品（音箱）

本题目将为考生提供某产品的核心部件，请考生根据核心部件对产品的外壳进行创意设计，内部结构无需设计。**核心部件在“D:\素材\音箱\”下。**

设计要求：

◆ 产品外壳具有连接的槽；

◆ 产品外壳具有卡口连接；

◆ 产品外壳除了卡扣连接外，还能进行螺丝固定；

◆ 产品具有散热功能；

◆ 产品具有低音、高音、环绕选择功能；

◆ 产品具有读取 USB 存储设备功能；

◆ 产品具有 radio（收听）功能。

需要提交文件：（详细如表二所示）

◆ 零件的三维数字模型与所有零部件工程图；

◆ 产品的装配模型（*.iam）、爆炸图（*ipn）、有爆炸图生成的装配关系工程图，以及明细栏（*.idw）；

◆ 产品不同角度的效果图 3 张（*.ipg）、以及说明文档（*.doc 或者*.docx）；

◆ 考生将文件保存在**“D\ 考生编号\音箱\”**下。

表二

项　目	配　分	评分标准
零件	30	命名规范 2 分，零件 28 分
零件图	20	工程图按照机械制图“图样画法”国家标准绘制
部件	2	需要正确装配，基本约束不能缺少
六视图	3	正确生成即可得分，缺少任一视图不得分
爆炸图	8	正确生成即得 4 分、引出序号、明细栏合理得 4 分
说明文档	5	有即得 2 分，内容合理、文字通畅 1 分、美观 2 分
创意效果	6	根据综合效果图及部件
效果图	6	要求多角度渲染，每个 2 分
统计	80 分	

附件 3：

《工业产品设计》项目模拟测试题三

一、比赛时间

240min　早晨 8：00—12：00

二、注意事项

参赛者注意比赛题目要求，将自己的作品按照指定的文件名保存在指定的文件夹中。比赛过程中选手要注意及时保存文件，避免因系统或者软件故障丢失文件。

三、比赛题目

1．现有产品（抄图）

根据给定的零件工程图创建零件模型，并按照给定的工程图样进行抄绘。产品所需要的贴图图片在“D\素材\”下。需提交的文件如表一所示。

表一

项　目		要提供的文件	文件命名方式	分　值
项目文件		项目文件	数码相框.ipj	1
零部件	支架	零件模型及工程图	支架.ipt	2
			支架.idw	2
	SD 卡插槽	零件模型及工程图	SD 卡插槽.ipt	1
			SD 卡插槽.idw	1
	电源插孔	零件模型及工程图	电源插孔.ipt	1
			电源插孔.idw	1
	CF 卡插槽	零件模型及工程图	CF 卡插槽.ipt	1
			CF 卡插槽.idw	1
	USB 插孔	零件模型及工程图	USB 插孔.ipt	1
			USB 插孔.idw	1
	后主体	零件模型及工程图	后主体.ipt	6
			后主体.idw	6
	屏幕	零件模型及工程图	屏幕.ipt	1
			屏幕.idw	1
	前主体	零件模型及工程图	前主体.ipt	3
			前主体.idw	3
	盖板	零件模型及工程图	盖板.ipt	2
			盖板.idw	2
	电源键	零件模型及工程图	电源键.ipt	2
			电源键.idw	2

续表

项目	要提供的文件	文件命名方式	分值
装配	数码相框的装配图、六视图、表达视图、爆炸图及明细栏	数码相框.iam	2
		数码相框六视图.idw	2
		数码相框表达视图.ipn	4
		数码相框爆炸图.idw	5
效果图	摄像头的多角度渲染效果图	数码相框 1.ipg	2
		数码相框 2.ipg	2
		数码相框 3.ipg	2
※ 请务必将所有文件保存在"D:\ 考生编号\数码相框\"下 **※ 请不要再为不同类型文件单独建立文件夹**		总分	60

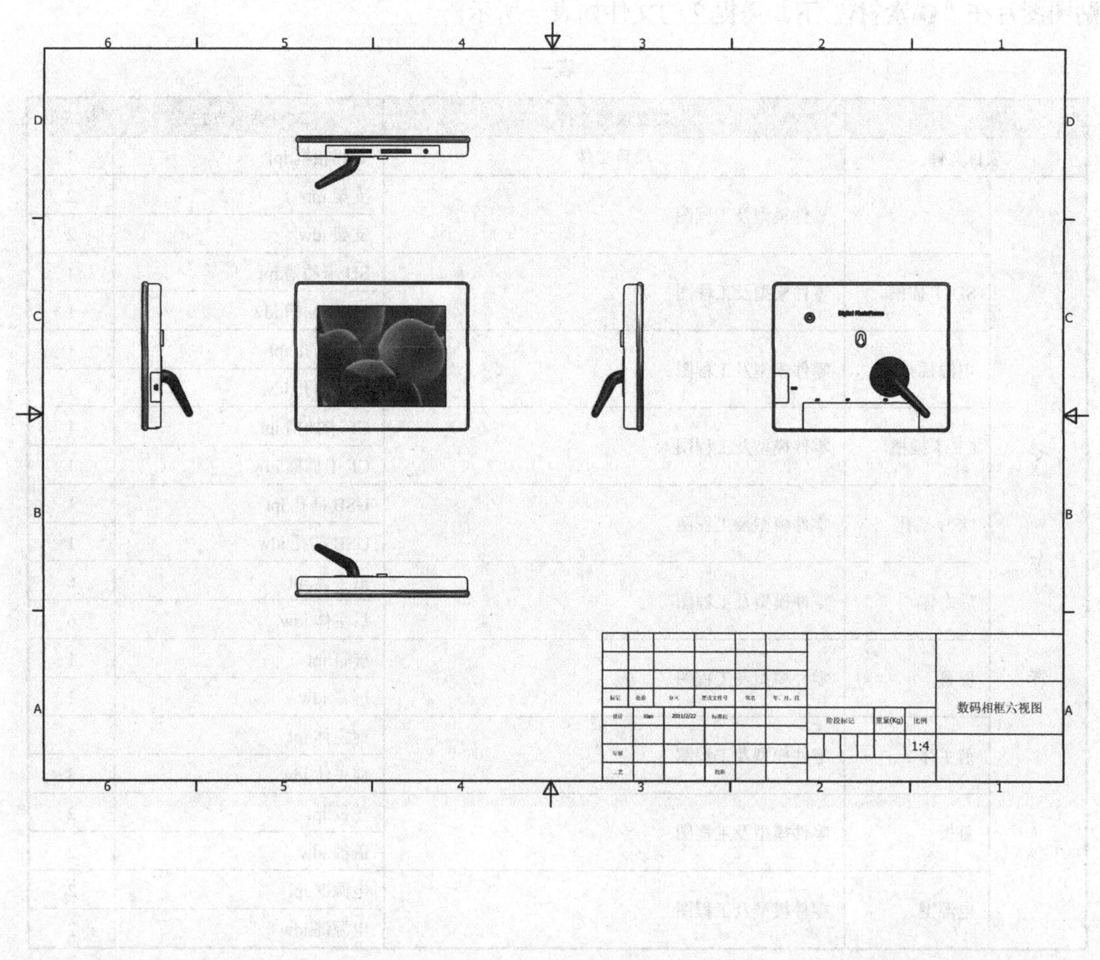

2．现有产品（抄图）

根据给定的零件工程图创建零件模型，并按照给定的工程图样进行抄绘。需提交的文件如表二所示。

表二

项　　目	要提供的文件	文件命名方式	分　值
项目文件	项目文件	MP3.ipj	1
保护屏	零件模型及工程图	保护屏.ipt	1
		保护屏.idw	1
屏	零件模型及工程图	屏.ipt	1
		屏.idw	1
屏框	零件模型及工程图	屏框.ipt	2
		屏框.idw	2
按钮 3	零件模型及工程图	按钮 3.ipt	1
		按钮 3.idw	1
轴	零件模型及工程图	轴.ipt	2
		轴.idw	2
按钮 2	零件模型及工程图	按钮 2.ipt	1
		按钮 2.idw	1
按钮 1	零件模型及工程图	按钮 1.ipt	1
		按钮 1.idw	1
主体	零件模型及工程图	主体.ipt	4
		主体.idw	4
夹板	零件模型及工程图	夹板.ipt	4
		夹板.idw	4
螺母	零件模型及工程图	螺母.ipt	2
		螺母.idw	2
装配	MP3 的装配图、六视图、表达视图、爆炸图及明细栏	MP3.iam	2
		MP3 六视图.idw	2
		MP3 表达视图.ipn	5
		MP3 爆炸图.idw	6
效果图	摄像头的多角度渲染效果图	MP3_1.ipg	2
		MP3_2.ipg	2
		MP3_3.ipg	2
※ 请务必将所有文件保存在“D:\ 考生编号\MP3\”下 **※ 请不要再为不同类型文件单独建立文件夹** **※ 产品所需要的贴图图片在“D:\素材\”下**		总分	60

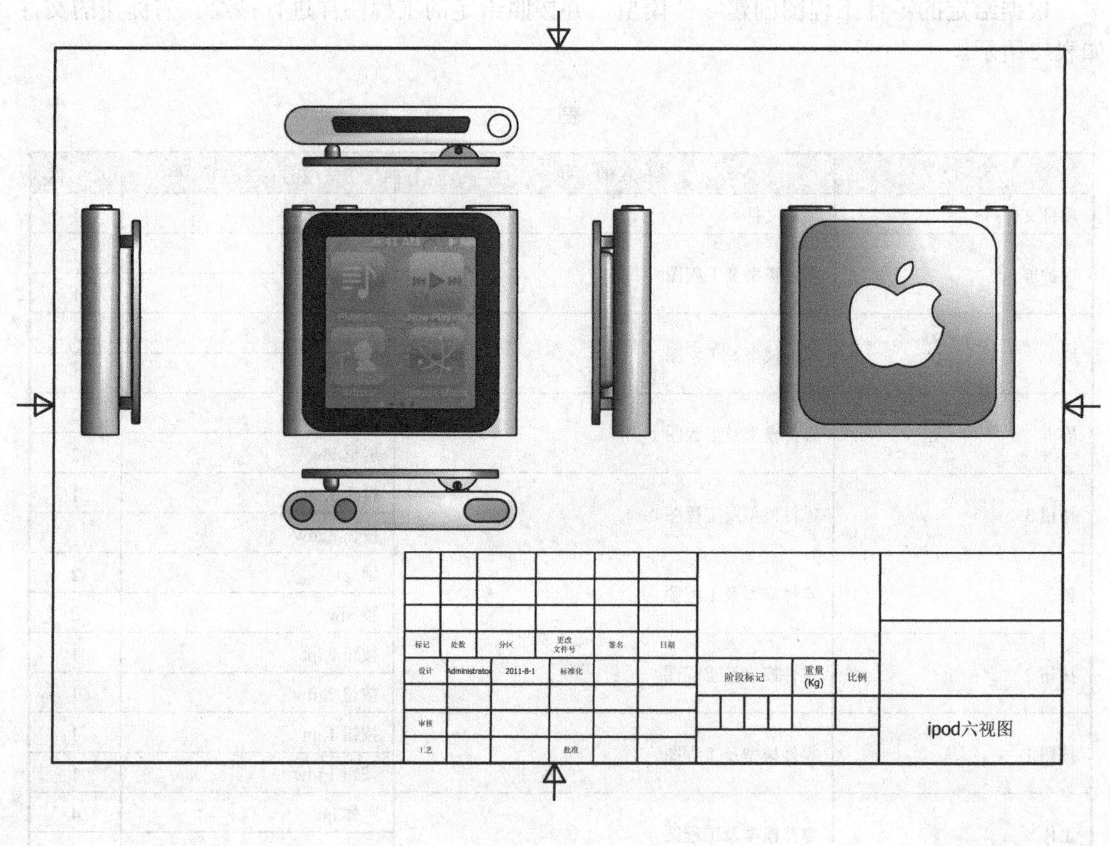

标记
处数
分区
更改文件号
签名
日期
设计
Administrator
2011-8-1
标准化
阶段标记
重量(Kg)
比例
审核
工艺
批准
ipod六视图

3．创意作品（优盘）

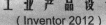

本题目将为考生提供一个优盘的核心部件，请考生在核心部件的基础上对产品的外观进行创意设计，产品内部结构无需设计。核心部件在光盘**“D\素材\”**下。

设计要求：

◆ 优盘便于携带；

◆ 优盘有防掉功能；

◆ 优盘具有端口保护功能；

◆ 优盘外壳具有连接的槽。

需要提交文件：（详细如表三所示）

◆ 零件的三维数字模型与所有零部件工程图；

◆ 产品的装配模型（*.iam）、爆炸图（*ipn）、有爆炸图生成的装配关系工程图，以及明细栏（*.idw）；

◆ 产品不同角度的效果图 3 张（*.ipg）、以及说明文档（*.doc 或者*.docx）；

◆ 考生将文件保存在**“D:\ 考生编号\优盘\”**下。

表三

项　目	配　分	评 分 标 准
零件	30	命名规范 2 分，零件 28 分
零件图	20	工程图按照机械制图“图样画法”国家标准绘制
部件	2	需要正确装配，基本约束不能缺少
六视图	3	正确生成即可得分，缺少任一视图不得分
爆炸图	8	正确生成即得 4 分、引出序号、明细栏合理得 4 分
说明文档	5	有即得 2 分，内容合理、文字通畅 1 分、美观 2 分
创意效果	6	根据综合效果图及部件
效果图	6	要求多角度渲染，每个 2 分
统计	80 分	

附件 4：

《工业产品设计》项目模拟测试题四

一、比赛时间

240min　早晨 9：00～13：00

二、注意事项

参赛者注意比赛题目要求，**将自己的作品按照指定的文件名保存在指定的文件夹中**。比赛过程中选手要注意及时保存文件，避免因系统或者软件故障丢失文件。

三、比赛题目

1．现有产品（抄图）

根据给定的零件工程图创建零件模型，并按照给定的工程图样进行抄绘。需提交的文件如表一所示。

表一

项　目		要提供的文件	文件命名方式	分　值
项目文件		项目文件	迷你音箱.ipj	1
零部件	后_盖	零件模型及工程图	后_盖.ipt	4
			后_盖.idw	4
	后盖镶边	零件模型及工程图	后盖镶边.ipt	2
			后盖镶边.idw	2
	数据接口	零件模型及工程图	数据接口.ipt	2
			数据接口.idw	2
	音频输出	零件模型及工程图	音频输出.ipt	2
			音频输出.idw	2
	右边框	零件模型及工程图	右边框.ipt	8
			右边框-1.idw	8
			右边框-2.idw	3
	音频输入	零件模型及工程图	音频输入.ipt	2
			音频输入.idw	2
	指示灯	零件模型及工程图	指示灯.ipt	2
			指示灯.idw	2
	后_盖	零件模型及工程图	后_盖.ipt	3
	左边框	零件模型及工程图	左边框.ipt	2
			左边框.idw	2
	蜂鸣器罩	零件模型及工程图	蜂鸣器罩.ipt	2
			蜂鸣器罩.idw	2

续表

项目		要提供的文件	文件命名方式	分值
零部件	蜂鸣器镶边	零件模型及工程图	蜂鸣器镶边.ipt	2
			蜂鸣器镶边.idw	2
	前_盖	零件模型及工程图	前_盖.ipt	4
			前_盖.idw	4
	前盖镶边	零件模型及工程图	前盖镶边.ipt	2
			前盖镶边.idw	2
	模式按钮	零件模型及工程图	模式按钮.ipt	2
			模式按钮.idw	2
	开关按钮	零件模型及工程图	开关按钮.ipt	2
			开关按钮.idw	2
	搜索按钮	零件模型及工程图	迷你音箱.ipt	2
			迷你音箱.idw	2
装配		迷你音箱的装配图、六视图、表达视图、爆炸图及明细栏	迷你音箱.iam	6
			迷你音箱六视图.idw	5
			迷你音箱表达视图.ipn	6
			迷你音箱爆炸图.idw	10
效果图		摄像头的多角度渲染效果图	迷你音箱 1.ipg	2
			迷你音箱 2.ipg	2
			迷你音箱 3.ipg	2
※ 请务必将所有文件保存在"D:\ 考生编号\迷你音箱\"下 ※ 请不要再为不同类型文件单独建立文件夹 ※ 贴图图片在"D:\素材\"下			总分	120

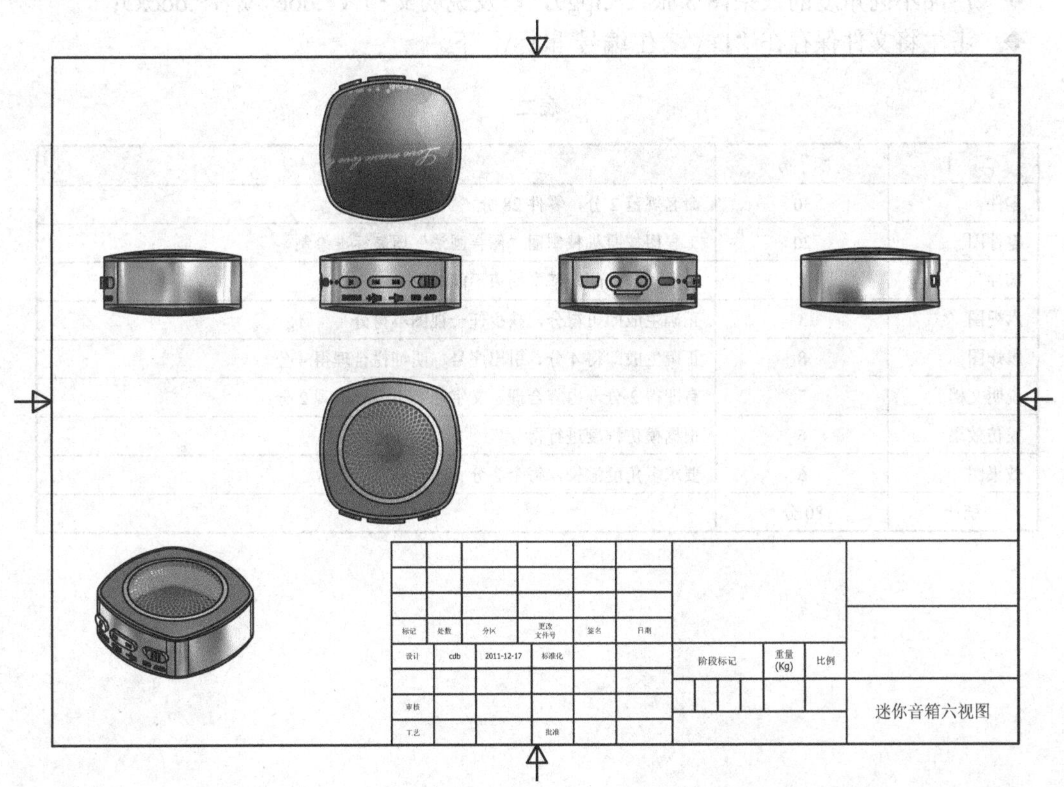

标记
处数
分区
更改文件号
签名
日期
设计
cdb
2011-12-17
标准化
阶段标记
重量(Kg)
比例
审核
工艺
批准
迷你音箱六视图

2．创意作品（无线光电鼠标）

本题目将为考生提供产品的核心部件，请考生在核心部件的基础上进行外观创意。产品内部结构无需设计。**核心部件在“\素材\”下**，核心部件各部分名称如下图所示。

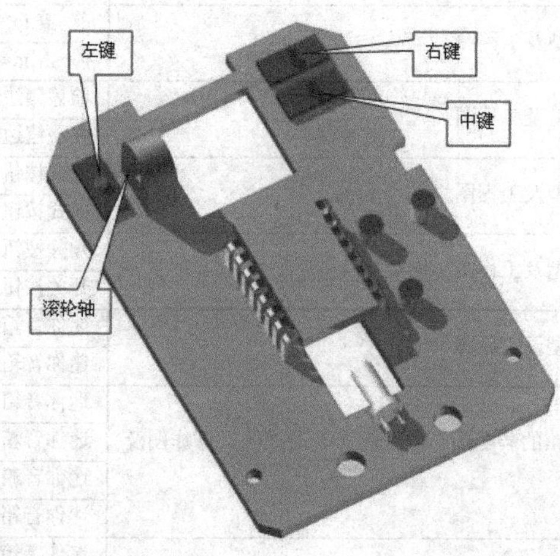

需要提交文件：（详细如表二所示）

◆ 零件的三维数字模型与所有零部件工程图；

◆ 产品的装配模型（*.iam）、爆炸图（*ipn）、有爆炸图生成的装配关系工程图，以及明细栏（*.idw）；

◆ 产品不同角度的效果图 3 张（*.ipg），以及说明文档（*.doc 或者*.docx）；

◆ 考生将文件保存在“D:\ 考生编号\鼠标\”下。

表二

项 目	配 分	评 分 标 准
零件	30	命名规范 2 分，零件 28 分
零件图	20	工程图按照机械制图“图样画法”国家标准绘制
部件	2	需要正确装配，基本约束不能缺少
六视图	3	正确生成即可得分，缺少任一视图不得分
爆炸图	8	正确生成即得 4 分、引出序号、明细栏合理得 4 分
说明文档	5	有即得 2 分，内容合理、文字通畅 1 分、美观 2 分
模仿效果	6	根据模仿程度进行得分
效果图	6	要求多角度渲染，每个 2 分
统计	80 分	

附件 5：

《工业产品设计》项目模拟测试题五

一、比赛时间

240min　早晨 9：00～13：00

二、注意事项

参赛者注意比赛题目要求，**将自己的作品按照指定的文件名保存在指定的文件夹中**。比赛过程中选手要注意及时保存文件，避免因系统或者软件故障丢失文件。

三、比赛题目

1．现有产品（抄图）

根据给定的零件工程图创建零件模型，并按照给定的工程图样进行抄绘。需提交的文件如下表一所示。

表一

项　　目		要提供的文件	文件命名方式	分　值
项目文件		项目文件	数码相框.ipj	1
零部件	拉环	零件模型及工程图	拉环.ipt	2
			拉环.idw	2
	USB 接收器	零件模型及工程图	USB 接收器.ipt	2
			USB 接收器.idw	2
	USB 头	零件模型及工程图	USB 头.ipt	2
			USB 头.idw	2
	USB 端线	零件模型及工程图	USB 端线.ipt	2
			USB 端线.idw	2
	上翻页按钮	零件模型及工程图	上翻页按钮.ipt	2
			上翻页按钮.idw	2
	下翻页按钮	零件模型及工程图	下翻页按钮.ipt	2
			下翻页按钮.idw	2
	红外发射按钮	零件模型及工程图	红外发射按钮.ipt	2
			红外发射按钮.idw	2
	笔后盖	零件模型及工程图	笔后盖.ipt	3
			笔后盖.idw	3
	红外发射灯	零件模型及工程图	红外发射灯.ipt	2
			红外发射灯.idw	2
	笔管	零件模型及工程图	笔管.ipt	2
			笔管.idw	2
	笔芯-杆	零件模型及工程图	笔芯-杆.ipt	2
			笔芯-杆.idw	2

续表

项目		要提供的文件	文件命名方式	分值
零部件	笔芯-头	零件模型及工程图	笔芯-头.ipt	2
			笔芯-头.idw	2
	笔芯-尖	零件模型及工程图	笔芯-尖.ipt	2
			笔芯-尖.idw	2
	笔芯-珠	零件模型及工程图	笔芯-珠.ipt	2
			笔芯-珠.idw	2
	笔头固定螺丝	零件模型及工程图	笔头固定螺钉.ipt	2
			笔头固定螺钉.idw	2
	笔帽	零件模型及工程图	笔帽.ipt	2
			笔帽.idw	2
	电池	零件模型及工程图	电池.ipt	2
			电池.idw	2
	笔卡	零件模型及工程图	笔卡.ipt	5
			笔卡.idw	5
	二极管	零件模型及工程图	二极管.ipt	2
			二极管.idw	2
	玻璃	零件模型及工程图	玻璃.ipt	2
			玻璃.idw	2
	电源键	零件模型及工程图	电源键.ipt	2
			电源键.idw	2
	模式键	零件模型及工程图	模式键.ipt	2
			模式键.idw	2
	电子表玻璃	零件模型及工程图	电子表玻璃.ipt	2
			电子表玻璃 idw	2
	电子表	零件模型及工程图	电子表.ipt	2
			电子表.idw	2
	设置键	零件模型及工程图	设置键.ipt	2
			设置键.idw	2
装配		电子笔的装配图、六视图、表达视图、爆炸图及明细栏	电子笔.iam	6
			电子笔六视图.idw	5
			电子笔表达视图.ipn	6
			电子笔爆炸图.idw	10
效果图		电子笔的多角度渲染效果图	电子笔 1.ipg	2
			电子笔 2.ipg	2
			电子笔 3.ipg	2
※ 请务必将所有文件保存在“D\ 考生编号\电子笔\”下 **※ 请不要再为不同类型文件单独建立文件夹**			总分	130

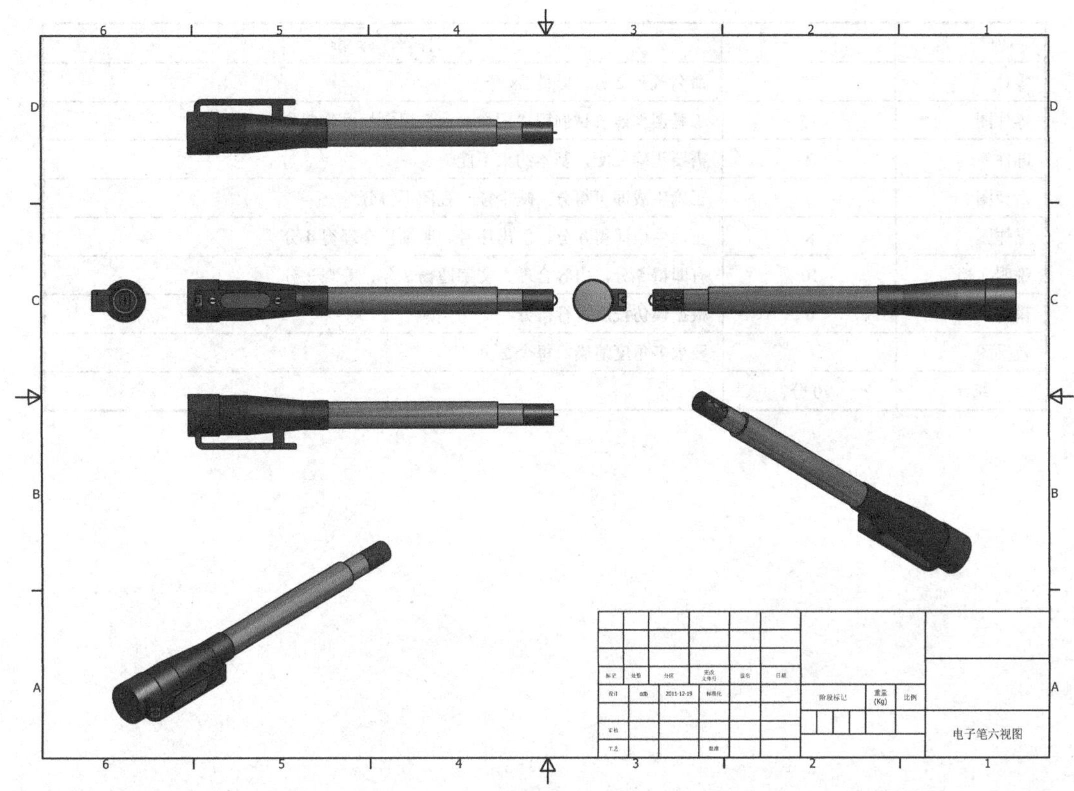

2．创意作品（电吹风）

本题目将为考生提供产品的核心部件，请考生根据核心部件进行外壳创意设计。内部结构无需设计。

设计要求：

（1）产品外壳具有连接的槽；

（2）产品外壳具有卡口连接；

（3）产品外壳除了卡扣连接外，还能进行螺钉固定；

（4）产品具有温度保护功能，即吹风机内部温度过高时会自动断电进行保护。

需要提交文件：（详细如表二所示）

◆ 零件的三维数字模型与所有零部件工程图；

◆ 产品的装配模型（*.iam）、爆炸图（*ipn）、有爆炸图生成的装配关系工程图，以及明细栏（*.idw）；

◆ 产品不同角度的效果图 3 张（*.ipg），以及说明文档（*.doc 或者*.docx）；

◆ 考生将文件保存在“D:\ 考生编号\电吹风\”下。

表二

项　　目	配　分	评 分 标 准
零件	20	命名规范 2 分，零件 28 分
零件图	15	工程图按照机械制图“图样画法”国家标准绘制
部件	2	需要正确装配，基本约束不能缺少
六视图	3	正确生成即可得分，缺少任一视图不得分
爆炸图	8	正确生成即得 4 分、引出序号、明细栏合理得 4 分
说明文档	10	有即得 5 分，内容合理、文字通畅 2 分、美观 3 分
模仿效果	6	根据模仿程度进行得分
效果图	6	要求多角度渲染，每个 2 分
统计	70 分	

附件 6：

2011 年全国职业院校技能大赛中职组《工业产品设计》技能比赛规程

比赛内容：

参赛选手根据大赛执委会提供的软、硬件环境和设计要求利用 Autodesk Inventor 完成某微小型电子消费产品的创意、构型设计。根据该产品给定的核心部件及设计要求，完成其余零部件的设计表达。完成产品的三维装配模型(效果图)、爆炸图，全部零件的三维模型，全部零件的二维工程图(零件图)。工程图按照机械制图“图样画法”国家标准绘制。

比赛软、硬件环境：

1．硬件环境

计算机最低配置为 AMD 主频≥3200MHz 或 Intel 主频≥2.0MHz；

内存≥2GB；硬盘≥320GB；独立显卡显存 256MB 以上。

2．软件环境

Windows 764 位（中文版）；

Microsoft Office 2007（中文版）；

Autodesk Inventor 2011（中文版）。

裁判机构与原则：

比赛裁判工作遵循公开、公平、公正的原则。本届比赛成立裁判委员会，设立总裁判长 1 名，主持计算机技能比赛的裁判工作；设副总裁判长 4 名，协助总裁判长工作。裁判委员会下设 4 个赛项的裁判组，由相关专家组成。

评分方法：

本届比赛 “工业产品设计（CAD）技术”赛项为 240 分钟。具体评分办法如下：比赛由创意设计和三维造型（含二维工程图）两部分构成。

参赛选手应当根据该产品给定的核心部件及设计要求，完成其余零部件的设计表达。参赛选手所完成的创意作品首先应当符合产品的功能要求，其次应当考虑使用方便、造型美观及制造简便。

选手完成的作品，将根据上述因素评判成绩。

成绩比例：创意占 20%；零件三维模型占 40%；三维装配模型（效果图）占 12%；装配模型分解表达（爆炸图）占 8%；零件工程图占 20%。

奖项设置：

1．选手奖

四个赛项各设一、二、三等奖和优秀奖。一等奖按参赛选手人数的 10%设置，二等奖按参赛选手人数的20%设置，三等奖按参赛选手人数的30%设置，优秀奖若干名。

2．教师奖

大赛为一等奖选手的指导教师设置优秀指导教师奖。

比赛要求：

1. 参赛选手应严格遵守赛场纪律，服从指挥，着装整洁，仪表端庄，讲文明礼貌。各地代表队之间应团结、友好、协作，严禁各种纠纷。

2. 比赛前由各地代表队领队参加抽签确定机位（或工作台）。

3. 参赛选手在开幕式结束后应立即入场，迟到超过15min不得入场。入场须佩戴参赛证并出示身份证，按机位号入座，将参赛证和身份证置于台桌左上角备查，并根据比赛现场工作人员提示检查比赛所需一切物品，齐全后选手签字确认。选手在比赛中应注意随时存盘，由于设备故障延时只涉及故障处理时段。

4. 比赛过程中如发生机器故障，必须经裁判长确认后方能更换机位。

5. 比赛过程中或比赛后发现问题(包括反映比赛或其他问题)，应由领队在当天向执行委员会提出书面陈述。领队、指导教师、选手不得与比赛工作人员直接交涉。

6. 比赛严禁冒名顶替，弄虚作假。指导教师不得进入比赛现场。其他未尽事宜，将在赛前向各领队做详细说明。

其他：

为方便各地选手赛前学习训练，Autodesk 公司 Inventor 软件免费下载，下载地址：http://students.autodesk.com.cn 。注册并激活账户，单击产品下载按钮，选择相应产品下载，选择立即获得序列号得到产品序列号。使用此序列号完成软件安装，单击“立即激活”按钮获得软件激活码激活软件，此时软件即可正常使用。

参考文献

[1] Autodesk，Inc 主编. Autodesk Inventor 2011 基础培训教程. 北京：电子工业出版社，2011.

[2] Autodesk，Inc 主编. Autodesk Inventor 2011 进阶培训教程. 北京：电子工业出版社，2011.

[3] Autodesk，Inc 主编. Autodesk Inventor 2011 高级培训教程. 北京：电子工业出版社，2011.

[4] 何文生主编. 工业产品设计（Inventor 2010）. 北京：电子工业出版社，2011.

[5] 赵卫东主编. Inventor 2011 基础教程与项目指导. 上海：同济大学出版社，2010.

[6] 三维书屋工作室主编. Autodesk Inventor Professional 2010 中文版从入门到精通. 北京：机械工业出版社，2010.

[7] 陈伯雄等主编. Autodesk Inventor Professional 2008 机械设计实战教程. 北京：化学工业出版社，2008.

反侵权盗版声明